"十四五"职业教育国家规划教材

iCourse·教材
国家精品在线开放课程配套教材

职业教育国家在线精品课程配套教材

高等职业教育计算机类课程
MOOC+SPOC 系列教材

Linux 网络操作系统任务教程（第2版）

主 编 / 颜晨阳

副主编 / 许冠军 林爽爽 丁 波

中国教育出版传媒集团
高等教育出版社·北京

内容提要

本书为“十四五”职业教育国家规划教材，也是国家精品在线开放课程以及职业教育国家在线精品课程“Linux 系统管理”的配套教材。

本书从 IT 职场新人的视角出发，以企业初级系统运维岗位的典型工作任务为载体，依据高职专科“计算机网络技术”专业标准的最新要求，并结合华为 HCIA-openEuler 认证、“云计算平台开发与运维”职业技能等级证书以及职业院校技能大赛“云计算”赛项部分内容，由浅入深、循序渐进地围绕着在常规 Linux 系统管理工作中将会遇到的任务场景展开，涵盖 Linux 操作系统初级运维的全部内容。全书采用任务驱动式体例，共设置 10 个任务，分别为获取和部署 Linux、与 Linux 交互、使用 vim、管理文件、处理文本、管理用户、管理硬盘、管理网络、管理软件、管理进程和服务。

本书配有微课视频、课程标准、教学设计、授课用 PPT、案例源码及工具文件、拓展阅读、课后习题及答案主题讨论和在线实验等丰富的数字化资源。与本书配套的数字课程“Linux 系统管理”在“智慧职教”平台（www.icve.com.cn）及“中国大学 MOOC”平台（www.icourse163.org）上线，学习者可登录平台进行在线学习，授课教师可调用本课程构建符合自身教学特色的 SPOC 课程，详见“智慧职教”服务指南。授课教师也可登录“高等教育出版社产品信息检索系统”（xuanshu.hep.com.cn）搜索并下载本书配套教学资源，首次使用本系统的用户，请先进行注册并完成教师资格认证。

本书适合作为高职院校计算机相关专业 Linux 网络操作系统类课程的教学用书，也适合作为 Linux 系统管理人员的自学参考书。

图书在版编目（C I P）数据

Linux 网络操作系统任务教程 / 颜晨阳主编. -- 2 版. -- 北京 : 高等教育出版社, 2025.7

ISBN 978-7-04-062120-4

Ⅰ. ①L… Ⅱ. ①颜… Ⅲ. ①Linux 操作系统-高等职业教育-教材 Ⅳ. ①TP316.85

中国国家版本馆 CIP 数据核字（2024）第 082669 号

Linux Wangluo Caozuo Xitong Renwu Jiaocheng

策划编辑 刘子峰　责任编辑 刘子峰　封面设计 赵 阳　版式设计 杨 树
责任绘图 易斯翔　责任校对 窦丽娜　责任印制 刁 毅

出版发行	高等教育出版社	网　　址	http://www.hep.edu.cn
社　　址	北京市西城区德外大街 4 号		http://www.hep.com.cn
邮政编码	100120	网上订购	http://www.hepmall.com.cn
印　　刷	北京市鑫霸印务有限公司		http://www.hepmall.com
开　　本	787mm×1092mm 1/16		http://www.hepmall.cn
印　　张	21.25	版　　次	2019 年 11 月第 1 版
字　　数	540 千字		2025 年 7 月第 2 版
购书热线	010-58581118	印　　次	2025 年 7 月第 1 次印刷
咨询电话	400-810-0598	定　　价	55.00 元

本书如有缺页、倒页、脱页等质量问题，请到所购图书销售部门联系调换

物 料 号 62120-00

“智慧职教”服务指南

“智慧职教”(www. icve. com. cn)是由高等教育出版社建设和运营的职业教育数字教学资源共建共享平台和在线课程教学服务平台,与教材配套课程相关的部分包括资源库平台、职教云平台和 App 等。用户通过平台注册,登录即可使用该平台。

• 资源库平台:为学习者提供本教材配套课程及资源的浏览服务。

登录“智慧职教”平台,在首页搜索框中搜索“Linux 系统管理”,找到对应作者主持的课程,加入课程参加学习,即可浏览课程资源。

• 职教云平台:帮助任课教师对本教材配套课程进行引用、修改,再发布为个性化课程(SPOC)。

1. 登录职教云平台,在首页单击“新增课程”按钮,根据提示设置要构建的个性化课程的基本信息。

2. 进入课程编辑页面设置教学班级后,在“教学管理”的“教学设计”中“导入”教材配套课程,可根据教学需要进行修改,再发布为个性化课程。

• App:帮助任课教师和学生基于新构建的个性化课程开展线上线下混合式、智能化教与学。

1. 在应用市场搜索“智慧职教+”App,下载安装。

2. 登录 App,任课教师指导学生加入个性化课程,并利用 App 提供的各类功能,开展课前、课中、课后的教学互动,构建智慧课堂。

“智慧职教”使用帮助及常见问题解答请访问 help. icve. com. cn。

前 言

本书采用 Rocky Linux 替代第 1 版中使用的 CentOS，这也是作者基于红帽（Red Hat）公司的最新动态做出的决定。Red Hat 在 2021 年发布了 CentOS Stream 并宣布在 2021 年 12 月 31 日和 2024 年 6 月 30 日分别终止对 CentOS 8 和 CentOS 7 的服务支持。CentOS Stream 是一个 RHEL（Red Hat Enterprise Linux）上游的滚动更新发行版本，不再是 RHEL 的克隆版，而更像 RHEL 的预览版。这意味着 CentOS Stream 不再适合作为生产环境中的服务器操作系统了。为了确保读者能够使用一个得到长期支持且适用于服务器的系统，本书选择了 Rocky Linux。这是一个由社区驱动的企业级操作系统，基于 RHEL 源代码重新编译，与 RHEL 百分之百兼容。这意味着，读者可以将在本书中获得的 Rocky Linux 系统运维知识和经验无缝迁移到 RHEL 中。

本书服务于"建设数字中国"国家战略，对接地方制造业数字化转型需求，将"产教融合"理念贯穿始终，"岗课赛证"融通特色鲜明。全书以企业初级系统运维岗位的典型工作任务为载体，依据高职专科"计算机网络技术"专业标准的最新要求，结合华为 HCIA-openEuler 认证、"云计算平台开发与运维"职业技能等级证书以及职业院校技能大赛"云计算"赛项部分内容，从刚入职企业系统运维岗位的高职毕业生视角，由浅入深、循序渐进地围绕着初级运维人员在常规 Linux 系统管理工作中将会遇到的任务场景而展开，涵盖 Linux 操作系统初级运维的全部内容。

智慧职教
数字课程

本书采用任务驱动式体例，共设置 10 个任务，分别为获取和部署 Linux、与 Linux 交互、使用 vim、管理文件、处理文本、管理用户、管理硬盘、管理网络、管理软件、管理进程和服务。全书以完成任务的过程为主线，解耦 Linux 系统管理的知识和技能点，按照任务流程和岗位标准，对知识技能进行重构和序化。每个任务由 5 部分组成："任务场景"导入实际任务情境和要求；"任务内容"将任务解耦为知识技能点内聚的若干目标；"任务实施"以第一人称视角展示任务实施过程，聚焦问题本身，保证内容完整性；"任务知识"以手册形式呈现知识技能点，为实施过程提供诠释和拓展；"任务小结"归纳梳理学习效果与技能提升。本书既聚焦于任务实施，又有系统阐述；既适合课堂教学，又可作为岗位入门参考手册。

中国大学 MOOC
在线精品课程

课程在线资源
使用说明

本书为"十四五"职业教育国家规划教材，也是国家精品在线开放课程以及职业教育国家在线精品课程"Linux 系统管理"的配套教材。该课程面向全国广大学习者，在"中国大学 MOOC"平台（www.icourse163.org）上已经开课十余轮，拥有数万学员，课程内容包括生动形象、内聚性强、短小精悍的数十个微视频以及配套的测试、主题讨论及在线实验，并有课程团队进行专业的教学答疑。本书也是该门课程的延伸与补充，学习者可以在参加课程学习的同时使用本书，以获得更加良好的学习体验。另外，与本书配套的数字课程"Linux 系统管理"在"智慧职教"平台（www. icve. com. cn）上线，学习者可登录平台进行在线学习，授课教师可调用本课程构建符合自身教学特色的 SPOC 课程，详见"智慧职教"服务指南。教师也可发邮件至编辑邮箱 1548103297@ qq. com 获取相关资源。

本书第 1 版自 2019 年出版以来，深受广大读者的好评。编者有感于近年来操作系统的快速发展以及 Linux 版本的变化，基于广大院校师生的教学应用反馈、课程教学改革最新成果以及行业发展动态，不断优化、更新教材内容，力求将新知识、新技术及时纳入教学内容；借助 MOOC 课程的周期性开设，持续更新、完善相关数字资源，以推动现代信息技术与教育教学深度融合。另外，编者对教材配套的在线实验平台也进行了完善更新，方便学习者通过实验实训环节巩固所学，请扫描二维码了解相关使用说明。

本次再版，为加快推进党的二十大精神进教材、进课堂、进头脑，通过在每个任务中补充德育专题微课的方式，将 Linux 关键技术与"技术报国追求、创新精神培育、科学思维训练、安全意识养成"等元素有机结合，从而在教材中嵌入"善思良行，创新报国"的德育主线，探索提升网络工程师综合职业素养，贯彻"增强维护国家安全能力""开辟发展新领域新赛道，不断塑造发展新动能新优势"等精神。

本书由宁波城市职业技术学院的颜晨阳担任主编，台州科技职业学院的许冠军、宁波市职业技术教育中心学校的林爽爽、襄阳汽车职业技术学院的丁波担任副主编，参加编写的还有宁波城市职业学院的葛科奇、林聪、毛特瑞，绿盟科技的郑嘉俊，以及深信服科技的张振。

本书作为教材使用，建议安排 64 课时（4 课时/周×16 周）；教师也可以根据实际需要，缩减至 48 课时（3 课时/周×16 周），基本不会影响教学流程和教学安排。

由于编者知识和写作水平有限，书中错误及不妥之处在所难免，恳请广大读者批评指正。

编 者

2025 年 2 月

阅读说明

本书中的一些字词使用了不同的样式。这种突出显示是有特别含义的，即用同一风格来显示不同字词以表明它们属于特定类型。用这种方式来显示的各种字词类型见表 1。

表 1　文档字体约定样例表

非打印字符键 <key>	正文中如有键盘上无法打印或者显示的功能键用这种方式代表，如“使用<Ctrl+Alt+Backspace>快捷键会退出图形会话，返回到图形登录屏幕或控制台。”
图形用户界面文本 【GUI Text】	正文中在图形用户界面中的文字会用这种方式显示，如“在主窗口中选中【选择.iso文件】单选按钮，并单击【下一步】按钮，选择安装镜像文件。”

控制台输出
`output`
	这类方式的文本表明它是系统在命令行中的输出。例如，使用 ls 命令来显示目录的内容：
	`$ ls`
	`Desktop    about.html    logs    paulberg.png`
	`Mail    backupfiles    mail    reports`

本书还使用 3 种不同的标记栏来强调某些信息，具体格式如下：

注　意

- 该标记栏内容一般是提醒读者需要关注某些事情，如对上下文中某些概念的进一步阐述，某些问题解决方法的提示，某些备选方案，等等。
- 忽略本标记栏中的内容不会导致无法完成书中的任务，也不会对系统和数据带来损害，但会对读者理解任务相关的概念、方法、命令造成负面影响。

小　心

- 该标记栏的内容一般是警告读者需要留神某些事情，如有安全风险的操作等。

- 忽略本标记栏中的内容可能导致书中的任务无法正常完成，甚至对系统或数据造成一定的负面影响。

命　令

该标记栏的内容是任务相关命令的具体说明，便于读者在学习时查阅参考。

目 录

任务 1　获取和部署 Linux

——大风起于青萍之末。

1.1　任务场景

某网络安全技术有限公司是一家从事工业互联网开发的企业，最近其在 N 市设立了一个研发点。小 Y 作为一个 N 学院的应届生，经过层层筛选和面试，终于成功地成为该公司的一名试用实习生，并被分配到 IT 支持部担任运维技术员。

PPT：任务 1 获取和部署 Linux

第二天，部门技术主管让他给 S 项目组部署一台临时主机，用于搭建项目的内部服务器，并指派老 L 作为他的师傅。接下来的几天中，在老 L 的热心帮助下，小 Y 在动手中学到了作为 Linux 运维的第一课。下面就和小 Y 一同迈出 Linux 学习之路上的第一步吧。

微课 1-1 免于被“卡脖子”的自由——我们为何要使用 Linux 操作系统

1.2　任务内容

万事开头难，为一台主机安装 Linux 操作系统貌似简单，实则涉及诸多相关问题。一般来说，应该至少考虑如下 3 方面的问题：

1. 充分了解用户的需求及主机硬件的兼容性，选择合适的发行版本。
2. 获取安全的安装镜像，制作合适的安装介质，选择合适的安装方式。
3. 规划符合用户需求的安装参数。

这些问题都应该以满足用户要求为终极目标。如果用户并非专业的 IT 人士时，往往还得从含糊笼统的陈述、混乱不堪的数据和朝令夕改的诉求中提炼出用户的真实业务需求。幸运的是，小 Y 并没有碰到特别的难题，S 项目组作为一个公司内部用户，IT 支持部对其需求是非常了解的，分发给小 Y 的需求申请表也是清晰明确的，具体内容见表 1-1。

表 1-1　需求申请表

MDS LTD.	IT 资源和服务申请表
资源类别 ■存储资源 ■网络带宽 ■计算资源 □IT 支持服务 □其他	
申请人员/部门： S 项目组/销售部 实施人员/部门： IT 支持部	

续表

详细规格描述： 独立的临时内部主机，要求： 1. 采用 RHEL 9.0 以上或者与其兼容的操作系统。 2. 使用公司内网固定 IP 地址。 3. 并发访问量 30。
销售部主管：已批准
IT 部门主管：已批准

那么，对于这样的一份需求，应该怎样解读，又应该如何规划方案，以便能够部署一个合适的系统呢？不用急，跟着往下做就知道了。

1.3　任务实施

1.3.1　子任务 1　选择合适的发行版本

微课 1-2
Linux 那些事儿

Linux 并不特指某个操作系统，而是一类操作系统的泛称。用户在需求申请表中对要安装的操作系统已经给出明确的范围：兼容 RHEL（Red Hat Enterprise Linux）。但是兼容 RHEL 的 Linux 发行版本（Distributions）也有很多，如何选择合适的发行版本，是要做好的第一件事。

注　意

- 一个完整的 Linux 操作系统，一般会由内核（Kernel）、系统用户空间（System User Space）和应用程序（Applications）3 部分构成（在本任务知识点 1 中将详述三者的用处）。
- Linux 严格来说只是内核的名称，因此只要一个操作系统使用的内核是 Linux，其理论上都可以被称为 Linux 操作系统。Linux 内核目前最主要的开发者和维护者仍然是 Linux 内核的创建者——Linus Torvalds（在本任务知识点 2 中将简述 Linux 内核的历史）。
- 个人、组织或企业都能够自由地把选好的 Linux 内核、系统用户空间组件、应用程序组合在一起形成一个完整的 Linux 操作系统并进行发布，这样一个集合就是 Linux 的发行版本（在本任务知识点 1 中将详述 Linux 发行版本的概念）。
- Linux 不同发行版本之间的唯一共性就是使用了 Linux 内核，但它们的形态、功能和用途可能完全不同。

任务中的主机是用于搭建一个供企业内部访问的服务器，首先排除的是 Red Hat 系列非稳定的上游（Upstream）发行版本，包括 CentOS Stream 和 Fedora。这些发行版本适用于测试、开发或者桌面，并不适合用来搭建服务器。

注　意

- 2020 年，Red Hat 推出了 CentOS Stream，并宣布在 2021 年 12 月 31 日和 2024 年 6 月 30 日

分别终止对 CentOS 8 和 CentOS 7 的服务支持。
- 和以前的版本不同，CentOS Stream 定位为 RHEL 的上游滚动更新发行版本，不再是 RHEL 的克隆版，更像是 RHEL 的预览版。这将不可避免地导致其稳定性受损，也意味着 CentOS 不再适合作为生产环境中的主机操作系统。

其次排除的是 RHEL 本身，因为 RHEL 的商用许可是需要支付费用的（当然 Red Hat 也会提供相应的技术支持），因此没有必要在非关键主机上使用。

注　意

- 虽然所有的 Linux 操作系统都是自由软件[①]（Free Software），但其中不少主流的商业发行版本实际上是要支付费用才能够正常使用的。
- RHEL 就是由 Red Hat 发布的一个较为流行的企业级的商业发行版本。

任务需要的是一种完全兼容 RHEL、稳定且可以免费商用的发行版本，因此剩下可选择的并不多，表 1-2 列出了当前符合要求的主流发行版本。

表 1-2　兼容 RHEL 的企业级开源操作系统

发行版本	说　明
AlmaLinux	由 Cloud Linux 创建，目前由 AlmaLinux OS Foundation 管理。它的开发是为了填补 CentOS 项目结束后留下的空白。它与 RHEL 完全二进制兼容，旨在提供一个完全免费、社群支持、可用于生产环境的企业级操作系统
Rocky Linux	由 CentOS 的联合创始人之一 Gregory Kurtzer 创立，目前由 Rocky Enterprise Software Foundation 管理。它与 RHEL 完全二进制兼容，同样旨在提供一个完全免费、社群支持、可用于生产环境的企业级操作系统
Oracle Linux	由 Oracle 发行的企业级操作系统，基于 RHEL 的源代码构建并与之兼容，同时采用 RHCK（Red Hat Compatible Kernel，使用 RHEL 源代码编译，更新支持免费）和 Oracle 自己的 Unbreakable Enterprise 内核（Oracle 声明 UEK 内核也兼容 RHEL，但更新支持是要收费的）两种内核
Anolis OS（龙蜥）	OpenAnolis 社区（阿里巴巴主导）发行的开源 Linux 发行版，同时提供两个版本的内核，分别为 RHCK（RHEL Compatible Kernel，RHEL 兼容内核）和基于上游 Linux Kernel 自主研发的 ANCK（Anolis Cloud Kernel，Anolis 云内核）

比较后，本任务倾向于选择 AlmaLinux 或者 Rocky Linux，两者都是 RHEL 的 1∶1 的克隆版

① 根据自由软件基金会的定义，自由软件是一类可以不受限制地自由使用、复制、研究、修改和分发的，尊重用户自由的软件，这方面的不受限制正是自由软件最重要的本质。与自由软件相对的是专有软件（Proprietary Software），或被称为私有软件、封闭软件（其定义与是否收取费用无关——自由软件不一定是免费软件）。自由软件在发布者选定的“自由软件许可协议”保护下发布（或是放置在公有领域），其发布以源代码为主，二进制文件可有可无。自由软件许可证的类型主要有 GPL 许可证和 BSD 许可证两种。

本,没有本质上的区别,除了没有技术支持外,和 RHEL 是完全相同的。当然,满足了所有刚性需求后,如果还有若干可供选择的发行版本,那么还可以考虑企业的技术氛围和用户的使用偏好,例如任务的甲方即 S 项目组偏向于使用 Rocky Linux,因此就选择 Rocky Linux 9 来进行安装部署。

注 意

- 自由软件/开源软件包含了两层内容:源代码和编译打包后的成品。无论它遵循哪个开源协议,源代码均是自由的,即使某些国家禁止提供开源软件发行版本,用户仍然可以合法获得其源代码,进而编译获得软件。
- 开发操作系统在这个时代并不是特别困难的任务,难的是如何建立整个软件生态。简单来说,就是操作系统需要有丰富的应用作为支撑,这不是一件可以一蹴而就的简单任务,是需要相当的积累加上不错的运气才能够达成的。幸运的是,Linux 正是这样一个现成的、拥有相当完整生态、几乎不可能被“卡脖子”的开源操作系统,它提供了一个巨人的肩膀,让用户能够在操作系统领域拥有免于被“卡脖子”的自由,并提供了一条通向自主操作系统的可行路径。

1.3.2 子任务 2 检查硬件兼容性

检查主机的硬件兼容性,确认是否能够被 Rocky Linux 兼容。S 项目组所申请的主机并没有外部访问需求且并发量较低,因此安排部署在一台 PC 级别的主机上。公司所提供的这些主机是 IT 支持部自行装配的 x86_64 架构的兼容机。这些硬件都很普通,不出意外的话都能被良好驱动。

注 意

RHEL 官方文档中已经给出了保证:对最近 3 年的主流大多数硬件设备都能兼容。但硬件的规格几乎每天都在改变,因此很难保证所有的硬件都能被百分之百地被兼容。

如果主机中的硬件特别老、特别新或者其类型比较特殊,此时收集硬件信息并仔细检查硬件兼容性就非常重要。建议对照查看 Red Hat 官网“The Red Hat Ecosystem”中的列表[①],或者查看相应硬件厂商的官方网站上的说明,以确保硬件可以被正确驱动。

1.3.3 子任务 3 获取安装镜像

微课 1-3
获取安装镜像

(1) 获取安装镜像

Rocky Linux 可以到其官网或者各个镜像网站上获取,本任务中选择在网易开源镜像上下载,打开镜像网站,选择其中的/rocky/9/isos/x86_64 目录,如图 1-1 所示。

① 列表中列出了 RHEL 认证的计算机硬件、软件和平台服务。

注　意

- 目录中的 9 表示主版本号，isos 表示其中放的是 iso 安装光盘镜像文件，x86_64 表示适用的主机硬件架构（即常用的 PC 主机架构）。
- Rocky Linux 除了支持 x86_64 架构，还支持 AArch64（ARM 64 位架构）、ppc64le（纯小端的 PowerPC 架构）、s390x（IBM Z 大型机采用的主机架构）等主机架构。

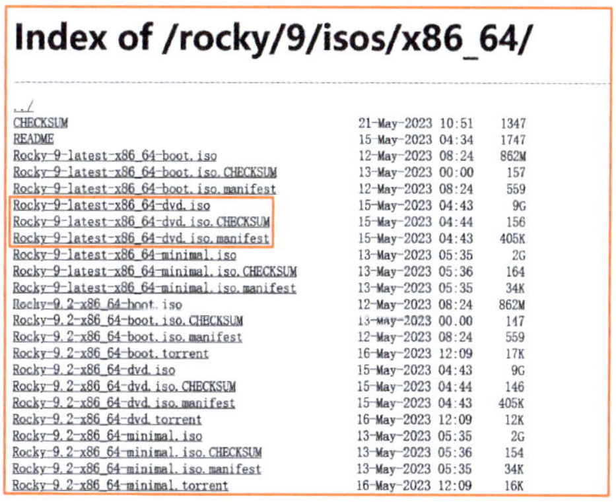

```
Index of /rocky/9/isos/x86_64/

../
CHECKSUM                                        21-May-2023 10:51    1347
README                                          15-May-2023 04:34    1747
Rocky-9-latest-x86_64-boot.iso                  12-May-2023 08:24    862M
Rocky-9-latest-x86_64-boot.iso.CHECKSUM         13-May-2023 00:00     157
Rocky-9-latest-x86_64-boot.iso.manifest         12-May-2023 08:24     559
Rocky-9-latest-x86_64-dvd.iso                   15-May-2023 04:43      9G
Rocky-9-latest-x86_64-dvd.iso.CHECKSUM          15-May-2023 04:44     156
Rocky-9-latest-x86_64-dvd.iso.manifest          15-May-2023 04:43    405K
Rocky-9-latest-x86_64-minimal.iso               13-May-2023 05:35      2G
Rocky-9-latest-x86_64-minimal.iso.CHECKSUM      13-May-2023 05:36     164
Rocky-9-latest-x86_64-minimal.iso.manifest      13-May-2023 05:35     34K
Rocky-9.2-x86_64-boot.iso                       12-May-2023 08:24    862M
Rocky-9.2-x86_64-boot.iso.CHECKSUM              13-May-2023 00:00     147
Rocky-9.2-x86_64-boot.iso.manifest              12-May-2023 08:24     559
Rocky-9.2-x86_64-boot.torrent                   16-May-2023 12:09     17K
Rocky-9.2-x86_64-dvd.iso                        15-May-2023 04:43      9G
Rocky-9.2-x86_64-dvd.iso.CHECKSUM               15-May-2023 04:44     146
Rocky-9.2-x86_64-dvd.iso.manifest               15-May-2023 04:43    405K
Rocky-9.2-x86_64-dvd.torrent                    16-May-2023 12:09     12K
Rocky-9.2-x86_64-minimal.iso                    13-May-2023 05:35      2G
Rocky-9.2-x86_64-minimal.iso.CHECKSUM           13-May-2023 05:36     154
Rocky-9.2-x86_64-minimal.iso.manifest           13-May-2023 05:35     34K
Rocky-9.2-x86_64-minimal.torrent                16-May-2023 12:09     16K
```

图 1-1　网易开源镜像网站中 Rocky Linux 9 安装镜像的下载目录

如图 1-1 所示，在安装目录中有多种类型的文件，而且镜像文件也有多种，这些文件用途见表 1-3。

表 1-3　镜像网络下载文件介绍

文　　件	说　　明
Rocky-版本号-主机架构-boot. iso	启动镜像，用于进入救援模式或者从网络安装系统
Rocky-版本号-主机架构-dvd. iso	标准安装镜像，适合大多数用户使用
Rocky-版本号-主机架构-minimal. iso	最小安装镜像，仅包括系统必需的软件包
以 CHECKSUM 或者 CHECKSUM 结尾的文件	所有镜像文件或者对应镜像文件的哈希码，用于下载后校验镜像完整性
以 manifest 结尾的文件	对应镜像文件中包括的软件包清单

本任务中要下载的是其中的标准安装镜像 Rocky-版本号-主机架构-dvd. iso 和对应的 CHECKSUM 文件。

（2）校验下载的镜像

下载文件后，需要验证文件的完整性以保证文件没有被发布者之外的第三方非法篡改。

在 Windows 系统中可以用自带的 certutil 工具来完成校验。打开命令行（cmd 或者 Power Shell）窗口，在其中执行如清单 1-1 所示的命令，计算下载镜像文件的 sha256 哈希码。

清单 1-1

```
#Windows 中计算下载镜像文件的 SHA256 哈希码
C:\Users\nbcc> certutil -hashfile E:\Downloads\Rocky-9.2-x86_64-dvd.iso SHA256
SHA256 的 E:\Downloads\Rocky-9.2-x86_64-dvd.iso 哈希:
cd43bb2671472471b1fc0a7a30113dfc9a56831516c46f4dbd12fb43bb4286d2
CertUtil: -hashfile 命令成功完成。
```

在 Linux 系统中则可用 sha256sum 命令来完成校验。在命令行中执行如清单 1-2 所示的命令，计算下载镜像文件的 sha256 哈希码。

清单 1-2

```
#Linux 中计算下载镜像文件的 SHA256 哈希码
 $ sha256sum ./Rocky-9.2-x86_64-dvd.iso
cd43bb2671472471b1fc0a7a30113dfc9a56831516c46f4dbd12fb43bb4286d2  ./Rocky-9.2-
x86_64-dvd.iso
```

计算完成后，与 CHECKSUM 文件中列出的对应镜像文件的哈希码进行比对，如果文件计算出的码和 CHECKSUM 中的哈希码相同，就证明文件完整，否则就表示所下载的文件已被非法篡改或已损坏，不建议使用这些镜像来安装系统。

微课 1-4
制作安装 U 盘

注　意

由于标准安装镜像文件较大，计算哈希码需要一些时间，并非表示系统失去响应。

1.3.4　子任务 4　制作安装介质

在下载校验完成后，还需要将 ISO 镜像文件制作成安装介质，如刻录成 DVD 光盘或制作成可引导启动的 U 盘等，方可用于安装。由于任务中的主机没有光驱，可将其制作成可引导启动的 U 盘来进行安装。

（1）在 Windows 系统中制作安装 U 盘

按照官方推荐，可以使用 Fedora Media Write 来制作安装 U 盘。安装过程如下：

1）下载并安装 Fedora Media Writer，准备好要安装的 Rocky Linux 安装镜像文件（参考子任务 3）。

2）在主机上插入 U 盘，打开 Fedora Media Writer，在主窗口中选中【选择. iso 文件】单选按钮，单击【下一步】按钮，选择安装镜像文件，如图 1-2 所示。

图 1-2　选择安装镜像文件

3）在目标设备下拉菜单中选择要使用的 U 盘，如图 1-3 所示。

4）单击【写入】按钮。进度条完成并出现“Finished”字样后，启动 U 盘就制作完成了。整个过程需要的时间具体取决于 U 盘写入速度和镜像文件的大小，如图 1-4 所示。

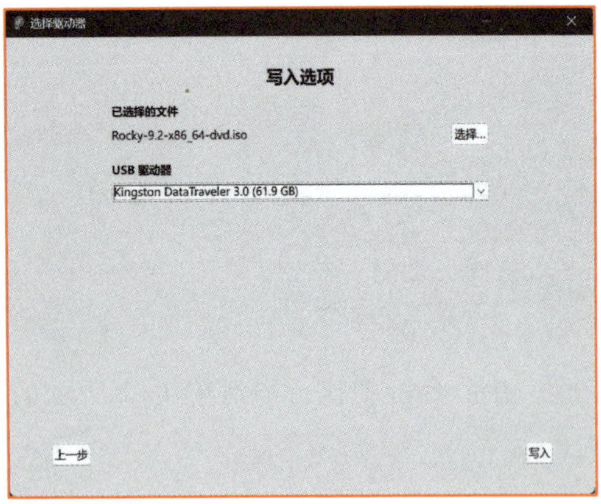

图 1-3　选择镜像文件和 U 盘

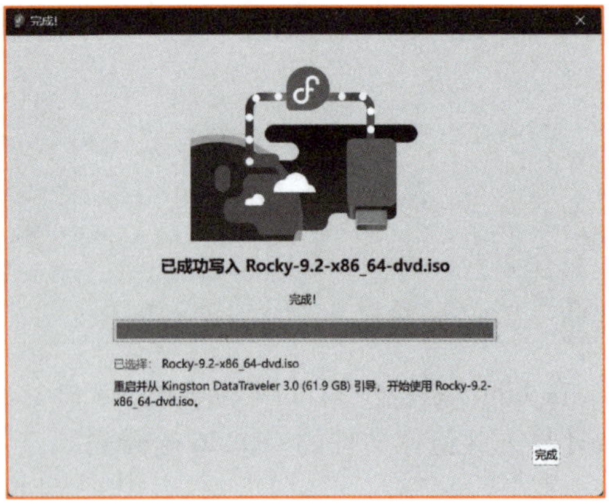

图 1-4　完成安装

注　意

可以使用 dd for Windows 或 Rawrite32 等工具来制作启动 U 盘。

(2) 在 Linux 系统中制作安装 U 盘

在 Linux 系统中制作启动 U 盘十分简单,只需要一条 dd 命令即可完成,如清单 1-3 所示。

清单 1-3

```
#这条 dd 命令的作用是将光盘镜像中的文件整个复制到 U 盘/dev/sdb 中
# dd if=/home/Rocky-9.2-x86_64-dvd.iso of=/dev/sdb bs=4M
```

注　意

命令执行期间会有较长时间没有任何输出,这并非表示系统失去响应,如果观察到 U 盘的指示灯在闪烁,请耐心等待。

在安装制作完成后,即可开始安装 Rocky Linux。

1.3.5 子任务 5 安装系统

微课 1-5
安装系统

单机安装 Rocky Linux 过程相当简单,其难点在于去理解一些陌生的概念。

注　意

文本:RHEL 标准安装手册

文本:RHEL 高级安装手册

- RHEL 系列的 Linux 系统支持以下 3 种安装方式。
  - √ 图形界面安装:包括适用于正常主机的标准安装,适用于"无头"主机,即没有显示器和键盘的主机的 VNC 远程安装,以及适用于没有光驱和 USB 接口的主机的 PXE 网络安装。
  - √ 基于系统或者云镜像安装:用于虚拟机或者云平台上,使用 Red Hat Image Builder(Red Hat 镜像构建器)构建能够适用于各种虚拟机或者云平台的系统镜像。
  - √ 高级安装:是指使用 Kickstart 工具执行无人值守的自动化安装,用于一次性在大量主机上部署系统。
- 本任务中使用的是图形界面安装方式中的标准安装,也是最普通和最简单的安装方法。

(1) 引导菜单

首先设置计算机的启动第 1 顺位为从 U 盘启动,将 U 盘插入主机的 USB 接口,重新启动计算机。计算机启动完成引导后会显示引导菜单界面,如图 1-5 所示。该引导菜单除启动安装程序外还提供一些选项。如果在 60 秒内未按任何按键,则将运行默认引导选项(第 2 个选项)。此处选择第 1 个选项立即开始安装。

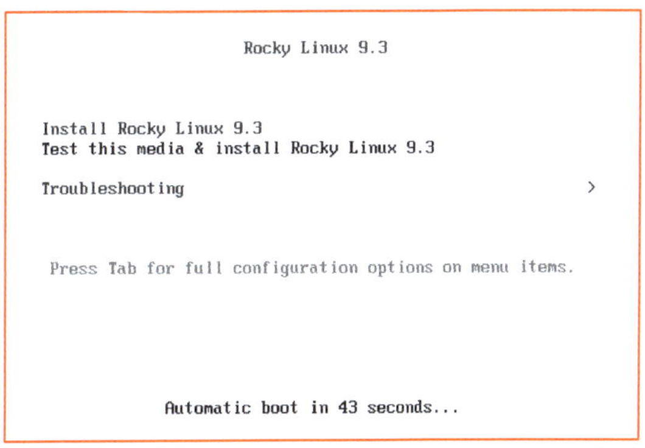

图 1-5 引导菜单界面

引导菜单选项具体用法见表 1-4。

表 1-4 引导菜单选项说明

引导菜单项	意 义
Install Rocky Linux	使用图形安装程序安装 Rocky Linux
Test this media & install Rocky Linux	开始安装 Rocky Linux 前会启动一个程序测试安装介质的完整性,默认选项
Troubleshooting	该菜单有子菜单,包含的选项可帮助用户解决一些基础的安装问题。选中后按 Enter 键显示其内容

注 意

如果不能完全确定所下载的镜像和制作的安装介质的完整性和一致性,可以选择第 2 个选项,在安装前测试安装介质,避免在安装过程中出现意外导致失败。

Troubleshooting 子菜单选项的具体用处见表 1-5。

表 1-5 Troubleshooting 子菜单选项说明

引导菜单项	意 义
Install Rocky Linux using text mode	在安装程序无法为显卡载入正确驱动程序的情况下,使用文本模式安装。一般在安装图形界面无法正常显示或者变成空白,可以重启并尝试该选项
Rescue a Rocky Linux system	修复已安装的无法正常引导的系统
Run a memory test	运行内存测试
Boot from local drive	从硬盘引导启动
Return to main menu	返回上层主引导菜单

接下来将进入 Rocky Linux 的图形安装界面。

(2) 安装语言设置

安装程序的第一个界面是设置安装语言,同时在这里选择安装的剩余阶段使用的语言。在左侧的面板中选择语言为【中文】,然后在右侧的面板中选择用户所在地区使用的具体语言为【简体中文(中国)】。

注 意

这个选择还将成为安装后系统的默认语言,除非稍后手动更改。

(3) 安装信息摘要

选择完安装过程中的语言后,单击【继续】按钮进入安装信息摘要界面,如图 1-6 所示,共有【本地化】【软件】【系统】和【用户设置】4 栏 11 个配置项。本次安装主要配置的是【软件】中的【软件选择】配置项,【系统】中的【安装目的地】【网络和主机名】和【KDUMP】配置项,以及【用户设置】中的【root 密码】和【创建用户】配置项,其他配置项保持默认即可。

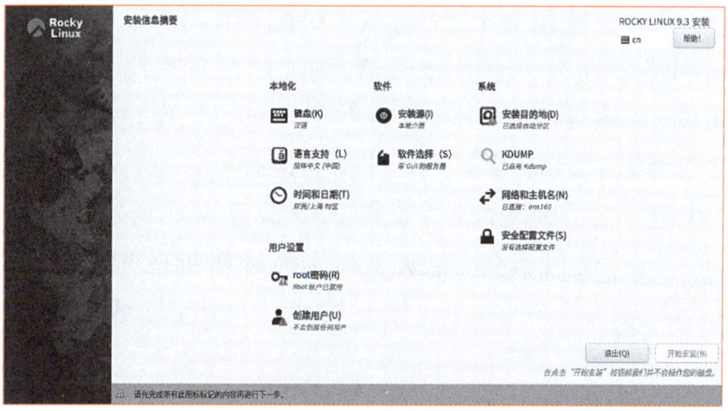

图 1-6 “安装信息摘要”界面

注　意

如配置项图标上出现黄色叹号，表示此处必须配置，否则无法进入下一步。

(4) 软件选择

单击【软件选择】图标即可进入“软件选择”界面，如图 1-7 所示。系统中的软件以若干【基本环境】的方式呈现，这些环境是预先定义的软件包组合，有特殊的目的。每个环境中都有额外的软件包可用，在【已选环境的附加软件】列表中显示。

因用户需要安装一个简单的内部服务器，因此在【基本环境】列表框中选中【带 GUI 的服务器】单选按钮，单击【完成】按钮返回“安装信息摘要”界面。

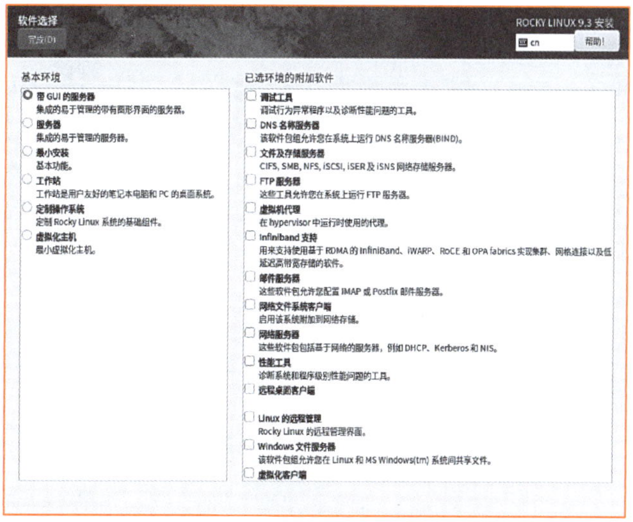

图 1-7 “软件选择”界面

(5) 网络和主机名配置

单击【网络和主机名】图标即可进入“网络和主机名”配置界面，如图 1-8 所示。安装程序将自动探测本地网络接口(Interface)，探测到的接口将被列在左侧的方框中。在右侧单击列表中的接口可显示详情。接口默认是激活的，如果要关闭网络接口，可以将界面右上角的开关转到【关闭】状态。

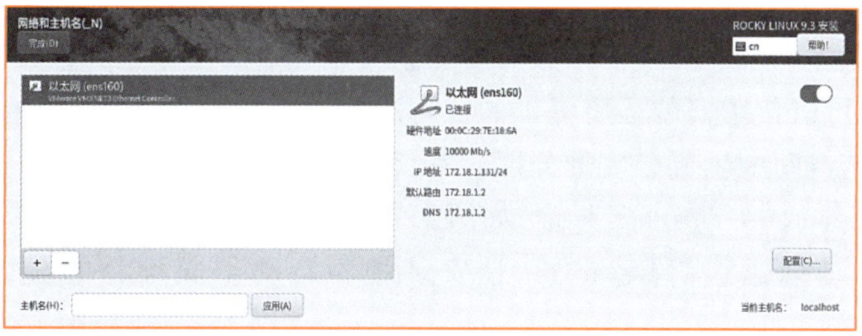

图 1-8 “网络和主机名”界面

默认情况下，安装程序默认使用 DHCP（动态主机配置协议）服务来获取网络参数，如果主机是作为终端使用且本地网络中存在 DHCP 服务器，则无须配置网络连接参数，但作为服务器的主机都需要手动配置固定的 IP 地址。单击该界面右下角的【配置】按钮，打开网络连接配置对话框，切换到【IPv4 设置】选项卡，在【方法】下拉列表中选择【手动】选项，表示手动为当前连接配置网络参数，主要包括 IP 地址、子网掩码、网关和 DNS 服务器地址，如图 1-9 所示。

在连接列表下方，可以在【主机名】文本框中输入该计算机的主机名。本任务的主机并没有特殊要求，因此保持其默认主机名 localhost。配置完成后单击【完成】按钮返回“安装信息摘要”界面。

（6）安装目标位置选择

单击【安装目的地】图标即可进入“安装目标位置”界面，如图 1-10 所示，其中列出了计算机中的本地可用存储设备。单击界面顶部方框中的磁盘图标选择要安装系统的磁盘，也可以单击【添加磁盘】按钮添加指定的附加存储设备或者网络存储设备。系统中只有一个硬盘，默认选择该硬盘。

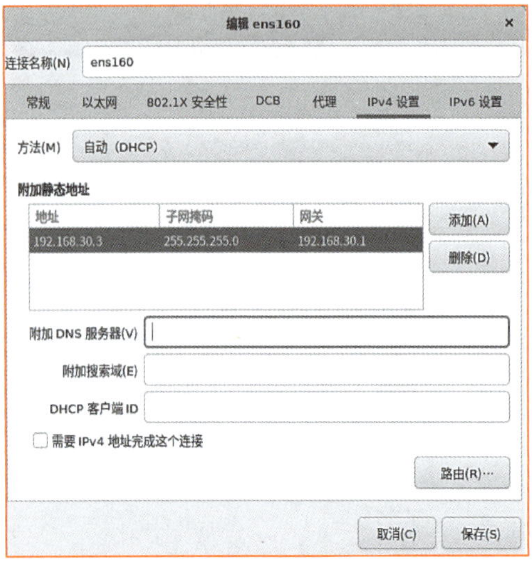

图 1-9 网络接口配置对话框

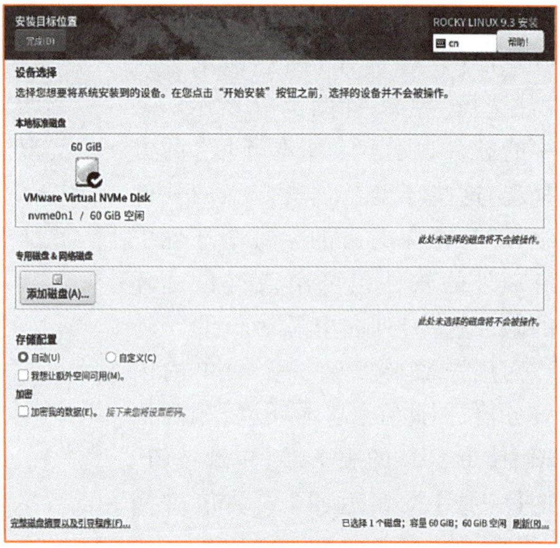

图 1-10 “安装目标位置”界面

在【存储配置】部分还可以选择如何对存储设备进行分区。可以自定义配置分区，也可以允许安装程序自动分区。

拓展阅读 1-1 分区和文件系统基础

注 意

在任务 7 中将对硬盘分区、文件系统等概念进行详细介绍。

如无特殊需求，可以使用安装程序提供的自动配置功能，保留默认选中的【自动】单选按钮，安装程序就会在存储空间中生成必要的分区。本任务中出于了解目的，选中【自定义】单选按钮后单击【完成】按钮，显示“手动分区”界面，如图 1-11 所示。

单击【点这里自动创建它们】超链接，让安装程序自动生成推荐的分区布局，如图 1-12 所示。

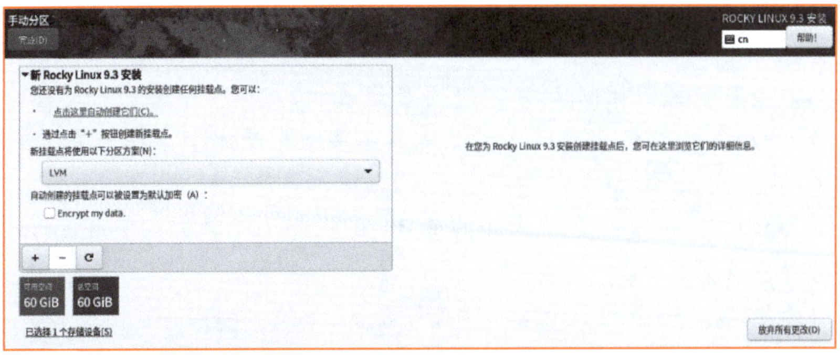

图 1-11 “手动分区”界面

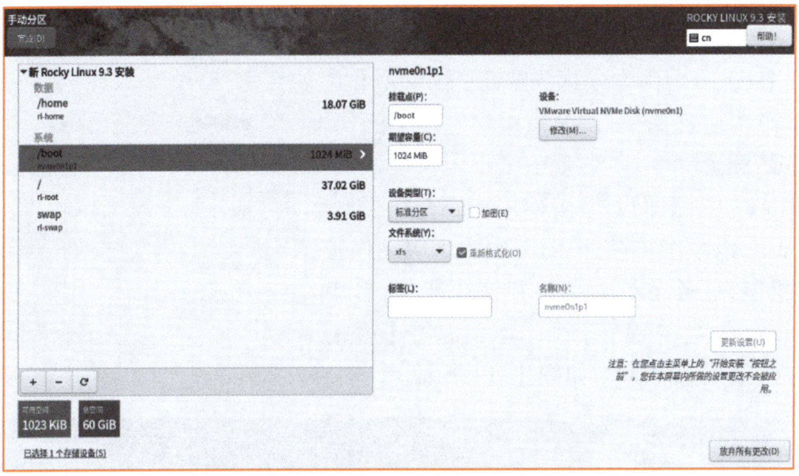

图 1-12 自动生成推荐的分区布局

官方推荐的分区布局见表 1-6。

表 1-6 推荐分区布局参数表

分　区	建议大小	说　明
home	至少 1GB	挂载到“/home”目录上，目的是将用户数据与系统数据分开保存。这个分区的大小取决于本地保存数据量、用户数量等。独立的 home 分区可让用户在不删除自身数据文件的情况下完成系统升级，或者重新安装系统
boot	500MB 以上	挂载到“/boot”目录上，该分区中放置操作系统内核，提供引导过程中要使用的文件。可以生成一个较小的分区来保存这些文件
root	10GB 以上	挂载到根目录“/”上，根目录位于目录结构的顶端，默认情况下所有文件都写入这个分区，除非目录上挂载了不同分区
swap	与主机运行负载和内存大小有关	swap 分区即交换页面或者虚拟内存。当没有足够的物理内存保存系统处理的数据时会将数据写入 swap 分区，该分区不需要也不能挂载到目录上

注 意

- 自动生成的分区中除了“/boot”分区为标准分区外，其他 4 个分区都是基于 LVM(Logical Volume Manager)的分区，使得这些分区能够灵活地扩展大小。在任务 7 中将进一步阐述和展示 LVM。
- 自动生成的分区中 swap 分区的大小为 4GB，在任务 7 中将简要阐述 swap 分区的概念及其大小的设置规则。
- 每个文件系统都有一个挂载点，它是文件系统的入口，在任务 7 中将进行详细阐述和说明。

完成分区布局设置后，单击【完成】按钮，列出划分分区和创建文件系统任务，如图 1-13 所示。单击【接受更改】按钮返回“手动分区”界面，再单击【完成】按钮返回“安装信息摘要”界面。

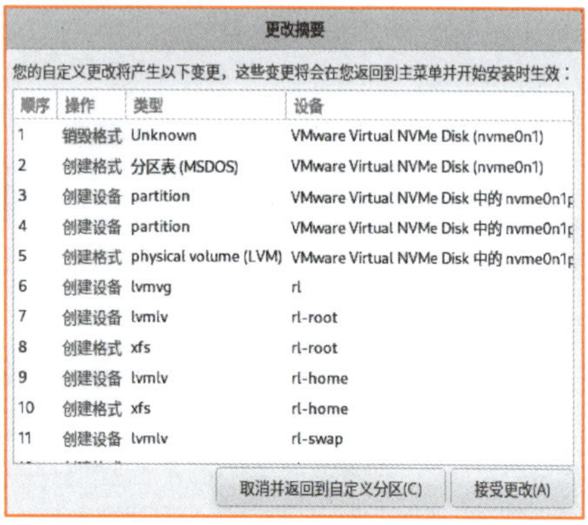

图 1-13 划分分区和创建文件系统任务清单

(7) KDUMP 配置

单击【KDUMP】图标即可进入 KDUMP 设置界面，在这里选择是否在该系统中使用 KDUMP。KDUMP 是内核崩溃转储机制，任务主机不会用到该功能，而启用 KDUMP 会占一定数量的内存，因此取消选中【启用 KDUMP】复选框，禁用 KDUMP，如图 1-14 所示。

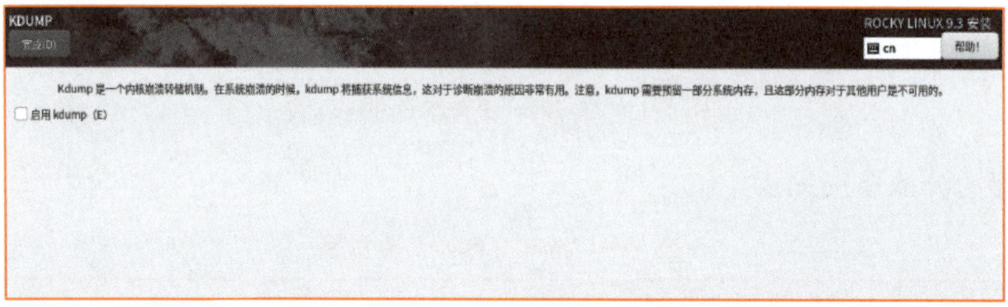

图 1-14 KDUMP 设置界面

注 意

所谓内核崩溃转储机制，就是当系统内核出现错误时，将当时的内核信息写到硬盘特定文件中，而这个文件是开发者用来定位内核崩溃原因的。

配置完成后，单击【完成】按钮返回“安装信息摘要”界面。

(8) 设置 root 密码

设置 root 用户的密码是安装过程中的一个重要步骤。单击【root 密码】图标，进入“ROOT 密码”界面，如图 1-15 所示。在相应文本框中输入新密码，在【确认】文本框中输入相同密码。由于

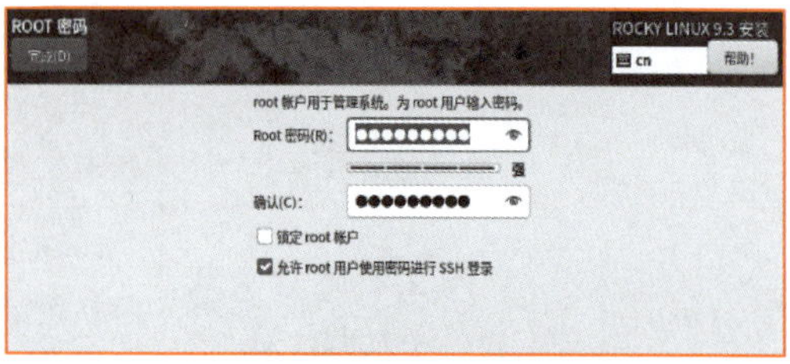

图 1-15 “ROOT 密码”设置界面

任务主机只在内部网络工作,相对较为安全,因此选中【允许 root 用户使用密码进行 SSH 登录】复选框,方便用户使用密码验证身份的方法远程登录。设定完成后,单击【完成】按钮返回"安装信息摘要"界面。

小 心

- root 用户也称根用户,该用户对系统有完全的权限,因此其用户密码的设置须非常谨慎。
- 系统对于用户的密码强度要求如下:
  √ 长度不得少于 8 个字符。
  √ 可包含数字、字母(大写和小写)及符号。
  √ 区分大、小写且应同时包含大写和小写。
  √ 不应是字典中的词汇。
- 如果主机可以通过 Internet 被访问,建议不要选中【允许 root 用户使用密码进行 SSH 登录】复选框,改为采用密钥验证身份的方法进行 SSH 登录,以提升主机的安全性。

(9) 创建用户账号

单击"安装信息摘要"界面中的【创建用户】图标,进入"创建用户"界面,如图 1-16 所示。在此可以创建一个普通用户并配置参数,建议在安装过程中执行此操作。本任务中为系统设置了一个名为 nbcc 的普通用户。

(10) 开始安装

完成"安装信息摘要"界面中上述所有内容的配置后,该菜单界面底部的警告会消失,同时【开始安装】按钮变为可用。单击【开始安装】按钮,出现"安装进度"界面,如图 1-17 所示。

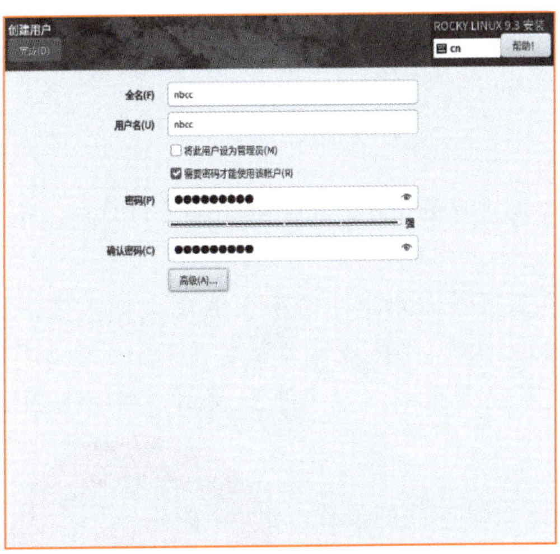

图 1-16 "创建用户"界面

图 1-17 "安装进度"界面

(11) 完成安装

成功安装 Rocky Linux 后"安装进度"界面中的【重启系统】按钮变为可用,单击该按钮。

(12) 登录系统

重启后选择用户并输入密码,登录后就可以使用 Rocky Linux 系统了,如图 1-18 所示。

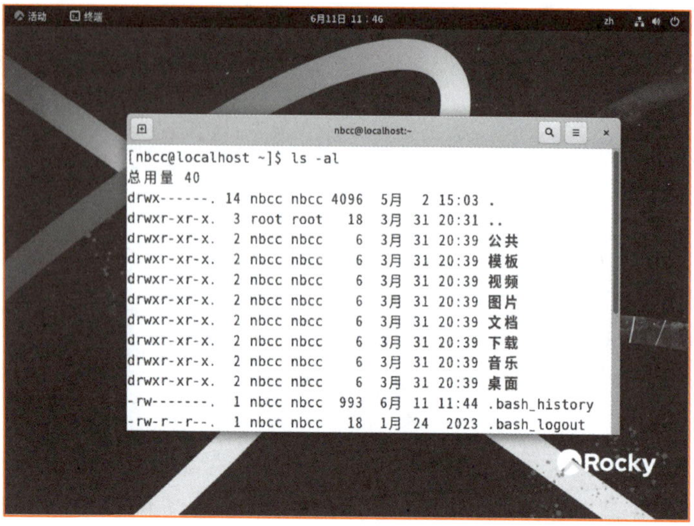

图 1-18 开始使用 Rocky Linux

至此，就完成了整个 Linux 系统安装任务。但这并不代表我们就完全掌握了系统安装的内容，还需要了解更多相关知识，动手多试试。

1.4 任务知识

1.4.1 知识点 1 Linux 基本结构

Linux 并不是某个特定的操作系统的名字，而是一大类操作系统的总称。市面上 Linux 的种类繁多，从人们使用的安卓手机到我国最快的超级计算机“神威·太湖之光”，广义上来讲使用的都是 Linux 操作系统，它们之间可谓霄壤之别。

注 意

- 所有的安卓(Android)操作系统所采用的框架都是 Android 开源系统(Android Open Source Project, AOSP)，其内核就是 Linux 内核。
- “神威·太湖之光”是由中国国家并行计算机工程技术研究中心研制的超级计算机，采用的操作系统是基于 Linux 核心的神威睿思(RaiseOS)。“神威·太湖之光”2016 年 6 月 20 日在 LINPACK 性能测试中以 93 PFLOPS 的测试结果成为世界上最快的超级计算机，于 2023 年 6 月排名世界第七。

只有了解了 Linux 的基本结构才能回答为何如此众多不同的操作系统都是 Linux 的问题。如图 1-19 所示，一个完善的 Linux 操作系统往往由以下 3 部分组成。

图 1-19 Linux 操作系统组成部分

1) 内核(Kernel)：Linux 的心脏，没有它，操作系统将无法工作。内核管理着系统的资源，并与硬件进行通信。它负责内存、进程和文件的管理。在正常情况下，内核对于普通用户是不可见的，它在自己的小世界(称为内核空间)中工作。

2）系统用户空间（System User Space）：系统级任务的管理层，在其中工作着包括各种外壳（Shell）、守护进程（Daemons）和桌面环境（Desktop Environment）在内的程序。这些程序接收用户的操作（单击或移动鼠标、使用键盘输入命令等），“翻译”成内核能够理解的形式（系统调用等）再传递给内核，有时候还需要把内核处理的结果“翻译”成用户能够理解的形式（图形、文字）进行展示。

3）应用程序（Applications）：给用户提供各种功能软件。应用的范围涵盖了从文档、图像处理等桌面工具、编程语言工具到各种服务器软件工具等。

虽然手机上的安卓操作系统与“神威·太湖之光”上的神威睿思操作系统使用的都是 Linux 内核，但这也是它们之间唯一的共同点，这两个操作系统在其他部分大相径庭。

1.4.2 知识点 2 Linux 内核

Linux 内核诞生于 20 世纪 90 年代。赫尔辛基大学的学生 Linus Torvalds① 在 1991 年 8 月，以 1987 年 Andrew S Tanenbaum 教授发布的一个用于教学用途的类 UNIX 系统 Minix 为蓝本，开发了一套新的兼容 80386 处理器操作系统内核，这是 Linux 0.0.1 版。

Linux 内核是一个自由软件，目前在 GNU 通用公共许可证②第 2 版之下发布。Linux 的内核发展到现在已经是一个非常成熟的操作系统内核，目前的稳定（stable）版本为 6.x（2025 年 3 月）③。基于 Linux 内核的操作系统在嵌入式设备、服务器到超算等领域都占据了统治地位。

1.4.3 知识点 3 Linux 发行版本

要组成一个完整的能够投入使用的操作系统，除了内核外，还需要外壳、编译器（Compiler）、函数库（Libraries）、桌面环境和各种应用程序等。GNU Project 就与 Linux 除了内核外的大部分重要软件的诞生密切相关。

GNU Project 发起于 1983 年，致力于开发一个自由并且完整的类 UNIX 操作系统，包括软件开发工具和各种应用程序。到 1991 年 Linux 内核发布之前的时候，GNU 已经几乎完成了除了系统内核之外的各种必备软件的开发。Linux 内核的发布正好恰逢其会，两者结合就诞生了 Linux 操作系统。所以，Linux 操作系统正式名称应该为 GNU/Linux，如图 1-20 所示，几乎所有 Linux 发行版本中都使用了大量的 GNU 软件。

图 1-20 GNU/Linux 是 GNU Project 和 Linux 内核的结合，GNU 的标志是非洲角马（英文恰好为 gnu）的头像，Linux 内核则以一只名为 Tux 的企鹅为标志

当然，除了少数 Linux 专家之外，多数人是没有能力去安装、配置所有应用程序并处理好它

① Linus Torvalds 也是 Git 的发明者，Git 衍生出的 GitHub 已经成为目前世界上最大的程序员社区。GitHub 让开源深入人心，影响了几乎全世界所有的程序员。

② GNU 通用性公开许可证（General Public License，GPL）是最常用的自由软件许可模式。GPL 保证了所有开发者的权利，同时为使用者提供了足够的复制、分发、修改的权利。此许可协议最新版本为第 3 版（v3），2007 年 6 月 29 日发布。

③ 可以在内核（kernel）官方网站下载内核源代码。

们之间的兼容关系，但 Linux 操作系统遵从 GNU 通用公共许可证的规定，因此在不违反 GPL 规定的前提下，个人、社区以及商业公司都能够自由地把选好的 Linux 内核、外壳、库、开发工具、外围软件合在一起进行发布，这样被发布的一个集合体就是通常所说的某一种发行版本（Distributions）。

目前，Linux 总计有数百个发行版，主流的发行版也有数十个，其中有一部分是彻底的自由软件，也有许多是商业软件，是需要支付一定使用费用的[①]。但这与"自由软件"并不矛盾：首先，GPL 并不限制软件的商业用途；其次，"自由软件"是使用权利问题，而不是使用费用的问题。

各发行版本彼此之间可能会有很大差异，这些差异主要表现在它们各自的应用程序上，还表现在安全性与可用性等方面侧重点的不同。例如，有的发行版本专注于提供良好的桌面体验，有的发行版本则适用于作为开发工作站，还有的发行版本则有良好的稳定性和安全性，可以作为网络服务器操作系统。

目前 Linux 的主流发行版本主要有 Red Hat 系列发行版本、Ubuntu、SUSE 和 Debian，国内主流版本有 Anolis OS、openEuler、麒麟、统信 UOS 等。

注 意

文本：openEuler 学习资料

- 使用上述哪个发行版本的 Linux 作为入门练手其实并无太大区别。
- 在学习的过程中，如用 RHEL、AlmaLinux、Oracle Linux（RHCK 内核）、OpenAnolis OS（RHCK 内核）来替代 Rocky Linux，可以获得几乎相同的学习体验。如果使用 openEuler[②] 来替代 Rocky Linux，在大部分情况下都可以获得相同学习体验，在部分任务的实现细节上可能会有差异。
- 针对 openEuler 差异部分，本书配套教学资源中提供了相关的拓展学习资料。

1.5 任务小结

在经历了 Linux 的第一课之后，小 Y 终于进入 Linux 的大门了。现在，小 Y 应该能够：

习题 1

1. 选择合适的 Linux 发行版本。
2. 获取安装镜像文件，并制作安装介质。
3. 以标准安装方式安装 Linux 系统。

文本：习题参考答案

同时，小 Y 应该已经了解：

1. Linux 操作系统的基本组成。
2. Linux 内核和发行版本的概念。

① 主要收取的是软件相关技术指导手册、系统更新服务、技术支持的费用，软件本身一般来说是无须付费的。

② 华为的 openEuler 操作系统采用的是基于上游 Linux Kernel 自主研发的内核，其并不兼容 RHEL。

任务 2 与 Linux 交互

——与君初相识，犹如故人归。

2.1 任务场景

在老 L 的帮助下，小 Y 终于完成了 Rocky Linux 的安装，但是麻烦总是不请自来：如何与主机打交道呢？比如部署好的主机要放到机柜中去，如何关机呢？按关机键？拔电源？放到机房后怎么远程控制主机呢？下面就和小 Y 一起来完成这个任务吧。

PPT：任务 2 与 Linux 交互

2.2 任务内容

经过一番研究后，小 Y 发现要面对的问题主要可以分解为 3 部分，包括：

1. 通过何种方法与 Linux 进行交互。
2. 如何安全地关闭系统。
3. 如何使用帮助文档。

那么，首先要了解哪些知识，又该从哪里着手做起呢？没关系，先跟着往下做。

2.3 任务实施

2.3.1 子任务 1 初识 bash

Linux 内核工作在它的独立小世界——内核空间（Kernel Space）中，普通用户是无法随意接触到内核空间中的数据的。那么如何与内核打交道呢？正常情况下，就要用到内核的一个重要功能接口——系统调用接口（System Call Interface），这是用户与内核交互的唯一途径。

微课 2-1 初识 bash

虽然使用系统调用接口的方法有很多，但作为一个普通的 Linux 用户，一般还是倾向于使用系统用户空间（System User Space）中提供的现成工具来与内核打交道，其中最重要的一个工具就是与内核相对应的外壳（shell）。

微课 2-2 图形还是文本——一分为二看问题

简单来说，shell 就是一种能让用户与 Linux 内核之间进行“对话”的软件，其呈现形式是命令行（Command Line Interface，CLI），即用户利用文本命令来组织和控制作业的执行，shell 等待用户文本输入，再向 Linux 内核解释用户的输入，并且处理各种各样的输出结果，最后把这些结果以文本展示给用户。这种交互可以是即时交互(从键盘输入,并且可以立即得到响应),也可以是非即时交互(shell 脚本①)。

Rocky Linux 系统上的默认 shell 叫作 bash(The GNU's Bourne Again Shell)。bash 也是绝大部分 Linux 平台上的默认 shell。

注　意

- 事实上,系统用户空间(System User Space)中除了 shell 外,往往还有另外一种可以与内核打交道的工具——桌面环境(Desktop Environment)。与 shell 不同,桌面环境的呈现形式一般是图形界面(Graphical User Interface,GUI),即用户通过单击或拖动图像图标来完成交互。
- 对 CLI 和 GUI 应该持开放的态度,它们只是解决不同问题的工具,完全不存在孰优孰劣的问题:运维技术员肯定觉得 CLI 比较好用,而美工则会觉得 GUI 更好。在本书中基本没有用到桌面环境,这只是因为在完成这些任务时用 shell 更加趁手,仅此而已。

(1) 默认命令提示符

当文本模式下登录系统或在图形界面下打开虚拟终端,首先看到的是一个提示符(Prompt)。提示符本身就包含了相当多的信息,如 Red Hat 系列 Linux 的默认提示符包括了 4 部分信息:① 登录用户名(User Name);② 登录主机名(Host Name);③ 用户当前所在的目录(Working Directory);④ 提示符号(Prompt Character),如图 2-1 所示。

图 2-1 Red Hat 系列 Linux 默认命令提示符

其中,nbcc 为登录用户名,localhost 为登录主机名,"~"表示当前用户正处在 nbcc 用户的家目录中,"$"则表示当前登录用户为普通用户。

拓展阅读 2-1 远程登录主机

微课 2-3 使用 SSH 协议远程联机

微课 2-4 配置 SSH 密钥身份验证

注　意

- 根据 Bourne Shell 的传统,普通用户的提示符以"$"结尾,而根用户以"#"结尾。
- "~"符号不是一个固定的目录名称,而是一个"shell 变量",代表使用者的"家目录"。例如,如果以 dev01 用户身份登录系统,dev01 的家目录是/home/dev01,那么"~"就代表/home/dev01;如果以 root 身份登录系统,而 root 的家目录是/root,那么"~"就代表/root。

此时就可以输入命令了。为熟悉 bash,以下介绍 6 个有代表性的命令,分别为 whoami、echo、date、cat、nano 和 shutdown。

注　意

Linux 中的命令(Command),本质上是一个可执行(Runnable)的二进制文件或者 shell 脚本。这些可执行文件一般都放在/bin、/sbin、/usr/bin 或者/usr/sbin 等目录中,当要执行命令时,shell 就会在这些目录或者其他用户指定的目录中搜

① shell 脚本是放在文件中的一串 shell 和操作系统命令,它们可以被重复使用。简单来说,shell 脚本就是将命令行命令简单地组合到一个文件中。

索相应可执行文件,找到以后就运行;如果找不到文件,shell 就会在终端输出相应的错误信息。

(2) 不带参数的 whoami

在命令提示符后键入 whoami 命令,然后按<Enter>键,命令将输出当前登录用户的用户名,如清单 2-1 所示。

清单 2-1

```
$ whoami
stu
```

通过 shell 给 Linux 下达一个不带参数和选项的命令很简单:只要在提示符后输入命令,再按<Enter>键,就可以执行这个命令,并在终端里输出相应的结果(如果有),命令结束后,再给出新的提示符;如果出错,一般会在终端输出相应的错误信息,然后再给出新的提示符,如清单 2-2 所示。

清单 2-2

```
$ whoAmi            #Linux 中的命令是大小写敏感的
Bash: whoAmi: command not found
```

whoami 命令不接受参数,有且只有--version 和--help 两个选项。如果跟上选项,whoami 命令会给出不同的输出,如清单 2-3 所示。

清单 2-3

```
$ whoAmi --version           #输出 whoami 的版本信息
whoami (GNU coreutils) 8.32
Copyright (C) 2020 Free Software Foundation, Inc.
...此处省略若干行
```

注　　意

- Linux 区分大小写,即 whoami 和 whoAmi 是不一样的。
- Linux 中的命令往往会带若干选项(Options)或者参数(Parameters),二者对于命令来说相当重要。
  - √ 选项:包括一个或多个字符的代码,一般来说前面有一个“-”或“--”符号(“-”开头的称为短选项,只有一个字符;“--”开头的称为长选项,由多个字符组成)。选项可被看作一种开关,用于控制命令的行为。Linux 命令至少会有--help 和--version 两个选项。
  - √ 参数:一个字符串,参数一般用来向命令传递一些运行所需的信息(如文件名),并不是所有的命令都接收参数。
- 命令本身、选项和参数中间用空格来分隔,不论空多少格,都视为一格。

命令 whoami

用法:whoami [选项]...

- 显示与执行该命令的用户名。
- whoami 命令的选项见表 2-1。

表 2-1 whoami 命令选项及其说明

选 项	说 明
--help	显示此命令的帮助信息
--version	显示命令的版本信息

(3) 带参数的 echo 和 date

echo 和 date 这两个命令相对复杂,不仅有很多选项,而且可以跟参数。

echo 命令最简单的使用方法就是在命令提示符后直接输入 echo,空格之后跟上一个字符串,如"Hello, Linux world.",然后按<Enter>键,命令将在屏幕上回显此字符串。该命令带的参数就是字符串"Hello, Linux world.",如清单 2-4 所示。

清单 2-4

```
$ echo "Hello, Linux world."
Hello, Linux world.
```

echo 命令可以带选项,如在 echo 后跟上 -n 选项,表示在回显指定字符串后不换行,如清单 2-5 所示。

清单 2-5

```
$ echo -n "Hello, Linux world."
Hello, Linux world. $
```

或者跟上-e 选项,输出以反斜杠开头的转义字符,其中,\t 表示制表符,\n 表示换行,如清单 2-6 所示。

清单 2-6

```
$ echo -e 序号\\t 姓名\\t 成绩\\t 备注\\n1\\t 张三\\t59\\t 补考
序号  姓名  成绩  备注
1     张三  59    补考
```

注 意

- 所有的 ASCII 码都可以用"\"加数字(一般是八进制数字)来表示。而 C 语言中定义了一些字母前加"\"来表示常见的那些不能显示的 ASCII 字符,如\0、\t、\n 等,称为转义字符,因为后面的字符都不是它本来的 ASCII 字符的意思了。
- echo 命令中的转义字符与 C 语言中的转义字符类同,在本任务的知识点 2 中将对 echo 命令进一步说明和展示。

date 命令最简单的使用方法就是在命令提示符后输入 date,以默认的格式显示当前时区的日期和时间。如果加上-u 选项,就会显示当前格林尼治日期和时间,如清单 2-7 所示。

清单 2-7

```
$ date              #以默认格式显示当前时区的日期和时间
2024年12月06日 星期五 09:30:48 CST
$ date -u           #以默认格式显示格林尼治日期和时间
2024年12月06日 星期五 01:32:27 UTC
```

date 命令可以接受特定格式参数来指定日期和时间的格式，如清单 2-8 所示。

清单 2-8

```
$ date +"%Y-%m-%d %H:%M:%S"
2024-12-06 09:34:24
```

注　意

在本任务的知识点 2 中将对 date 命令进一步说明和展示。

（4）以文件作为参数的 cat

cat 命令（concatenate 的缩写，顾名思义，就是把东西串起来）是 Linux 中最常用的一个命令。该命令最常见的用途是查看或者合并文本。cat 最简单的使用方法是在提示符后输入 cat，并跟上一个文本文件名如“/home/nbcc/scores.txt”作为参数，cat 的作用就是将这个文本文件的内容输出到命令行中，如清单 2-9 所示。

清单 2-9

```
$ cat /home/nbcc/scores.txt
张三        62        及格
李四        70        中等
王五        91        优秀
赵六        83        良好
```

注　意

在本任务的知识点 2 中将对 cat 命令进一步说明和展示。

（5）有自己界面的 nano

nano 是一个文本编辑器。nano 命令与以上 3 个命令不一样，该命令有自己的界面。在命令行下输入 nano，按<Enter>键，打开 nano 界面，如图 2-2 所示。此时可以在光标处输入文本，并可以用箭头键来移动光标。

如图 2-3 所示，输入一段文字后，如果要保存，按<Ctrl+o>组合键，在提示框中输入文件名，按<Enter>键，显示“已写入××行”字样，表示文件保存成功，如图 2-4 所示。保存完成后按<Ctrl+x>组合键退出 nano。

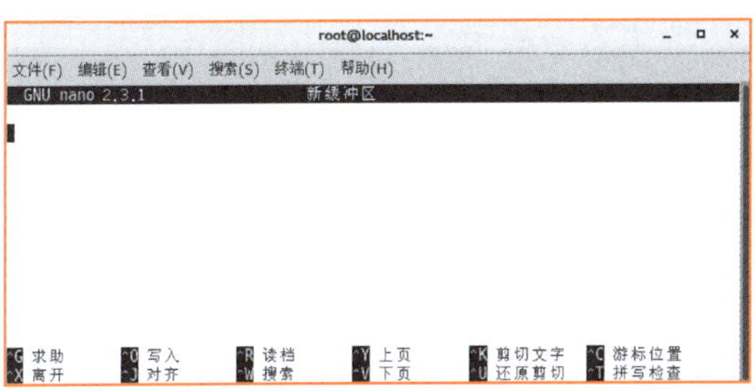

图 2-2　nano 界面

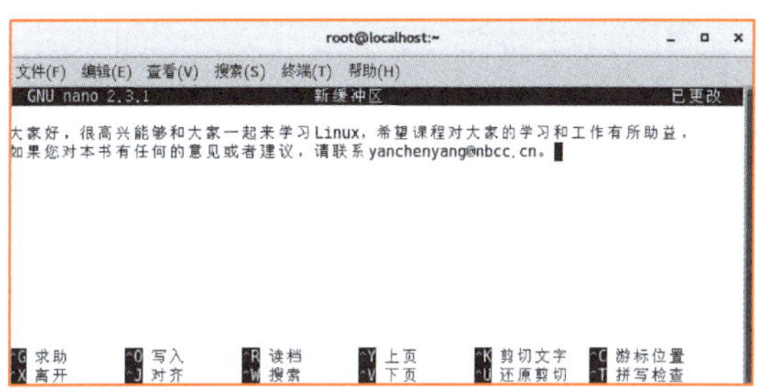

图 2-3　在 nano 中输入一段文本

注　意

在本任务的知识点 2 中将对 nano 命令进一步说明和展示。

(6) 关机命令 shutdown

在了解了如何与系统进行交互后，小 Y 还要面对最后一个问题：将刚刚装好的主机关闭。主机并没有投入使用，因此除了已经登录的本地用户外，系统中没有其他用户，也没有使用中的服务或进程，可以直接使用 shutdown 命令关机。

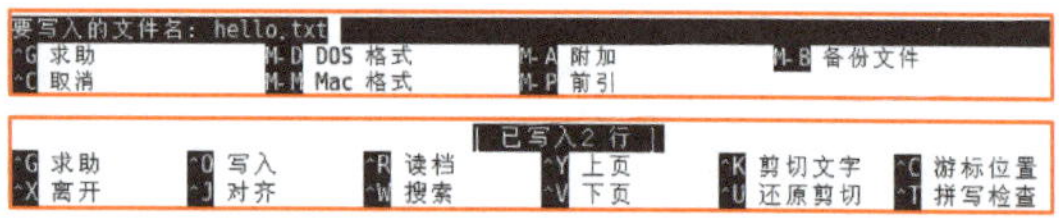

图 2-4　nano 保存文件

小　心

- 对于生产环境下的 Linux 主机尤其是提供敏感或者重要服务的主机来说，关机或者重启是系统管理员要给予充分重视的一件大事：不恰当或者不正确的关机和重启操作，轻则可能造成服务中断，重则导致数据丢失或者出错，造成不可挽回的损失。
- 若需要关闭或者重启工作环境下的 Linux 主机，在生产环境中正确的做法应该分 3 步：首先，查看在线用户和在线服务；然后，通知用户关机/重启原因和时间安排；最后，下达关机命令。

由于本机是用一个普通用户登录的系统，因此需要先执行 su - root 命令来切换为 root 用户身份，因为只有 root 用户才有权限执行 shutdown 命令。命令后面跟了一个选项-h，表示是完全关闭系统（包括电源）；后面又跟了一个时间参数 3，表示在 3 分钟内关机，如清单 2-10 所示。

清单 2-10

```
$ su - root                 #切换为 root 用户
密码:
# shutdown -h 3             #在 3 分钟内关机并关闭主机电源
Shutdown scheduled for Thu 2024-12-13 19:01:29 CST, use 'shutdown -c' to cancel.
```

注　意

- su 是用户切换命令，su-root 指的是切换为 root 用户身份。在任务 6 中将详细讨论 su 命令。
- 在本任务的知识点 2 中将对 shutdown 命令进一步说明和展示。

2.3.2 子任务 2 使用帮助文档

微课 2-5
使用帮助文档

常言道“授人以鱼不如授人以渔”。小 Y 虽然完成了任务，但他还是决定花时间好好了解一下如何使用 Linux 中的重要工具——帮助文档。

(1) man

man 命令是 Linux 中最常用的帮助命令，man 是 manual 的缩写，用来查看系统中自带的各种帮助文档。例如，查看 who 命令的帮助文档，输入 man who 即可，如清单 2-11 所示。

清单 2-11

```
$ man who
```

这时就来到 who 命令的帮助文档中，如清单 2-12 所示。

清单 2-12

```
WHO(1)                         User Commands                         WHO(1)
#上面括号里面的数字是有意义的
NAME                      #这个程序的名称和简单用途的说明
       who - show who is logged on
SYNOPSIS                  #程序概要，也即其简单格式
       who [OPTION]... [ FILE | ARG1 ARG2 ]
DESCRIPTION               #程序详细说明，包括选项与参数的用法
       Print information about users who are currently logged in.
       -a, --all
              same as -b -d --login -p -r -t -T -u
...此处省略若干行
AUTHOR                    #程序的作者
       Written by Joseph Arceneaux, David MacKenzie, and Michael Stone.
REPORTING BUGS #如果发现 bug 可以联系的电子邮件
       Report who bugs to bug-coreutils@gnu.org
       GNU coreutils home page: <http://www.gnu.org/software/coreutils/>
       General help using GNU software: <http://www.gnu.org/gethelp/>
       Report who translation bugs to <http://translationproject.org/team/>
COPYRIGHT                 #程序的许可协议
       Copyright © 2010 Free Software Foundation, Inc.  License GPLv3+: GNU
       GPL version 3 or later <http://gnu.org/licenses/gpl.html>.
       This is free software: you are free to change and redistribute it.
       There is NO WARRANTY, to the extent permitted by law.
SEE ALSO                  #何处获取程序的完整文档
       The full documentation for who is maintained as a Texinfo manual.  If
       the info and who programs are properly installed at your site, the command
              info coreutils 'who invocation'
       should give you access to the complete manual.
GNU coreutils 8.4              November 2011                         WHO(1)
```

命令的 man 帮助文档中可能包括的部分见表 2-2。

表 2-2 man 文档常见部分及说明

部 分	内 容 说 明
NAME	程序的名称和简单用途的说明
SYNOPSIS	程序概要，即其简单用法格式
DESCRIPTION	程序详细说明，包括选项、参数、子命令等的用法

续表

部　分	内容说明
COMMANDS	可以在此程序中使用的内部命令
FILES	这个程序或数据所使用或者相关的某些文件
EXAMPLE	这个程序使用的一些参考的样例
AUTHOR	程序的作者
COPYRIGHT	程序的许可协议
SEE ALSO	其他要说明的事项

在 man 命令中，可以使用表 2-3 所示的快捷键进行翻页、翻屏、定位、查找和退出等操作。

表 2-3　man 命令的常用快捷键

快　捷　键	功　　能
空格键/b	向后翻一屏/向前翻一屏
Enter/k	向后翻一行/向前翻一行
G/g	跳转到文件头/跳转到文件尾
/关键字	从当前光标所在行开始，向文件尾部查找
? 关键字	从当前光标所在行开始，向文件头部查找
n/N	在查找匹配内容中，前/后跳转
q	退出

注　意

在 Red Hat 系列操作系统中，man 命令默认调用文本查看命令 less 来显示帮助文档，因此，man 命令的快捷键就是 less 命令的快捷键（在任务 5 的知识点 5 中会详细阐述 less 命令）。

注意，man 命令的同一个关键字可能会有多个结果，这是因为使用 man 命令所查看的不仅仅是命令的帮助文档，而是整个系统的帮助文档。man 命令将帮助文档分为多个节（Section），也可以理解为不同的主题章节。Section 用数字或字母序号加以区分，如最顶层的 Section 分类见表 2-4。有时候还会出现类似 1p 这样的序号，这是带有后缀的 Section 序号，后面的字母 p 相当于子 Section。

表 2-4　系统帮助文档 Section 分类

序　号	说　明
1	可执行程序或者 shell 命令的帮助文档
2	系统调用的帮助文档
3	标准 C 语言库函数调用的帮助文档
4	特殊文件，也就是/dev 下的各种设备文件和驱动文件的帮助文档

续表

序　号	说　明
5	一些文本文件或者配置文件的格式信息的帮助文档
6	游戏和屏保的帮助文档,基本不用
7	其他一些杂项的帮助文档,如 Linux 文件系统、网络协议说明等
8	系统管理命令的帮助文档,这些命令只能由 root 使用
9	内核指令的帮助文档

可以使用 whatis 命令来查看与特定关键字相关的所有 Section 及简要说明。如清单 2-13 所示,查看哪些 Section 涉及 shutdown 相关内容。

清单 2-13

```
# whatis shutdown
shutdown (8)          - 关闭系统
shutdown (2)          - shut down part of a full-duplex connection
shutdown (3p)         - shut down socket send and receive operations
```

可以看出,分别在 Section 8、2 和 3p 中存在着 shutdown 相关主题,当然其内容是截然不同的。

在 man 命令后跟上 Section 序号,可以指定在哪个 Section 中查找相关内容。例如,执行 man 8 shutdown 和 man 2 shutdown 命令的显示结果分别如清单 2-14 和清单 2-15 所示。清单 2-14 中显示的是系统命令 shutdown 的帮助文档,而清单 2-15 中显示的是 Linux 系统调用中 shutdown 调用函数的帮助文档。

清单 2-14

```
# man 8 shutdown
SHUTDOWN(8)          Linux System Administrator's Manual          SHUTDOWN(8)

NAME
       shutdown - 关闭系统
总览 SYNOPSIS
       /sbin/shutdown [-t sec] [-arkhncfF] time [warning-message]
描述 DESCRIPTION
     shutdown 以一种安全的方式关闭系统。所有登录用户都可以看到关机信息提示,并且 login(1)将被
     阻塞。可以指定立刻关机,也可以指定系统在一定的延时后关机。
...此处省略若干行
```

清单 2-15

```
# man 2 shutdown
SHUTDOWN(2)              Linux Programmer's Manual              SHUTDOWN(2)

NAME
       shutdown - shut down part of a full-duplex connection
```

```
SYNOPSIS
       #include <sys/socket.h>
       int shutdown(int sockfd, int how);

DESCRIPTION
       The shutdown() call causes all or part of a full-duplex connection on the socket
associated with sockfd to be shut down.
...此处省略若干行
```

（2）help

但是小 Y 随后就发现了 man 命令并不能查看所有命令的帮助文档。例如，用 man 命令查看 alias 命令，显示的是一个名为 BASH_BUILTINS(1)的文档，如清单 2-16 所示。

清单 2-16

```
BASH_BUILTINS(1)             General Commands Manual            BASH_BUILTINS(1)

NAME     #
        bash,  :,  .,  [,  alias,  bg, bind, break, builtin, caller, cd, command,
        compgen, complete, compopt, continue, declare, dirs,  disown,  echo,  en-
        able,  eval, exec, exit, export, false, fc, fg, getopts, hash, help, his-
        tory, jobs, kill, let, local, logout, mapfile, popd, printf, pushd,  pwd,
        read,  readonly, return, set, shift, shopt, source, suspend, test, times,
        trap, true, type, typeset, ulimit, umask, unalias,  unset,  wait  -  bash
        built-in commands, see bash(1)
...此处省略若干行
```

该文档中列出的这些命令都是 shell 内建命令(Built-in Commands)，而这些命令的帮助文档只能使用 help 命令而无法用 man 命令来查看。

注 意

- shell 中的命令分为两类：内建命令和外部命令。
- 内建命令实际上是 shell 的一部分，这些命令由 shell 程序识别并在 shell 内部完成运行，其执行速度比外部命令快。help 本身就是一个内建命令。
- 外部命令就是除了内建命令以外的所有命令。

因此，要查看 alias 命令的帮助文档，输入 help -m alias 即可，其中选项-m 的作用是让 help 调整输出的帮助文档格式(仿照 man 命令)，使其具有较好的可读性，如清单 2-17 所示。与 man 命令不同，help 命令是将帮助文档直接输出到命令行上。

清单 2-17

```
$ help -m alias
NAME
    alias - 定义或显示别名。
SYNOPSIS
    alias [-p] [名称[=值] ... ]
```

```
DESCRIPTION
    定义或显示别名。
    不带参数时，'alias' 以可重用的格式
...此处省略若干行
```

注　意

- 除了 man 和 help 命令之外，Linux 还提供了另外一个帮助文档命令 info，可以将该命令作为前两个命令的补充。
- info 与 man 命令的用法类似，其区别如下：
  - √ 支持 man 命令的帮助文档默认放置在/usr/share/man/目录中，支持 info 命令的帮助文档则默认放置在/usr/share/info/目录中。
  - √ man 命令调用文本显示命令 less 一次性输出帮助文档全部信息；而 info 命令则是将帮助文档拆分成一个个段落，每个段落用自己的页面来编写，并且在各个页面中还有类似网页链接的 tag 来进行跳转。每个独立页面也被称为一个节点。

到此为止，3 个问题都解决了，仔细回顾一下，可以发现在过程中还是有许多生疏的地方。当然，这些内容在后面的任务中还会接触到，但是可以考虑稍微再练习及总结归纳一下。常言道，"无他，唯手熟尔"，这句话也同样适用于 Linux 的学习。

2.4　任务知识

2.4.1　知识点 1　bash 技巧

在 Red Hat 系列 Linux 中默认的 shell 是 bash(The GNU's Bourne Again Shell)，几乎所有发行版本的 Linux 和绝大部分的 UNIX 操作系统都支持 bash。bash 是一个强大的工具，它不仅是一个命令解释器，而且也是一种功能强大的编程语言。

注　意

- 作为系统与管理员之间的最主要、最常用的交互接口，bash 也是管理员最常用的工具，因此学习 bash 是值得且必须的。
- 在大部分 Linux 版本中，都提供对多种 shell 的支持。除了 bash 外，常用的 shell 还有 Bourne Shell、Korn Shell、C Shell 等。shell 的常规用法都差不多，在某些语法和功能上会有一些区别。
- 在任务 5 中，将初步接触 bash 脚本编程。

本节将介绍 bash 4 个方面的入门知识。

(1) 命令行自动补全

在命令提示符状态下，当输入某些字符，再按两次<Tab>键，就会列出所有以输入字符开头的可用命令。如果只有一个命令匹配到，按一次<Tab>键就自动将该命令补全。该功能被称作命令行自动补全(Bash Completion)，其功能非常有用，而且会被经常使用。

默认情况下，bash 可以自动补全文件名和目录路径、bash 变量、用户名、主机名等多类对象。

范例 2-1：输入 shu 后按一次<Tab>键，bash 会自动补全命令 shutdown，如清单 2-18 所示。

清单 2-18

```
$ shut<Tab>
#在 shut 后按一次<Tab>键
```

范例 2-2：查看当前目录下名为 itsaverylongandtediousfilename 的文件的类型。在 file 命令后空格并输入文件的首字母 i，再按一次<Tab>键，由于当前目录中只有一个 i 打头的文件，因此 bash 会自动补全这个很长的文件名，如清单 2-19 所示。

清单 2-19

```
$ ls
itsaverylongandtediousfilename.txt  samba_users  公共  视频  文档  音乐
saas.cfg.bak                       sample.txt  模板  图片  下载  桌面
#在 file 命令后空格并输入 i，再按一次<Tab>键
$ file i<Tab>
```

范例 2-3：在 file 命令后空格并输入 sa，再按两次<Tab>键，自动补全功能会列出当前工作目录下以 sa 开头、可供执行 file 操作的文件列表，如清单 2-20 所示。

清单 2-20

```
#在 file 命令后空格并输入 sa，再按两次<Tab>键
$ file sa<Tab><Tab>
saas.cfg.bak  samba_users   sample.txt
```

范例 2-4：在 cd 命令后输入/etc/sysconfig/n，再按一次<Tab>键，bash 会自动补全路径/etc/sysconfig/network-scripts，如清单 2-21 所示。

清单 2-21

```
$ cd /etc/sysconfig/n<Tab>
#在/etc/sysconfig/n 后按一次<Tab>键
```

范例 2-5：在 ssh 命令后空格并按两次<Tab>键，自动补全功能会提供可供执行 file 操作的主机名列表，如清单 2-22 所示。

清单 2-22

```
#在 ssh 命令后空格再按两次<Tab>键
$ ssh <Tab><Tab>
::1                        localhost4.localdomain4  localhost.localdomain
localhost                  localhost6
localhost4                 localhost6.localdomain6
```

注　意

这里所示的仅仅是 bash 的标准命令行自动补全功能，此外 bash 还提供了“可编程的命令行

补全功能(Programmable Completion)”,用来实现更加复杂的、自定义的命令行补全。

(2) 历史命令

在默认情况下,所有通过 bash 在命令行中执行过的命令都先存放在内存的缓冲区中,该缓冲区被称为历史命令列表。等 bash 退出时,会将历史命令列表写入历史命令文件~/.Bash_history 中。

系统管理员可以看到系统中所有用户执行过的命令清单,用户则可以看到自己的命令历史。可以用快捷键(表 2-5)或者 history 命令查看或重新执行这些历史命令。

表 2-5 查看或重新执行历史命令的快捷键

快 捷 键	功 能
!n	重新执行第 n 条命令,n 表示历史命令列表中的序号
!!	重新执行上一条命令
!string	执行最近用到的以 string 开始的历史命令
上下箭头	遍历历史命令

shell 内建命令 history

用法:history[选项][历史命令文件]

- 列出/编辑历史命令列表
- history 命令的常用选项见表 2-6。

表 2-6 history 命令的常用选项

选 项	说 明
-c	清空历史列表,删除所有条目
-d offset	删除历史列表中 offset 位置的历史命令条目
-a	将“新”的历史条目(自当前 bash 会话开始输入的历史命令)追加到历史文件中

范例 2-6:显示执行过的前 5 条命令,如清单 2-23 所示。显示有两列,第 1 列是命令在历史命令列表中的序号,第 2 列就是命令本身。如果不带数字,执行 history 会显示整个历史命令列表。

清单 2-23

```
# history 5                #显示最近执行过的 5 条命令
 844  who -H
 845  who -Hu
 846  man who
 847  info who
 848  who -u stu
```

范例 2-7:执行上一条命令,如清单 2-24 所示。范例中输出有两行,第 1 行是上一条命令本身,第 2 行是上一条命令的输出。

清单 2-24

```
#执行一条 echo 命令,回显一个字符串
# echo "Hello,history."
Hello,history.
#执行上一条命令,即 echo 命令
# !!
echo "Hello,history."
Hello,history.
```

范例 2-8:执行上一条命令和最近一条以 sh 开头的命令,如清单 2-25 所示。该条命令没有输出,原因很简单:最近执行的以 sh 开头的一条命令是 shutdown now,该命令导致机器立即关机。

清单 2-25

```
#执行最近一条以 sh 开头的历史命令
#!sh
```

小　心

除非清楚地了解以前执行过什么命令,否则最好还是使用查看命令确认后,再使用"!"来执行历史命令,特别是 root 用户。

(3) 命令别名

当频繁地使用选项和参数较为复杂的某条命令时,可以用 alias 命令为它创建一个简单的别名。以下用两个范例说明如何使用 alias 命令定义和查看别名。

shell 内建命令 alias

用法:alias[别名[='命令名称']]

- 创建别名或将现有别名输出。
- 如果"别名"参数不是一个有效的名称,则会显示一条错误消息。
- 不加任何选项和参数,会输出当前环境下用户定义的所有别名。

范例 2-9:定义两个别名,如清单 2-26 所示。

清单 2-26

```
#创建用一个名为"关机"的关机命令别名
$ alias 关机='shutdown now'
#创建用一个名为"hello"的 echo 命令别名
$ alias hello='echo "Hello,world."'
```

范例 2-10:查看当前环境下本用户定义的别名,如清单 2-27 所示。

清单 2-27

```
# alias        #除了范例 2-9 中定义的两个别名外,其他别名是系统帮助定义的
alias egrep='egrep --color=auto'
```

```
alias fgrep='fgrep --color=auto'
alias grep='grep --color=auto'
alias hello='echo "Hello,world."'
alias l.='ls -d .*--color=auto'
alias ll='ls -l --color=auto'
alias ls='ls --color=auto'
alias vi='Vim'
alias which='alias |/usr/bin/which --tty-only --read-alias --show-dot --show-tilde'
alias 关机='shutdown now'
```

注　　意

- alias 命令仅对该次登录系统有效。
- 如果希望每次登录系统都能够使用该命令别名，可以编辑 ~/.bashrc 文件（root 用户是 /root/.bashrc，普通用户是/home/用户名/.bashrc），在其中按照 alias 别名='命令名称' 格式写入要添加的别名，保存并退出.bashrc 文件，注销后再次登录系统，别名就永久生效了。

（4）元字符和快捷键

bash 中还有一些特殊的符号和快捷键，在日常管理系统时如果能够用好，往往能起到事半功倍的效果。表 2-7 和表 2-8 中分别列出了一些任务中可能会用到的 bash 特殊符号和快捷键，供读者参考。

表 2-7　一些常用的 bash 特殊字符

符　　号	使用方法及说明
#	作为注释使用。在一行中，"#"后面的内容并不会被执行
~	表示当前用户的家目录。如果"~"后面跟用户名，如 ~stu，表示 stu 用户的家目录
-	前一个工作目录
.	表示当前工作目录
..	表示当前工作目录的上层目录

表 2-8　一些常用 bash 快捷键

快　捷　键	使用方法及说明
Ctrl+r	用来搜索命令行缓冲区内的历史命令文本，按下该快捷键后，提示符会变成"(reverse-i-search)'':"的样式，输入的搜索内容出现在单引号内，同时冒号后面出现最近最匹配的内容。再按一次该快捷键可以切换到下一个匹配的结果，如果找到合适的，按<Enter>键就可以执行，按<→>键会把查询结果放到当前行，用户可以进行编辑
Ctrl+l	清空终端屏幕
Ctrl+c	终结一个前台作业
Ctrl+d	"EOF"（End of File/文件结尾），表示标准输入（stdin）的结束

2.4.2 知识点 2 相关命令

(1) echo

echo 命令可以将文本或字符串回显到标准输出。以下简要介绍 echo 命令的语法,并在子任务 1 的基础上,用 3 个范例来展示其用法。

命令 echo

用法:echo [选项]... [字符串]...

- 将字符串回显到标准输出。
- echo 命令的常用选项见表 2-9。

表 2-9 echo 命令的常用选项

选项	说明
-n	不尾随换行符
-e	启用解释反斜杠的转义功能
-E	禁用解释反斜杠的转义功能(默认)
-e	启用下列字符反斜杠转义: \\ 反斜杠 \f 换页 \a 响铃声 \n 新行 \b 退格 \r 回车 \c 不再产生新的输出 \t 水平制表符 \e 转义符 \v 竖直制表符

范例 2-11: 回显简单字符串。这是 echo 命令最常用的用法,如清单 2-28 所示的几种方法是等价的。

清单 2-28

```
$ echo Hello, Linux.
Hello, Linux.
```

范例 2-12: 输出包含特殊字符的字符串。范例字符串中包含了一个单引号,而单引号在 bash 中是有特殊功能的字符,此时就需要使用反斜杠来进行转义,让 echo 命令明白这里的单引号没有特殊含义,如清单 2-29 所示。用双引号将要输出的字符串包起来也可以起到同样的效果。

清单 2-29

```
$ echo I\'m a Linux user.
I'm a Linux user.
$ echo "I'm a Linux user."
I'm a Linux user.
```

注 意

范例 2-12 中的单引号是 bash 的元字符(Meta Character)之一。元字符在 bash 中有特殊含义,因此所有的元字符在 echo 命令中都需要用反斜杠转义才能表达其字面意思。

范例 2-13:输出带转义字符的字符串。本范例输出了一个完整的表格,如清单 2-30 所示,其中-e 选项表示将字符串中以反斜杠开头的字符解释成为有特殊含义的转义字符,如\t 被解释为<Tab>键,\n 被解释为换行键。

清单 2-30

```
$ echo -e "学号 \t 姓名 \t 分数 \n1 \t 张三 \t88 \n2 \t 李四 \t60 \n3 \t 王二 \t72"
学号        姓名        分数
1           张三        88
2           李四        60
3           王二        72
```

(2) date

date 命令可以在命令行上显示当前时间,还可以设置系统时间。以下介绍 date 命令的语法,并在子任务 1 的基础上用两个范例展示其用法。

命令 date

用法:date [选项] [+格式]

- data 命令输出系统日期和时间。
- date 命令的常用选项见表 2-10 所示。

表 2-10 date 命令的常用选项

选 项	说 明
-d<时间字符串>	显示“时间字符串”指定的时间
-s<时间字符串>	将系统时间设置为“时间字符串”指定的时间,只有 root 才有权使用-s 选项
-u	显示当前的格林尼治时间(默认是当前时区时间)

- date 命令的常用格式字符见表 2-11。

表 2-11 date 命令的常用格式字符

选 项	说 明
%a	星期的缩写(Sun...Sat)
%A	星期的完整名称(Sunday...Saturday)
%b	月份的缩写名称(如 Jan)
%B	月份的完整名称(如 January)
%d	日(01...31)
%D	日期(等价于%m/%d/%y)

续表

选　项	说　明
%F	完整的日期，等价于%Y-%m-%d
%H	小时(00...23)
%I	小时(01...12)
%m	月份(01...12)
%M	分钟(00...59)
%T	时间，等价于%H:%M:%S
%u	一周中的一天(1...7)，如 1 表示星期一
%W	一年中的第几周，星期一作为一周的起始(00...53)
%y	年份后两位数字(00...99)
%Y	年
%Z	时区缩写(如 CST)

范例 2-14：显示指定的日期和时间。date 命令可以接受特定格式参数来指定要显示的日期和时间，如清单 2-31 所示。

清单 2-31

```
$ date -d "-1 year" +"%Y-%m-%d"                      #输出当前时间 1 年前的日期，格式为年-月-日
2023-12-06
$ date -d "+10 month" +"%Y-%m-%d"                    #输出当前时间 10 个月后的日期，格式为年-月-日
2025-10-06
$ date -d "+1 week" +"%Y-%m-%d"                      #输出当前时间 1 周后的日期，格式为年-月-日
2024-12-13
$ date -d "+12 hour" +"%Y-%m-%d %H:%M:%S"            #输出当前时间 12 小时后的日期，包括时、分、秒
2024-12-06 21:52:30
$ date -d "-20 minute" +"%Y-%m-%d %H:%M:%S"          #输出当前时间 20 分钟前的日期，包括时、分、秒
2024-12-06 09:32:43
$ date -d "+200 second" +"%Y-%m-%d %H:%M:%S" #输出当前时间 20 秒后的日期，包括时、分、秒
2024-12-06 09:56:13
```

范例 2-15：以 root 身份设置日期和时间。date 命令可以使用选项-s 接受特定格式参数来设置系统日期和时间，如清单 2-32 所示。

清单 2-32

```
# date -s "2025-01-01 00:00:00"
2025 年 01 月 01 日 星期三 00:00:00 CST
```

小　心

不要随意改动系统时间，这会导致系统中很多软件无法正常运行。

(3) cat

cat 命令是一个文本处理命令，使用它可以在命令行上显示文件，可以合并文件，还可以用于

从命令行上建立文本文件。以下简要介绍 cat 命令的语法，并在子任务 1 的基础上，用 5 个范例来展示其用法。

命令 cat

用法：cat［选项］［文件］

- cat 命令是英文单词 concatenate 的缩写，其功能是连接多个文件并输出到标准输出上。此命令常用于显示单个或者多个文件内容，还可以从标准输出中读取内容并显示。
- cat 命令的常用选项见表 2-12。

表 2-12　cat 命令的常用选项

选　项	说　明
-n	由 1 开始对所有输出的行数编号
-b	和-n 相似，只不过对于空白行不编号
-s	当遇到有连续两行以上的空白行，就缩减为一行空白行
-E	在每行结束处显示“ $ ”符号
-T	将<Tab>键的空格显示为“^I”符号

范例 2-16：查看文件内容。这是 cat 最常用的功能，如清单 2-33 所示。

清单 2-33

```
$ cat /home/stu/scores.txt
张三        62        及格
李四        70        中等
王五        91        优秀
赵六        83        良好
```

范例 2-17：查看文件内容并为输出的文本添加行号。cat 命令加上-n 选项，就会给输出的文本添加行号，如清单 2-34 所示。

清单 2-34

```
$ cat -n /home/stu/scores.txt
1       张三        62        及格
2       李四        70        中等
3       王五        91        优秀
4       赵六        83        良好
```

范例 2-18：查看文件内容并显示每行结束符。cat 命令加上-E 选项，就会显示每行的结束符，如清单 2-35 所示。

清单 2-35

```
$ cat -E /home/stu/scores.txt
张三        62        及格 $
李四        70        中等 $
王五        91        优秀 $
赵六        83        良好 $
```

注　意

- 使用 cat 命令可以查看任意格式的文件内容，但一般会用它来查看文本文件的内容。
- cat 命令会将文件内容直接输出到命令行上，如果用来查看较大文本文件是不方便的，且如果文件超出了命令行缓冲区的大小，还会被截断。因此，建议只用 cat 命令来查看简短的文件，较大的文件还是使用专门的文件查看命令，如 less 或者 more 命令。

范例 2-19：连接、合并文件。cat 命令还可以跟多个文件作为参数，将它们的内容依次合并输出到命令行上，如清单 2-36 所示。

清单 2-36

```
$ cat file01
你好
$ cat file02
Linux
$ cat file03
世界!
$ cat file01 file02 file03
你好
Linux
世界!
```

cat 命令与 bash 中的输入/输出重定向符连用，例如和输出重定向符连用，来合并文本，如清单 2-37 所示。

清单 2-37

```
$ cat file01 file02 file03 > file04
# 将 3 个文本文件的输出重定向到一个名为 file04 的文件中
[ $ ls -l file04
-rw-rw-r-- 1 dev01 dev01 47 10 月 18 15:10 file04
$ cat file04
你好
Linux
世界!
01.txt ~/ sample02.txt ~/sample03.txt > ./file_merge.txt
```

范例 2-20：创建文件。这也需要用到 bash 的重定向功能，如清单 2-38 所示。

清单 2-38

```
# 使用输出重定向符通过命令行创建一个文本文件，输入命令后，命令行提示符就消失了，此时就可以
# 输入文本文件内容，完成后按<Ctrl+D>快捷键结束输入，一个名为 file_new.txt 的文本文件就创建好了
$ cat > ./file_new.txt
This is a text file
created by cat
```

注 意

- 范例 2-19 和范例 2-20 中的“>”就是一个标准输出重定向符，该重定向符的作用是将原本显示命令行中的内容写入到“>”后面跟着的文件中去。
- 在任务 5 中将进一步说明和展示文件重定向。

（4）nano

nano 是一个文本编辑器，比后面任务 3 中将要介绍的 vim 更加直观且容易上手，也更适合初学者使用。以下在子任务 1 的基础上，用 3 个范例来展示其用法。

范例 2-21：保存和退出。编辑完成后使用<Ctrl+s>快捷键即可保存在缓冲区中作出的修改，如果没有文件名，会提示输入文件名，如图 2-5 所示。随后按<Ctrl+x>快捷键即可退出 nano。常用的相关快捷键见表 2-13。

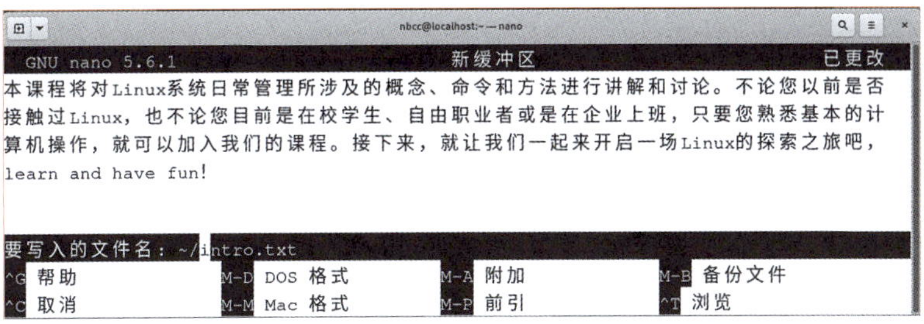

图 2-5 保存和退出

表 2-13 nano 保存、插入和退出快捷键

快 捷 键	功 能
Ctrl+s	保存
Ctrl+o	另存为
Ctrl+r	在当前缓存区插入文件
Ctrl+x	关闭缓存区，退出 nano

范例 2-22：查找和替换。查找可以按<Ctrl+w>快捷键，输入要搜索的文本，然后按<Enter>键。查找到的内容会高亮显示，按<Alt+q>或<Ctrl+q>快捷键，nano 会向后一直查找，直到回到文件的末尾。如果想向前搜索，可以按<Alt+w>或<Ctrl+w>快捷键，如图 2-6 和图 2-7 所示。

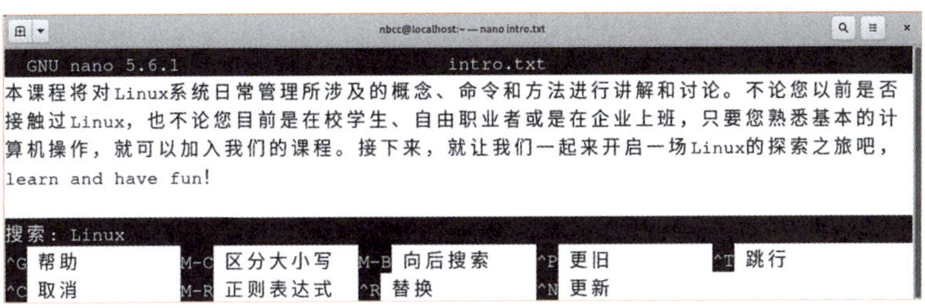

图 2-6 查找和替换（1）

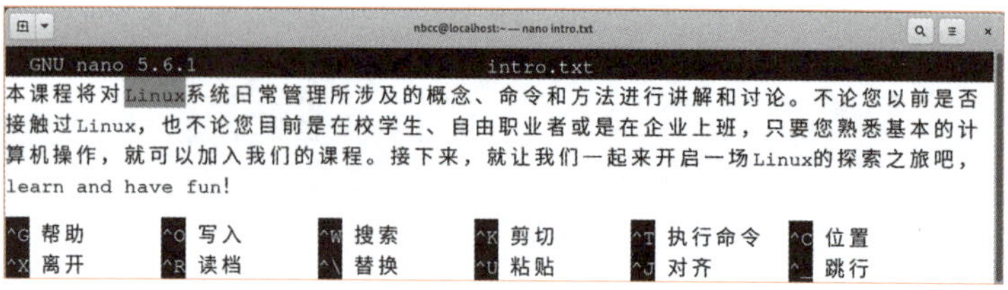

图 2-7 查找和替换(2)

替换则与查找类同，按<Alt+r>快捷键，输入要查找的文本以及想替换为的文本，然后按<Enter>键。按<y>键替换查找到的文本或按<n>键跳过。如果想替换所有查找到的实例，可以按<a>键；也可以按<Ctrl+c>快捷键取消替换。表 2-14 列出了 nano 查找、替换快捷键。

表 2-14 nano 查找、替换快捷键

快捷键	功能	快捷键	功能
Ctrl+q	开始向后搜索	Alt+w	向前搜索下一个匹配的文本
Ctrl+w	开始向前搜索	Alt+r	搜索和替换
Alt+q	向后搜索下一个匹配的文本		

范例 2-23：复制、剪切和粘贴。若要复制当前选定的行，按<Alt+6>快捷键即可。若要复制选中的文本，则按<Alt+a>快捷键标记开始，然后使用方向键来标记选中文本，选中后，再按<Alt+6>快捷键来复制。随后可以按<Ctrl+u>快捷键在 nano 文本编辑器中粘贴所有复制的数据。

注 意

- 在 nano 中复制的文本被存储在一个特殊的缓冲区中，称为 cutbuffer。
- 可以不断地用<Ctrl+u>快捷键重复粘贴缓冲区中的内容，直到复制了新的文本。

剪切和复制操作基本一致，将快捷键<Ctrl+6>替换为<Ctrl+k>即可，见表 2-15。

表 2-15 nano 复制、剪切、粘贴、撤销和重做快捷键

快捷键	功能	快捷键	功能
Ctrl+d	剪切当前行到缓存区	Alt+u	撤销上次操作
Alt+6	复制当前行到缓存区	Alt+e	重做撤销操作
Ctrl+u	粘贴缓冲区数据到文件	Alt+a	设置和取消标记区域的开始
Alt+t	从光标的位置剪切到文件末尾		

(5) shutdown

从 RHEL 7.0 开始，Systemd 已经接管了电源管理，即系统的关闭、重启和休眠功能都是由 Systemd 来控制。此时，许多旧命令仍然能够使用，但是这些旧命令都是通过调用 Systemd 中的相应功能来实现的，包括 shutdown 命令。

注 意

在任务 10 中将具体阐述 Systemd 相关的内容。

shutdown 命令是一个功能完善且灵活好用的工具，其提供了 Systemd 中基本关机功能外的许多拓展功能，如定时关机、取消关机、关机广播等，因此 shutdown 命令仍然是目前关机的首选命令。下面简要介绍 shutdown 命令的语法，并在子任务 1 的基础上，用 5 个范例来进一步展示其用法。

命令 shutdown

用法：shutdown [选项] 时间 [警告消息]

- 停止、关闭或重启主机。
- 时间：设置多久时间后执行 shutdown 命令。时间参数有 hh: mm 或+m 两种模式，其中 hh: mm 表示在几点几分执行 shutdown 命令，如 shutdown 10: 45 表示将在 10: 45 执行 shutdown 命令；+m 则表示 m 分钟后执行 shutdown 命令。比较特别的用法是以 now 表示立即执行 shutdown 命令。如果该参数省略，则默认为+1。
- 警告信息：要广播所有登录用户的信息，这些信息会显示在当前登录用户的终端中。
- shutdown 命令的常用选项见表 2-16。

表 2-16　shutdown 命令的常用选项

选　　项	说　　明
-r	重启计算机
-H	关闭系统，但是不关闭电源
-P	关闭电源，这是 shutdown 命令的默认行为
-h	关闭电源。与-P 不同，-h 不会覆盖其他动作，如 shutdown -r -h now 仍然表示立即重启主机
-c	取消已经预定的关机或重启
-k	模拟关机，发送警告消息给所有登录用户，实际不会执行关机操作

以下范例说明 shutdown 命令的不同用法。

范例 2-24：立即关机。这是最常用的命令，如清单 2-39 所示的几种方法是等价的。

清单 2-39

```
#shutdown now
#shutdown -h +0
#shutdown -P 0          #在 RHEL 兼容的系统中，时间参数前可以不带“+”号，但并非所有发行版本都允许这
                        #样做，因此用“+”号更可靠
```

范例 2-25：设定在凌晨 01:00 关机，如清单 2-40 所示。这个命令会自动放到后台执行，因此关闭终端对其没有任何影响，关机后仍会照常执行。

清单 2-40

```
shutdown -r 03:00
Shutdown scheduled for 四 2024-11-28 01:00:00 CST, use 'shutdown -c' to cancel.
```

范例 2-26：在 10 分钟之后关机，并发送一些自定义的文本消息给所有目前登录系统的用户，如清单 2-41 所示。

清单 2-41

```
shutdown -P +10 "主机即将关机维护，请马上!!! 保存好手头工作，谢谢!"
```

而用户终端所收到的信息会如清单 2-42 所示。

清单 2-42

```
Broadcast message from root@ localhost.localdomain (Thu 2024-11-28 00:42:26 CST):

主机即将关机维护,请马上!!! 保存好手头工作,谢谢!
The system is going down for power-off at Thu 2024-11-28 00:52:26 CST!
```

范例 2-27:取消关机。假设之前已经设定好在某个时间自动关机,如果想要取消,就可以使用-c 选项,取消关机也会向登录用户发送广播消息,如清单 2-43 所示。

清单 2-43

```
#shutdown -c
Broadcast message from root@ localhost.localdomain (Thu 2024-11-28 00:43:31 CST):

The system shutdown has been cancelled at Thu 2024-11-28 00:44:31 CST!
```

范例 2-28:模拟关机。使用-k 选项,表示在 20 分钟后模拟关机,如清单 2-44 所示。

清单 2-44

```
shutdown -k +20
```

2.5 任务小结

在经历了 Linux 的第二课之后,小 Y 总算体验了一次 Linux 基本操作。现在,小 Y 应该能够:

习题 2

文本:习题参考答案

任务 2 在线实验

1. 在 bash 中使用基本命令。
2. 正确关闭、重启主机。
3. 查看命令帮助文档。

同时,小 Y 应该对如下主题有所了解:

1. Linux 命令的格式。
2. bash 命令自动补全、历史命令和命令别名。
3. bash 中常用的特殊字符和快捷键。
4. 系统帮助文档的使用方法。
5. 系统关机命令。

任务 3 使用 vim

——真积力久则入。

3.1 任务场景

小 Y 决定用这个周末给自己补充一些 Linux 的相关知识。联想到上周老 L 说系统管理员都得会点 vim，并向他展示了 vim 的操作后，他才发现这个所谓的文本编辑器和他脑海里的那些文本编辑器完全是两个概念：vim 操作如此之“不近人情”，简直无法想象还能用它来开展日常工作。但老 L 斩钉截铁地告诉小 Y，文本编辑就靠 vim 了。既然没得选，小 Y 决定用这个周末好好地学一下 vim，争取能够早点入门。下面就跟着小 Y 一起开始 vim 之旅吧！

PPT：任务 3 使用 vim

微课 3-1 为何选择 vim——没有调查就没有发言权

注　意

- vim 目前是 Linux 事实上的标准文本编辑器，也是 UNIX 生态中的重要一环——UNIX 生态中很多程序（如 crontab、visudo、edquota 等）都集成了它作为默认编辑工具。几乎所有 Linux（从适用于超级计算机到适用于嵌入式设备）的发行版本中都包含且默认安装 vim。
- vim 是历史最悠久的自由软件之一，用户社区庞大且有活力，目前仍在持续迭代中。它支持数百种编程语言代码和文本文件格式，拥有扩展插件系统、多窗口编辑、拼写检查等丰富的功能。
- vim 不是一个以“易上手”而著称的工具，用好它需要花费相当多的时间和努力。但在可预期的未来，vim 会在 IT 领域长期占有一席之地，因此多投入一些时间来学习它是值得且必须的。

3.2 任务内容

经过一番查阅资料和思考后，小 Y 发现学习 vim 也可以分解为 3 个部分来一一解决：

1. 用 vim 编辑文档。
2. 用 vim 保存、打开文档。
3. 配置 vim。

当然这只是一个入门，想要达成熟练地使用 vim 来处理文档的水准，这就不是一个周末所能解决的问题了。没关系，先跟着一起来学习。

3.3 任务实施

3.3.1 子任务 1 初识 vim

微课 3-2
初识 vim

（1）准备工作

在一般情况下，绝大部分 Linux 发行版本都是包括 vim 的，并且默认会安装它。输入如清单 3-1 所示命令可查看 vim 的版本信息。

清单 3-1

```
# vim --version
```

该命令会显示系统中 vim 的版本、拥有的功能等一些信息，若不出意外，Rocky Linux 中所安装的 vim 应该是一个“巨型版本”。

注　意

- Linux 中 vim 的版本有巨型（Huge）、大型（Big）、正常（Normal）、小型（Small）和微型（Tiny）之分，不同的版本拥有不同的功能。
- 巨型或大型版本 vim 拥有的功能全但占用空间大，一般安装在工作站、服务器或者桌面发行版本上；小型或微型版本拥有的功能少，占用空间也小，一般会安装在嵌入式发行版本上。

若系统中没有安装 vim，可以使用如清单 3-2 所示命令来安装它。

清单 3-2

```
#su - root
#yum install vim
```

（2）打开 vim

输入命令启动 vim，并打开一个名为 file.txt 的文件，如清单 3-3 所示。

清单 3-3

```
# vim file.txt
```

因为打开的 file.txt 文件不存在，因此事实上是新建了一个空白文件，显示一个空白的窗口，如图 3-1 所示。

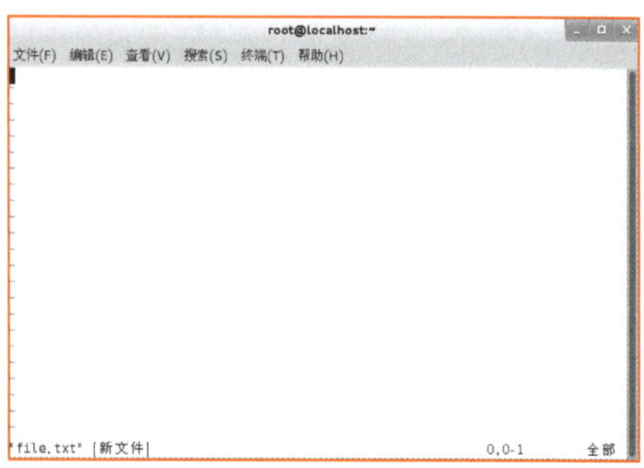

图 3-1 vim 创建新文件

其中以“~”符号开头的行表示该行在文件中不存在。换句话说，如果 vim 打开的文件中内容不能充满当前 vim 展示的窗口，就会显示以“~”开头的行。在屏幕的底部有一个消息行，指示文件名为 file.txt 并且说明这是一个新建的文件。这行信息是临时的，新的信息可以覆盖它。

(3) 输入文本

vim 是一个所谓的多模式编辑器，也就是其会根据所处的模式对相同行为给出不同反应。在普通模式下，输入的字符是命令；而在插入模式，输入的字符就成为插入的文本了。

打开 vim 时，默认是在一般模式(Normal)；要输入文字，就需要让编辑器进入输入模式。按<i>键，屏幕左下方的文字变成了“-INSERT-”或者“-- 插入 --”(意味着编辑器进入了插入模式)。现在可以在其中输入一些文字，如清单 3-4 所示。

清单 3-4

```
本课程将对 Linux 系统日常管理所涉及的概念、命令和方法进行讲解和讨论。
不论您以前是否接触过 Linux,也不论您目前是在校学生、自由职业者或是
在企业上班,只要您熟悉基本的计算机操作,就可以加入我们的课程。接下
来,就让我们一起来开启一场 Linux 的探索之旅吧,learn and have fun!
```

输入完成后按<Esc>键，“-- 插入 --”字样消失，编辑器又回到了普通模式。此时屏幕与图 3-2 相似。

除了按<i>键之外，还有很多快捷键可以进入插入模式，常用的见表 3-1。

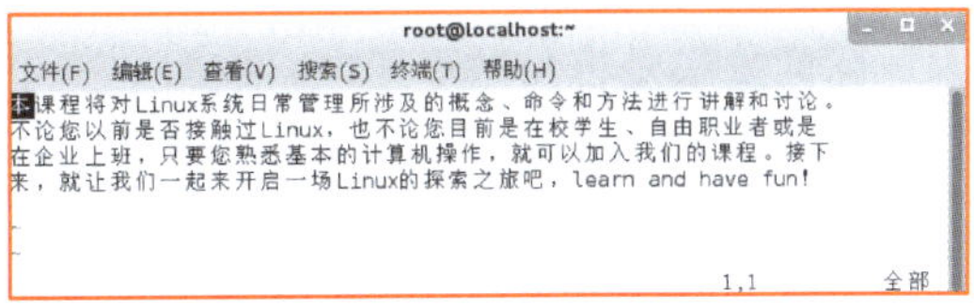

图 3-2 vim 普通模式

表 3-1 进入插入模式的常用快捷键

快 捷 键	作 用
i	进入插入模式，在光标前面插入字符
a	进入插入模式，在光标后面插入字符
I	进入插入模式，在行首插入字符
A	进入插入模式，在行尾插入字符
o	进入插入模式，在光标下方新建一个的空行，并插入字符
O	进入插入模式，在光标上方新建一个空行，并插入字符

注 意

- vim 共有 6 种模式，本任务的知识点 1 中将简要介绍这 6 种模式。在本子任务中，只会用到其中 3 种，分别为一般模式、插入模式和命令模式。
- 在一般模式中，能够移动光标，以及进行复制或粘贴等操作；在插入模式中，能够输入编辑文本；在命令模式中，能够执行保存、退出、查找、替换等命令，也能够对编辑环境进行配置。
- vim 用户常见的一个问题就是被编辑器的模式所困扰，这常常是因为不清楚编辑器处在哪个模式。事实上，无论编辑器当前在什么模式，按<Esc>键都会回到一般模式。

(4) 移动光标

在插入模式中可以使用<h>(左)、<j>(下)、<k>(上)和<l>(右)键移动光标。选取这些字母作为移动键的理由是：移动是编辑器里最常做的事情，而这些键都是右手放在键盘上时手指正对的那一行。换句话说，它们就在最方便使用的地方。

记住这 4 个键的使用方法只有通过不断练习直到形成条件反射。另外一个方法是把图 3-3 画在便贴里，然后贴到显示器上，直到熟悉这 4 个键为止。

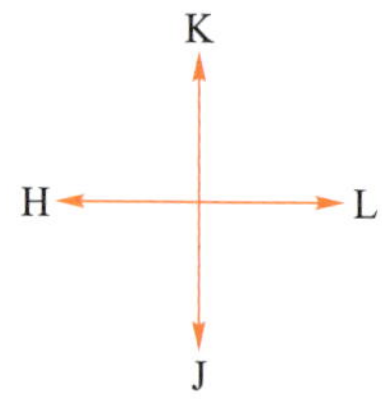

图 3-3 vim 中的移动命令按键

注 意

- 在 vim 的一般模式中，也可以通过方向键来移动。只不过这样做反而会降低编辑文件的速度。因为按下方向键时必然要把手从字母键上移动到方向键上。如果要重复这个动作成百上千遍，使用这 4 个键会节约很多时间。
- 一些非标准键盘没有方向键或者不按常规方式排列方向键。使用这 4 个键也能在上述情况下对编辑文件有所帮助。

(5) 删除

删除的方法是将光标移到想删除的文字上面然后按<x>键[1]。例如，用 gg 命令将光标移动到第 1 行行首，按<x>键 4 次以删除文字“本课程将”，如图 3-4 所示。然后按<i>键进入输入模式，输入正确的字符“我们的书会”，再按<Esc>键退出输入模式，如图 3-5 所示。

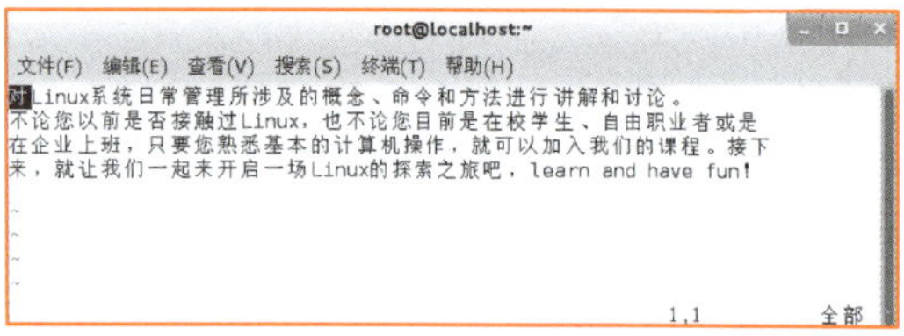

图 3-4 删除“本课程将”

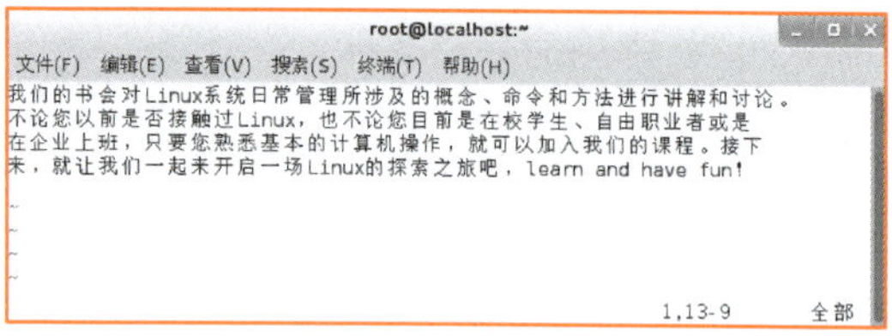

图 3-5 插入“我们的书会”

也可以使用 dd 命令删除一整行的内容，即连续按两次<d>键，删除后下面的行会自动上移填补空缺。例如，将光标移到第 3 行任意一处，按两次<d>键把文件的第 3 行删除，如图 3-6 所示。

还可以通过 J 命令来删除换行符。例如，将光标移到当前第 1 行任意一处，按<Shift+j>快捷键删除当前行的换行符，如图 3-7 所示。

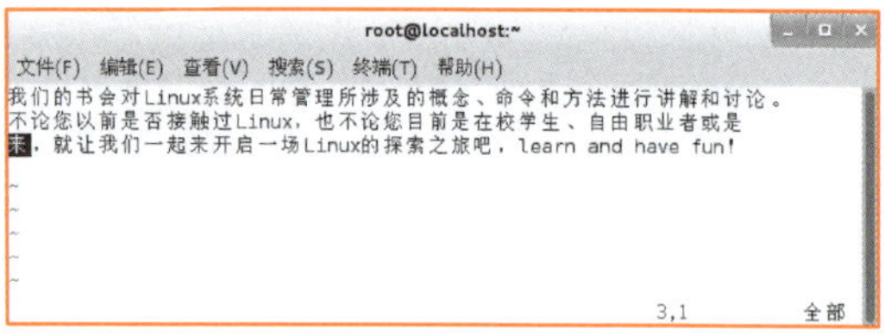

图 3-6 删除第 3 行之后的屏幕

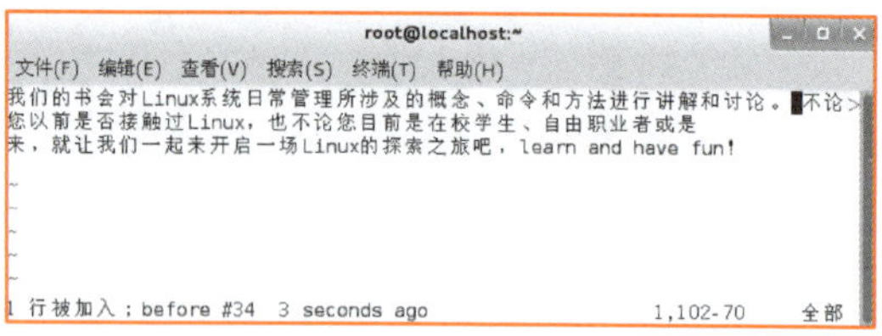

图 3-7 删除第 1 行换行符

注 意

- 在图 3-7 的第 1 行的最后有一个“>”符号，该符号表示本行并未结束，仅仅是由于屏幕大小的限制，无法完整显示而“换”到“第 2 行”继续显示。事实上，这里的第 1 行一直到“自由职业者或是”处才结束，这种情况被称为“长行自动回绕”。

---

① 这是为了兼容以前的打字机的操作方式，打字机是通过按<x>键来删除文字的。

- 可以通过环境设置让 vim 不自动回绕长行，在子任务 2 中将详述 vim 的环境设置。

(6) 撤销和重复

假如删除多了，使用 u 命令会撤销最后一次的操作，即按<u>键。因为最后一次的编辑删除了第 1 行的换行符，所以该操作被撤销，文件将回到如图 3-6 所示的状态。再按一次<u>键撤销删第 3 行的操作，文件将回到如图 3-5 所示的状态。每按一次<u>键就会回撤一次操作。如果撤销多了，可以按<Ctrl+r>快捷键（重复）来取消撤销过多带来的效果。继续按<Ctrl+r>快捷键，在上面的例子中，第 3 行将又被删除。

(7) 保存和退出

可以使用“:wq”命令来退出 vim。该命令将修改的文件写回硬盘后退出。如果输入了“:wq”命令，修改会被提交且不可以进行撤销和重复操作，然后退出 vim。该命令有 3 个部分：“:”让编辑器进入命令模式；“w”告诉编辑器保存文件；“q”告诉编辑器退出程序。

也可以通过 ZZ 命令，即按 2 次<Shift+z>快捷键来退出 vim。如果文件做过改动，ZZ 命令就保存文件并退出 vim；如果文件没有改动过，ZZ 命令就直接退出 vim。

某些时候，可能会在修改了许多内容以后，突然意识到不应该修改这个文件。此时就可以使用“退出然后放弃所有修改”命令，即“:q!”命令。该命令同样有 3 个部分：“:”让编辑器进入命令模式；“q”告诉编辑器退出程序；然后是强制命令修饰符“!”，告诉 vim 无须保存文件。

注　意

这里的强制命令修饰符是必要的，它强制性地要求 vim 放弃修改并退出。如果只是输入“:q”，vim 会显示如图 3-8 所示错误信息并拒绝退出。

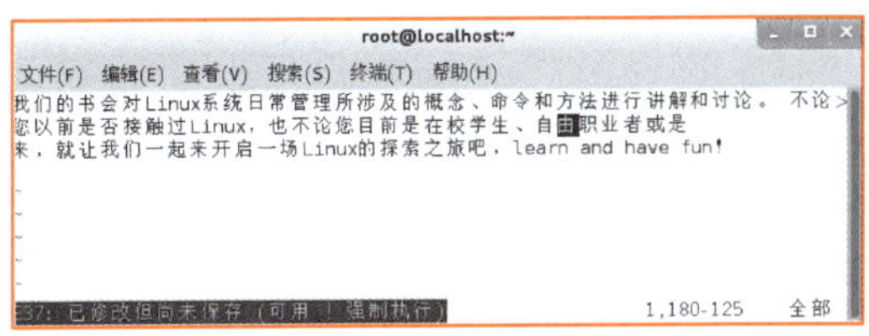

图 3-8　无强制命令修饰符 vim 报错

(8) 帮助文档

要获取帮助，输入“:help”命令或者按下<F1>键，vim 会显示一个帮助概览的窗口，如图 3-9 所示。

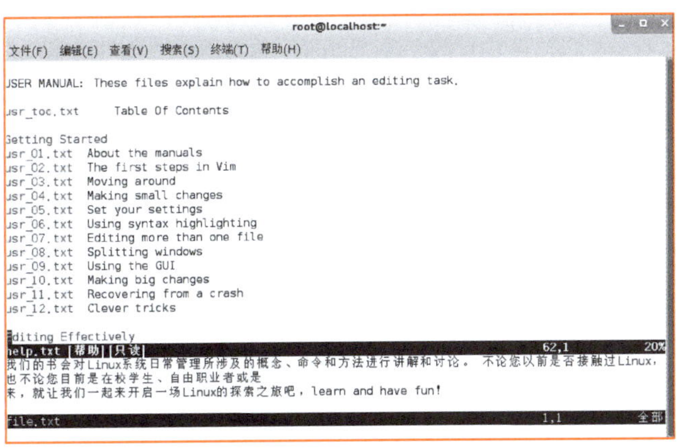

图 3-9　vim 帮助文档

拓展阅读 3-1　一些有用的 vim 学习工具

“:help”命令会显示一个帮助的概览窗口。在帮助文档中可以使用 vim 的全部命令，如按<h>、

<k>、<j>和<l>键会分别向左、上、下、右移动。同样可以通过 q 命令退出帮助文档。

拓展阅读 3-2
设置 vim 中文帮助文档

注　意

- “:help”命令将窗口一分为二,在两个子窗口中分别显示两个不同文档,上面是新打开的帮助文档,下面是例子中的文档。
- 在子任务 2 中将具体阐述 vim 如何同时打开多个文档。
- vim 的帮助文档默认是英文的,可参考拓展阅读 3-2 将其替换为中文帮助文档。

帮助文档中有些文字是有特殊颜色(这里是浅蓝色)的,如“usr_01. txt”,表示这些文字是 vim 的标签(tag)。如果将光标放在标签上的链接,然后按<Ctrl+]>快捷键(标签跳转),可以进入相应的主题。如果在跳转了几次后想要回到原来的位置,可以按<Ctrl+T>快捷键(标签退栈)回到之前的屏幕。

如果要完整地获取某个主题的帮助,使用“:help 主题”命令。例如,要获取 u 命令的帮助就需要输入“:help u”。

3.3.2 子任务 2 vim 牛刀小试

接下来,完成一个稍稍复杂的任务,该任务将涉及 vim 一些更加高级的技巧。具体任务内容见表 3-2。

表 3-2 牛刀小试任务内容列表

1. 用 vim 打开/var/log/messages 文件;另存为/var/log/messages. bak 文件。
2. 设定行号;禁止长行自动回绕;显示光标位置和未完成命令;设置自动保存;打开查找高亮,突出显示当前行。
3. 移动到第 58 行行首,再向右移动 30 个字符;移动到第 8 行行尾,再向左移动 3 个单词;最后移动到第 300 行第 1 个“(”符号处。
4. 移动到第 1 行行首,并且向下搜寻字符串“/boot”;移动到末行行尾,向上查找单词 io。
5. 将第 50~100 行之间的字符串 PXM 替换为 pxm,并且逐个挑选是否需要修改。
6. 删除第 11~30 行之间的 20 行;移动到第 29 行行首,并且删除 15 个字符;删除 200 行中所有用“[ ]”括起来的代码;删除第 201 行中从行首到第 1 个“[”符号为止的内容,并进入插入模式。
7. 删除 messages. bak 第 200~250 行的第 1 个字段,然后在第 200~250 行行首插入一个“#”符号。
8. 撤销第 6 和 7 步的删除操作;之后发现第 7 步正确,恢复该步的操作。
9. 复制第 51~60 行这 10 行的内容,并且粘贴到最后一行之后;复制第 61 行的头 20 个字符,并且粘贴到最后一行的最后一个字符之后;剪切第 80~85 行这 6 行的内容,并且粘贴到最后一行之后。
10. 在第 1~100 行每行的前后都添加一个“#”符号。
11. 在不关闭当前文件的情况下,打开一个名为 messages01. bak 的新文件;复制 messages. bak 的第 1~100 行,粘贴到新文件中;存储两个文件后,退出 vim

微课 3-3
vim 牛刀小试

(1) 打开另存文件

先完成第 1 步:

1) 用 vim 打开/var/log/messages 文件。

2) 另存为当前目录下的 messages. bak 文件。

首先,用如清单 3-5 所示命令打开/var/log/messages 文件。

清单 3-5

```
# vim /var/log/messages
```

接着在 vim 命令模式中使用如清单 3-6 所示命令将文件另存为当前工作目录下的 messages. bak 文件。

清单 3-6

```
:w.messages.bak
```

(2) 设定 vim 环境

第 2 步的内容都属于 vim 环境设置:

1) 设定行号。

2) 禁止长行自动回绕。

3) 显示光标位置和未完成命令。

4) 设置自动保存。

5) 打开查找高亮。

6) 突出显示当前行。

可以在 vim 命令模式下依次使用如清单 3-7 所示的几个命令来完成。

清单 3-7

```
:set nu
:set nowrap
:set ruler
:set showcmd
:set autowrite
:set hlsearch
:set cursorline
```

vim 提供了环境设置功能,可以给用户的工作,特别是程序开发和运维提供非常大的帮助。对于程序员和运维人员来说,配置一个顺手的 vim 环境(有时还包括 vim 插件),可以达到“事半功倍”的效果。

vim 的环境设置参数有很多,可以在一般模式下输入“:set all”命令来查阅。表 3-3 列出一些平时比较常用的简单命令。

表 3-3 vim 的环境配置命令

命令	命令用途
:set all	显示目前所有的环境参数设定值
:set nu	设定行号,在每行之前显示本行序号。默认不显示行号
:set hlsearch	将查找到的字符串高亮显示,即 vim 会高亮显示所有匹配的地方。默认高亮
:set autoindent	每行自动缩进,即当开始一个新行时,新行会采用和上一行相同的缩进。默认不自动缩进

续表

命　令	命令用途
:set showmode	是否要显示当前模式，如“--插入--”(或者“--INSERT--”)之类的字样在左下角。默认显示
:set backup	自动备份，即当用户编辑一个文件时，vim 会自动生成一个备份文件，其文件名是在原始文件的后面加上一个“~”。例如文件名是 data.txt，则备份文件的文件名就是 data.txt~。默认不会备份
:set ruler	右下角显示光标位置。默认显示
:set wrap	长行自动回绕，以便可以看见所有的文字。默认自动回绕
:set showcmd	在右下角标尺的右边显示未完成的命令。例如，当输入 58，vim 等待输入下一个命令字符并且显示 58。当再输入 G 时，58G 命令被执行，58 自动消失。默认不显示
:set autowrite	自动保存。默认不自动保存
:syntax (off|on)	是否依据文本内容相关的语法显示不同颜色。例如，在编辑一个 bash 脚本文件时，如果开头是以“#”开始，那么该行就会变成蓝色，可以用“:syntax off”命令取消该设置

注　意

拓展阅读 3-3 vimrc 配置文件

- 如非特殊情况(如 syntax 命令)，绝大部分的环境设置命令都可以加上“no”来取消。例如，设置行号的命令为“:set nu”，如要取消行号设置，那么就是“:set nonu”。
- 在命令模式下的设置均是一次性的，如果要让设置永久生效，需要将这些设置写入到当前用户家目录下一个特殊的扩展名为.vimrc 的文件中。

(3) 移动光标

第 3 步的内容都属于 vim 光标移动操作：

1) 移动到第 58 行行首。

2) 向右移动 30 个字符。

3) 移动到第 8 行行尾。

4) 向左移动 3 个单词。

5) 移动到第 300 行第 1 个“(”符号处。

可以在 vim 普通模式下，依次使用如清单 3-8 中所示的几个命令完成。

清单 3-8

```
58G       #移动到第 58 行行首
40l       #向右移动 40 个字符
8G$       #移动到第 8 行行首，然后移动到行尾
3b        #向左移动 3 个单词
300G      #移动到 300 行行首
f(        #移动到本行第一个匹配“(”字符处
```

vim 有许多命令可以移动光标，见表 3-4。其中最常用的就是用“数字+命令”方式来进行快捷移动，例如可以用 3j 来从当前行向下移动 3 行，可以用 3G 来移动到第 3 行行首。

表 3-4 vim 常用的光标移动命令

命令	命令用途
h/j/k/l	向左/下/上/右移动 1 个字符
0/$	移动到本行第 1 个/最后 1 个字符处
^	移动到本行第 1 个非空白字符处
gg/G	移动到本文件首行/末行
b/w	移动到上/下 1 个“单词”的第一个字符处，其中的“单词”指的是由字母、数字或下画线等非空白字符构成的字符序列，并由空格、制表和换行或标点符号分隔
B/W	和 b/w 类同，其中的“单词”定义更加宽松，指的是非空白字符的序列
f<字符>/F<字符>	移动到本行光标下一个/上一个匹配的字符上
t<字符>/T<字符>	移动到下一个匹配字符后/上一个匹配字符前
;	重复上一个 f、F、t 或 T 的移动。如本行有 3 个字母 a 时，fa 会使光标跳到第 1 个 a 上，此时按下“;”便相当于重复了 fa 的操作，跳到第 2 个 a 上
,	类似于“;”，不过是按反方向移动
{/}	移动到上 1 个/下 1 个段落边界（即空行）

注　意

vim 中的大部分移动光标命令如 h、j、k、l、G、w、b、{、} 等都可以与数字连用构成按键序列，如 30j 表示向下移动 30 行，30G 表示移动到本文件的第 30 行。

（4）查找

第 4 步主要是查找操作：

1）移动到首行行首，向下查找字符串“/boot”。

2）移动到末行行尾，向上查找单词 io。

首先在 vim 普通模式下，用 gg 命令移动到首行行首，接下来用如清单 3-9 所示命令来查找字符串“/boot”。

清单 3-9

```
/\/boot
```

字符“/”是 vim 中的查找命令符。注意在输入“/”时，光标移到了 vim 窗口的最后一行，也进入了命令模式，接着可以输入要查找的字符串，然后按<Enter>键开始执行这个命令。但会发现，后面输入的不是“/boot”，而是“\/boot”，即在头上多了一个反斜杠字符“\”。这是因为要查找的字符串中包括了一个特殊字符——斜杠字符“/”，而这个字符本身在 vim 中是有特殊含义的

（就是查找命令符本身），因此需要在前面加上一个“\”来表示后面所跟的“/”字符不是查找命令符，仅仅表达它的字面意义。

注 意

- .、*、[、]、^、%、/、\、?、~、$ 等字符在 vim 中都有特殊含义，这些特殊字符其实都是 vim 的元字符（Meta Character）。如果要查找的字符串中包含这些字符，需在字符前面加上一个反斜杠字符“\”来进行转义（即通知 vim 这些字符表示的是其字面意义而非特殊含义）。
- 查找字符“/”后面所跟的实际上是一个用来描述所查找字符串的“模式”（Pattern），而不是要查找的字符串。
- vim 使用正则表达式（Regular Expression）定义要查找的对象模式，来完成更加复杂和精准的查找。但要用好正则表达式并非易事，需要经过一些学习和练习才能够初步掌握它。在任务 5 中将会初步接触这个强大工具。

成功执行后，所有匹配字符串均会高亮显示（在第 2 步中打开了字符串高亮显示）。这时可以用 n 或者 N 命令来向后或者向前遍历所有匹配的“/boot”字符串，如图 3-10 所示。可以在 n 或者 N 前面增加计数前缀，如 3n 表示从当前光标位置向后移动到第 3 个匹配点。

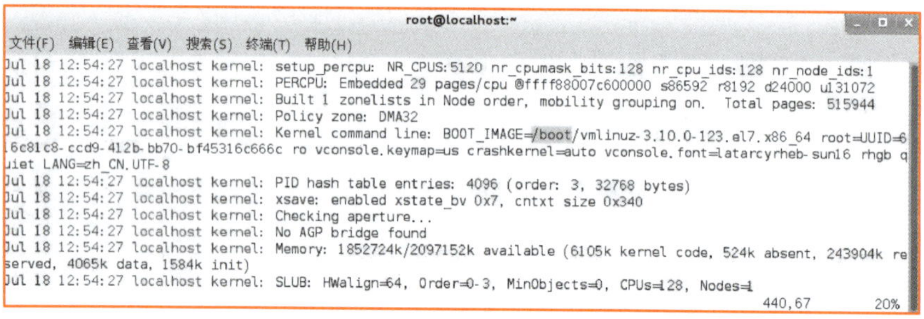

图 3-10 查找高亮显示

具体查找命令格式见表 3-5。

表 3-5 vim 查找命令

命 令	命令用途
/word	从光标所在处往下查找一个为“word”的字符串。例如要在文件内查找“man”这个字符串，就输入“/man”（常用）
? word	从光标所在处往上查找一个为“word”的字符串
n	表示重复前一次查找。如果刚刚执行“/man”命令向下查找“man”这个字符串，则按<n>键后，会向下继续查找下一个为“man”的字符串。如果是执行“? man”命令，那么按<n>键则会向上继续查找为“man”的字符串
N	表示“反向”执行前一次查找。例如执行“/man”命令后，按<N>键则表示从光标处向上查找“man”

接着，在 vim 普通模式下，用“G $”命令移动到末行行尾，接下来用如清单 3-10 所示命令来查找单词 io 这个。

清单 3-10

```
? \<io\>
```

“?”命令功能与“/”类似，但进行反方向（由后向前）查找。可以看到，后面输入的不是“io”，而是“\<io\>”，即头上多了“\<”字样，后面多了“\>”字样，这是因为要匹配的是一个完整的单词 io，而不是包含 io 的字符串。如果仅输入“? io”，那么可能会匹配到 version、information 或者其他包含 io 的字符串。在 vim 中“\<”是一个特殊的记号，匹配单词开头，同样“\>”表示匹配单词末尾。这样，要匹配一个完整的单词 io，就是“\<io\>”，这样就不会发生匹配 version 或者 information 的情况了。

注　意

- 假设在文本中看到一个无意义且冗长的字符串 0xfcc00000，而想找到下一个相同的字符串，当然可以输入“/0xfcc00000”，但这样既麻烦又容易出错。vim 提供了一个简单的方法：把光标移到那个字符串下面使用“*”命令，vim 会取得光标上的单词并把它作为被查找的字符串进行查找。
- “#”命令和“*”类似，只是反向查找完成相同的功能。

(5) 替换

第 5 步主要是字符串替换操作：

将第 50~100 行之间的字符串 PXM 替换为 pxm，并且逐个挑选是否需要修改。

可以在 vim 命令模式下，用如清单 3-11 所示命令来完成：

清单 3-11

```
:50,100s/PXM/pxm/gc
```

此命令可以分为 5 个部分来解释：

第 1 部分是“50,100”，表示替换的范围为第 50~100 行，可以用“%”表示范围是所有行，如果这部分省略，那么默认作用范围就是光标所在行。

第 2 部分是“s”，表示替换命令，完整的命令是 substitute，但实践中很少输入完整命令，一般用“s”来替代。

第 3 和第 4 部分分别是要被替换的字符串和替换字符串，均以斜杠字符“/”开头。

注　意

第 3 部分实际上也是一种“匹配模式”（Pattern），而不仅仅是要被替换的字符串，这与查找命令是一样的。

第 5 部分是“gc”，称为标志位，这里标志位上有“g”（global）和“c”（confirm）两个标志，这两个标志各有其功用：

- “g”标志表示对范围内所有匹配点起作用。默认情况下，“:s”命令只对指定范围内每行的第一个匹配点起作用，例如在前面例子中，如果去掉“g”标志，那么命令只会替换第 50~100 行中每行的第一个匹配 PXM 的字符串，而不是替换第 50~100 行中所有匹配 PXM 的字符串。
- “c”标志表示命令会在每次替换前向用户询问是否需要替换。vim 找到每一个匹配点时都会向用户提示“替换为 pxm(y/n/a/q/l/^E/^Y)?”，此时可以输入表 3-6 中的回答。

表 3-6 替换命令中 c 标志的回答

回　答	作　用
y	是；执行替换
n	否；跳过
a	全部；对剩下的匹配点全部执行替换，不需要再确认
q	退出；不再执行任何替换
l	最后；替换完当前匹配点后退出
Ctrl+E	向上滚动一行
Ctrl+Y	向下滚动一行

表 3-7 中列出了 vim 替换命令。

表 3-7 vim 替换命令

命　令	命令用途
:n1,n2s/word1/word2/g	其中的 n1 与 n2 为数字，该命令表示在第 n1 与 n2 行之间查找字符串 word1，并用 word2 替代，例如在第 100~200 行之间搜寻 man 并替换为 MAN，则可以写作“:100,200s/man/MAN/g”
:1,$s/word1/word2/g	在整个文件中查找字符串 word1，并用 word2 来替代
:1,$s/word1/word2/gc	在整个文件中查找字符串 word1，并用 word2 来替代，且在取代前显示提示字符给使用者确认(conform)是否需要替代

(6) 删除

第 6 步主要是删除操作：

1) 删除第 11~30 行之间的第 20 行。

2) 移动到第 29 行首，并且删除 15 个字符。

3) 删除 200 行中所有用“[ ]”括起来的内容。

4) 删除 201 行中从行首到第一个“[”符号为止的内容，并进入插入模式。

可以在 vim 普通模式下，依次用如清单 3-12 所示的几个命令来完成。

清单 3-12

```
10G              #移动到第 10 行行首
20dd             #向下删除 20 行，也可以使用“d19j”来完成同样的操作
29G              #移动到第 29 行行首
```

```
15x            #向右删除 15 个字符,也可以使用“dl5l”来完成同样操作
200G           #移动到 200 行行首
f[             #移动到本行第一个“[”符号处
di[            #删除[]中的内容
f[             #移动到本行下一个“[”符号处
di[            #删除[]中的内容
f[             #移动到本行下一个“[”符号处
di[            #删除[]中的内容
201G           #移动到 201 行行首
cf[            #删除从行首到第一个“[”符号为止的内容,并进入插入模式(替换)
```

在表 3-8 中列出了一些常用的删除命令。

表 3-8 vim 常用删除命令

命 令	命令用途
[n]x/X	x 表示向后删除一个字符,X 表示向前删除一个字符。其中 n 是数字,可选,表示删除光标开始向后“/”符号前的 n 个字符。例如,10x 表示连续向后删除 10 个字符
J	删除光标所在行的换行符
d+<动作>	删除动作所选中范围内的字符
D	从当前光标位置开始,删除到行尾
[n]dd	删除光标所在的那一整行。其中 n 是数字,可选,表示删除光标所在行开始的向下 n 行。例如,20dd 表示向下删除包括当前行的 20 行
c+<动作>	替换,即删除动作所选中范围内的字符,并进入插入模式
C	从当前光标位置开始,删除到行尾,并进入插入模式(修改)
[n]cc	删除光标所在的那一整行,并进入插入模式。其中 n 是数字,可选,表示删除光标所在行开始的向下 n 行。例如,20cc 表示向下删除包括当前行的 20 行,并进入插入模式

表中第 1 个和第 2 个操作相对直观,容易理解;第 3 个和第 4 个删除操作就复杂一些了,需要引入一些新概念才能解释。和大部分软件不太一样,vim 并不使用按键组合(Key Combination),而是通过构建按键序列(Key Sequence)来完成复杂的编辑操作。按键序列的构建则遵循所谓的 vim 语法(Vim Grammar),该基本语法并不复杂。如清单 3-13 所示,其中 operator 表示具体的操作(做什么),motion 或 text object 则表示操作的对象(对哪些文本做)。

清单 3-13

```
operator(操作符)+ motion(动作)/ text object(文本对象)
```

1)以按键序列“cf[”为例,其中“c”是操作,表示修改(删除并进入插入模式),“f[”是动作,“f”表示移动光标到本行中光标右侧的第 1 个匹配字符,移动的范围就是删除的范围,即本行光标当前位置开始直到右侧第 1 个匹配的“[”字符。

2)以按键序列“di[”为例,其中“d”是操作符,表示删除;“i[”则是一个文本对象(text object),是 vim 用来捕获文本结构(Text Structure)所特有的操作:其中“i”表示“处于……内部(Inner)”的意思,“[”表示一个中括号,合起来就是光标所处的那个中括号“[ ]”括起范围内的字符。

注　意

- vim 的语法充分体现了 vim 作为“程序员专用”文本编辑器的一个重要特征：将编辑文本视为编程(Text Editing as Programming Language)。
- 在本任务知识点 2 中将对 vim 的语法展开进一步的阐述。

(7) 可视模式

第 7 步主要是利用可视(Visual)模式来进行操作：

1) 删除 messages.bak 第 200~250 行的第 1 个字段。

2) 然后在第 200~250 行行首插入一个“#”符号。

这两个操作在普通模式或者插入模式下都需要通过冗长的操作来完成。幸运的是，vim 提供了一种额外的模式——可视模式来解决这个问题。

首先将光标定位到第 200 行行首，然后按<Ctrl+V>快捷键进入可视模式下的区块选择模式，此时在屏幕的左下方显示有“-- 可视 块 -”字样；进入可视模式后，移动光标就被视为选择文本操作了。选中要删除的区域(这些区域会反白，如图 3-11 所示)，确认无误后按<d>键删除，完成第 1 个操作。

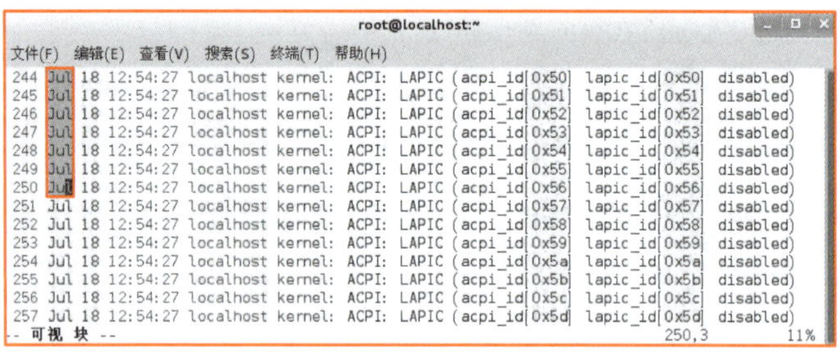

图 3-11　可视块模式

注　意

- 在可视模式下，普通模式下移动光标和文本对象快捷键仍然适用。
- 只有 vim 才提供可视模式，vi 并不提供可视模式。

接着，将光标重新定位到第 200 行行首，通过移动光标选中所有要添加“#”符号的行，随后按<I>键进入行首插入模式，输入要插入的内容“#”，按<Esc>键退出插入模式，此时余下所有行的行首都会被加上“#”符号，完成第 2 个操作。可对照清单 3-14 进行练习。

清单 3-14

```
200G      #移动到第 200 行行首
ctrl v    #进入块可视模式
2l        #向右移动 2 个字符
50j       #向下移动 50 行(光标经过的地方被选中)
D         #删除选中内容
200G      #移动到第 200 行行首
50j       #向下移动 50 行(光标经过的地方被选中)
I         #进入插入模式,大写 I 表示在光标前插入
//        #输入要插入的“#”符号
esc       #退出插入模式,此时所有余下的行首都会被加上“#”符号
```

注　意

本步骤的操作是可视块模式的独有操作，可以被称为“列删除”和“列插入”。

本例中使用的是可视模式中的一种，叫作“可视块”模式，用于选中文本区块。可视模式可以细分为字符选择模式、行选择模式和区块选择模式，这 3 种模式各有不同的进入方式，也有不同的功用，具体见表 3-9。

表 3-9　vim 可视模式以及可视模式下的复制删除命令

命　令	命令用途
v	字符选择模式，左下会出现“-- 可视 --”，会将光标经过的字符反白选择
V	行选择模式，左下会出现“-- 可视 行 --”，会将光标经过的行反白选择
Ctrl+V	区块选择模式，左下会出现“-- 可视 块 --”，可用长方形范围的方式选择文本区块
y	复制选中区域
d	删除选中区域
c	删除选中区域，并进入插入模式

（8）撤销重做

第 8 步主要是撤销和重做操作：

1）删除有误，撤销第 6~7 步删除操作。

2）撤销之后发现第 6 步正确，恢复该步的操作。

可以在 vim 普通模式下，依次用如清单 3-15 所示的几个命令完成。

清单 3-15

```
u       #撤销第 7 步操作
u       #撤销第 6 步操作中的删除字符
u       #撤销第 6 步操作中的删除行
^r      #重做第 6 步操作中的删除行，其中^代表<Ctrl>键
^r      #重做第 6 步操作中的删除行，其中^代表<Ctrl>键
```

表 3-10 列出了 vim 中常用的撤销和重做命令。

表 3-10　vim 撤销和重复命令

命　令	命令用途
u	撤销前一个动作（常用）
Ctrl+r	重做上一个动作（常用）
:e!	将文件还原到最原始的状态

注　意

结合 u 命令和<Ctrl+r>快捷键，可将文档切换到打开后任何编辑过的状态。

（9）复制粘贴

第 9 步主要是复制、剪切和粘贴操作：

1）复制第 51~60 行这 10 行的内容，并且粘贴到最后一行之后。

2）复制第 61 行的头 20 个字符，并且粘贴到最后一行的最后一个字符之后。

3）剪切第 81~100 行这 20 行的内容，并且粘贴到最后一行之后。

4）剪切第 101 行末尾的 20 个字符，并且粘贴到最后一行的最后一个字符之后。

可以在 vim 普通模式下，依次用如清单 3-16 所示的命令完成。

清单 3-16

```
51G                 #移动光标到第 51 行行首
10yy                #复制第 51~60 行这 10 行
G                   #移动光标到末行
p                   #将复制的 10 行粘贴到本行之后
61G                 #移动光标到第 61 行行首
y20l                #向右复制 20 个字符
G$                  #移动光标到末行行尾
p                   #将复制的 20 个字符粘贴到光标之后
81G                 #移动光标到第 81 行行首
20dd                #删除(剪切)第 81-100 这 20 行
G                   #移动光标到末行
p                   #将删除(剪切)的 20 行粘贴到本行之后
101G0               #移动光标到第 101 行行首
20x                 #向右删除(剪切)20 个字符
G$                  #移动光标到末行行尾
p                   #将删除(剪切)的 20 个字符粘贴到光标之后
```

vim 中的复制命令是 y 和 yy，这两个命令可以分别将指定范围的文本内容和指定的行复制到 vim 的特定寄存器（Register）中，然后用 p 或者 P 命令粘贴到指定位置，具体命令见表 3-11。

表 3-11 vim 复制和粘贴命令

命　令	命令用途
y	复制命令，往往表示动作（Motion）的按键序列连用。例如，y10b 表示从光标所在位置开始向左复制 10 个单词，y20l 表示从光标所在位置开始向右复制 20 个字符，y$ 表示从光标所在位置开始复制到行尾，yi{ 表示复制光标所在大括号中括起的内容
yy	复制光标所在的那一行（常用）
nyy	其中 n 为数字，表示复制光标所在的向下 n 列。例如，20yy 表示复制 20 列（常用）
p，P	p 为将已复制的数据粘贴在光标的下一行，P 则为粘贴在光标的上一行。例如，目前光标在第 20 行，且已经复制了 10 行数据，则按下<p>键后，那 10 行数据会粘贴在原来的 20 行之后，亦即由 21 行开始粘贴；如果是按下<P>键，那么原来的第 20 行会变成第 30 行（常用）

注　意

- vim 中没有专门的剪切命令，剪切和删除（修改）是等价的，最后一次被删除（修改）的内容并未马上被 vim 抛弃，同样也是放入了 vim 的特定寄存器中，可以用 p 或者 P 命令粘贴到指定位置。

- vim 寄存器的相关知识可以参考本任务的拓展阅读内容。
- 在 vim 中，由于命令 c 已经被用于表示 change 了，所以复制(Copy)就不能再使用 c 了。vim 用 y 来表示复制，y 是 yank 的缩写，意思是“抽出”，但在中文中还是把它叫作“复制”而非“抽出”。

拓展阅读 3-4
vim 的寄存器

(10) 录制回放

第 10 步主要涉及的是录制回放操作：

在第 1~100 行每行的行首和行末都添加一个“#”符号。这个操作如果要手动完成，会十分烦琐，好在 vim 提供了一项非常有用的功能——录制回放，它是解决这个问题的最佳手段。首先来完成这个操作，可以在 vim 普通模式下，依次用如清单 3-17 所示的几个命令完成。

清单 3-17

```
gg              #光标移动到第一行
qa              #启动记录，使用寄存器 a
0               #光标移到行首
i#<esc>         #在行首加上“#”符号
 $              #光标移到行末
a#<esc>         #在行末加上“#”符号
j               #光标移到下一行
q               #结束记录
99@a            #使用寄存器 a 回放记录 99 次，为余下 99 行行首和行末添加“#”符号
```

录制回放功能是 vim 的一个非常有用的功能，往往用于完成较为复杂的重复性操作。录制回放需要以下 4 个步骤：

1) 用 q{register}命令启动录制操作，录制结果保存到{register}指定的寄存器中。{register}是寄存器名，可以用 a~z 中任一个字母表示，此时窗口左下角会出现“记录中”字样，表示开始录制操作，如图 3-12 所示。

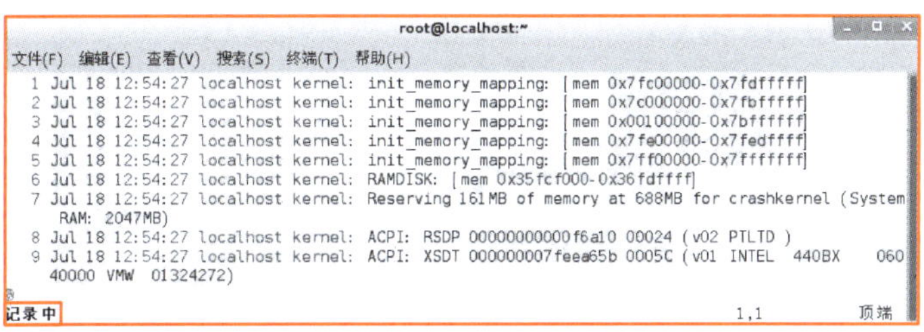

图 3-12 录制操作

2) 输入命令，完成要录制的操作。

3) 键入 q 结束录制。

4) 在合适位置，用@{register}命令回放这个录制好的操作。

注　意

@{register}命令可以通过计数前缀修饰，使操作重复指定的次数。如在本例中，可以输入“:99@ a”，标志重复 99 次录制的操作。

(11) 打开多个文件

第 11 步主要涉及的是打开多个文件:

1) 在不关闭当前文件的情况下,打开一个名为 messages01.bak 的新文件。

2) 复制 messages.bak 的第 1~100 行,粘贴到新文件中。

3) 存储两个文件后,退出 vim。

这个步骤可以用多种方法来实现,其中最常见的就是使用 vim 的 edit 命令":edit 文件名",该命令将在不关闭已经打开文件的情况下,打开一个新文件。用":bp"和":bn"命令可以在已经打开的文件之间进行前后切换,如清单 3-18 所示。

清单 3-18

```
:edit ./messages01.bak          #在不关闭已经打开文件的情况下,打开新文件
:bp                             #切换到前一个打开的文件中
gg                              #移到首行
100yy                           #复制首行开始的 100 行
:bn                             #切换到后一个打开的文件中
gg                              #移到首行
p                               #粘贴
:wqall                          #保存所有打开文件并退出 vim
```

可以使用 vim 的":ls"命令来查看已经打开的所有文件列表。文件名前面的"+"表示文件已经被修改,但尚未保存;"#"代表上一次编辑的文档;"%"是目前正在编辑中的文档,如图 3-13 所示。

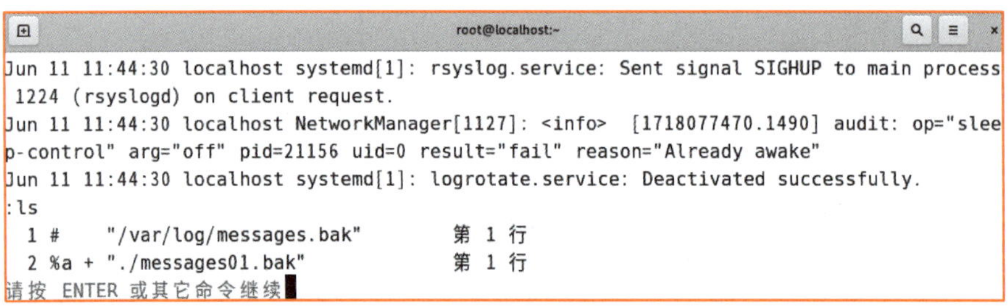

图 3-13 列出已经打开的所有文件列表

打开的多个文件可以按照常规方法,用 wq 或者 ZZ 命令逐个窗口保存并退出来完成,也可以使用表 3-12 中的":qall"":wall"或者":wqall"命令一次性完成。

表 3-12 退出 vim 相关命令

命 令	说 明
:qall	该命令表示 quit all(全部退出)。如果任何一个窗口没有保存,vim 都不会退出,同时光标会自动跳到该窗口
:wall	该命令表示 write all(全部保存),但实际上,它只会保存修改过的文件
:wqall	该命令是:qall 和 wall 的组合命令

用 vim 的标签页功能来打开多个文件则更加直观,如清单 3-19 所示。

清单 3-19

```
:tabedit ./messages01.bak        #以标签页的方式打开新文件
1gt                              #切换到标签页 1 中
gg                               #移到首行
100yy                            #复制首行开始的 100 行
2gt                              #切换到标签页 2 中
gg                               #移到首行
p                                #粘贴
:wqall                           #保存所有打开文件并退出 vim
```

使用“:tabedit 文件名”命令将在新标签页中打开文件，在窗口顶部会出现有 1 个含有两个文件名的标签，第 1 个是文件“/var/log/message. bak”，第 2 个是文件“./message01. bak”，光标则处于新打开的标签页中，如图 3-14 所示。可以使用“数字+gt”命令在各个标签页之间进行切换，例如，可以用 1gt 切换到第 1 个标签页，用 2gt 切换到第 2 个标签页，依此类推。如果不加数字前缀，gt 就表示在各个标签页之间顺序切换。

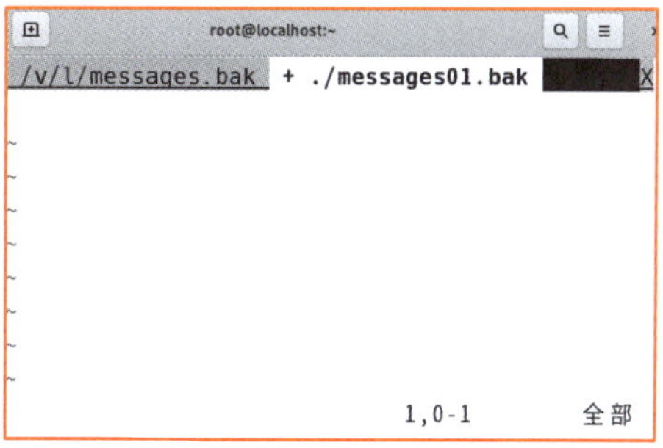

图 3-14　在标签页中打开新文件

用 vim 的分割窗口功也可以实现同时打开多个文件，如清单 3-20 所示。

清单 3-20

```
:sp ./messages01.bak         #以分割窗口的方式打开新文件
<ctrl>wl                     #将光标移动到原文件所处(下面)窗口
gg                           #移到首行
100yy                        #复制首行开始的 100 行
<ctrl>wh                     #将光标移动到新文件所处(上面)窗口
gg                           #移到首行
p                            #粘贴
:wqall                       #保存所有打开文件并退出 vim
```

“:sp[文件名]”命令把屏幕水平分成两个窗口，并将新文件在上面的窗口中打开，同时光标也置于新窗口中，如图 3-15 所示。

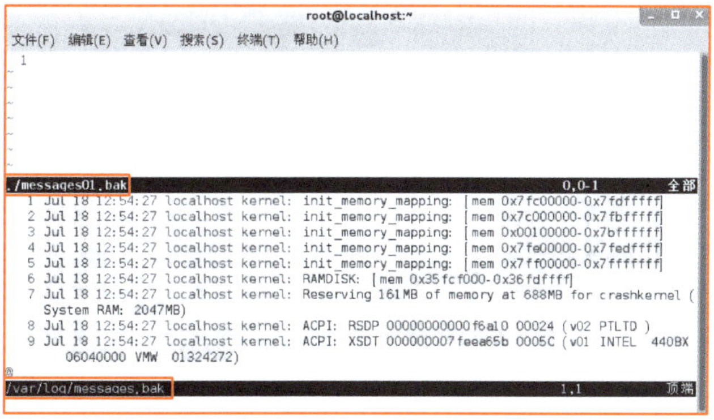

图 3-15　水平分割窗口打开新文件

分割窗口后，就可以同时编辑两个文件了，可使用快捷键<Ctrl+W+方向键>在两个窗口间跳转可以使用“:res+数字”命令调整窗口的高度，见表 3-13。

表 3-13 分割窗口相关命令

命　　令	命令用途
:sp[文件名]	水平分割窗口，并在新窗口中打开文件名所指定的文件，如未跟文件名，则在新窗口中再次打开当前文件
:vsp[文件名]	垂直分割窗口，用法和“:sp”命令类似
Ctrl+W+方向键	切换窗口，其中的方向键用于指示下一个跳转的窗口
:res+/-数字	调整当前窗口高度，数字表示调整的行的数目，+/-表示增加或者减少。例如，“:res+4”表示当前窗口高度增加 4 行
:vertical res+/-数字	调整当前窗口宽度，数字表示调整的行的数目，+/-表示增加或者减少。例如，“:vertical res-2”表示当前窗口宽度减少 2 列

注　意

vim 允许用户嵌套分割窗口来创建自己的编辑器布局，如可以将窗口分割调整成如图 3-16 所示的样式。

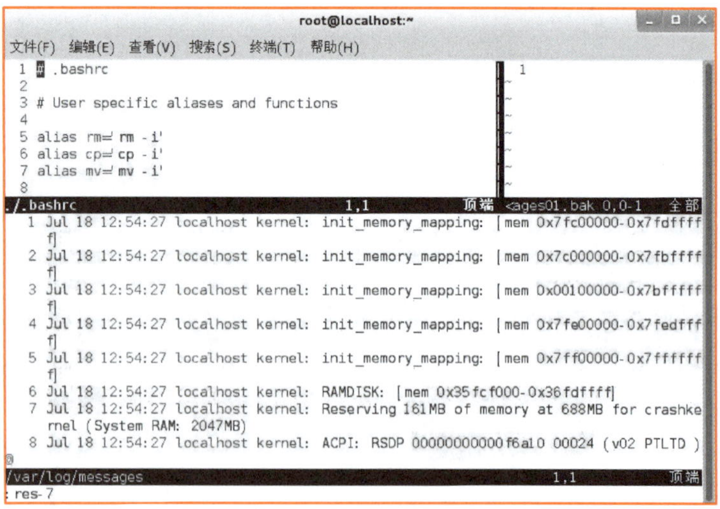

图 3-16 嵌套分割窗口

至此，就大致掌握用 vim 来编辑一个文本文件的基本流程和方法，应付一般的日常管理操作应该是没有什么问题了，但是“食不厌精，脍不厌细”，要想进一步提升工作效率，还需要充分利用好 vim 提供的各种功能。因此还是建议看一看任务知识这部分内容，再动手操作一下，“学中用，用中学”才是掌握 vim 的最佳方法。

3.4 任务知识

3.4.1 知识点1 vim的模式

vim是vi的一个衍生改进版本，继承并发扬了vi中模式概念。

注　意

- vi编辑器的名字来源于Visual Interface(可视化接口)。vi的历史可以追溯到1976年在UNIX系统上开发的一个简单的行编辑器ed，其缺点是不能直观地显示文本内容。为了改进ed，1979年vi被开发出来，增加了可视化功能，并且提供了更多的编辑功能。vi编辑器是UNIX系统上的标准编辑器。
- vi编辑器后来被移植到不同的平台和操作系统上，产生了许多不同的变种和衍生版本。其中最著名的就是vim(vi Improved)，其增加了很多新的特性，如语法高亮、代码补全、插件系统、多窗口编辑、拼写检查等。

根据vim的帮助文档，其一共有6种基本模式，分别为正常模式(Normal Mode)、插入模式(Insert Mode)、命令模式(Command Mode)、可视模式(Visual Mode)、选择模式(Select Mode)和Ex模式(Ex Mode)。

注　意

正是这种独特的“多模式”设计，使初学者特别是习惯于使用Windows的用户会觉得非常困扰。但这仅仅只是一个习惯问题，而非vim的设计问题；相反，这被公认为是一种非常高效的模式，唯一的要求就是得花一点时间去习惯它。

在这6种模式中，一般常用的模式是前4种，如图3-17所示。

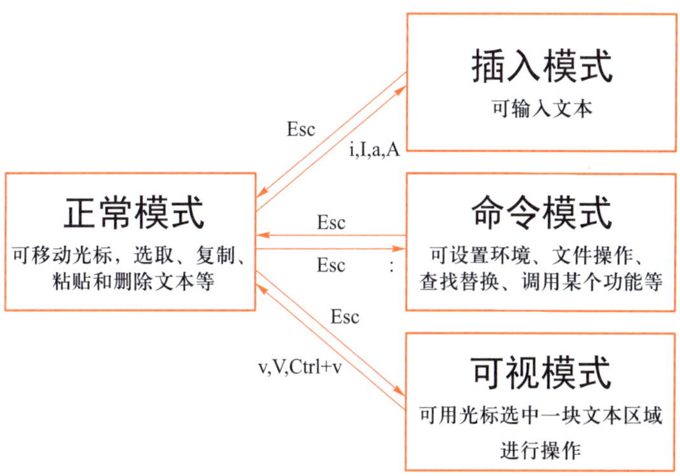

图3-17　vim的四大模式

1）正常模式：启动vim后默认处于正常模式。在该模式下，可以移动光标，以及选取、复制、粘贴和删除文本。无论位于什么模式,按<Esc>键(有时需要按两下)都会进入正常模式。

2) 插入模式:在正常模式中按<i><I><a>或<A>等键,会进入插入模式。现在只用记住按<i>键会进行插入模式。在插入模式中,可以输入文本。

3) 命令模式:在正常模式中,按<:>(冒号)键会进入命令模式。在命令模式中可以执行一些输入并执行一些 vim 或插件提供的命令,这些命令包括设置环境、文件操作、调用某个功能等。

4) 可视模式:在正常模式中按<v><V>或<Ctrl+v>键,可以进入可视模式。可视模式中可以用光标选中一块文本区域,并且在上面进行删除、替换等操作。

3.4.2 知识点 2 vim 语法

vim 不是一个容易上手的编辑器,新手很容易迷惑于其复杂的按键操作。一旦熟悉了 vim 命令的语法,这些“复杂”的按键操作就没有什么秘密可言了。

注 意

本书中所涉及的 vim 语法,指的是 vim 中一般模式下命令的通用规则,并不是 Vimscript(vim 自带的插件编写和自定义设置的脚本语言)的语法。

(1) 语法规则

vim 初始语法规则可以归纳如清单 3-21 所示,表示对 motion 移动范围内的文本执行 operator 的操作。operator 指的是具体的编辑操作键,如<d>键就是表示删除的 operator。但是单独按<d>键并不会起效,还需要指定操作对象。motion 指的光标移动键,如<h><j><k>和<l>键就是表示上下左右的 motion,光标移动范围内的文本就是操作的对象。

清单 3-21

```
operator + motion
```

operator 和 motion 前都可以(不是必须)加上数字 n,以表示重复次数,注意 n 必须是大于 0 的整数。于是语法规则可以补充如清单 3-22 所示。

清单 3-22

```
[n] operator + [n] motion
```

除了 motion,还有一类被称作 text object 的快捷键能指定操作对象,其具体形式如清单 3-23 所示。其中,object 是具体的文本范围,modifier 是对其范围的补充修饰。

清单 3-23

```
text-object = modifier + object
```

注 意

- 不同于 motion,text object 并不能单独使用,而是必须放在 operator 之后才能发挥作用。
- 相比于 motion 的语法规则,text object 不关心光标的具体位置,只要光标落入了文本对象的范围内,vim 会自动找出 text object 的起始范围进行操作。

同样，operator 和 text object 前也可以加上数字 n，以表示重复次数，同样 n 必须是大于 0 的整数，且可选。于是语法规则可以补充如清单 3-24 所示。

清单 3-24

```
[n] operator + [n] text-object
```

综上所述，vim 的语法规则最终可以归纳如清单 3-25 所示。

清单 3-25

```
[n] operator + [n] motion/text object
```

注　意

- vim 语法规则非常简单，但其理念非常有趣：vim 将具体的编辑操作、光标的移动和结构化的文本分别抽象为 operator、motion 和 text object，再将它们映射到单个按键上，创建语法赋予其相互组合的能力，使复杂的文本编辑操作能用简单的命令序列具象地表达出来。
- 这种理念非常符合所谓的 UNIX 哲学（UNIX Philosophy），这也是类 UNIX 操作系统包括 Linux 构建的理论基石之一。在任务 5 中，可以更加清晰地体验到 Linux 是如何将 UNIX 哲学付诸实践的。

（2）操作符

vim 的 operator 一共有 16 种，但只要掌握如下几类常用的 operator，就能够满足绝大部分的文本编辑需求：首先是删除（d）、替换（c）和复制（y）3 类 operator；然后是两类任务中没有用到过的 operator，见表 3-14。

表 3-14　任务中未用到的操作键

命　令	命令用途
gu/gU	将指定范围中的英文字符变成小写（Lowercase）或者大写（Uppercase）
>/<	将指定范围中的文本向右/左缩进一个<Tab>键的距离

单个 operator 后面必须跟上 motion 或者 text object 才能起作用，但是当 operator 被重复两次时，则无须跟上 motion 或者 text object，因为重复两次表示作用于光标所处的这一整行，如清单 3-26 所示。

清单 3-26

```
d        #单个 operator 并不会起作用
dd       #重复两次，表示作用范围是本行，删除光标当前所在行
d4h      #d 加上 4h，表示向左删除 4 个字符
yy       #向下复制 4 行
```

（3）动作

vim 中 motion 即光标移动快捷键有一个重要的特征需要特别进行说明，就是影响 operator 作用范围开闭性的特征：

1）以一个以字符为移动单位的 motion 为例，若 operator+motion 按键序列的作用范围不包含 motion 移动范围的右边界，即最后一个字符，则称这个 motion 是开放（Exclusive）的，反之则称为是闭合（Inclusive）的。

2）以一个以行为移动单位的 motion 为例，若 operator+motion 按键序列的作用范围不包含 motion 移动范围的下边界，即最后一行，则称这个 motion 是开放（Exclusive）的，反之则称为是闭合（Inclusive）的。

常用的 j 和 k 就是一个闭合的 motion，如单独使用 2j 会将光标向下移动 2 行，使用 d2j 则会删除当前行和下面 2 行，即一共删除 3 行，如图 3-18 所示。

l 和 h 则是开放的 motion，如使用 5l 会将光标向右移动 5 个字符，使用 d5l 则会删除，如图 3-19 所示。

图 3-18　闭合的 motion 示例

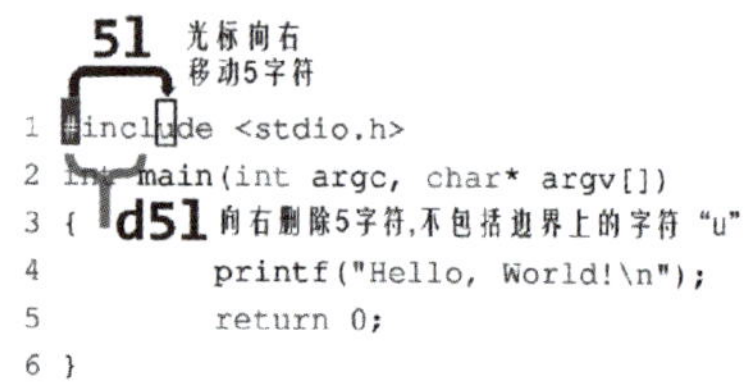

图 3-19　开放的 motion 示例

简单来说，对于开放的 motion，移动的起止点围成的范围和 operator 的作用范围总是相差边界上一个字符或者一行；而对于闭合的 motion，两种范围是相同的。表 3-15 中列举了常用移动键的开闭性。

表 3-15　vim 常用的光标移动命令的开闭性

命　令	开　闭　性	命　令	开　闭　性
h/l	开放	gg/G	闭合
j/k	闭合	b/w/B/W	开放
0	开放	f{字符}	闭合
$	闭合	F{字符}	开放
^	开放	{/}	开放

清单 3-27 中列举了一些常用的 operator+motion 的按键序列，供读者参考。

清单 3-27

```
y5l       #向右复制 5 个字符
3d4j      #删除包括本行在内的 5 行，删除 3 次，即一共删除 15 行
4dd       #删除包括本行在内的向下 4 行
4yy       #复制包括本行在内的向下 4 行
gU4w      #向右将 4 个单词变为大写
```

（4）文本对象

文本对象由修饰符（Modifier）和对象（Object）两部分组成。

修饰符实际上只有两个，见表 3-16。

表 3-16 vim 文本对象修饰符

命 令	意 义
i	字面义是单词 inner，一般用于表示某一个对象内部内容，具体效果需要结合对象决定
a	字面义是冠词 a，一般用于表示某个对象整体，具体效果也要结合对象决定

常用的对象有 5 类，见表 3-17。

表 3-17 vim 文本对象

命 令	意 义
w	狭义的单词，vim 中把由字母、数字或下画线等非空白字符构成的字符序列称为 word，之间由空白字符（空格、制表和换行）或标点符号分隔。iw 仅表示一个 word 含有的所有字符，而 aw 还会额外包含前后的空白字符，并且当前后都有空白时则只包含后面的空白
W	广义的单词，只要是非空白字符的序列都能算是一个词。例如，"Jack，Sam"算是两个狭义的单词，但只能算一个广义的单词。W 与修饰符的结合规则参照 w
p	段落（Paragraph），指的是行与行相连的整段文本。段落之间一般通过空行（可含空白字符）分隔。"ip"表示仅作用于段落的所有行，而 ap 会额外包含前后的空行
t	表示 xml/html 标签（Tag）括起来的文本块（可以分行），与具体标签无关，只要是标签即可。it 表示标签内的文本，而 at 会包含标签本身
（或者） ［或者］ ｛或者｝	表示括号括起来的文本块（可以分行），小括号、中括号或者大括号等皆可。这里以小括号为例，在命令中用"（"或"）"表示。"i（"仅表示括号内的文本，而"a（"则会包含括号本身
"或者" '或者' \`或者\`	表示本行中引号圈起来的文本，单引号、双引号或者反引号皆可。以双引号为例，"i""仅表示引号内的文本，而"a""则会包含引号本身以及引号前后的空白。同样，"di""和"ci""非常便于修改程序中字符串的内容

最后，在清单 3-28 中列举了一些常用的 operator+text object 的按键序列，供读者参考。

清单 3-28

```
dap          #删除光标所处整个段落及与之相邻的空行
gU8iw        #将光标所处位置向右的 4 个狭义单词中所有的小写字符变为大写字符
yi[          #复制所处的中括号号所圈起的文本，不包括中括号本身
>i{          #将光标所处的大括号内的所有行都缩进一个<Tab>键
di"          #删除本行中光标所处的双引号所圈起的文本，不包括双引号本身
ca'          #删除本行中光标所处的单引号，以及单引号所圈起的文本，并进入插入模式
y3at         #复制光标所处开始向下 3 个 xml 标签以及其中的文本
```

3.4.3 知识点 3 vim 崩溃后的处理

相信很多人都经历过这样的情况：编辑一个文档很长时间，眼看就要完成的时候，主机、系统或 vim 却崩溃了。

如果使用的是 vim，那么就无须过多担心，因为当编辑一个文件时，vim 会在这个文件所处的

目录下生成一个隐藏临时文件——交换文件(Swap File),用户对文档所做的几乎所有编辑修改都会暂时保存在这个文件中。因此,如果在编辑过程中 vim 非正常关闭,就可以从这个交换文件里恢复对文档所做的修改。

注　意

- 出于性能考虑,交换文件不是实时更新的,因此交换文件不一定能够保证所作的全部修改都会被保存在其中。
- 默认情况下,交换文件每录入 200 个字符,或者每次文档内容被修改且 4000 ms(即 4 s)内没有录入任何字符时更新。
- 如果不希望把修改写到交换文件中,可以用 vim -n 命令启动 vim,这就等于放弃了 vim 文档恢复功能。除非有充分理由,否则建议不要这么做。

一般情况下,当经历了一次崩溃或非正常退出后,重新用 vim 打开之前编辑的文件时,vim 会出现如图 3-20 所示的“交换文件已存在”提示。

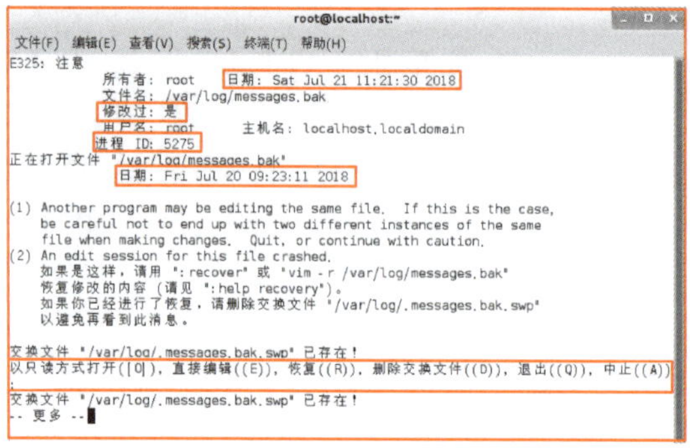

图 3-20　vim 的“交换文件已存在”提示

在提示中,vim 会提供 6 个选项,见表 3-18。

表 3-18　“交换文件已存在”提示的选项

选　项	作　用
只读方式打开((O))	用只读方式打开文件。当只是想查看文件的内容而不打算恢复它的时候,可以用这个选项
直接编辑((E))	直接编辑。注意小心使用这个选择,因为这可能会导致文件出现两个不同版本
恢复((R))	从交换文件中恢复文件
退出((Q))	退出。不再编辑该文件
中止((A))	中止。与退出类似,但同时中止更多的命令
删除交换文件((D)):	删除交换文件。当确定不再需要这个交换文件的时候选这一项

此时按下<R>键,然后按<Enter>键,就可以将数据从交换文件中恢复过来,十分简单。

小　心

交换文件可以用来恢复文档,但 vim 提示出现了交换文件,并不代表就一定需要恢复文档,所以不要一出现提示就马上按<R>键恢复。盲目执行恢复操作可能会造成严重后果,一定要仔细观察,谨慎做出选择。

当然,并非只有非正常退出才会产生交换文件,退一步来说,即使 vim 非正常退出了,也不见得一定需要恢复文档。

首先是第 1 种情况：主机上有其他 vim 进程也在编辑这个文件（可能是用户自己打开的，也可能是其他用户打开的），此时打开文档，vim 也会给出“交换文件已存在”提示，这个提示中有两项特别之处，就是在“进程 ID”后面会出现“仍在运行”的字样，在提示选项中也不会出现“删除交换文件”这一项，如图 3-21 所示。此时，应该谨慎确认是否有其他用户也在编辑这个文件。如果是，最好按<Q>键或者<A>键退出，防止发生冲突。

其次是第 2 种情况：交换文件比当前文件要旧，即交换文件的日期属性在前，而当前打开文件的日期属性在后，如图 3-22 所示。这有可能是在崩溃后文件被修改过了，也可能文件在崩溃前保存过，但这发生在最后一次写入该交换文件之后。一般来说出现这种情况，如果确认当前打开的文件内容要比交换文件新，那么就不需要这个交换文件了，直接按<d>键删除即可。

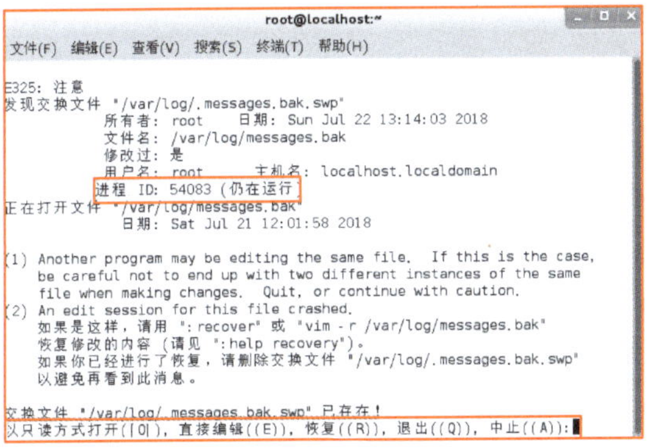

图 3-21 有其他 vim 进程也在编辑文件

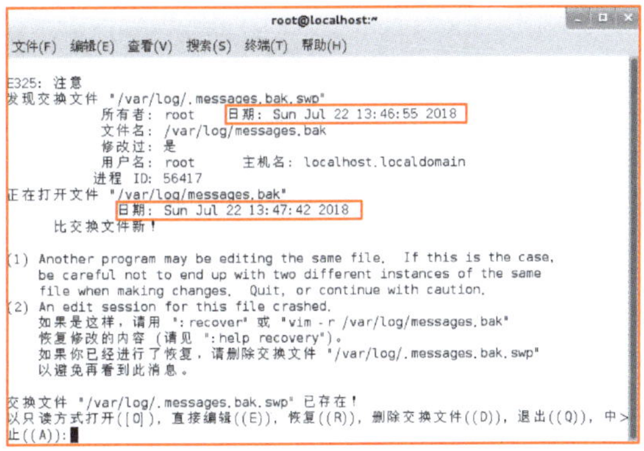

图 3-22 交换文件比当前文件要旧

3.5 任务小结

在经历了一番苦读和操作实践之后，小 Y 算是对 vim 入门了。现在，小 Y 已经能够：

1. 在 vim 中移动光标，复制、粘贴、删除、查找及替换文本，并使用录制回放。
2. 打开、保存文件和退出 vim。
3. 简单设定 vim 的环境。
4. 处理 vim 崩溃事件。
5. 在 vim 中同时编辑多个文本。
6. 查看 vim 的帮助文档。

习题 3

文本：习题参考答案

同时，小 Y 应该对如下概念有所了解：

1. vim 的模式。
2. vim 的语法。
3. vim 的各项快捷键和命令。
4. vim 的帮助文档。

任务 3 在线实验

任务 4 管理文件

——千举万变，其道一也。

4.1 任务场景

PPT：任务 4 管理文件

微课 4-1 一切皆文件——透过现象看本质

技术部的 Z 项目组需要一名系统管理员对项目开发服务器中的文档进行日常维护，主要是管理开发文档、源代码和开发过程中产生的临时文件。由于小 Y 在第一个任务中的良好表现，他被分配到这个项目组中担任运维。俗话说得好："师傅领进门，修行在个人"，虽然对于 Linux 这个领域小 Y 远远算不上入门，但是他觉得应该自己先试试，实在不行再向别人求助。在接下来的几天中，小 Y 经历了 Linux 运维生涯中的又一个挑战——管理文件。

4.2 任务内容

分配给小 Y 的具体任务见表 4-1。

表 4-1 小 Y 的具体任务

MDS LTD.	IT 资源和服务申请表
资源类别 □存储资源 □网络带宽 □计算资源 ■ IT 支持服务 □其他	
申请人员/部门： 技术部/Z 项目组 实施人员/部门： IT 支持部	
详细规格描述： 在 P 项目组的开发服务器上进行文件操作，要求： 1. 在根目录中建立名为 project_z 的子目录，在此目录中分别建立 src、res、doc 和 log 子目录其中在 res 目录中再建立 image、sound 和 animation 子目录，在这 3 个目录中各新建 1 个空文件，分别命名为 img_inv、sud_inv 和 ani_inv。 2. 要求 nbcc 用户对这些新建的目录以及其中的文件拥有全部权限，其他用户没有权限。 3. 将/tmp/prj/res 目录中的音乐文件（扩展名为 oog）、图片文件（扩展名为 jpg）、视频文件（扩展名为 mov）分别复制到 image、sound 和 animation 目录中，并将/tmp/prj/res 目录中的 misc 子目录复制到/project_z/res 目录中。 4. 删除/tmp/prj/res 目录。 5. 将/tmp/prj/src 目录中过去 1 天内创建或者修改过的 PHP 脚本文件（扩展名为 php）复制到/project_z/src 目录中。	

续表

6. 将/tmp/prj/doc 目录中所有的文件打包压缩为一个以“当前日期-时间.tar”为名的备份文件，如 20230302-104655.tar，并复制到/project_z/doc 目录中。 7. 在 nbcc 家目录中为/project_z 目录创建一个链接 project。
本部门主管：已批准
IT 部门主管：已批准

管理好服务器中的文件是一项常规操作，下面就和小 Y 一起来完成任务吧！

注　意

Linux 中有一个很重要理念，称为“一切皆文件”(Everything is a file)。这并不是说在 Linux 系统中，所有的东西都是文本文件或二进制文件，而是说在 Linux 中，系统将所有的资源和设备(包括设备、网络接口、进程等)都抽象为文件，并提供了统一的文件操作接口，如读、写、打开、关闭等。这样做的好处是用户和程序员可以使用一套简单而通用的方法来访问和管理各种资源和设备，无须关心它们的具体实现细节。因此，从广义上来说，管理文件涵盖一个 Linux 系统管理员所有的工作职责，当然本任务只是从狭义上去探讨其意义。

4.3 任务实施

4.3.1 子任务 1 创建目录和文件

微课 4-2 目录操作与文件访问权限

首先，使用 nbcc 用户登录，然后用 mkdir 命令创建/project_z 目录，结果发现事情并没有那么简单：bash 提示“mkdir：无法创建目录"/project_z"：权限不够”，如清单 4-1 所示。从提示可以看出，nbcc 用户没有权限创建该目录。

清单 4-1

```
[nbcc@ localhost ~] $ mkdir /project_z
mkdir: 无法创建目录"/project_z": 权限不够
```

那么，怎样才能有权限来创建该目录呢？首先要弄明白 Linux 中“文件访问权限”这个概念，而文件访问的权限总是和 Linux 中的用户和用户组密不可分，因此先要简单了解一下 Linux 的用户和用户组的概念。

注　意

- 用户(User)是指使用计算机系统的人或程序。用户可以通过操作系统提供的接口和服务，实现对计算机资源的访问和控制。因为每个用户所需要完成的工作不一样，操作系统通常会为不同的用户设置不同的权限和限制。例如，系统管理员对整个系统有维护的责任，那么他就有权限操纵整个系统；而普通用户只对系统中某些部分负责，那么他的权限就相应限缩到这部分范围中。

- 用户组(User Group)是指一组具有相同权限或共同目标的用户的集合。用户组可以对用户进行分类和管理,实现对系统资源的访问控制和安全保护。
- 在任务 6 中会详细探讨用户和用户组。

在 Linux 中,一个文件总是与某个特定的用户(文件拥有者/owner)和某个特定用户组(文件所属用户组/group)关联在一起的。

为了更加清晰、直观,用 ls -l 命令列出了/home/nbcc/4. sh 这个文件的属性,如清单 4-2 所示。

清单 4-2

```
$ ls -l /home/nbcc/4.sh
-rwxr-xr--. 1 nbcc nbcc 22 12月 2 2023 /home/nbcc/4.sh
```

输出结果有 7 个字段,这 7 个字段都代表了文件的一类属性,如图 4-1 所示。

图 4-1 Linux 中的文件访问权限举例

目前关心的是字段 1、字段 3 和字段 4。其中字段 3 和字段 4 意思很明确,分别代表了文件的拥有者(nbcc 用户)和文件所属的用户组(nbcc 用户组)。相对复杂的是字段 1,这个字段由 11 个字符组成,关心的是中间 9 个字符。这 9 个字符每 3 个字符为一组,分别表示文件拥有者、文件组从属组中用户、其他用户对文件的访问权限。每组的 3 个字符则分别表示读(r)、写(w)和执行(x)权限,如果相应字符被(-)替代则表示没有该权限。

因此,对于这个 4. sh 文件,nbcc 用户可读可写可执行,nbcc 用户组中的用户可读不可写可执行,其他用户只读。

注　意

读(r)、写(w)、执行(x)权限于文件和目录的含义不尽相同,见表 4-2。

表 4-2 r、w、x 权限于文件和目录的含义

	r	w	x
文件	读文件	写文件	运行文件
目录	列出目录中文件	操纵目录中文件	进入目录

到这里为止,基本了解了文件访问权限这个概念,接下来再看要新建目录的父目录,即根目录“/”的访问权限。输入“ls -ld /”命令查看这个根目录“/”的信息,如清单 4-3 所示。

清单 4-3

```
$ ls -ld /
drwxr-xr-x. 25 root root 4096  9月 27 12:23 /
```

根目录“/”的拥有者是根用户 root，从属文件组是根用户组 root，读写权限是 rwxr-xr-x。nbcc 用户既非 root 用户，也不是 root 用户组中的用户，是其他用户，因此并没有写权限。显然要在目录中新建子目录是需要对该目录有写权限的，只能先切换到 root 用户来建立这个新目录，如清单 4-4 所示。

清单 4-4

```
$ su - root
密码：
# mkdir /project_z
# ls -ld /project_z
drwxr-xr-x 2 root root 4096  9月 27 12:32 /project_z
```

接下来用 cd 命令跳转到/project_z 目录下，用 mkdir 命令建立余下的其他目录，如清单 4-5 所示。

清单 4-5

```
# cd /project_z
# mkdir src res doc log
# ls
doc  log  res  src
# cd res
# mkdir image sound animation
# ls
animation  image  sound
```

至此，就将任务中要求的目录结构建立好了。接下来就是在 image、sound 和 animation 这 3 个子目录中各新建 1 个空文件，分别命名为 img_inv、sud_inv 和 ani_inv。新建空文件最常用的就是使用 touch 命令，在其后跟上要新建的文件名称即可，如清单 4-6 所示。

清单 4-6

```
# touch ./animation/ani_inv
# touch ./image/img_inv
# touch ./sound/sud_inv
# ls -lR /project_z
总用量 12
drwxrwxr-x 2 root root 4096  9月 27 12:42 animation
drwxrwxr-x 2 root root 4096  9月 27 12:42 image
drwxrwxr-x 2 root root 4096  9月 27 12:42 sound
```

至此，就将任务中要求的目录结构和空文件都建好了，最后用 ls -R 命令来查看整个/project_z 目录中的各级子目录和其中的文件，即递归查看目录，如清单 4-7 所示。

清单 4-7

```
# touch ./animation/ani_inv
```

```
# touch ./image/img_inv
# touch ./sound/sud_inv
# ls -R /project_z
/project_z:
doc  log  res  src

/project_z/doc:

/project_z/log:

/project_z/res:
animation  image  sound

/project_z/res/animation:
ani_inv

/project_z/res/image:
img_inv

/project_z/res/sound:
sud_inv

/project_z/src:
```

注　意

在本任务的知识点 4、知识点 5 和知识点 7 中将进一步讨论任务中使用到的 mkdir、cd、ls 和 touch 命令。

4.3.2 子任务 2 修改文件访问权限

接下来又发现了新的问题，即建立好的目录和空文件依然与根目录“/”一样，拥有者是根用户 root，文件组是根用户组 root，读写权限是 rwxrwxr-x，这意味着 nbcc 用户对这个目录依然没有写权限，且其他用户能够进入这个目录并能读取文件列表，这与任务要求不一致。因此，还需要修改目录的拥有者、文件组和访问权限这 3 个属性。

微课 4-3
修改文件
访问权限

注　意

修改文件属性也是需要对文件有写权限的。

首先来更改文件拥有者和文件组这两个属性，使用 chown 命令来实现，如清单 4-8 所示。

清单 4-8

```
# chown nbcc:nbcc /project_z
# ls -ld /project_z/
drwxr-xr-x 2 nbcc nbcc 4096  9月 27 12:32 /project_z
```

chown 后跟了一个参数“nbcc:nbcc”,其中冒号前的 nbcc 表示修改文件拥有者为 nbcc,冒号后面的 nbcc 表示修改文件从属的组为 nbcc(是 nbcc 用户的私有组)。修改完成之后,nbcc 就对/project_z 目录拥有了完全的访问权限(可读可写可执行)。

但这仅仅改变了 project_z 目录本身的拥有者和从属组,需要在 chown 后添加上-R 选项,表示不仅修改本目录,而且还递归修改目录下的各级子目录以及其中文件的拥有者和从属组,如清单 4-9 所示。至此,就将目录的拥有者和从属组都修改好了。

清单 4-9

```
# chown -R nbcc:nbcc /project_z/
# ls -lR /project_z/
/project_z/:
总用量 0
drwxr-xr-x. 2 root root   6  6月 30 20:18 doc
drwxr-xr-x. 2 root root   6  6月 30 20:18 log
drwxr-xr-x. 5 root root 49  6月 30 20:18 res
drwxr-xr-x. 2 root root   6  6月 30 20:18 src
...以下省略若干行
```

接着修改文件的访问权限,让从属组用户和其他用户没有权限,使用 chmod 命令来实现,如清单 4-10 所示。

清单 4-10

```
# chmod g-rwx,o-rwx /project_z/
# ls -ld /project_z/
drwx------ 2 dev01 dev01 4096  9月 27 12:32 project_z
```

注　意

- 修改或者设置文件访问权限有两种方法,这里使用的是助记符的方法,助记符分为以下 3 个部分。
  - √ 对象助记符:a 代表所有用户,u 代表文件拥有者,g 代表文件组用户,o 代表其他用户。
  - √ 操作助记符:“+”代表添加权限,“-”代表删除权限,“=”代表设置权限。
  - √ 权限助记符:r 代表可读,w 代表可写,x 代表可执行。
- 如果要对用户、组合或其他设置不同的权限,可以通过逗号分隔不同的表达,如“chmod u+r, g=rx,o-rwx hello.sh”表示为文件拥有者增加读权限,设置文件组用户权限为可读可执行,删除其他用户的所有权限。

可以看到,chmod 命令改变了/project_z 目录的文件访问权限这个属性,现在该目录的文件访问权限是“rwx------”,即 nbcc 能够读、写、执行这个目录,所属组用户无任何权限,其他用户也无任何权限。但这仅仅改变了/project_z 目录本身,其下的各级子目录的权限仍未改变,需要在 chmod 命令后添加上-R 选项,表示不仅修改本目录,而且还递归修改目录下的各级子目录及其中的文件访问权限,如清单 4-11 所示。

清单 4-11

```
# chmod -R g-rwx,o-rwx /project_z/
# ls -ld /project_z/
drwx------ 2 dev01 dev01 4096  9 月 27 12:32 project_z/
# ls -lR /project_z/
/project_z/:
总用量 0
drwx------. 2 nbcc nbcc  6  8 月  6 15:32 doc
drwx------. 2 nbcc nbcc  6  8 月  6 15:32 log
drwx------. 5 nbcc nbcc 49  8 月  6 15:32 res
drwx------. 2 nbcc nbcc  6  8 月  6 15:32 src
...以下省略若干行
```

至此，就将目录的权限都修改好了，用 exit 命令退出 root 用户，回到 nbcc 用户身份后，就可以开始迁移相关资料文件了。

注　意

在本任务的知识点 6 中将进一步说明文件访问权限及相关命令。

4.3.3 子任务 3 复制文件

在本子任务中，需要将/tmp/prj/res 目录中的音乐文件（扩展名为 ogg）、图片文件（扩展名为 jpg）和视频文件（扩展名为 mov）分别复制（也称为拷贝）到 image、sound 和 animation 目录中。

微课 4-4
移动文件

注　意

可以用 nbcc 用户身份运行本任务的初始化脚本文件 4.sh，生成任务中操作所需的相应的目录和文件，如清单 4-12 所示。

清单 4-12

```
$ su - nbcc -c /4.sh
```

微课 4-5
复制文件

首先，尝试复制一个文件，使用 cp 命令，其后的第 1 个参数是要复制的源文件，第 2 个参数是复制的目标目录，如清单 4-13 所示。

清单 4-13

工具文件 4.sh

```
$ ls -l /tmp/prj/res/image/img1.jpg
-rw-r--r-- 1 root root 4096 10 月 10 00:55 /tmp/res/image/img1.jpg
$ cp /tmp/prj/res/img1.jpg /project_z/res/image/
$ ls -l /project_z/res/image/img1.jpg
-rw-r--r-- 1 dev01 dev01 4096 10 月 13 15:19 img1.jpg
```

可以看到/tmp/prj/res/img1.jpg 文件已经复制到/project_z/image 目录下。

也可以在 cp 命令后面跟上多个文件名来同时复制多个文件，最后的参数是复制的目标文件，前面所有的参数都是要复制的文件，如清单 4-14 所示。

清单 4-14

```
$ cd /tmp/prj/
$ cp img2.jpg  img3.jpg  img4.jpg  /project_z/res/image/
$ ls -l /project_z/res/image/
总用量 12
-rw-r--r-- 1 dev01 dev01 4096 10 月 13 15:19 img1.jpg
-rw-r--r-- 1 dev01 dev01 1024 10 月 13 22:14 img2.jpg
-rw-r--r-- 1 dev01 dev01 4096 10 月 13 22:14 img3.jpg
-rw-r--r-- 1 dev01 dev01 2048 10 月 13 22:14 img4.jpg
```

如果要复制的文件都有相同的特征，还可以应用 bash 中一个非常有用的工具——通配符(Wildcard)来快速进行复制，如清单 4-15 所示。其中，文件名中的“ * ”就是通配符之一，表示任意长度的字符串，因此/tmp/prj/res/ * . jpg 就表示/tmp/prj/res 目录下文件名以“. jpg”为扩展名的所有文件。

清单 4-15

```
$ cp /tmp/prj/res/* .jpg /project_z/res
$ cp /tmp/prj/res/* .ogg /project_z/res
$ cp /tmp/prj/res/* .mov /project_z/res
```

注　意

- 通配符一般用在文件操作中，可以用通配符组合成模式(Pattern)来匹配符合特定规则的文件名。
- 本任务的知识点 3 中将进一步讨论通配符这个工具。

接下来是复制目录，cp 命令不能像复制文件一样直接复制目录，需要加上一个-R 选项，如清单 4-16 所示。

清单 4-16

```
$ cp -R /tmp/prj/res/misc /project_z/res
```

至此就将资料都迁移好了。可以用“ls -”命令来递归查看整个/project_z 目录中的各级子目录和其中的文件，如清单 4-17 所示。

清单 4-17

```
$ ls -R /project_z
/project_z/:
doc  log  res  src

/project_z/doc:
```

```
/project_z/log:

/project_z/res:
animation  image  misc  sound

/project_z/res/animation:
ani0.mov  ani2.mov  ani4.mov  ani6.mov  ani8.mov
ani1.mov  ani3.mov  ani5.mov  ani7.mov  ani9.mov

/project_z/res/image:
img0.jpg  img2.jpg  img4.jpg  img6.jpg  img8.jpg
img1.jpg  img3.jpg  img5.jpg  img7.jpg  img9.jpg

/project_z/src/misc:

/project_z/res/sound:
track0.ogg  track2.ogg  track4.ogg  track6.ogg  track8.ogg
track1.ogg  track3.ogg  track5.ogg  track7.ogg  track9.ogg

/project_z/src:
```

注　意

在本任务的知识点 7 中将详细说明 mv、cp 等命令。

4.3.4 子任务 4 删除文件

微课 4-6
删除文件

复制完毕后，需要删除/tmp/prj/res 目录及其中的文件。删除文件使用 rm 命令，但尝试删除一个文件/tmp/prj/res/img1.jpg 发现没有权限，原因很简单，/tmp/prj/res 目录及其中文件的拥有者是 root，从属组是 root 组，其他用户只有读权限。因此需要先切换为 root 用户来进行删除，如清单 4-18 所示。

清单 4-18

```
$ rm /tmp/prj/res/img1.jpg
rm:是否删除有写保护的普通文件 "/tmp/res/image/img1.jpg"? y
rm: 无法删除"/tmp/res/image/img1.jpg": 权限不够
$ls -l /tmp/prj/res/img1.jpg
$ su - root
密码:
# rm /tmp/prj/res/image/img1.jpg
rm:是否删除普通文件 "/tmp/res/image/img1.jpg"? y
```

在删除文件时系统会进行提示，如果要删除的文件很多将会非常麻烦，因此可以加上-f 选项表示直接删除，如清单 4-19 所示。

清单 4-19

```
# rm -f /tmp/prj/res/image/img2.jpg
```

注　意

- 只有 root 用户在删除文件时系统会提示，这是因为 root 用户权限太大，系统担心其误删文件，所以为 root 用户的 rm -i 命令建立了一个别名 rm，即自动添加了-i 选项，表示删除文件前要询问。换句话说，root 用户在执行 rm 命令时，实际上是执行了 rm -i。
- 普通用户删除文件时系统是不会提示的，因此在普通用户删除文件时，如果不太确定，还是需要为 rm 命令加上-i 选项来确保文件没有被误删除。
- 除了 rm 命令外，系统还默认为 root 用户的 cp、mv 命令建立了类似防误覆盖的别名，即 root 用户在执行 cp 或者 mv 命令时，其实是执行了 cp -i 和 mv -i 命令。

最后是删除整个目录结构/tmp/prj/res，和 cp 命令一样，rm 命令需要添加-R 选项来递归删除目录及其下文件，如清单 4-20 所示。

清单 4-20

```
# rm /tmp/prj/res/
rm: 无法删除"/tmp/prj/res": 是一个目录
# rm -fR /tmp/prj/res
```

注　意

- Linux 中一般还有一个专门用来删除目录的命令 rmdir，但该命令只能删除空目录，因此使用得较少。
- 在本任务的知识点 7 中将进一步讨论 rm 命令。

4.3.5 子任务 5 查找文件

本子任务要将/tmp/prj/src 目录中过去 30 天内创建或者修改过的 PHP 脚本文件（扩展名为 php）复制到/project_z/src 目录中。

首先需要指出的是，这些文件数目较大，手工筛选是不现实的。Linux 提供了许多实用的文件查找工具，其中最常用、功能最强大的就是 find 命令。接下来就用 find 命令来完成任务，如清单 4-21 所示。

微课 4-7
查找文件

清单 4-21

```
            ①
$ find /tmp/prj/src \( -name "* .php" -a -type f -a -mtime -30 \) ②
-exec cp -f {} /project_z/src \; ③
```

命令虽只有一条，但是比较复杂，下面分 3 个部分进行一个简单说明：

1）参数/project_z/prj/src 指定了要查找文件的目录。

2）在一对小括号“\( )\”中括起的内容均为 find 查找条件选项，条件选项之间的-a 意为 and，表示条件选项之间是“与”的关系，具体条件有以下 3 个：

- -name 选项指定要查找文件的名称，PHP 脚本文件必然以“.php”为结尾，这里使用了文件通配符“*”。

- -type 选项指定了要查找文件的类型，f 表示普通文件，这是个隐含条件，因为 PHP 文件一定是普通文件，而不可能是目录、设备等其他类型的文件。
- -mtime 选项指定了要查找文件的最后修改时间，-30 表示在 30 天内。

3）-exec 选项指定了要对查找到的文件所执行的命令，“cp -f {} /project_z/src”为要执行的命令，“{}”代表查找到的文件，即 cp 复制的源文件，“\;”表示命令结束，注意命令和“\;”之间是有一个空格的。

注 意

- find 命令中的一对小括号可以用来调整条件测试和操作符的优先级，小括号前后有空格。由于小括号是 bash 的元字符，有特殊含义，所以还必须使用反斜线“\”来引用小括号。在本任务中，小括号没有实际意义，仅用于让命令条件显示更为清楚。
- 分号是-exec 选项所跟命令的结束符，但分号也是 bash 的元字符，因此也需要用反斜杠“\”转义。
- 如果在 find 的查找条件中使用了通配符，那么对应选项后的参数必须使用引号以确保模式没有被 bash 扩展，如案例中-name 选项后的条件中使用了通配符“*”，该条件就必须放在一对引号“”中，否则通配符“*”就会被作为字面意义来解释。
- find 是一个相对较为复杂的命令，在本任务的知识点 8 中将详细讨论该命令。

4.3.6 子任务 6 归档压缩文件

微课 4-8

归档压缩文件

本子任务要将/tmp/prj/doc 目录中所有扩展名为 txt 的文件归档压缩为以“当下日期-时间”为名的一个备份文件，并复制到/project_z/doc 目录中。

本任务涉及打包文件和压缩文件两项内容。首先使用 tar 命令来打包文件，如清单 4-22 所示。

清单 4-22

```
$ tar -cvf $(date +%Y%m%d-%H%M%S).tar /tmp/prj/doc/* .txt
```

tar 命令后面的-c 选项表示创建归档文件，-v 选项表示显示被打包的文件名，-f 选项指定归档文件名。第 1 个参数是归档文件名，该参数比较特殊，是 date 命令的输出结果。这里使用了 bash 的一个重要功能——命令替换（Command Substitution），简单来说就是用一个命令的输出来替换另外一个命令的输入或者输入的一部分。这里使用“date +%Y%m%d-%H%M%S”命令输出 4，即“当前日期-时间”加上“.tar”作为归档文件的名称。第 2 个参数是要归档的文件，在该参数中使用文件通配符/tmp/prj/doc/*.txt，即/tmp/prj/doc 目录中的所有以“.txt”结尾的文件。

注 意

- bash 的命令替换能够将一个命令的标准输出插在一个命令行中任何位置。
- bash 中有两种格式作命令替换：把命令用一对反引号“``”（键盘<Tab>键上面的那个键）或者“$(...)”结构括起来，如清单 4-23 所示。一般建议使用第 2 种格式，清晰易读、利于嵌套。

清单 4-23

```
`command`
$ (command)
```

在任务 5 中会进一步讨论“命令替换”。

在归档完成之后，可以用 ls -l 命令查看其大小，并和归档前的文件大小进行一个比较，通过 tar -tf 命令来查看归档文件中的内容。如清单 4-24 所示。

清单 4-24

```
$ ls -l 2018-11-23.tar
$ tar -tf 20230806-104645.tar
```

注　意

- 在任何情况下，tar 命令的-f 选项后必须紧跟归档文件名，如清单 4-25 所示。

清单 4-25

```
$ tar -cvf ./sample.tar /prj/doc/* .txt              # 合法
$ tar -cv /tmp/prj/doc/* .txt -f ./sample.tar        # 合法
$ tar -f ./sample.tar -cv /tmp/prj/doc/* .txt        # 合法
$ tar -tf ./sample.tar                               # 合法
$ tar -ft ./sample.tar                               #不合法
$ tar -fcv ./sample.tar /tmp/prj/doc/* .txt          # 不合法
$ tar -vfc ./sample.tar /tmp/prj/doc/* .txt          # 不合法
```

- 归档文件的 tar 扩展名并不是必需的，加上这个扩展名是告诉用户该文件是一个 tar 归档文件，这是约定俗成的做法。
- 使用 tar 命令在创建归档文件时，会自动删除被归档的文件路径中的根路径“/”，其目的是不在释放文件时意外覆盖同名文件。
- tar 命令并不会压缩文件，归档文件的大小甚至比归档前所有文件的大小之和还要略大，其原因是归档时会添加一些额外的信息。

接下来是压缩文件。使用 Linux 中最常用的压缩文件命令 gzip 来压缩文件，如清单 4-26 所示。gzip 命令将 20230806-104645. tar 命令压缩成了名为 20230806-104645. tar. gz 的压缩文件。

清单 4-26

```
$ gzip 20230806-104645.tar
```

完成后可以用 ls -l 命令来查看这个压缩文件的大小，接着将这个压缩文件复制到指定的 /project_z/doc 目录中，如清单 4-27 所示。

清单 4-27

```
$ ls -l 20230806-104645.tar.gz
$ cp 20230806-104645.tar.gz /project_z/doc
```

由于 tar 命令和 gzip 命令经常连用，因此 tar 命令中提供一个选项-z，可以直接调用 gzip 命令，一次完成打包和压缩，如清单 4-28 所示。

清单 4-28

```
$ tar -czvf $(date +%Y%m%d-%H%M%S).tar.gz /tmp/prj/doc/*.txt
```

注　意

在本任务的知识点 9 中将进一步详细讨论 tar 和 gzip 命令。

4.3.7 子任务 7 创建链接文件

本子任务要在用户 nbcc 的家目录中为/project_z 目录创建一个链接。首先要了解什么是链接，简单来说，Linux 中的链接就是为文件建立一个额外的访问入口。

注　意

- 有时为了方便访问，需要让同一个文件出现在多个位置。如果直接建立文件副本，不利于同步数据，也浪费存储空间，Linux 中就提供了链接(Link)这个解决方法。
- 在 Linux 中，链接有符号链接(Symbolic Link)和硬链接(Hard Link)两种。这两种链接原理不同，表现形态上也不同，但主要目的是相同的，就是为文件建立一个额外的访问入口。
- 硬链接使用限制较大，主要有两点限制：一是不能跨文件系统(分区)使用；二是不能为目录创建硬链接。

微课 4-9 链接文件

建立文件链接的命令是 ln，接下来就用 ln 命令为/project_z 目录在 nbcc 的家目录/home/nbcc 中建立一个名为 project 的链接，如清单 4-29 所示。ln 命令中带了一个-s 选项，表示建立的是符号链接(因为无法为目录建立硬链接)。第 1 个参数代表要建立链接的目标文件或者目录，第 2 个参数指定了要创建的链接名。

清单 4-29

```
$ ln -s  /project_z  /home/nbcc/project
$ ls -ld /home/nbcc/project
lrwxrwxrwx 1 nbcc nbcc   13 10月 12 10:22 /home/nbcc/project -> /project_z
```

可以看到在长格式下，符号链接文件的首字段的第 1 个字符为“l”，指明其为一个符号链接文件，文件名字段也非常特殊，不仅包括了文件名，还包括了一个“->”符号，指向本符号链接的目标文件(同时文件的颜色也与普通文件不同，在 Rocky Linux 命令行中，默认显示为浅蓝色)。

至此，就为/project_z 目录创建好了符号链接/home/nbcc/project，可以直接通过该符号链接来访问/project_z 目录。

注　意

在本任务的知识点 10 中将详细说明链接文件和 ln 命令。

至此，就完成了整个任务，但对于任务外文件管理的知识和技能一概未曾涉及，因此还是要仔细阅读"任务知识"这部分内容，观看视频并动手实践，为后续的任务学习打好基础。

4.4 任务知识

4.4.1 知识点 1 文件系统层次标准

Linux 中所有的文件存储在文件系统中，它们被组织到一棵倒置的目录树中，称为文件系统层次结构，如图 4-2 所示。这棵树之所以是倒置的，因为树根"/"在该层次结构的顶部，称为根目录，所有的文件和目录都位于根目录"/"之下。

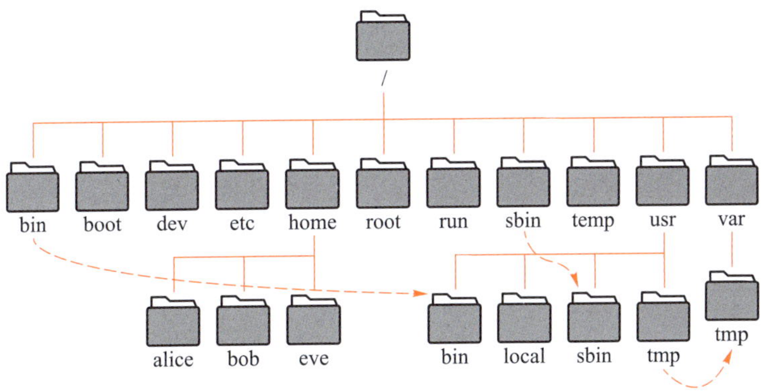

图 4-2 RHEL 文件系统层次结构示例

在早期的 UNIX 系统中，厂家各自定义了自己的文件系统组织结构，比较混乱。Linux 为了避免产生同样的问题，面世不久后就开展了文件系统的标准化活动。FHS（Filesystem Hierarchy Standard）是 Linux 基金会发布的一个 Linux 文件系统结构标准，简单来说，就是规定了根目录"/"下面各个主要目录应该放什么样的文件。FHS 的当前版本为 3.0，于 2015 年发布。

FHS 主要定义了两层规范，第一层是根目录"/"下面的各个一级子目录应该要放什么文件数据，如/etc 应该要放置设置文件、/bin 与/sbin 则应该要放置可执行文件等；第二层则是针对/usr 及/var 这两个一级目录下的二级子目录的规定，如/var/log 放置系统登录文件、/usr/share 放置共享数据等。

RHEL 兼容系统中一些重要的目录见表 4-3。

表 4-3 重要目录列表

目 录	说 明
/	所有文件和目录的起点，包含必要的启动文件
/bin	存放基本的命令二进制文件，这些文件可由所有用户执行
/boot	包含启动 Linux 系统所需的文件，如内核和引导加载程序
/dev	包含设备文件，用于表示和访问系统中的硬件设备
/etc	存放系统配置文件，如网络配置和服务启动脚本
/home	用户的家目录，存放个人文件和设置

续表

目　录	说　明
/lib	包含基本的共享库文件和内核模块
/media	用于挂载可移动媒体设备，如 USB 驱动器和 CD-ROM
/mnt	用于临时挂载文件系统
/opt	存放附加应用程序的目录
/proc	虚拟文件系统，提供对内核和进程信息的访问
/root	root 用户的家目录
/run	存放与当前正在运行的进程相关的数据
/sbin	存放系统管理和维护的命令二进制文件
/srv	存放系统提供的服务所需的数据
/sys	虚拟文件系统，提供对设备和驱动程序的访问
/tmp	用于存放临时文件
/usr	存放用户安装的应用程序、库文件、文档等
/var	包含经常变化的文件，如日志、邮件和打印队列

注　意

FHS 只是一个强制规范，Linux 的各个发行版本不一定会严格遵循它。

4.4.2 知识点 2 文件路径

Linux 文件是存放在目录中的，而目录又可以存放在其他的目录中，因此用户（或程序）可以借助文件名和目录名，从文件树中的任何地方开始定位所需的目录或文件。在 Linux 中，文件的路径简单来说就是在文件系统中定位文件的途径，而 Linux 的文件系统是一个树结构，因此就会有两种路径表示方式：绝对路径与相对路径，如清单 4-30 所示。

1）绝对路径就是从根目录“/”开始，依次将各级子目录的名称组合起来，形成的路径就称为某个文件的绝对路径。例如，根目录“/”下有目录 usr，其下有子目录 share，其下有子目录 doc，再其下有子目录 nano，则该目录中的 README 文件的绝对路径就是/usr/share/doc/nano/README。绝对路径和用户当前所处工作目录无关，定位明确，但往往较冗长。

2）相对路径是相对当前所在位置的路径，例如当前所在的位置为/usr/share/doc，则前面说的 README 文件相对当前位置的相对路径就是 nano/README 或./nano/README。相对路径是“相对于”用户当前所处的工作目录，短而快捷但往往不够明确。

清单 4-30

```
[nbcc@ localhost ~] $ ls -l /usr/share/doc/nano/README          #绝对路径
-rw-r--r--. 1 root root 2951  1月  7  2021 /usr/share/doc/nano/README
[nbcc@ localhost ~] $ cd /usr/share/doc                         #绝对路径
[nbcc@ localhost doc] $ ls -l nano/README                       #相对路径
-rw-r--r--. 1 root root 2951  1月  7  2021 nano/README
```

4.4.3 知识点 3 文件通配符

系统管理员经常需要对文件进行批量操作，在文件数目较少的情况下可以通过手动逐个操作实现，但是在目标文件较多的情况下这种方式就不可行了。因此 bash 提供了通配符（Wildcard）工具，可以让用户用一些特殊的字符来描述一条规则，从而可以匹配符合这个规则的所有字符串（往往是文件名或者目录名）。bash 中的常用通配符见表 4-4。

微课 4-10
文件通配符

表 4-4 常见通配符

字　符	含　义	实　例
?	匹配任意一个字符	a? b 表示 a 与 b 之间必须也只能有一个字符，可以是任意字符，如 aab、abb、acb、a0b
*	匹配 0 或多个字符	a * b 表示 a 与 b 之间可以有任意长度的任意字符，也可以一个也没有，如 aabcb、axyzb、a012b、ab
[字符列表]	匹配字符列表中的任意单一字符	a[xyz]b 表示 a 与 b 之间必须也只能有一个字符，但只能是 x 或 y 或 z，如 axb、ayb、azb
[! 字符列表]	匹配除字符列表中的任意单一字符	a[! 0-9]b 表示 a 与 b 之间必须也只能有一个字符，但不能是阿拉伯数字，如 axb、aab、a-b
[字符 1-字符 2]	匹配一个连续的范围中所有的字符，包括这两个字符和排序序列中介于这两个字符之间的所有字符	a[0-9]b 表示 0 与 9 之间必须也只能有一个字符，如 a0b、a1b…a9b
{字符串列表}	匹配字符串列表中的任意一个字符串	a{abc,xyz,123}b 表示 a 与 b 之间只能是 abc 或 xyz 或 123 这三个字符串之一
{字符 1..字符 2}	匹配一个连续的范围中所有的字符，包括这两个字符和排序序列中介于这两个字符之间的所有字符	a{0..9}b 表示 0 与 9 之间必须也只能有一个字符，如 a0b、a1b…a9b

下面用 7 个范例来初步展示通配符的用法。

范例 4-1：“?”字符的用法，匹配任意单个字符，如清单 4-31 所示。

清单 4-31

```
#存在文件 a.txt 和 b.txt,用“?”匹配任意一个字符
$ ls ?.txt
a.txt b.txt
#存在文件 a.txt、b.txt 和 ab.txt,用“??”匹配任意两个字符
$ ls ??.txt
ab.txt
```

注　意

“?”不能匹配空字符（注意，不是空格字符）。也就是说，它占据的位置必须有字符存在。

范例 4-2:“*”字符的用法,匹配任意数量字符,包括 0 个字符,如清单 4-32 所示。

清单 4-32

```
#存在文件 a.txt、b.txt 和 ab.txt
$ ls *.txt        #列出文件名以.txt 结尾的文件
a.txt b.txt ab.txt
#存在文件 a.txt、b.txt 和 ab.txt
$ ls a* .txt      #列出文件名以 a 开头,以.txt 结尾的文件
a.txt ab.txt
```

范例 4-3:[...]模式的用法,匹配[...]中字符列表或者序列中的任意一个字符,还可以加上“!”表示取反,如清单 4-33 所示。

清单 4-33

```
# 存在文件 a.txt、b.txt、bxyz.txt、a01.txt、a02.txt、a09.txt c.txt d.txt
$ ls [ab]* .txt           #列出文件名以 a 或者 b 开头,以.txt 结尾的文件
a.txt b.txt axyz.txt a01.txt  a02.txt  a09.txt
$ ls *[ab].txt            #列出文件名以 a.txt 或者 b.txt 结尾的文件
a.txt b.txt
$ ls a0[0-9].txt          #列出文件名以 a0 开头,接着一个 0~9 之间数字,以.txt 结尾的文件
a01.txt  a02.txt  a09.txt
$ ls [! a-c]*             #列出文件名不以 a 开头的文件
d.txt
```

范例 4-4:{...}模式的用法,表示匹配大括号里面的所有模式,模式之间使用逗号分隔,如清单 4-34 所示。

清单 4-34

```
# 存在文件 1.m4a、1.m4c、1.m4p、1.mp3、1.mp5、cat、dawg、dcd、ddg、dg、dog、dug、1.m4b、
# 1.m4d、1.m4v、1.mp4、1.mp6、dag、dbg、dcg、deg、dig、doug
$ ls d{a,e,i,u,o}g                #和[ ]一样,{ }可以用于单字符的模式
dag deg dig dug dog
$ echo {cat,dog}                  #{ }还可以用于多字符的模式
cat dog
$ echo 1.{mp{3,4},m4{a,b,p,v}  #{ }可以嵌套使用
1.mp3 1.mp4 1.m4a 1.m4b 1.m4p 1.m4v
$ ls d{a..d}g                     #和[ ]一样,{ }可以匹配连续范围的字符
dag dbg dcg ddg
$ ls {cat,d* }                    #{ }也可以与其他模式联用
cat dawg dg dig dog doug dug
```

范例 4-5:{ }与[ ]的区别。如果遇到无法解释的序列,最常见的就是匹配的文件不存在,[ ]会失去模式的功能,变成其字面意思,而{ }依然可以展开,这点在某些情况(如创建文件)下非常有用,如清单 4-35 所示。

清单 4-35

```
# 不存在 a.txt 和 b.txt
$ ls [ab].txt                 #[ab]模式未作为通配符解释展开
```

```
ls: [ab].txt: No such file or directory
$ ls {a,b}.txt                 #{a,b}模式仍作为通配符解释展开
ls: a.txt: No such file or directory
ls: b.txt: No such file or directory
$ touch file[a-c]              #创建了一个名为 file[a-c]的空文件
$ touch file{..}               #创建了 filea、fileb 和 filec 共 3 个空文件
```

范例 4-6：通配符匹配路径限制。通配符只能匹配单层路径，不能跨目录匹配，也即"?"或"*"这样的通配符不能匹配路径分隔符"/"，如清单 4-36 所示。

清单 4-36

```
# 会列出当前目录中的所有文件和子目录内容，但不会进一步列出子目录中子目录的内容
$ ls *
file01 file02

prj:
doc file03 file04         #并不会列出子目录 prj 下的子目录 doc 中的内容
```

范例 4-7：文件名中存在通配符。允许文件名中使用通配符，但引用文件名时需要把文件名放在单引号、双引号中或用反斜杠"\"进行字符转义，如清单 4-37 所示。

清单 4-37

```
$ ls file*          #"*"作为通配符解释
$ ls "file*"        #以下情况中"*"均作普通字符解释
$ ls 'file*'
$ ls file\*
```

4.4.4 知识点 4 目录相关命令

本节将重点说明目录操纵相关的 4 个命令，包括在任务中用到的 cd、mkdir 和未在任务中用到的 rmdir 和 pwd 命令。

(1) pwd 命令

下面首先介绍 pwd 命令的语法格式，然后用 2 个范例来进行展示和说明。

命令 pwd

用法：pwd [选项]...

- pwd 是 Print Wording Directory 的缩写，意即显示出当前工作(活动)目录的名称。
- pwd 命令的常用选项见表 4-5。

表 4-5 pwd 命令的常用选项

选项	说明
-P	强制跟随符号链接。如果工作目录是一个符号链接，则追溯显示其真实指向的目录文件名。默认不跟随符号链接

用户在工作时为操作方便，经常要切换工作目录，输入 pwd 命令就可以让用户清楚地了解当前处在哪个目录下。

注 意

如同在任务 2 的子任务 1 中所提到的，Rocky Linux 的默认命令提示符中也会出现当前工作目录的路径，但只会显示路径的最后一个目录。

范例 4-8：显示当前工作目录，如清单 4-38 所示。

清单 4-38

```
$ pwd                              #显示当前工作目录
/etc/sysconfig/network-scripts
$ cd /var/www/html/                #切换工作目录
$pwd                               #再次显示当前工作目录
/var/www/html
```

范例 4-9：显示当前工作目录，跟随符号链接显示真实指向的目录名，如清单 4-39 所示。

清单 4-39

```
[nbcc@ localhost ~] $ cd /var
[nbcc@ localhost var] $ ls -ld mail                        #指向目录的符号链接
lrwxrwxrwx. 1 root root 10  5 月 16  2022 mail -> spool/mail
[nbcc@ localhost var] $ cd mail/                           #切换到该符号链接
[nbcc@ localhost mail] $ pwd                               #pwd 默认不跟随符号链接
/var/mail
[nbcc@ localhost mail] $ pwd -P                            # 用-P 选项强制 pwd 跟随符号链接
/var/spool/mail
```

(2) cd 命令

下面介绍 cd 命令的语法格式，然后用 1 个范例来进行展示和说明。

内建命令 cd

用法：cd [选项][目录路径]

- cd 是 Change Directory 的缩写，用于切换工作目录至指定目录路径，若[目录路径]参数省略则变换至使用者的家目录，其中[目录路径]可为绝对路径或相对路径。
- cd 命令的常用选项见表 4-6。

表 4-6 cd 命令的常用选项

选 项	说 明
-P	强制跟随符号链接，如果切换到的工作目录是符号链接，则追溯显示其真实指向的目录。默认不跟随

范例 4-10：切换目录，如清单 4-40 所示。

清单 4-40

```
$ cd /var/www/html          #切换到指定目录
$ pwd
/var/www/html
$ cd ..                     #切换到当前工作目录的上层目录
$ pwd
/var/www/
$ cd ../..                  #切换到当前工作目录上层目录的上层目录
$ pwd
/
$ cd ~                      #切换到当前用户的家目录
$ pwd
/home/nbcc
$ cd ~root                  #切换到指定用户(root)的家目录
$ pwd
/root
$ cd -                      #切换到上一次所处的工作目录
pwd
/
```

(3) mkdir 命令

下面介绍 mkdir 命令的语法格式,然后用 3 个范例来进行展示和说明。

命令 mkdir

用法:mkdir [选项]目录…

- mkdir 是 Make Directory 的缩写,用于建立目录。
- mkdir 命令的常用选项见表 4-7。

表 4-7 mkdir 命令的常用选项

选　项	说　明
-m<权限模式>	设置要创建目录的文件访问权限(类似 chmod 命令)
-p	创建嵌套目录,即需要时创建目标目录的上层目录(如上层目录已存在也不作错误处理)

范例 4-11:建立单个或者多个目录,如清单 4-41 所示。

清单 4-41

```
$ mkdir sampledir01                              #建立单个目录
$ mkdir sampledir01/subdir01 sapmpledir02        #建立多个目录
$ # tree                                         #列出目录树
.
├── sampledir01
│   └── subdir01
└── sampledir02
3 directories, 0 filestree
```

范例 4-12：建立嵌套目录，如清单 4-42 所示。

清单 4-42

```
$ mkdir dirx/diry/dirz                          #建立嵌套目录，但父目录尚未建立
mkdir: 无法创建目录"dirx/diry/dirz": 没有那个文件或目录
$ mkdir -p dirx/diry/dirz                       #需要加上-p 选项，否则无法创建
$ tree
.
└──dirx
    └──diry
        └──dirz
3 directories, 0 files
```

范例 4-13：建立指定访问权限的目录，如清单 4-43 所示。

清单 4-43

```
$ mkdir /tmp/dir01
$ ls -ld /tmp/dir01                             #建立目录，默认访问权限由当前用户 umask 值规定
drwxr-xr-x. 2 nbcc nbcc 6  8月  7 17:28 /tmp/dir01
$ mkdir -m 700 /tmp/dir02
$ ls -ld /tmp/dir02                             #建立指定访问权限的目录
drwx------. 2 nbcc nbcc 6  8月  7 17:29 /tmp/dir02
```

注　意

- 范例 4-11 中使用的 tree 命令，表示列出当前目录树。如果想了解 tree 命令更加详细的信息，可以通过 man tree 命令来查看该命令的帮助文档。
- 范例 4-13 中提到的 umask 值可参见本任务的知识点 6。

(4) rmdir 命令

下面介绍 rmdir 命令的语法格式，然后用 1 个范例来进行展示和说明。

命令 rmdir

用法：rmdir[选项]目录…

- rmdir 是 Remove Directory 的缩写，用于删除空目录。
- rmdir 命令的常用选项见表 4-8。

表 4-8　rmdir 命令的常用选项

选　项	说　明
-p	删除嵌套空目录

范例 4-14：删除单个或者嵌套的空目录，如清单 4-44 所示。

清单 4-44

```
#将/tmp 目录下名为 www 的子目录删除
$ rmdir /tmp/www
```

```
#在当前工作目录下的 a 目录中删除名为 b 的子目录
#若 a 删除后,b 目录成为空目录,则 b 亦删除
#下面命令等价于"rmdir a/b; rmdir a"命令序列
rmdir -p a/b
```

4.4.5 知识点 5 列出文件命令

本节将介绍 ls 命令的语法格式,并用 8 个范例来进行展示。

命令 ls

用法:ls [选项] [文件或目录]

- ls 是 List 的缩写,用于列出目录中文件及其属性。
- 如不指定文件或者目录,则默认查看当前工作目录。
- ls 命令的常用选项见表 4-9。

表 4-9 ls 命令的常用选项

选项	说明
-a	列出所有文件,包括以"."开头的隐藏文件
-A	列出除"."及".."以外的隐藏文件
-c	按 ctime(文件属性或者内容最后更改的时间)排序。同-lt 一起使用,则根据 ctime 排序并显示 ctime;同-l 一起使用,则显示 ctime 但根据名称排序
-d	将目录名像其他文件一样列出,而不是列出它们的内容
-F	每个目录名加"/"后缀,每个 FIFO 管道文件名加"|"后缀,每个可执行文件名加"*"后缀
-h	与-l 一起,以易于阅读的格式输出文件大小,如 1 KB、234 MB、2 GB 等,默认情况下的单位是字节(B)
-i	显示每个文件的 inode 号
-l	除每个文件名外,增加显示文件类型、权限、硬链接数、所有者名、组名、大小(默认字节)以及时间信息(默认为修改时间)
-n	类似-l,但列出 UID 及 GID 号
-r	逆序排列目录内容
-R	递归显示子目录
-S	根据文件大小排序,默认降序(由大到小)
-t	根据 mtime(文件内容最后修改时间)排序默认降序(由新到旧)
-u	按照 atime(文件最后访问时间)排序。同-lt 一起使用,则按照访问时间排序并显示;同-l 一起使用,则显示访问时间并按文件名排序

范例 4-15:列出当前目录和指定目录下的文件,如清单 4-45 所示。

清单 4-45

```
$ ls
公共  模板  视频  图片  文档  下载  音乐  桌面
$ ls /
bin   dev   lib       media       opt      raid1  sbin  tmp
boot  etc   lib64     mnt         proc     root   srv   usr
data  home  log_data  mysql_data  project  run    sys   var
```

范例 4-16: 列出目录下的所有(包括"."开头的隐藏文件)文件,如清单 4-46 所示。默认情况下,ls 命令不会列出文件名以点号"."开头的隐藏文件。可以使用-a 或者-A 选项组合来显示所有隐藏文件,这两个选项的唯一区别就是,-A 选项不会列出目录本身"."和父目录".."这两个隐藏目录。

清单 4-46

```
$ ls -a
.              .bash_profile  .dbus           .local     .vnc          视频  音乐
..             .bashrc        .esd_auth       .mozilla   .Xauthority   图片  桌面
.bash_history  .cache         .gnupg          .ssh       公共          文档
.bash_logout   .config        .ICEauthority   .Viminfo   模板          下载

$ ls -A
.bash_history  .cache     .gnupg         .ssh          公共  文档
.bash_logout   .config    .ICEauthority  .Viminfo      模板  下载
.bash_profile  .dbus      .local         .vnc          视频  音乐
.bashrc        .esd_auth  .mozilla       .Xauthority   图片  桌面
```

范例 4-17: 以长格式列出文件,如清单 4-47 所示。

清单 4-47

```
$ ls -al ~/sample/
总用量 8
drwxrwxr-x.   2  stu stu 22     12 月 2 19:24 .
drwx------.   19  stu stu 4096  12 月 2 19:22 ..
-rwxrw-r--.   1  stu stu 23     12 月 2 19:24 hello.sh
```

以长格式列出文件时,第 1 行显示所列文件使用的磁盘块(Block)的总数(这里是 8)。下面的每一行都代表一个文件,每行都有 7 个字段,如图 4-3 所示,每个字段的意义见表 4-10。

字段1	-rwxrw-r--.	类型和权限
字段2	1	硬链接数
字段3	stu	拥有者
字段4	stu	从属文件组
字段5	23	大小
字段6	12月2 19:42	被修改时间
字段7	hello.sh	文件名

图 4-3 ls 长格式列出文件属性字段示意图

表 4-10 ls 长格式列出文件属性字段释义

<table>
<tr><th>序号</th><th colspan="2">字段释义</th></tr>
<tr><td rowspan="4">1</td><td colspan="2">文件的类型和访问权限。该字段比较复杂,由 11 个字符组成,可以分为 3 个部分</td></tr>
<tr><td>字符 1</td><td>文件类型。在 Linux 中,文件总共有 7 种类型,类型对应符号及意义如下。
<table>
<tr><th>符号</th><th>意义</th></tr>
<tr><td>-</td><td>常规文件</td></tr>
<tr><td>d</td><td>目录文件</td></tr>
<tr><td>l</td><td>符号链接文件</td></tr>
<tr><td>c</td><td>字符设备文件</td></tr>
<tr><td>b</td><td>块设备文件</td></tr>
<tr><td>p</td><td>FIFO 管道文件</td></tr>
<tr><td>s</td><td>套接字文件</td></tr>
</table></td></tr>
<tr><td>字符 2~10</td><td>文件读写权限。9 个字符共分 3 组,意义如下。
<table>
<tr><th>符号</th><th>意义</th></tr>
<tr><td>字符 2~4</td><td>文件拥有者的读写权限</td></tr>
<tr><td>字符 5~7</td><td>文件从属组用户的读写权限</td></tr>
<tr><td>字符 8~10</td><td>其他用户的读写权限</td></tr>
</table>
每组的 3 个字符则分别表示读(r)、写(w)和执行(x)权限,如果相应字符被“-”替代,则表示没有该权限</td></tr>
<tr><td>字符 11</td><td>文件是否应用了其他访问控制措施,具体符号意义如下。
<table>
<tr><th>符号</th><th>意义</th></tr>
<tr><td>空格</td><td>文件没有应用可替换的访问控制措施</td></tr>
<tr><td>.</td><td>文件应用了 SELinux 上下文</td></tr>
<tr><td>+</td><td>文件应用了 ACL 访问控制</td></tr>
</table></td></tr>
<tr><td>2</td><td colspan="2">文件的硬链接数目(关于文件硬链接,将在本任务的知识点 10 中详述)</td></tr>
<tr><td>3</td><td colspan="2">文件拥有者用户名</td></tr>
<tr><td>4</td><td colspan="2">文件从属用户组名</td></tr>
<tr><td>5</td><td colspan="2">文件大小(默认单位:字节/Byte)</td></tr>
<tr><td>6</td><td colspan="2">文件时间戳,即文件最后被修改的时间</td></tr>
<tr><td>7</td><td colspan="2">文件名,如果是符号链接,该字段会额外显示该符号链接指向的文件</td></tr>
</table>

范例 4-18:列出文件索引节点(Inode)号,如清单 4-48 所示。每个文件系统中的文件的索引节点都是唯一的,放置着文件的属性和数据地址,因此索引节点号也是唯一的。使用-i 选项会列出每个文件的索引节点号。

清单 4-48

```
$ ls -ila ~/sample/
总用量 8
100690106 drwxrwxr-x.  2 stu stu   22 12 月  2 19:24 .
 34914279 drwx------. 19 stu stu 4096 12 月  2 19:22 ..
100690109 -rwxrw-r--.  1 stu stu   23 12 月  2 19:24 hello.sh
```

注　意

范例 4-18 中提到的文件索引节点可参见本任务的知识点 10。

范例 4-19: 列出目录本身信息,如清单 4-49 所示。对于目录名,ls 命令默认列出目录的内容,而不是关于目录本身的信息。使用-d 选项可以让 ls 列出目录本身的信息,而不是目录的内容。

清单 4-49

```
$ ls -ld sample/
drwxrwxr-x. 2 stu stu 22 12 月  2 19:24 sample/
```

范例 4-20: 以易读格式列出文件大小,如清单 4-50 所示。在长格式中文件的大小默认单位是字节,使用-h 选项会自动以合适的单位(K、M、G 等)列出文件大小。

清单 4-50

```
$ ls -lh
总用量 23M
-rw-rw-r--. 1 stu stu  23M 12 月  2 20:26 file00
-rwxrw-r--. 1 stu stu  23K 12 月  2 19:23 sample.txt
drwxrwxr-x. 2 stu stu 22   12 月  2 19:24 temp.txt
drwxr-xr-x. 2 stu stu  6   11 月 21 23:50 公共
drwxr-xr-x. 2 stu stu  6   11 月 21 23:50 模板
```

范例 4-21: 按列出文件的指定字段排序,如清单 4-51 所示。默认情况下,ls 将按文件名的字母升序列出文件。可以使用多种选项对输出进行排序,例如,ls -lhS 将按文件大小降序列出文件。添加-r 将反向排序,例如,ls -lt 将按照修改时间降序列出文件,使用 ls -lrt 按文件修改时间升序列出文件。

清单 4-51

```
$ ls -lhS /etc
总用量 1.5M
-rw-r--r--.  1 root root   655K  6 月   7 2013 services
-rw-r--r--.  1 root root    78K 11 月  22 23:04 ld.so.cache
-rw-r--r--.  1 root root    51K  5 月  15 2013 mime.types
-rw-r--r--.  1 root root    27K  4 月  11 2018 dnsmasq.conf
...此处省略若干行
```

```
$ ls -lrt /etc
总用量 1476
-rw-r--r--.  1 root root       91  12 月   3 2012 numad.conf
-rw-r--r--.  1 root root     1634  12 月  25 2012 rpc
-rw-r--r--.  1 root root       28  2 月   28 2013 ld.so.conf
-rw-r--r--.  1 root root    51787  5 月   15 2013 mime.types
...此处省略若干行
```

4.4.6 知识点 6 文件权限相关命令

本节将介绍文件访问权限相关的 3 个命令，包括在任务中用到的 chown、chmod 和未在任务中用到的 umask 命令。

(1) chown 命令

下面介绍 chown 命令的语法格式，并用 4 个范例来进行展示。

命令 chown

用法：chown [选项]... [所有者][:[组]] 文件...

- chown 命令将指定文件的拥有者修改为指定的用户或组，其中用户可以是用户名或者用户 ID，组可以是组名或者组 ID。
- chown 命令的常用选项见表 4-11。

表 4-11 chown 命令的常用选项

选 项	说 明
-R	以递归方式更改所有的文件及子目录
--dereference	修改符号链接指向的文件，而非符号链接本身
--reference=<参考文件>	将文件的所有权设置为和<参考文件>相同

范例 4-22：设置文件拥有者，修改 sample01 的文件拥有者为 alice，如清单 4-52 所示。

清单 4-52

```
$ ls -l ~jack/ sample01
总用量 9216
-rw-r--r--. 1 jack jack 1048576 12 月  2 23:09 sample01
$ su - root
密码:
#chown alice ~jack/sample01
# ls -l ~jack/sample01
-rw-r--r--. 1 alice jack 1048576 12 月  2 23:09 /home/jack/sample01
```

注 意

- 一般来说只有 root 用户才有权限修改文件的拥有者和从属组，普通用户是没有权限的。

- 将某个文件拥有者(从属组)设为某个用户(用户组),前提是该用户(用户组)要存在,否则将出错。

范例 4-23:设置文件从属组,修改 sample02 的文件从属组为 tgourp 用户组,如清单 4-53 所示。

清单 4-53

```
# chown :tgroup ~jack/sample02
# ls -l ~jack/sample02
-rw-r--r--. 1 jack tgroup 4194304 12 月  2 23:09 /home/jack/sample02
```

范例 4-24:设置文件拥有者和从属组,修改 sample03 的文件文件拥有者为 alice,从属组为 tgourp 用户组,如清单 4-54 所示。

清单 4-54

```
# chown alice:tgroup ~jack/sample03
# ls -l ~jack/sample03
-rw-r--r--. 1 alice tgroup 4194304 12 月  2 23:09 /home/jack/sample03
```

范例 4-25:为目录中所有子目录和文件设置文件拥有者和从属组,修改当前工作目录中所有子目录和文件的拥有者为 stu,从属组为 stu 组,如清单 4-55 所示。

清单 4-55

```
# tree -ug ~jack/sampledir/
/home/jack/sampledir/
├── [jack     jack     ]  file01
├── [jack     jack     ]  file02
└── [jack     jack     ]  file03

0 directories, 3 files
#使用了-R 选项
# chown -R stu:stu ~jack/sampledir/
# tree -ug ~jack/sampledir/
/home/jack/sampledir/
├── [stu      stu      ]  file01
├── [stu      stu      ]  file02
└── [stu      stu      ]  file03

0 directories, 3 files
```

(2) chmod 命令

下面介绍 chmod 命令的语法格式,并用两个范例来进行展示和说明。

命令 chmod

用法:chmod [选项] 模式 文件...

- 改变文件的访问权限。
- chmod 命令中的模式有助记符方法和八进制方法两种,将在范例中进行具体说明。
- chmod 命令的常用选项见表 4-12。

表 4-12 chmod 命令的常用选项

选　项	说　明
-R	以递归方式更改所有的文件及子目录
--dereference	修改符号链接指向的文件，而非符号链接本身
--reference=<参考文件>	将文件的访问权限设置为和<参考文件>相同

范例 4-26：用助记符的方法将~stu/hello.sh 文件修改为拥有者可读可写可执行，从属组用户可读可执行，其他用户无权限，如清单 4-56 所示。

清单 4-56

```
$ ls -l ~stu/hello.sh
-rw-rw-r--. 1 stu stu 23 12 月  2 19:23 /home/stu/hello.sh
$ chmod u+x,g=rx,o-r ~stu/hello.sh
$ ls -l ~stu/hello.sh
-rwxr-x---. 1 stu stu 23 12 月  2 19:23 /home/stu/hello.sh
```

注　意

关于助记符方法可参见本任务的子任务 2。

范例 4-27：用八进制的方法将~stu/sampledir 目录修改为拥有者可读可写可执行，从属组用户可读可执行，其他用户可读，如清单 4-57 所示。

清单 4-57

```
$ ls -ld ~stu/sampledir
drwxrwxr-x. 2 stu stu 6 12 月  3 00:18 sampledir
$ chmod 750 ~stu/sampledir/
$ ls -ld ~stu/sampledir
drwxr-x---. 2 stu stu 6 12 月  3 00:18 sampledir
```

在 chmod 命令的八进制访问权限模式中，一般用 3 位八进制数字来表示一个文件的访问权限。该八进制数字具体含义可用范例 4-27 中~stu/sampledir 目录的读写权限来说明，如图 4-4 所示，并提供了八进制数字和访问权限符号对照表，见表 4-13。

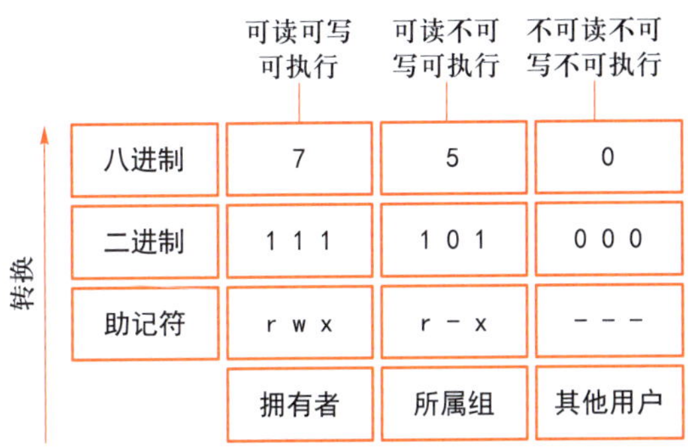

图 4-4 八进制访问权限示例图

表 4-13 八进制数字和文件访问权限符号对照表

符　号	二　进　制	八　进　制
rwx	111	7
rw-	110	6
r-x	101	5
r--	100	4
-wx	011	3
-w-	010	2
--x	001	1
---	000	0

拓展阅读 4-1
文件特殊
访问权限

注 意

完整的八进制权限有 4 位，首位表示文件特殊访问权限，如不设置特殊访问权限可以省略。文件特殊访问权限可参见拓展阅读内容。

(3) umask 命令

下面介绍 umask 命令的语法格式，详细阐述 umask 值与文件访问权限的关系，并用两个范例来进行展示和说明。

命令 umask

用法：umask [选项] [模式]

- 显示或者设置当前的 umask 值。
- umask 命令本身非常简单，需要关注的是 umask 值本身。
- umask 命令的常用选项见表 4-14。

表 4-14 umask 命令的常用选项

选 项	说 明
-S	助记符的样式显示 umask 值，默认以八进制样式显示

当用户创建一个新文件时，该文件的权限就已经规定好了。通常，普通文件默认是 0666，目录默认为 0777。这个默认的访问权限就是由用户的 umask 值规定的，因此 umask 也被称为文件创建权限掩码，这个值指明了用户想默认授予新创建的文件或者目录什么权限。

范例 4-28：查看当前用户的 umask 值，并验证 umask 值与创建的文件、目录默认访问权限之间的关系，如清单 4-58 所示。

清单 4-58

```
$ umask
0002
$ touch sample_file
$ mkdir sample_dir
$ ls -ld sample_file sample_dir/
drwxrwxr-x 2 dev01 dev01 4096 10 月  8 15:27 sample_dir/
-rw-rw-r--  1 dev01 dev01    0 10 月  8 15:27 sample_file
```

当前用户的 umask 值是 0002，创建的文件 sample_file 访问权限为 664，而目录 sample_dir 的访问权限为 775。umask 值与文件、目录的默认访问权限关系可以范例用一张图来说明，如图 4-5 所示。

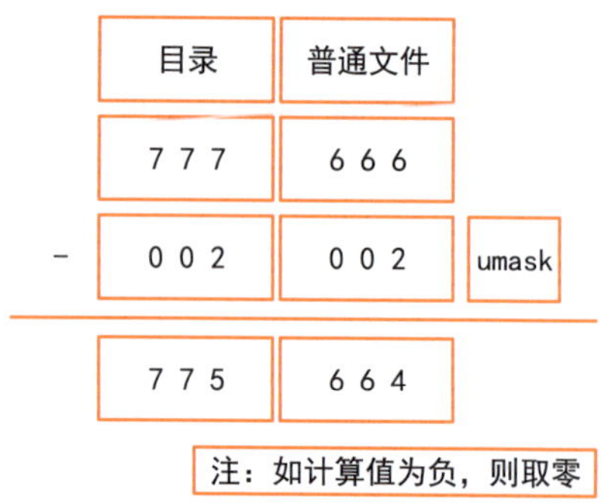

图 4-5 用户 umask 值与文件和目录默认访问权限计算示意图

注 意

umask 的第 1 位与文件特殊访问权限有关，具体可参见拓展阅读“文件特殊访问权限”。

范例 4-29：更改当前用户的 umask 值，使得新创建的文件或者目录默认对于文件从属组用户和其他用户没有任何权限。可以将 umask 值设为 0077，如清单 4-59 所示。

清单 4-59

```
$ umask 0077
$ umask
0077
$ touch newfile
$ mkdir newdir
$ ls -ld newfile newdir
-rwx------. 1 dev01 dev01 4096 10 月  8 15:30 newdir
-rw-------. 1 dev01 dev01    0 10 月  8 15:30 newfile
```

注 意

- 用 umask 命令修改的 umask 值是临时生效的，如果要永久生效，就需要修改用户目录下的.bashrc 文件，或者配置文件/etc/bashrc。
- 一般来说，没有特殊需求的情况下，不建议修改用户特别是 root 用户的默认 umask 值。

4.4.7 知识点 7 创建、复制、移动和删除文件命令

本节将介绍创建、复制、移动和删除这 4 个命令，包括在任务中用到的 touch、cp、rm 和未在任务中用到的 mv 命令。

(1) touch 命令

下面介绍 touch 命令的语法格式，然后用两个范例来进行展示和说明。

命令 touch

用法：touch [选项]... 文件...

- 将每个文件的访问时间和修改时间修改为当前时间。不存在的文件将会被创建为空文件，除非使用-c 或-h 选项。如果文件名为“-”则特殊处理，更改与标准输出相关的文件的访问时间。
- touch 命令的常用选项见表 4-15。

表 4-15 touch 命令的常用选项

选 项	说 明
-a	只更改访问时间
-c	不创建任何文件
-d 字符串	使用指定字符串表示时间而非当前时间
-m	只更改修改时间
-r 文件	文件使用指定文件的时间属性而非当前时间
-t 时间戳	使用[[CC]YY]MMDDhhmm[.ss]格式时间而非当前时间，字符依次表示世纪、年、月、日、小时、分钟和秒

范例 4-30:创建空文件,如清单 4-60 所示。

清单 4-60

```
$ touch file1 file2
$ ls -l
总用量 0
-rw-rw-r--. 1 stu stu 0 12 月  3 08:38 file1
-rw-rw-r--. 1 stu stu 0 12 月  3 08:38 file2
#可以使用通配符
$ touch file{a..d}
$ ls -l
总用量 0
-rw-rw-r--. 1 stu stu 0 12 月  3 08:38 file1
-rw-rw-r--. 1 stu stu 0 12 月  3 08:38 file2
-rw-rw-r--. 1 stu stu 0 12 月  3 08:40 filea
-rw-rw-r--. 1 stu stu 0 12 月  3 08:40 fileb
-rw-rw-r--. 1 stu stu 0 12 月  3 08:40 filec
-rw-rw-r--. 1 stu stu 0 12 月  3 08:40 filed
```

范例 4-31:修改文件时间戳(最后访问时间),如清单 4-61 所示。

清单 4-61

```
#不加选项,将时间戳修改为当前时间
$ ls -l file1
-rw-rw-r--. 1 stu stu 0 12 月  3 08:49 file1
$ touch file1
$ ls -l file1
-rw-rw-r--. 1 stu stu 0 12 月  3 08:52 file1
#用-d 选项指定时间,将时间戳修改为 2019 年 03 月 06 日
$ touch -d 20190306 file1
$ ls -l file1
总用量 0
-rw-rw-r--. 1 stu stu 0 12 月  3 08:49 file*
-rw-rw-r--. 1 stu stu 0 3 月  6 2019 file1
#用-r 选项指定文件,将时间戳修改为和该文件相同
$ touch -r /etc/centos-release file1
$ ls -l file1 /etc/centos-release
-rw-r--r--. 1 root root  38 4 月  29 2018 /etc/centos-release
-rw-rw-r--. 1 stu  stu   0 4 月  29 2018 file1
```

注　意

关于文件时间戳(Time Stamp)可参见本任务的知识点 8。

(2) cp 命令

下面介绍 cp 命令的语法格式,然后用 8 个范例进行展示和说明。

命令 cp

用法:cp [选项]. 源文件...　目标文件|目录

- 将源文件复制至目标文件,或将多个源文件复制至目标目录。

- 可以使用 cp 命令复制一个文件到一个指定的目标，或者复制任意多个文件到一个目标目录。
- 如果最后一个命令参数为一个已经存在的目录名，使用 cp 命令会将每一个源文件复制到那个目录下（维持原文件名）。
- cp 命令的常用选项见表 4-16。

表 4-16 cp 命令的常用选项

选　项	说　明
-f	如果目标文件无法打开，则将其移除并重试
-i	覆盖前询问（使-n 选项失效）
-l	只创建硬链接文件而不复制文件
-n	不覆盖已存在的文件（使-i 选项失效）
-p	复制时保留文件的访问权限、拥有者、文件组和时间戳
-R/-r	递归复制目录及其子目录内的所有内容
-s	只创建符号链接而不复制文件
-u	只在源文件比目标文件新，或目标文件不存在时才进行复制
-d	复制符号链接而不是复制它指向的文件，并且保护在副本中原文件之间的硬链接

范例 4-32：复制单个文件到目标目录中，如清单 4-62 所示。源文件 myfile. txt 位于当前工作目录下，目标是一个文件，其中/home/nbcc/office 是一个目录。文件复制两次到里面，第 1 次是直接复制，第 2 次复制并被重命名为 myfile01. txt。

清单 4-62

```
$ cp myfile.txt /home/nbcc/office/
$ cp myfile.txt /home/nbcc/office/myfile01.txt
```

注　意

- 如目标是一个目录路径，那么文件就会被复制到该目录中，且保持原名。复制多个文件时，目标必须是一个目录。
- 如目标是目录加上文件名，那么文件就会被复制到该目录中，并重命名为该文件名。

范例 4-33：不带任何参数，复制多个文件到目标目录中，如清单 4-63 所示。

清单 4-63

```
$ cp file_1.txt file_2.txt file_3.txt /home/stu/office
```

范例 4-34：复制目录。必须加上-r 或-R 选项（两者均可，没有区别），如清单 4-64 所示。

清单 4-64

```
$ cp -r mydir /home/stu/office
```

范例 4-35：使用-p 选项使 cp 命令在复制文件的同时，也复制文件属性。在复制文件时，默认会改变文件的属性，文件的访问权限将由 umask 值来重新定义，文件的拥有者和从属组将变为

cp 命令的执行用户和该用户所属的用户组。为 cp 命令添加-p 选项后，复制文件的上述属性均得到保留，如清单 4-65 所示。

清单 4-65

```
$ touch file01
$ ls -l file01
-rw-rw-r--. 1 stu stu 0 12 月  3 14:17 file01
#切换到 root 用户，将~stu/file 复制到当前工作目录中
$ su - root
密码：
# cp ~stu/file01 .
# ls -l file01                              #该文件的访问属性，拥有者和从属组均发生了变化
-rw-r--r--. 1 root root 0 12 月  3 14:18 file01
# umask
0022
# cp -p ~jack/file01 ./file01_bak          #带上-p 选项，则这些属性都予以保留
# ls -l file*
-rw-r--r--. 1 root root 0 12 月  3 14:18 file01
-rw-rw-r--. 1 stu stu 0 12 月  3 14:17 file01_bak
```

范例 4-36：使用-i 选项开启交互模式，提醒复制时出现的同名文件。当目标目录下出现和源文件同名的文件时，会询问是否覆盖目标目录下的文件，如清单 4-66 所示。

清单 4-66

```
$ ls /home/stu/sampledir/
file01
$ cp -i /tmp/file01 ~/sampledir/
cp:是否覆盖"/home/stu/sampledir/file01"? y
```

范例 4-37：root 用户的 cp 别名。对于 root 用户，系统会为 cp -i 命令自动创建一个别名 cp。因此 root 用户在使用 cp 命令时，实际上是在使用 cp -i 命令。如果不想使用这个别名，需要再在 cp 前加上反斜杠“\”，表示使用 cp 命令本身而非别名 cp，如清单 4-67 所示。

清单 4-67

```
# alias cp
alias cp='cp -i'
# cp /tmp/file01 ~stu/sampledir/
cp:是否覆盖"/home/stu/sampledir/file01"? y
# \cp /tmp/file01 ~stu/sampledir/       #命令前加上反斜杠“\”，表示使用 cp 命令而非 cp 这个别名
```

范例 4-38：用-l 选项来实现以创建硬链接替代复制。有时出于某些原因（如为了节省存储空间或者为了便于控制文件版本），希望在目标目录中为文件建立硬链接来替代真实复制文件内容，如清单 4-68 所示。

清单 4-68

```
$ ls -il /usr/share/myfile
12496 -rw-rw-r--. 1 stu stu 2097152 12 月  3 14:34 /usr/share/myfile
#并非复制而是为/usr/share/myfile 在当前用户的家目录下建立一个同名硬链接，
```

```
#可以从两个文件的索引节点号相同这一点上得到印证
$cp -l /usr/share/myfile ~
$ls -il ~/myfile
12496 -rw-rw-r--. 2 stu stu 2097152 12月  3 14:34 ./myfile
```

操作并未将/usr/share/myfile 复制到当前工作目录中，而是为其在当前工作目录中建立了一个硬链接。这两个文件事实为同一文件，因为它们有同样的索引节点号(12496)。

注 意

- 注意在复制前后，文件的硬链接的计数由原来的1变为了2。
- 在用 cp 命令复制目录时使用-l 选项是无效的，cp 会忽略该选项，按默认方式复制目录，因为在 Linux 系统中，用户是不允许为目录建立硬链接的。

范例 4-39：用-s 选项来实现以创建符号链接替代复制。与范例 4-38 相同，在目标目录中为文件建立符号链接来替代真实复制文件内容，如清单 4-69 所示。

清单 4-69

```
$ cp -s /usr/share/file01 ~
$ ls -l ~/file01
lrwxrwxrwx. 1 stu stu 17 12月 10 23:24 /home/stu/file01 -> /usr/share/file01
```

注 意

组合使用选项-sR 时，cp 命令会复制目录及其中的所有下层目录本身，但并不复制目录中的其他文件，而是代之以创建符号链接。

(3) mv 命令

下面介绍 mv 命令的语法格式，然后用 3 个范例来进行展示和说明。由于 mv 和 cp 命令的用法相似，因此，仅展示它们的不同之处和特别的用法。

命令 mv

用法：mv [选项]. 源文件 目标文件|目标目录

- 将源文件重命名为目标文件，或将源文件移动至指定目录。
- mv 命令的常用选项见表 4-17。

表 4-17 mv 命令的常用选项

选 项	说 明
-f	覆盖前不询问
-i	覆盖前询问
-u	只在源文件比目标文件新，或目标文件不存在时才进行移动

范例 4-40：用 mv 命令移动目录，可以直接移动，如清单 4-70 所示。

清单 4-70

```
$ ls -ld /tmp/sampledir
drwxrwxr-x. 2 stu stu   6 12 月   3 13:54 /tmp/sampledir
$ mv /tmp/sampledir ~
$ ls -ld ~/sampledir
drwxrwxr-x. 2 stu stu   6 12 月   3 13:54 /tmp/sampledir
```

注　意

和 cp 命令不同,mv 命令无须(也不能)使用-R 或者-r 选项就可以移动目录文件。

范例 4-41:用 mv 命令重命名文件。如果让移动文件的源路径和目标路径一致,但文件名不同,则相当于重命名文件,如清单 4-71 所示。

清单 4-71

```
$ ls -l ~/sampledir/file01
-rwxrwxr-x. 2 stu stu   6 12 月 3 13:57 /home/stu/file01
$ mv ~/sampledir/file01 ~/sampledir/file02
$ ls -l ~/sampledir/file02
-rwxrwxr-x. 2 stu stu   6 12 月 3 13:57 /home/stu/file02
```

范例 4-42:root 用户的 mv 别名。对于 root 用户,系统默认为 mv -i 命令创建一个别名 mv。因此 root 用户在使用 mv 命令时,实际上是在使用 mv -i 命令。如果不想使用这个别名,需要再在 mv 前加上反斜杠“\”,表示使用 mv 命令本身而非别名 mv,如清单 4-72 所示。

清单 4-72

```
# alias mv
alias mv='mv -i'
# mv ./hello.c /tmp
mv:是否覆盖'/tmp/hello.c'?y
# \mv ./hello.c /tmp          #命令前加上反斜杠“\”,表示使用 mv 命令而非 mv 这个别名
```

(4) rm 命令

下面介绍 rm 命令的语法格式,然后用 5 个范例来进行展示和说明。

命令 rm

用法:rm [选项] 文件|目录

- 移除文件或者目录。
- rm 命令的常用选项见表 4-18。

表 4-18　rm 命令的常用选项

选　　项	说　　明
-f	强制删除。忽略不存在的文件,不提示确认
-i	在删除前需要确认(默认选项)
-R/-r	递归删除目录及其内容

范例 4-43：用 rm 命令删除单个或者多个文件，如清单 4-73 所示。

清单 4-73

```
$ rm ~/file01
$ rm ~/sample01.txt /tmp/output.bak
$ rm ~/*.tmp
```

范例 4-44：用-R 选项删除目录，如清单 4-74 所示。

清单 4-74

```
$ rm ~/mydir/
rm: 无法删除"/home/stu/mydir/": 是一个目录
$ rm -R ~/mydir/
```

范例 4-45：用-f 选项强制执行删除操作。如果用 rm 命令删除一个不存在的文件或目录时，会输出一个错误提示。可以使用-f 选项让此次操作强制执行，忽略错误提示，如清单 4-75 所示。

清单 4-75

```
$ rm ~/file02
rm: 无法删除"/home/stu/file02": 没有那个文件或目录
$ ls -f ~/file02
```

范例 4-46：使用-i 选项开启交互模式，在删除文件时会提醒用户，如清单 4-76 所示。

清单 4-76

```
$ rm -i ~/file01
rm:是否删除普通文件"/home/stu file01"? y
```

范例 4-47：root 用户的 rm 别名。对于 root 用户，系统默认为 rm -i 命令创建一个别名 rm。因此 root 用户在使用 rm 命令时，实际上是在使用 rm -i 命令。如果不想使用这个别名，需要再在 rm 前加上反斜杠“\”，表示使用 rm 命令本身而非别名 rm，如清单 4-77 所示。

清单 4-77

```
# alias rm
alias rm='rm -i'
# rm ~/myfile01
rm:是否删除普通文件 "/root/myfile"?y
# \rm ~/myfile02                    #命令前加上反斜杠“\”,表示使用 rm 命令而非 rm 这个别名
```

4.4.8 知识点 8 查找文件命令

find 命令是 Linux 中最常用的文件查找命令之一，该命令不但可以通过文件的各种属性来查找文件，还可以对找到的文件执行指定操作。下面先介绍 find 命令的语法格式，然后用 12 个范例来进行展示。此外，在 Linux 中还有另外一个文件查找命令 locate，有兴趣的读者可以查看相应拓展阅读内容。

拓展阅读 4-2
locate 命令

命令 find

用法:find [选项] [查找路径] [表达式]

- 在查找路径指定的目录结构中依据特定条件搜索文件,并执行指定的操作。
- find 命令的"真正"选项(即出现在查找路径参数前的命令选项,而非表达式中的选项)并不多,可能会用到的选项见表 4-19。

表 4-19 find 命令的"真正"选项

选项	说明
-P	不跟随符号链接,以符号链接文件本身属性为准,这是默认选项
-L	跟随符号链接以符号链接文件所指向的文件属性为准
-H	与-P 类似,但是如果在 find 参数中显式指定的文件式符号链接,则跟随符号链接

- "查找路径"用来指定在哪里查找文件,如果不指定查找路径,find 就默认在用户当前工作目录下进行查找。
- "表达式"用来指定查找条件,并描述如何处理查找到的文件。表达式一般由全局选项(Global Options)、位置选项(Positional Options)、测试(Tests)、操作符(Operators)和动作(Actions)等内容组成。

√ 全局选项。对所有的测试和动作生效,常用全局选项见表 4-20。

表 4-20 全局选项

选项	说明
-depth	在查找时,先查找当前目录,然后再查找子目录
-maxdepth n	查找指定的目录时,深度最大不超过 n 层。例如,-maxdepth 0 表示只在当前指定目录(第 0 层)中查找,而不在其子目录(第 1 层)中查找
-mindepth n	查找指定的目录时,深度最小不低于 n 层。例如,-mindepth 1 表示只在当前指定目录的子目录(第 1 层)以及其下目录中查找,而不在当前指定目录(第 0 层)中查找
-noleaf	搜索不遵循 UNIX 文件系统硬链接约定(即目录的硬链接数目永远比其子目录数目少 2)的文件系统时使用,如 NTFS、VFAT 等

√ 测试。用于构建文件的查找条件。常用测试见表 4-21。

表 4-21 测试

选项	说明
-name 模式	匹配文件名查找,此处"模式"指的是文件通配符模式
-iname 模式	与-name 相同,只是忽略大小写
-path 模式	匹配文件的全路径名查找,此处"模式"指的是文件通配符模式。注意,模式中的"/"或"."不会被作为元字符做特殊处理

续表

选　项	说　明
-ipath 模式	与-path 相同，只是忽略大小写
-regex 模式	匹配文件的全路径名，此处“模式”指的是正则表达式模式
-iregex 模式	与-regex 相同，只是忽略大小写
-user 用户名	匹配文件拥有者用户名查找
-uid 用户 UID	匹配文件拥有者 UID 查找
-group 用户组名	匹配文件从属组名查找
-gid 用户 GID	匹配文件从属组 GID 查找
-type 类型符号	匹配类型文件查找，文件类型符号可取值如下：b 表示块设备文件；c 表示字设备符文件；d 表示目录；p 表示命名管道（FIFO）；f 表示普通文件；l 表示符号链接；s 表示套接字
-amin 时间	匹配文件被访问的时间（分钟）查找，时间（t）可修饰如下（“+/-”修饰符对接下来5 个时间相关的测试也适用）：-t 表示 t 分钟以内；t 表示恰好 t 分钟；+t 表示 t 分钟以前
-atime 时间	匹配文件被访问的时间（天）查找
-cmin 时间	匹配文件内容或者属性被修改的时间（分钟）查找
-ctime 时间	匹配文件内容或者属性被修改的时间（天）查找
-mmin 时间	匹配文件内容被修改的时间（分钟）查找
-mtime 时间	匹配文件内容被修改的时间（天）查找
-newer 文件名	匹配最近一次修改比指定文件修改时间要晚的文件。
-size 文件大小	匹配文件大小，文件大小（n）可修饰如下：-n 表示比 n 大的文件；n 表示恰好 n 大小的文件；+n 表示比 n 小的文件。 文件大小的计数单位可以是如下几种：b 表示 512B 的块；c 表示字节；K 表示千字节；M 表示兆字节；G 表示吉字节
-empty	匹配空文件或者空目录
-perm 文件权限	匹配文件访问权限（八进制或助记符）查找，权限可以修饰如下。 -mode：匹配所有（ugo）权限位，即文件访问权限满足 mode 所描述的（ugo）权限位上的权限要求 mode：精确匹配（ugo）权限位，即文件访问权限正好完全匹配 mode 所描述的权限 /mode：匹配至少一个（ugo）权限位，即文件访问权限至少满足 mode 所描述的（ugo）权限位上某一类用户的权限要求
-readable/-writable/-executable	匹配可读/可写/可执行的文件
-links 硬链接数	匹配文件硬链接数查找，硬链接数可修饰如下：-n 表示小于 n 个；n 表示恰好 n 个；+n 表示大于 n 个
-inum 索引节点号	匹配文件索引节点号（iNode Number）查找

√ 操作符。用于连接查找条件,常用操作符见表 4-22。

表 4-22 操作符

操作符	说明
(表达式)	用来调整查找条件的优先级。由于小括号是元字符,因此需要用反斜杠“\”来转义:\(表达式)\
表达式-a 表达式	连接两个表达式件,表示“与”,这也是默认的操作符,即如果两个查找条件之间仅用空格隔开,就默认为-a 操作
表达式-o 表达式	连接两个表达式,表示“或”
! 表达式	在表达式之前,表示“取反”

√ 动作。用于对匹配的文件指定要执行的操作,常用动作见表 4-23。

表 4-23 动作

动作	说明
-delete	删除查找到的文件
-prune	不进入匹配的目录进行查找
-ls	用长格式列出查找到的文件,输出到标准输出
-print/	输出当前查找结果到标准输出,这是默认动作
-exec 命令{};/+	对查找到的文件执行指定命令。其中,{}表示查找到的文件;“;”或者“+”表示命令结束,“;”表示对查找到的文件逐个执行指定命令,“+”表示对查找到的所有文件整体执行只指定命令
-ok 命令{};/+	和-exec 类似,但是每次执行前都会提示用户确认。处理删除、覆盖等任务时,-ok 是更加安全的方法

√ 位置选项。仅仅影响其后紧跟的条件测试或者动作,常用位置选项见表 4-24。

表 4-24 位置选项

选项	说明
-daystart	从当日起始时开始(而不是从 24 小时之前)计算时间(对测试项-amin、-atime、-cmin、-ctime、-mmin,and 或-mtime 生效)
-regextype type	指定使用的正则表达式风格,type 的值可以是 emacs、posix-awk、posix-basic、posix-egrep、posix-extended。find 默认使用 GNU emacs 风格的正则表达式(对测试项-regex 或-iregex 生效)

范例 4-48:按文件名查找,用 5 个例子进行说明,如清单 4-78 所示。

清单 4-78

```
#在/tmp 目录下查找下名为 sample 的文件,但不进入子目录查找
$ find -maxdepth 0 /tmp -name "sample"
#在/tmp 目录下查找文件扩展名为“.txt”的文件
$ find /tmp -name "*.txt"
#在当前工作目录下查找名以大写字母开头的文件
```

```
$find -name "[A-Z]*"
#在/tmp 目录下查找文件名长 6 个字符,并以".bak"为扩展名的文件
$find /tmp -name "??.bak"
#在当前用户家目录下查找文件名以 file 开头(忽略大小写)的目录文件
$find ~ -iname "file*"
```

范例 4-49:按文件路径查找,用两个例子进行说明,如清单 4-79 所示。

清单 4-79

```
#在当前工作目录下查找路径以"./sr"开头,以 sc 结尾的文件
find . -path "./sr*sc"
#在当前工作目录下的 bar 目录(相对路径)中查找路径为
#/foo/bar/myfile(绝对路径)的文件,无论如何结果都是空
find bar -path /foo/bar/myfile
```

注　意

- 如果使用了-path 选项,测试条件中的"."和"/"会被作为字面意义解释,并不作为元字符来解释。
- 如果-path 选项的测试条件中的值是绝对路径,那么查找起始目录也必须是绝对路径,查找才有意义。

范例 4-50:按文件拥有者或者从属用户组进行查找,用 4 个不同的例子进行说明,如清单 4-80 所示。

清单 4-80

```
#find /home -user user01        #在/home 目录下查找属于用户 user01 的文件
#find /home -uid +1001          #在/home 目录下查找文件拥有者 UID 大于 1001 的文件
#find /var -group apache        #在/var 目录下查找从属用户组为 apache 的文件
#在/home 目录下查找从属用户组 GID 为 1000,且文件名以小写字母或者数字开头的文件
#find /home \( -gid 1000 -a -name "[0-9a-z]*" \)
```

范例 4-51:按文件类型进行查找,用 3 个不同的例子进行说明,如清单 4-81 所示。

清单 4-81

```
$find /tmp -type f,d,l               #在/tmp 目录下查找所有的普通文件、目录文件和符号链接文件
$find . ! -type d -print             #在当前目录下查找所有非目录文件
#find /dev \( -type b -o -type c \)  #在/dev 目录下查找所有的块设备和字符设备文件
```

范例 4-52:按文件大小进行查找,用 5 个不同的例子进行说明,如清单 4-82 所示。

清单 4-82

```
$find -size +100c        #在当前工作目录下查找大于 100B 的文件
$find -size -1k          #在当前工作目录下查找小于 1kB 的文件
#find / \( -size +900M -a -size -1G \)   #在根目录下查找大于 900MB、小于 1GB 的文件
$find -size +10          #在当前工作目录下查找超过 10 块的文件(1 块=512B)
$find ~ - empty          #在当前用户的家目录下查找空文件或空目录
```

范例 4-53: 按文件访问权限进行查找,用 6 个不同的例子进行说明,如清单 4-83 所示。

清单 4-83

```
#在当前目录下查找所有权限为 754 的文件,
#也即拥有者可读可写可执行,组用户可读可执行,其他用户可读的文件
$ find -perm 754
$ find ~ -perm u=rwx,g=rx,o=r
#在/sbin 和/usr/sbin 目录下查找可执行但不可读的文件
$ find /sbin /usr/sbin -executable \! -readable
#没有使用修饰符,表示在当前目录下查找所有权限正好为 220 的文件,
#也即 "拥有者不可读可写不可执行、组用户不可读可写不可执行且其他用户无权限"的文件
$ find -perm 220
$ find . -perm g=w,u=w
#使用了"-"修饰符,表示在当前目录下查找所有权限为 220 的文件,
#也即"拥有者可写,并且组用户可写"的文件
$ find . -perm -220
$ find . -perm -g+w,u+w
#使用了"/"修饰符,表示在当前目录下查找所有权限为 220 的文件,
#也即"拥有者可写,或者组用户可写"的文件
$ find . -perm /220
$ find . -perm /u+w,g+w
#同时使用了"/"和"-"修饰符,表示拥有者、组用户和其他用户均可读,
#且拥有者、组用户、其他用户三者至少有一类用户可写,
#且拥有者、组用户、其他用户三者至少有一类用户不可执行的文件
$ find . -perm -444 -perm /222 \! -perm /111
$ find . -perm -a+r -perm /a+w \! -perm /a+x
```

注 意

-perm 测试中是否使用修饰符或者使用不同的修饰符,查找的结果会截然不同:

- -perm 测试后如果不添加修饰符,表示精确匹配指定权限。例如测试条件是-perm 640,查找权限是"拥有者可读可写不可执行,组用户可读不可写不可执行,且其他用户无权限"的文件。
- -perm 测试后如添加修饰符"-",放宽了匹配范围,表示权限位之间是"与"的关系。例如测试条件是-perm -640,那么就表示查找同时满足"拥有者可读可写""组用户可读""其他用户无权限"条件的文件。
- -perm 测试后如果添加修饰符"/",进一步放宽了匹配范围,表示权限位之间是"或"的关系。例如测试条件是-perm /640,那么就表示查找满足"拥有者可读可写""组用户可读"以及"其他用户无权限"这 3 个条件之一的文件。

范例 4-54: 按文件时间属性进行查找,用 7 个不同的例子进行说明,如清单 4-84 所示。

清单 4-84

```
$ find /tmp -amin +10 -amin -15 #在当前目录下查找在 10 分钟之前、15 分钟内访问过的文件
$ find -atime +1 -atime -2      #在当前目录下查找在 1 天前、2 天内访问过的文件
$ find -cmin +10 -cmin -15      #在当前目录下查找在 10 分钟之前、15 分钟内文件属性/内容发生改变的文件
$ find -ctime +1 -ctime -2      #在当前目录下查找在 1 天前、2 天内文件属性/内容发生改变的文件
$ find -mmin +10 -mmin -15      #在当前目录下查找在 10 分钟之前、15 分钟文件内容发生改变的文件
```

```
$ find -mtime +1 -mtime -2          #在当前目录下查找在 1 天前、2 天内文件内容发生改变的文件
$ find /home -newer tmp.txt         #在用户的家目录下查找文件内容更新时间比 tmp.txt 近的文件或目录
```

注 意

- 在 Linux 中与文件相关的时间属性有以下 3 类。
  - √ atime：文件最后被访问时间，atime 是在文件被读取或者执行时更新的。
  - √ mtime：文件内容最后被更改时间，mtime 是在文件内容修改时更新的。
  - √ ctime：文件状态（属性或者内容）最后被更改时间，ctime 是在文件内容（data）或者属性（inode）被修改而更新的。
- 一般情况下，文件时间戳（Time Stamp）指的就是文件的 mtime。

范例 4-55：按文件硬链接数目或者文件索引节点号（Inode Number）查找，用两个不同例子进行说明，如清单 4-85 所示。

清单 4-85

```
$ find ~ \( -links +2 -a -type f \)      #在当前用户的家目录下查找硬链接数大于 2 的普通文件
$ find ~ -inum 14550                     #在当前用户的家目录下查找索引节点号为 14550 的文件
```

注 意

关于文件的索引节点号可参见本任务的知识点 10。

范例 4-56：关于 find 命令的“动作”（Actions），用 6 个不同例子进行说明，如清单 4-86 所示。

清单 4-86

```
#在当前目录下找到名称为 tools 的对象，将这些文件（包括完整路径的）全名输出（默认动作）
$ find -name tools -print
#在当前目录下找出大于 3KB、小于 3MB 的文件，并用 ls -dils 格式列出
$ find -size +3k -size -3M -ls
#在/tmp 目录下查找名字以“.tmp”结尾的文件，并删除
$ find /tmp -name tmp.txt -delete
#在当前目录下查找大小为 0 字节的文件，并把这些文件复制到 test 目录下
$ find ./ \( -type f -a -size 0c \) -exec cp {} ./test/ \;
#在当前目录下查找大小为 0 字节的文件，按照 ls -lt 命令格式列出，并输出到文件 result.txt 文件中
$ find ./ \( -type f -a -size 0c \)  -fprint ./result.txt -exec ls -lt {} \;
#在/tmp 下查找名字以“.txt”结尾的文件，并将这些文件打包为 text.tar 文件
$ find /tmp -name *.txt -exec tar -uzf text.tar {} \;
```

范例 4-57：关于 find 命令的“-exec(-ok)”动作的结束符，用两个不同例子进行说明，如清单 4-87 所示。

清单 4-87

```
#在当前工作目录下存在 file01~file03 共 3 个文件
#查找名字以 file 字样开头的文件，并将这些文件打包为 sample01.tar 文件
$ find . -name "file*"
```

```
./file01
./file02
./file03
#如果-exec 使用“;”作为结束符,表示对 file01、file02 和 file03 逐条执行 tar 命令,
#最终 sample.tar 打包文件中只有最后一个文件 file03
$ find . -name "file*" -exec tar -czf sample.tar {} \;
$ tar -tf sample.tar
./file03
#如果-exec 使用“+”作为结束符,结果才是正确的,
# 表示对 file01、file02 和 file03 整体执行 tar 命令
$ find . -name "file*" -exec tar -czf sample01.tar {} +
$ tar -tf sample01.tar
./file01
./file02
./file03
```

注　意

- find 命令的“-exec(-ok)”动作有“;”和“+”两种结束符,其逻辑不同:“;”表示对每个搜索结果逐个执行指定操作;“+”表示对搜索整体结果执行指定操作。使用不同的结束符会对部分命令的结果造成一些影响,如清单 4-86 所示。
- 结束符“;”是元字符,需用反斜杠“\”转义;结束符“+”不是元字符,无须转义。

范例 4-58:查找时排除指定目录,用 3 个不同例子进行说明,如清单 4-88 所示。

清单 4-88

```
#在/etc 目录下查找以“.conf”为扩展名的文件,排除/etc/sane.d 子目录
#find /etc -path /etc/sane.d -prune -o -name '* .conf' -print
#在前工作目录下查找类型为普通文件,名字以“a”开头的文件,排除子目录 dir1 和 dir2
#find . \( -path ./dir2 -o -path ./dir1 \) -prune -o \( -type f -a -name "a*" \) -print
#在当前工作目录下查找属于用户 stu 的且类型为符号链接的文件,排除子目录 src
$ find . -path ./src -prune -o \( -type l -a -user stu \) -print
```

注　意

find 命令的-prune 动作的用法比较特别,下面使用一个例子-path /usr/sam -prune -o -print 来进行解读:

- -prune 动作往往会省略前面的操作符-a,完整的写法应该是-path "/usr/sam" -a -prune -o -print。
- -a 是短路求值,如果-path "/usr/sam"为真,才会去执行-prune,若-prune 返回真,则“与”逻辑表达式为真;如果-path "/usr/sam"为假,则不会去执行-prune,-path "/usr/sam" -a -prune 直接返回假。
- -o 也是短路求值,若-path "/usr/sam" -a -prune 为假,则执行-print,若-print 返回真,则“或”逻辑表达式为真;若-path "/usr/sam" -a -prune 为真,则不执行-print,“或”逻辑表达式直接返回真。

范例 4-59:关于 find 命令的表达式和逻辑运算符,用 3 个不同例子进行说明,如清单 4-89 所示。

清单 4-89

```
#在用户的家目录下查找文件名以".tmp"或".bak"为扩展名的文件
$ find ~ -name * .tmp -o -name xtmp*
#在/tmp 目录下查找名字以数字开头且类型非目录的文件
$ find /tmp \( -name [0-9]*-a ! -type d \)
#在当前工作目录下查找属于用户 stu 的且类型为字符设备,名字以".tmp"扩展名的文件
$ find \( -name * .tmp -a -type c -a -user stu \)
```

4.4.9 知识点 9 归档和压缩文件相关命令

本节将重点介绍 tar 和 gzip 命令,这两个命令在任务中都用过。

(1) tar 命令

下面介绍 tar 命令的语法格式,并用 10 个范例来进行展示和说明。

命令 tar

tar [选项]归档文件名 文件列表

- tar 是 Tape Archive(磁带归档)的缩写,最初设计用于将文件打包到磁带上,现在主要使用它来实现备份分区、目录或者文件。
- tar 命令用于归档多个文件或目录到单个归档文件中,并且归档文件可以进一步使用 gzip 或者 bzip2 等命令进行压缩。
- tar 命令的常用选项见表 4-25。

表 4-25 tar 命令的常用选项

选 项	说 明
-A	合并两个归档文件
-c	创建一个新的归档文件
-d	比较指定文件和归档文件中相应文件是否相同
--delete	从归档文件中删除一个文件
-r	向归档文件末尾追加文件
-t	列出归档文件中的文件
-u	在归档文件末尾追加更新过的文件。注意不是用新文件替换老文件,而是追加
-x	从归档文件中解档文件
-m	如果原文件时间戳变动,就不解档该文件
-C	在操作之前切换目录。注意这个选项出现的次序很重要,会影响后面的选项
-O	将解档文件输出到标准输出上
-f	指定一个归档文件/设备进行操作
-a	根据归档文件后缀来确定压缩工具

续表

选 项	说 明
-z	调用 gzip 命令来压缩/解压缩文件
-j	调用 bzip2 命令来压缩/解压缩文件
-v	显示操作的文件

范例 4-60：创建一个归档文件。将/tmp/dir01/目录和当前用户的家目录下名字以 file 开头的文件归档到当前工作目录中的 myarchive. tar 文件中，如清单 4-90 所示。

清单 4-90

```
# tar -cvf ./myarchive.tar /tmp/dir01 ~/file*
```

注 意

使用 tar 命令创建归档文件有一些注意事项，可以参见子任务 6。

范例 4-61：列出归档文件中的内容。使用-t 选项可以列出归档文件中包含的文件名，联合使用-f 和-v 选项，可以用长格式列出文件，如清单 4-91 所示。

清单 4-91

```
$ tar -tf myarchive.tar
$ tar -tvf myarchive.tar root/anaconda-ks.cfg
-rw------- root/root 953 2016-08-24 01:33 root/anaconda-ks.cfg
```

范例 4-62：追加文件到归档（tar）文件中。将 nbcc 用户家目录中的 file01 文件加到 sample. tar 中，如清单 4-92 所示。

清单 4-92

```
tar -tf ./sample.tar
1.sh
2.sh
$ tar -rvf ./sample.tar ~nbcc/file01  #用-r 选项向归档文件中追加文件 file01
file01
$ tar -tf ./sample.tar
1.sh
2.sh
file01
$ tar -rvf ./sample.tar ~nbcc/file01  #用-r 选项向归档文件中再次追加文件 file01
file01
$ tar -tvf ./sample.tar ~nbcc/file01  #归档文件中存在两个相同文件 file01
-rw-r----- nbcc/nbcc     10240 2023-08-10 13:19 file01
-rw-r----- nbcc/nbcc     10240 2023-08-10 13:19 file01
```

注 意

- 追加文件有两种方法：使用选项-r 或者-u。

√ -r 无论如何都会向归档文件末尾追加指定文件，包括归档文件中已经存在了相同文件的情况。

√ -u 同样会向归档文件中追加指定文件，不同之处在于如果归档文件中已经存在了相同文件，那么就会比较两者时间戳，如果归档文件中相应文件的时间戳和指定文件相同或者更新，那么 tar 命令就不会向归档文件末尾追加该文件。

- -r 和-u 也可用来创建归档文件。
- 压缩过的 tar 文件无法进行追加文件操作。

范例 4-63：删除归档文件中的指定文件。将当前工作目录下归档文件 sample. tar 中名字以 file 开头的文件删除，如清单 4-93 所示。

清单 4-93

```
tar -tf ./sample.tar
1.sh
2.sh
home/nbcc/file01
home/nbcc/file02
#用--delete 选项删除归档文件中的指定文件，注意要明确指定路径
$ tar -f ./sample.tar -delete home/nbcc/file*
$ tar -tf ./sample.tar
1.sh
2.sh
```

注　意

删除(--delete)或者解档(-x)归档文件中的指定文件时，要明确指定要删除或解档的文件包括路径在内的完整名字，否则使用 tar 命令会提示找不到文件。

范例 4-64：从 tar 文件中解档文件以及目录。下面来解档范例 4-60 中创建的 myarchive. tar 文件中的内容，如清单 4-94 所示。

清单 4-94

```
$ tar -xvf myarchive.tar     #解档 myarchive.tar 中的所有文件到当前工作目录中
#解档 myarchive.tar 中/tmp/nbcc 目录下名字以 file 开头的文件到当前工作目录中
$ tar -xvf myarchive.tar tmp/nbcc/file*
```

小　心

tar 默认将文件释放到当前工作目录下，如有同名文件存在，文件将被覆盖。

范例 4-65：解档 tar 文件到指定目录。使用-C 选项指定的目录即可，如清单 4-95 所示。

清单 4-95

```
#释放 myarchive.tar 文件中的内容到/tmp 目录，尽量把-C 选项放在-x 选项前面
$ tar -C /tmp/ -xzf myarchive.tar
```

注 意

在部分发行版本中,-C 选项对于选项的排列次序敏感,只对排在其后面的选项动作生效,因此尽量把-C 选项放在-x 选项之前。

范例 4-66:合并归档文件。将当前工作目录下 sample01.tar 合并到 sample.tar 中去,如清单 4-96 所示。

清单 4-96

```
$ tar -tf sample.tar
./file01
./file02
$ tar -tf sample01.tar
./1.sh
./2.sh
$ tar -Af sample.tar sample01.tar
$ tar -tf sample.tar
./file01
./file02
./1.sh
./2.sh
```

范例 4-67:创建并调用 gzip 命令压缩归档文件。假设需要打包/etc 和/opt 文件夹,并用 gzip 命令将其压缩。可以在 tar 命令中使用-z 选项来实现,如清单 4-97 所示。

清单 4-97

```
# tar -zcpvf myarchive.tar.gz /etc/ /opt/        # 调用 gzip 命令来压缩归档文件
```

注 意

压缩归档文件的扩展名.tar.gz 并非必需,但是约定俗成都会加上扩展名,以告诉用户这个文件是一个经 gzip 压缩后的归档文件。

范例 4-68:解压.tar.gz 压缩归档文件。联合使用-zx 选项来解压.tar.gz 文件,如清单 4-98 所示。

清单 4-98

```
# tar -C /tmp/ -xzf myarchive.tar.gz        #调用 gzip 命令来解压
# tar -C /tmp/ -xjf myarchive.tar.bz2       #调用 bzip2 命令来解压
```

范例 4-69:与 find 命令联用。将查找到的文件打包压缩,如清单 4-99 所示。

清单 4-99

```
#在/var/www/html/mysite 目录中查找过去 24 小时内创建或者修改过的,扩展名为 html 的文件,
#并将这些文件归档压缩到当前工作目录中以 mysite.tar.gz 名为备份文件
$ find /var/www/html/mysite \( -name "*.php" -a -mtime -1 \) -exec tar -czf mysite.tar.
gz {} +
```

```
#将 nbcc 用户家目录中的所有普通隐藏文件追加到 hidden.tar 中
$  find ~nbcc -name ".*" -a -type f -exec tar -rvf ./hidden.tar.gz {} +
```

注　意

使用 find 命令的-exec 动作选项调用 tar 命令时,结束符应使用“+”而非“;”,其原因请参考本任务知识点 8 中 find 命令的范例 4-57。

(2) gzip 命令

下面介绍 gzip 命令的语法格式,并用 4 个范例来进行展示和说明。

命令 gzip

用法:gzip [选项] 压缩(解压缩)的文件名

gzip 命令的常用选项见表 4-26。

表 4-26　gzip 命令的常用选项

选　项	说　明
-c	将输出写到标准输出上,并保留原有文件
-d	将压缩文件解压
-数字	用指定的数字 num 调整压缩的速度和压缩比,-1 表示最快压缩方法(低压缩比),-9 表示最慢压缩方法(高压缩比)。系统默认值为-6
-v	压缩或解压缩文件时,显示详细的信息
-t	测试,即检查压缩文件是否完整

范例 4-70:用 gzip 命令压缩文件。压缩一个文件非常简单,仅仅需要将压缩文件名跟在 gzip 之后即可,如清单 4-100 所示。

清单 4-100

```
$ ls -l ./data.tar              #压缩前文件大小为 20480 B
-rw-rw-r-- 1 dev01 dev01 20480 10 月 18 09:35 data.tar
$ gzip ./data.tar
$ ls -l ./data.tar.gz           #压缩后文件大小仅为 2087 B
-rw-rw-r-- 1 dev01 dev01 2087 10 月 18 09:35 data.tar.gz
```

范例 4-71:用 gzip 命令解压文件。解压缩文件也很简单,只需要使用-d 选项即可,如清单 4-101 所示。

清单 4-101

```
$ gzip -d .data.tar.gz
```

注　意

- gzip 命令不能压缩目录,如果在 gzip 后跟的是一个目录文件,其会分别压缩其中每一个文件,而非将目录作为整体进行压缩。

- 使用 gzip 命令在压缩文件过程中,会默认为压缩后的文件添加一个 gz 的扩展名,并将源文件删除。同样,gzip 在解压的过程中也会默认将压缩文件扩展名 gz 去掉,并将压缩文件删除。
- 如果在压缩或者解压的过程中,要保留源文件或者压缩文件,就必须使用-c 选项和 shell 的输出重定向(将在范例 4-73 中展示)。

范例 4-72:控制 gzip 压缩比例。前面介绍了,gzip 命令可以通过一个特殊的数字选项控制压缩比,可以看到两次压缩所得到的压缩文件的大小是不同的,如清单 4-102 所示。

清单 4-102

```
$ ls -l ./data.tar
-rw-rw-r-- 1 dev01 dev01 20480 10月 18 09:35 data.tar
$ gzip -9 ./data.tar
$ ls -l ./bak/data.tar.gz
-rw-rw-r-- 1 dev01 dev01 2068 10月 18 09:35 data.tar.gz
$ gzip -d ./data.tar.gz
$ gzip -1 ./data.tar
$ ls -l ./bak/
-rw-rw-r-- 1 dev01 dev01 2366 10月 18 09:35 data.tar.gz
```

范例 4-73:用 gzip 命令压缩但不删除源文件。可以用-c 选项保留源文件,并将 gzip 的输出(压缩文件)写到标准输出并用重定向符定向到指定文件中,如清单 4-103 所示。

清单 4-103

```
#使用-c 选项保留原文件,将压缩文件输出到标准输出,
#并重定向到 nbcc 用户的家目录中,命名为 data.tar.gz
$ gzip -c ./data.tar > ~nbcc/data.tar.gz
#使用-c 选项保留压缩文件,将解压文件输出到标准输出,
#并重定向到/tmp 目录中,命名为 data.tar
$ gzip -dc ~nbcc/data.tar > tmp/data.tar.gz
```

注　意

关于输出重定向的概念,将在任务 5 中进行详细讨论。

4.4.10 知识点 10 文件链接相关概念和命令

链接命令 ln 本身并不复杂,但理解 Linux 中的链接文件概念则相对困难。本节将重点讲解文件链接的相关概念,然后再说明 ln 命令。

(1) 文件的结构

Linux 中的每个文件都有索引节点(index node)、目录项(directory entry)和用户数据(user data)3 个重要的结构,如图 4-6 所示。

1) 索引节点(简称 inode)用来记录文件的元数据(metadata),而元数据就是指文件的属性(索引节点号、大小、类型、时间戳、所有者、访问权限等信息)和块指针(指向存储文件内容的数

据块)。inode 是文件的唯一标识,两者是一一对应的。一个 inode 的只有一个 inode 号,因此,inode 号和文件也是一一对应的。可以通过 ls 命令的 -i 选项来列出文件的 inode 号,如清单 4-104 所示。

清单 4-104

```
$ ls -i initial-setup-ks.cfg
33554524 initial-setup-ks.cfg
```

2) 目录项(简称 dentry)用来记录文件的名字、索引节点指针以及与其他 dentry 的层级关联关系。多个 dentry 关联起来,就会形成目录结构。dentry 和 inode 的关系是多对一,即多个 dentry 可以对应同一个 inode,如图 4-6 中的 dentry3 和 dentry4 都对应 inode 2,因此也就只有一份用户数据。也就是说,一个文件可以有多个别名,如硬链接的实现就是多个 dentry 中的索引节点指针指向同一个 inode。

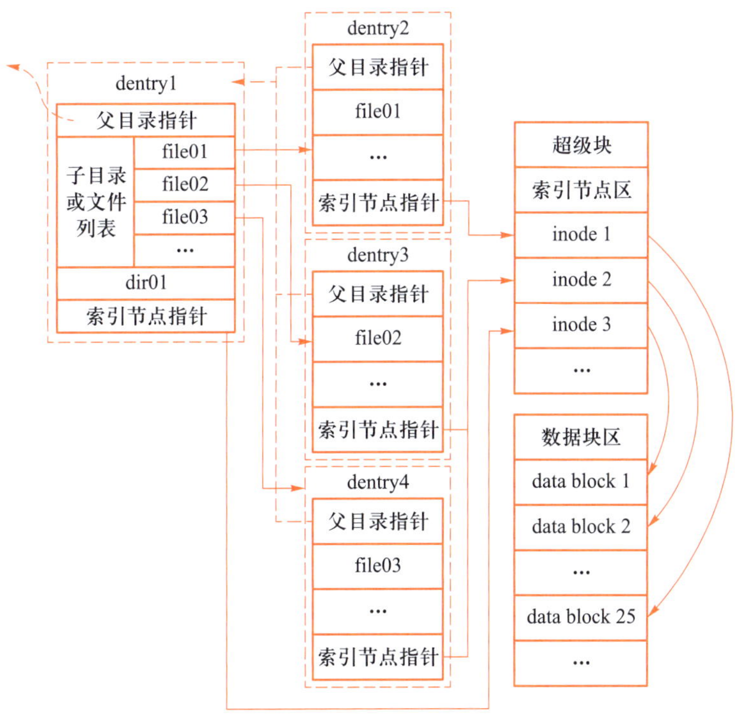

图 4-6 索引节点、目录项以及文件数据的关系

3) 用户数据是指文件本身的内容,这些内容被存储到磁盘上的一个或多个数据块(Data Block)中,索引节点的块指针就是指向数据块的。

注 意

- 和一般的理解不同,Linux 中文件的名字(dentry)不是文件的唯一标识,一个文件可能会有多个不同的名字(dentry)。
- 在同一个文件系统中,和文件一一对应的是文件的索引节点,每一个文件都有且仅有一个索引节点,因此索引节点号才是文件的唯一标识。

(2) 硬链接与符号链接

Linux 系统中有硬链接(Hard Link)与符号链接(Symbolic Link)两种链接。无论是哪种链接,都可以实现共享文件,还可以带来隐藏文件路径、增加访问安全性及节省存储等好处。虽然硬链接与符号链接形式上相似,但其实现原理是截然不同的。

硬链接事实上就是在一个文件系统内,有多个 dentry 指向同一个 inode,对用户来说就表现为一个文件在文件系统中有多个不同的名字,这些 dentry(文件名)互为硬链接,如图 4-7 中的 dentry3 和 dentry4。

符号链接的原理则完全不同:虽然可以通过符号链接去读写其所指向的文件,但符号链接和它指向的文件不是同一个文件。符号链接就是一个独立文件,有独立的 dentry、inode 和 user data,只是其 user data 内容特殊,是另外一个文件的路径的指向,如图 4-8 所示。

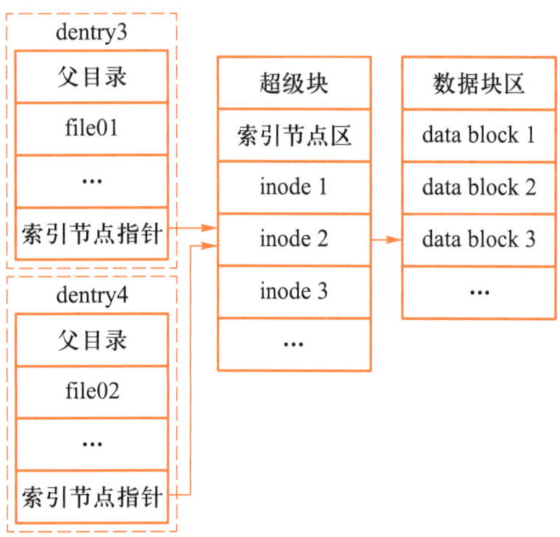

图 4-7 硬链接示意图

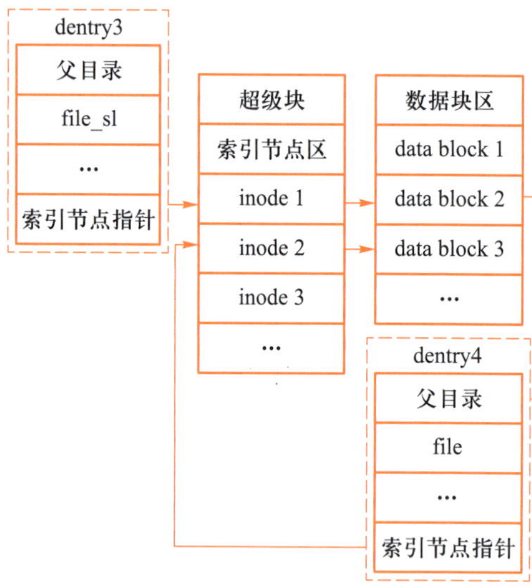

图 4-8 符号链接示意图

(3) ln 命令

下面介绍 ln 命令的语法格式,并用 9 个范例进行说明和展示。

命令 ln

用法:ln [选项] 目标名 链接名|目录

- 创建指向指定目标的链接文件。
- 如果不指定链接名而是指定目录,那么就将在该目录中创建和目标同名的链接。
- ln 命令的常用选项见表 4-27。

表 4-27 ln 命令的常用选项

选项	说明
-b	对在链接时会被覆盖或者删除的文件进行备份
-f	如果在目标位置存在与链接名相同的文件,这个文件将被删除
-s	创建符号链接,默认创建硬链接

范例 4-74:为文件创建硬链接。为当前目录下的 sample. txt 在/tmp 目录中创建一个同名硬链接,并在 stu 用户的家目录中创建一个名为 sample_hl 的硬链接,如清单 4-105 所示。

清单 4-105

```
# echo "Hello,Linux.">./sample.txt
# ln ./sample.txt /tmp
# ln ./sample.txt ~stu/sample_hl
# 查看 3 个文件的索引节点号,发现都是一样的,表示这 3 个文件事实上是同一个文件,
# 且 3 个文件的硬链接计数都变成了 3,表示文件有 3 个硬链接
# ls -li ./sample.txt /tmp/sample.txt ~stu/sample_hl
33714434 -rw-r--r--. 3 root root 13 12 月 19 23:28 /home/stu/sample_hl
33714434 -rw-r--r--. 3 root root 13 12 月 19 23:28 ./sample.txt
33714434 -rw-r--r--. 3 root root 13 12 月 19 23:28 /tmp/sample.txt
```

范例 4-75:为目录创建硬链接。尝试为 nbcc 用户家目录下的子目录 sampledir 在/home/tmp 目录中创建一个名为 sampledir_hl 硬链接,如清单 4-106 所示。

清单 4-106

```
$ mkdir ~nbcc/sampledir
$ ln ~nbcc/sampledir /home/tmp/sampledir_hl      #普通用户无法为目录创建硬链接
ln: /home/nbcc/sampledir/: 不允许将硬链接指向目录
cd - root
密码:
# ln -d ~nbcc/sampledir /home/tmp/sampledir_hl  #root 用户也不行,即使加上了-d 选项
ln: 无法创建硬链接 '/home/nbcc/sampledir_hl' => '/tmp/sampledir/': 不允许的操作
```

注　意

用户不能为目录创建硬链接。主要的原因有以下两个:

- 创建目录硬链接有可能会在文件系统中引入目录遍历的死循环,从而造成文件系统的混乱。设想在目录/dir 中为其自身创建了一个硬链接 dir_hl,这就会造成"子目录是自身"的谬误。
- 文件系统中的每个文件的 dentry 中都有一个指向其父目录 dentry 的指针。设想为目录/dir 中创建了一个硬链接 dir_hl,对于目录/dir 中的文件来说,其 dentry 中的父目录指针的指向就很难确定了。如果为每个 dentry 增加父目录指针的数量,当一个目录中有大量文件时,会浪费许多不必要的存储空间。

但这并不表示目录没有硬链接,事实上 Linux 中的每个目录都最少会有两个硬链接:一个是其自身,另一个是每个目录中表示目录本身的隐藏文件"."。如果目录下每增加一个子目录,该目录的硬链接数目都会增加 1,因为每个子目录中都会有一个隐藏文件".."指向其父目录。系统会为此做出特殊安排,不会导致目录遍历的死循环。

范例 4-76:跨文件系统创建硬链接。尝试为当前目录下的 sample. txt 在/mnt 目录(该目录上挂载着另外一个文件系统)中创建一个同名硬链接,如清单 4-107 所示。

清单 4-107

```
# df
文件系统          1K-块      已用       可用     已用%挂载点
/dev/sda2      62882820  4977768   57905052  8%/
devtmpfs         999108        0     999108  0%/dev
tmpfs           1015072     8496    1006576  1%/dev/shm
tmpfs           1015072    18840     996232  2%/run
tmpfs           1015072        0    1015072  0%/sys/fs/cgroup
tmpfs            203016       40     202976  1%/run/user/1000
tmpfs            203016        0     203016  0%/run/user/0
/dev/md0     1073083460   164016 1072919444  1%/mnt
# ln ./sample /mnt
ln: 无法创建硬链接"/mnt/sample" => "./sample": 无效的跨设备连接
```

注　意

不能跨文件系统创建硬链接，因为索引节点只有在本文件系统中才是唯一的。

范例 4-77: 删除硬链接。逐个删除范例 4-74 中 sample.txt 的硬链接，观察文件的状态，如清单 4-108 所示。

清单 4-108

```
# rm -f ~stu/sample_hl          #删除 sample_hl 对文件内容没有影响
# cat sample.txt
Hello,Linux.
# rm -f ./sample.txt            #删除 sample.txt 对文件内容也没有影响
# cat /tmp/sample.txt
Hello,Linux.
# rm -f /tmp/sample.txt         #只有删除了文件所有的文件别名(硬链接),文件才真正被删除
```

注　意

如果文件有多个硬链接（名字），删除其中任意一个硬链接（名字）都不会对文件内容产生任何影响，仅在其最后一个硬链接（名字）被删除时文件才会被真正删除。

范例 4-78: 为文件创建符号链接。为当前目录(/root)下的 readme.txt 在/tmp 目录中创建一个同名符号链接，并在 stu 用户的家目录中创建一个名为 readme_sl 的符号链接，为如清单 4-109 所示。

清单 4-109

```
# echo "READ ME">/root/readme.txt
#使用-s 选项,表示建立的是符号链接
#要使用绝对路径来指定源文件,否则会出错
# ln -s /root/readme.txt /tmp
# ln -s /root/readme.txt ~stu/readme_sl
#符号链接文件和源文件是不同的文件,注意它们的索引节点号
# ls -il /root/readme.txt /tmp/readme.txt ~stu/readme_sl
```

```
33714441 lrwxrwxrwx. 1 root root 16 12 月 21 22:44 /home/stu/readme_sl -> /root/readme.txt
33714440 -rw-r--r--. 1 root root 15 12 月 21 22:25 /root/readme.txt
3145984 lrwxrwxrwx. 1 root root 16 12 月 21 22:44 /tmp/readme.txt -> /root/readme.txt
```

范例 4-79：创建符号链接时使用相对路径指定源文件。为当前目录(/root)下的 readme.txt 在 stu 家目录(/home/stu)中创建一个同名符号链接，如清单 4-110 所示。

清单 4-110

```
# ln -s ./readme.txt ~stu          #用相对路径指定源文件
# cat ~stu/readme.txt              #访问刚刚创建好的符号链接文件会出错
cat: 无法访问/home/stu/readme.txt: 符号链接的层数过多
```

注　意

建议在创建符号链接时使用绝对路径来指定目标文件，否则在指定目录中创建和源文件同名的链接时，会出现“符号链接的层数过多”的错误。

范例 4-80：为目录创建符号链接。为当前目录下的 sampledir 在/tmp/data 目录中创建一个同名的符号链接，并在 stu 用户的家目录中创建一个名为 sampledir_sl 的符号链接，如清单 4-111 所示。

清单 4-111

```
# ln -s /root/sampledir/ /tmp/data/
# ls -l /tmp/data
lrwxrwxrwx. 1 root root 16 12 月 21 23:10 sampledir -> /root/sampledir/
```

范例 4-81：跨文件系统创建符号链接。为当前目录下的 readme.txt 在/mnt 目录(该目录上挂载着另外一个存储设备)中创建一个同名的符号链接，如清单 4-112 所示。

清单 4-112

```
# ln -s /root/readme.txt /mnt/
# ls -l /mnt
lrwxrwxrwx. 1 root root 16 12 月 21 23:10 readme.txt -> /root/readme.txt
```

注　意

- 符号链接具有更大的灵活性：可以为目录创建符号软链接，也可以跨文件系统甚至通过网络远程创建符号链接。
- 目录的符号链接并不是一个目录，Linux 系统在遍历文件系统时连续遇到 8 个符号链接后就会停止遍历，不会陷入无限循环，可以参见范例 4-79。
- 符号链接和所指向的目标文件是两个独立的文件，只是符号链接文件的内容指向目标文件，因此没有范围的限制。

范例 4-82：删除符号链接。首先删除 readme.txt 在/tmp 目录下的符号链接，然后删除源文件 readme.txt 本身，如清单 4-113 所示。注意观察符号链接文件和源文件的状态。

清单 4-113

```
# rm -f /tmp/readme.txt
# cat /root/readme.txt            #删除符号链接对于源文件没有影响
READ ME
# rm -f /root/readme.txt
# cat ~stu/readme_sl              #删除源文件会使符号链接失去作用
cat: /tmp/readme_sl 那个文件或目录
```

注　意

- 删除一个符号链接不会影响到这个符号链接指向的目标文件，反之，删除、移动或者重命名某个符号链接所指向的目标文件也不会导致这个符号链接被删除，但会让符号链接损坏(Broken)，即无法通过符号链接访问目标文件了。
- 这些符号链接被称为悬浮链接(Dangling Link)。在 Rocky Linux 的模拟终端中，悬浮链接的名字为红底白字高亮显示。
- 当目标文件被重新创建，悬浮链接可恢复为正常的符号链接。

4.5　任务小结

在经历了独立完成的第一个任务之后，小 Y 总算对 Linux 特别是文件管理有了一些了解。现在，小 Y 应该能够：

习题 4

文本：习题参考答案

任务 4　在线实验

1. 列出、创建、删除、复制、移动目录和文件。
2. 修改文件的拥有者、从属组和访问权限。
3. 为文件和目录创建符号链接或者硬链接。
4. 查找满足指定要求的文件，并对这些文件执行指定操作。
5. 归档、解归档和压缩、解压缩文件。

同时，小 Y 应该已经了解：

1. Linux 中文件的类型。
2. 文件的拥有者和文件从属组概念。
3. 文件的访问权限概念。
4. 文件的时间戳概念。
5. 文件通配符的基本用法。
6. 列出、创建、删除、复制、移动文件命令。
7. 文件查找相关命令。
8. 文件归档、压缩命令。
9. 文件结构初步概念。
10. 文件硬链接与符号链接概念。
11. 文件链接创建命令。

任务 5 处理文本

——文所以载道也。

5.1 任务场景

小 Y 所在 P 项目组项目的原型已经在内部开始测试了，这次组长交给了小 Y 一个任务：分析已经收集好的测试项目的 Web 服务器（Nginx）的日志数据，提取其中的一些特定信息，以备在将来用于服务的优化。

PPT：任务 5 处理文本

小 Y 从没有接触过所谓的 Nginx，对分析其日志更是一无所知。在大致查看了具体的任务后，小 Y 更加没有头绪了，因为他发现交给他分析的所谓日志数据，就是一个巨大的文本文件。所谓的分析提取，就是到这个文本文件中如大海捞针一般地截取一些特定的片段并进行统计。

微课 5-1 UNIX 哲学——做一件事并做到最好

如何完成这个任务呢？由于有了前面任务的经验，小 Y 已经对 Rocky Linux 有所了解。虽然现在还没有头绪，但他并不慌张，有了系统帮助手册和搜索引擎，还有什么任务是不能完成的呢？

5.2 任务内容

小 Y 要分析的日志文件大小为 1.7 GB 左右，约有 100 万行，记录了一段时间内公司的某个 Web 服务器的访问请求，其内容形式如图 5-1 所示。

工具文件 access.log

```
192.168.116.132 - - [24/Jul/2018:15:44:09 +0800] "GET / HTTP/1.1" 403 4897 "-" "Mozilla/5.0 (X11; Linux x86_64; rv:24.0) Gecko/20100101 Firefox/24.0"
192.168.116.132 - - [24/Jul/2018:15:44:09 +0800] "GET /noindex/css/bootstrap.min.css HTTP/1.1" 200 19341 "http://192.168.116.132/" "Mozilla/5.0 (X11; Linux x86_64; rv:24.0) Gecko/20100101 Firefox/24.0"
192.168.116.132 - - [24/Jul/2018:15:44:09 +0800] "GET /noindex/css/open-sans.css HTTP/1.1" 200 5081 "http://192.168.116.132/" "Mozilla/5.0 (X11; Linux x86_64; rv:24.0) Gecko/20100101 Firefox/24.0"
192.168.116.132 - - [24/Jul/2018:15:44:09 +0800] "GET /images/apache_pb.gif HTTP/1.1" 200 2326 "http://192.168.116.132/" "Mozilla/5.0 (X11; Linux x86_64; rv:24.0) Gecko/20100101 Firefox/24.0"
192.168.116.132 - - [24/Jul/2018:15:44:09 +0800] "GET /images/poweredby.png HTTP/1.1" 200 3956 "http://192.168.116.132/" "Mozilla/5.0 (X11; Linux x86_64; rv:24.0) Gecko/20100101 Firefox/24.0"
192.168.116.132 - - [24/Jul/2018:15:44:09 +0800] "GET /noindex/css/fonts/Light/OpenSans-Light.woff HTTP/1.1" 404 241 "http://192.168.116.132/noindex/css/open-sans.css" "Mozilla/5.0 (X11; Linux x86_64; rv:24.0) Gecko/20100101 Firefox/24.0"
192.168.116.132 - - [24/Jul/2018:15:44:09 +0800] "GET /noindex/css/fonts/Bold/OpenSans-Bold.woff HTTP/1.1" 404 239 "http://192.168.116.132/noindex/css/open-sans.css" "Mozilla/5.0 (X11; Linux x86_64; rv:24.0) Gecko/20100101 Firefox/24.0"
192.168.116.132 - - [24/Jul/2018:15:44:09 +0800] "GET /noindex/css/fonts/Light/OpenSans-Light.ttf HTTP/1.1" 404 240 "http://192.168.116.132/noindex/css/open-sans.css" "Mozilla/5.0 (X11; Linux x86_64; rv:24.0) Gecko/20100101 Firefox/24.0"
192.168.116.132 - - [24/Jul/2018:15:44:09 +0800] "GET /noindex/css/fonts/Bold/OpenSans-Bold.ttf HTTP/1.1" 404 238 "http://192.168.116.132/noindex/css/open-sans.css" "Mozilla/5.0 (X11; Linux x86_64; rv:24.0) Gecko/20100101 Firefox/24.0"
192.168.116.132 - - [24/Jul/2018:15:44:09 +0800] "GET /favicon.ico HTTP/1.1" 404 209 "-" "Mozilla/5.0 (X11; Linux x86_64; rv:24.0) Gecko/20100101 Firefox/24.0"
```

图 5-1　access.log 日志文件内容样例

通过搜索和学习，小 Y 得知 access.log 是一个结构化的文本文件，每行都是一条请求记录，如图 5-2 所示是日志中一条典型的记录样例。

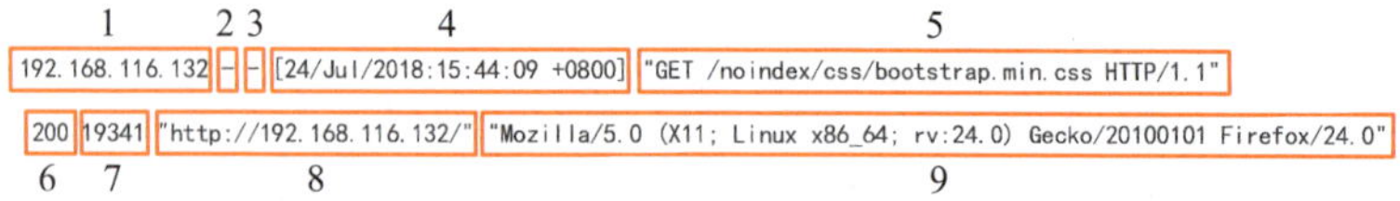

图 5-2 access.log 日志典型条目

记录中默认有 9 个字段,其中各个字段所代表的内容见表 5-1。

表 5-1 Nginx 日志文件 access.log 字段解释

序号	字段
1	客户 IP 地址或者主机名
2	由浏览器返回浏览者的 Email 或其他身份标识,因为涉及用户邮箱等隐私信息,目前几乎所有的浏览器都取消了这项功能
3	如果开启了 HTTP 身份认证,则此字段会记录客户端提供的用户名
4	请求的本地时间
5	完整的原始请求行,典型格式是"请求方法/访问资源/协议",如 GET/test.php HTTP/1.1
6	服务器的响应状态码,如 200(成功)、301(重定向)、404(not found)等
7	发送给客户端的字节(Byte)数,不包括响应头的大小
8	请求的 referer 地址,即请求是从哪个网页提交过来的
9	客户端浏览器识别信息

要完成的任务非常明确,分析该日志文件,生成一个名为"analysis-当前日期.txt"的格式化报告文件,样例如清单 5-1 所示。

清单 5-1

```
Analysis Report-20230811          #当前日期
1. Total Requests: 9870856        #总的访问次数
2. Total UV: 47733                #访客总数
3. UV IPs(Hostnames):             #访问次数前 10 的 IP 地址,格式为:访问次数 IP 地址
4305147 47.39.156.135
1959647 96.32.128.5
...
4. Requested Files (URLS)         #访问量前 10 的 URL,格式为:访问次数 URL
646894 /apache-log/access.log
484094 /administrator/index.php
...
5. 404 Files(URLS):               #返回 404 的请求,格式为:访问次数 URL
14095 /templates/_system/css/general.css 404
12679 /index.php? option=com_easyblog&view=dashboard&layout=write 404
...
6. Robot Requests                 #爬虫访客数,格式为:访问次数 IP 地址 客户端标识
1678 173.255.176.5 " Mozilla/5.0 (compatible; bingbot/2.0;......)
1338 216.244.66.230 "Mozilla/5.0 (compatible; DotBot/1.2......)
...
```

小Y明白,对于这样的文本体量,任何试图手工进行分析的尝试都属于"挟太山以超北海",因此需要充分利用好手头的工具,用适当的方法去解决问题。

注　意

- 在类UNIX系统(包括Linux)中,处理文本相当重要。因为从某种程度上来说,Linux是一个由文本驱动(Text-driven)或者说以文本为中心(Text-centric)的操作系统。
- 在类UNIX系统中,绝大多数程序的常规(有的是唯一)用户接口是文本接口,即程序用文本进行配置并接收文本输入,结果也用文本形式输出,这是因为文本格式是最容易处理、最通用的格式。这也就意味着尽量不要使用二进制数据进行通信,不要把二进制内容作为输出和输入。
- 以上逻辑是由UNIX系统开发的指导思想决定的,这个指导思想就叫作"UNIX哲学",也是完成本任务的主要指导思想。

5.3 任务实施

5.3.1 子任务1 输出文本到文件中

首先从简单任务开始,先解决"形成格式化的报告"这个问题。在任务2中曾经用过一个echo命令,其可以向命令行输出指定文本。可尝试使用该命令来生成报告的标题,如清单5-2所示。

微课5-2
重定向

清单5-2

```
$ echo "Analysis Report-" $(date +%Y %m %d)
Analysis Report-20240605
```

注　意

清单5-2中用到了shell的"命令替换"功能,在任务4的子任务6中也用到过该功能。在本任务的知识点3中将详细说明"命令替换"。

接下来要解决的就是如何让echo命令的输出保存到指定文件中。这就要用到一个新工具——输入/输出重定向(I/O Redirection)。准确地说,要用到的是输出重定向(Output Redirection)。

注　意

- 在开始使用输出重定向之前,首先回顾在任务4"管理文件"中提到的一个概念,叫作"一切皆文件",即在Linux系统中,一切资源都可以像文件一样来操纵,这对于系统中的输入和输出设备也适用。
- 用户和shell的交互,可以视为程序(命令)读取输入设备文件(终端键盘)中的数据,处理后将结果写入到输出设备文件(终端窗口)中。

可以用如清单 5-3 所示命令来完成这个任务。注意其中的“>”符号，其就是一个输出重定向符，表示将 echo 命令输出的目的地从原本的终端窗口（在命令中用字符“1”指代），转而输出到一个指定的文件 analysis- $（date+% Y% m% d）. txt 中去。

清单 5-3

```
$ echo “Analysis Report-” $(date +%Y%m%d) 1>./analysis-$(date +%Y%m%d).txt
$ ls
analysis-20240605.txt
$ cat analysis-20240605.txt
Analysis Report-20240605
```

重定向后，echo 命令就不再向终端窗口中输出结果了，而是将结果写到了指定的文件中，打开文件就可以看到命令的输出。

注　意

- 输出重定向符号“>”前面的“1”并非真的表示终端窗口，而是一个文件描述符（File Descriptor）。通过该文件描述符，可以找到一个打开的文件，称为“标准输出流”（Standard Output Stream），简称 stdout，它将映射到一个输出设备上。
- 默认情况下，映射到 stdout 上的输出设备就是终端（Terminal）窗口或者图形界面下的模拟终端（Simulated Terminal）窗口，因此命令的结果就显示到终端窗口中了。
- 在本任务的知识点 1 中将进一步说明输出和输入重定向。

接下来，将尝试生成报告文件所有的栏目标题。注意，这次使用的输出重定向符和清单 5-3 中有所不同，是一个“>>”符号，表示追加重定向，即将命令输出追加到了文件的最后，如清单 5-4 所示。

清单 5-4

```
$ echo -e “\n1. Total Requests \n\n2. Total UV\n\n3. UV IPs(Hostnames) \n\n4. Requested
Files (URLS)\n\n5. Files(URLS) \n\n6. Robot Requests” 1>>./analysis-$(date +%Y%m%d).txt
$ cat ./analysis-$(date +%Y%m%d).txt
Analysis Report-20240605

1. Total Requests

2. Total UV

3. UV IPs(Hostnames)

4. Requested Files (URLS)

5. 404 Files(URLS)

6. Robot Requests
```

注　意

- “>”重定向符号表示覆盖输出重定向，即命令的输出会覆盖“>”右边的文件内容，“>>”重定向符号则表示追加输出重定向，即命令的输出会追加写入到“>>”右边的文件的最后。
- 如果输出重定向符号“>”和“>>”右边的文件不存在，Linux 会先创建该文件。

此时，就解决了“形成格式化的报告”问题，接下来就要着手解决任务的核心问题——提取和分析文本。

5.3.2 子任务 2 提取和分析文本

解决“分析和提取文本内容”问题要用到 Linux 中一个非常重要的文本处理工具——管道（Pipe）。最常见的构造方式就是利用管道操作符“|”，按如图 5-3 所示方式进行构造。

图 5-3 命令管道构造方式

其中，命令 1 的标准输出（stdout）作为命令 2 的标准输入（stdin），然后命令 2 的标准输出作为命令 3 的标准输入，依此类推，命令 n 的标准输出则直接显示在终端上。事实上在两个命令之间使用管道操作符“|”，就是将第 1 个命令的标准输出重定向到第 2 个命令的标准输入，如图 5-4 所示。这样就可以通过不断添加命令，用命令构造一个“管线”（Pipeline）来完成相对复杂的任务。

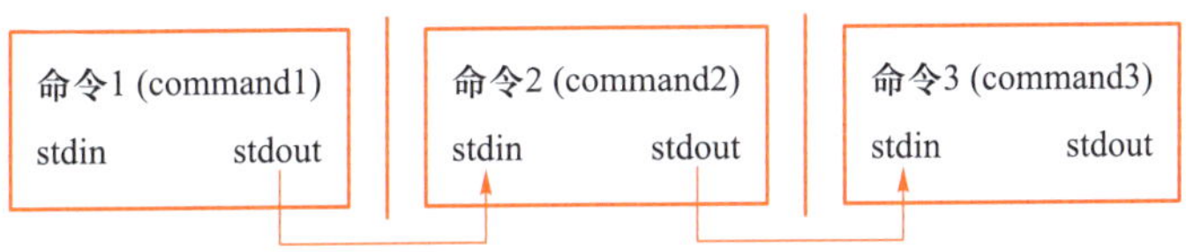

图 5-4 管道原理

微课 5-3 管道

（1）统计所有来访请求数目

统计日志中所有来访请求数目，即要统计日志的行数，可以用如清单 5-5 所示的一个命令管道来完成。

清单 5-5

```
$ cat ./access.log |wc -l
```

该命令管道很简单，意义也非常明确：将 cat ./access.log 命令的输出，作为 wc -l 命令的输入，而 wc -l 命令则可以用来统计文本的行数，两者协作就可以统计出 access.log 文件的行数，即所有来访请求数目。

注　意

- 一般的 Linux 命令都是从标准输入中读取参数，wc 命令在这里展现了一种额外的能力：从标准输入中直接读入文本数据。在 Linux 中，拥有像 wc 一样能力的一类命令，叫作过滤器（Filter）命令。
- 过滤器命令能够从标准输入中直接读入文本数据并进行处理，然后输出到标准输出中去。
- 很显然，只有过滤器命令才能够放在管道操作符“|”右边，从而接受前面命令的输出。

- 部分过滤器命令,如 wc,也可以接受文本文件作为参数,并从中读取数据,如清单 5-6 所示。这里只是用这种方法引出“管道”概念。

清单 5-6

```
$ wc -l./access.log
```

到此为止,就大概理解了什么是管道,以及管道是如何构建的。下面将开始完成相对比较复杂的任务。

注　意

- 在完成下一步动手操作前,需要先了解一个概念,这既有助于完成当前的任务,也有助于弄明白 Linux 的“行事方式”,从而对 Linux 有更深层次的一个了解。这个概念就是“UNIX 哲学”(UNIX Philosophy)——一次只做一件事,并做到最好(Do one thing,and do it well)。
- Linux 很好地秉持了这个准则,前面任务所用到的和后面将使用的很多 Linux 命令(程序)无不体现了这个准则:这些命令(程序)大多很小,但目的明确专一,往往能够又快又好地达成目标。
- 实际工作往往千头万绪,就如同下面要完成任务一样,并非“目标单一”,此时应该怎么办?事实上,前面提到的只是准则的一部分,完整的“UNIX 哲学”是:让程序一次只做一件事,并做到最好;能够与其他程序协同工作;能处理文本流,因为这是一个普适接口。①

(2) 统计所有来访客户数目

统计日志中所有来访客户端数目,即统计第 1 个字段(用空格分隔)中所有不同的 IP 地址或者主机名的数量,可以用如清单 5-7 所示的一个命令管道来完成。

清单 5-7

```
cut -d ' ' -f 1 ./access.log |sort|uniq|wc -l
```

相较于清单 5-5 中的命令管道,该命令管道就相对复杂一些了,下面分解并分析该命令管道。

首先是 cut 命令,cut -d ' ' -f 1 命令用于将日志的第 1 个字段(空格符分隔)剪切并输出到标准输出中,即将访问的客户端 IP 地址截取并显示到终端上,如清单 5-8 所示。其中选项-d 用于指定字段分隔符,这里指定的是“ ”(空格符),选项-f 用于指定剪切哪个字段,其后跟着数字 1,表示剪切第 1 个字段。

清单 5-8

```
$ cut -d ' ' -f 1 ./access.log
13.66.139.0
157.48.153.185
...此处省略若干行
```

其次是 sort 和 uniq 命令。这两个命令合起来能完成一个功能,即删除 cut 输出内容中的重

① UNIX 哲学的原文如下:Write programs that do one thing and do it well. Write programs to work together. Write programs to handle text streams, because that is a universal interface.

复行(任务要统计有多少客户访问过的 Web 服务器,需要去除重复出现的客户端 IP 地址)。首先,sort 命令用于将 cut 命令的输出进行排序,让重复行排在一起以便于去重,如清单 5-9 所示。

清单 5-9

```
$ cut -d ' ' -f 1 ./access.log |sort
108.160.131.165
129.226.117.162
...此处省略若干行
```

接着,uniq 命令用于去除 sort 命令输出中的连续重复行,如清单 5-10 所示。

清单 5-10

```
$ cut -d ' ' -f 1 ./access.log |sort|uniq
108.160.131.165
129.226.117.162
...此处省略若干行
```

最后是 wc 命令,如清单 5-11 所示。该命令用于统计 uniq 输出中的文本行数(即有多少不同的客户端 IP 地址),其中-l 选项表示统计行数。

清单 5-11

```
$ cut -d ' ' -f 1 ./access.log |sort|uniq|wc -l
47733
```

注　意

- 由于所处理的文件较大,执行统计需花费一定的时间,并非失去响应。
- 本任务的知识点 2 中将会详细介绍 cut、uniq、sort 和 wc 命令。

(3) 统计请求次数前 10 的访客

统计日志中所有请求数量排在前 10 的来访客户,即要统计第 1 个字段(用空格分隔)中各个 IP 地址(主机名)出现的次数,降序排列并截取前 10 行。可以用如清单 5-12 所示的命令管道来完成。

清单 5-12

```
$ cut -d ' ' -f1 ./access.log |sort|uniq -c|sort -nr|head -10
```

此命令管道中的第 2 个和第 3 个命令是 sort 和 uniq,这两个命令的作用与(2)中类同,用于删除 cut 输出内容中的重复行,只不过 uniq 命令使用了-c 选项,其作用是统计重复行出现的次数(即该 IP 地址来访次数),显示在对应行的开始位,分解输出如清单 5-13 所示。

清单 5-13

```
$ cut -d ' ' -f 1 ./access.log |sort|uniq -c
24 87.247.143.24
32 87.247.143.30
...此处省略若干行
```

接下来的第 4 个命令 sort -nr 就顺理成章了，-n 表示按数值大小排序，-r 表示反转排序方式，即从默认的升序反转为降序，那么就将命令 uniq -c 的输出按照第 1 个字段的数值由大到小降序排列，如清单 5-14 所示。

清单 5-14

```
$ cut -d ' ' -f 1 ./access.log |sort|uniq -c|sort -nr
4305147 47.39.156.135
1959647 96.32.128.5
...此处省略若干行
```

接着用 head -10 命令输出前 10 行。head 命令用于截取文本头上若干行，如果不指定数目，默认也是截取前 10 行。

注　意

本任务的知识点 2 中会详细介绍 head 以及 tail 命令。

（4）统计访问量前 10 的 URL

统计日志中所有被请求数量排在前 10 的 URL（文件名），即要统计第 7 个字段（用空格分隔）各个 URL 出现的次数，降序排列并截取前 10 行。可以用如清单 5-15 所示的命令管道来完成。

清单 5-15

```
$ cut -d ' ' -f 1 ./access.log |sort|uniq -c|sort -nr|head -10
```

该命令管道中的所有命令都与（3）中相同，不再重复说明。

（5）统计返回 404 的请求

统计日志中所有被请求但返回码是 404（即没有找到该资源）的 URL，按发生次数的多少降序排列，显示排名前 10 的 URL 及其 404 次数，即要统计第 7 个和第 9 个字段（用空格分隔），找出所有返回码是 404 的请求进行排序，并截取前 10 行，可以用如清单 5-16 所示的命令管道来完成。

清单 5-16

```
$ cut -d ' ' -f7,9 ./access.log |grep "404$"|sort|uniq -c|sort -nr|head -10
```

由于其余命令都在前面步骤中出现并解释过，该命令管道中仅对第 2 个命令进行说明。grep 命令是 Linux 中强大的文本搜索工具，能使用正则表达式（Regular Expression）构建模式（Pattern）来匹配文本，并输出匹配的行。此处的 grep 命令后面跟的模式字符串是“404$”，表示在 cut 命令的输出中查找在行尾出现 404 字样的行，其中“ $ ”符号是正则表达式中的一种特殊定位符（锚点），表示行尾的位置，分解输出如清单 5-17 所示。

清单 5-17

```
$ cut -d' ' -f7,9 ./access.log |grep "404$"
/favicon.ico 404
/administrator/%22 404
...此处省略若干行
```

注　意

本任务的知识点 5 中会简要介绍 grep 命令和正则表达式，在拓展阅读“正则表达式入门”中则会进一步说明。

(6) 统计爬虫的访问次数

统计日志中所有网络爬虫的来访次数、IP 地址和客户端识别信息，按来访次数多少降序排列，显示排名前 10 的爬虫。统计第 1 个字段 IP 地址和第 12 个字段之后的所有字段(客户端浏览器识别信息)，找出所有标注为网络爬虫的客户端，统计数目并进行降序排列，截取前 10 行。可以用如清单 5-18 所示命令管道来完成。

注　意

这里只是大概统计网络爬虫的访问次数，因为并非每个网络爬虫的名字里面都包含有 bot、spider、slurp 或者 crawler 的字样，因此构造正则表达式匹配模式无法匹配到每一个网络爬虫发起的请求。如果要精确匹配，需要构建更加复杂的模式。

清单 5-18

```
cut -d '' -f1,12- ./access.log |egrep -i "(bot)|(spider)|(slurp)|(crawler)"|sort|uniq -c|
sort -nr|head -10
```

同样，该命令管道中仅对第 1 个和 2 个命令进行说明。

第 1 个命令是“cut -d '' -f1,12-”，表示截取日志中客户端 IP 地址、客户操作系统和浏览器识别信息的字段。

第 2 个命令 grep 后面跟了选项-i，表示忽略模式字符串中字符的大小写，选项-E 表示使用的是扩展的正则表达式语法。模式字符串是“(bot)|(spider)|(slurp)|(crawler)”，表示在 cut 命令的输出中匹配出现忽略大小写的 bot、spider、slurp 或者 crawler 字样的行。其中“()”和“|”符号都是正则表达式中的特殊字符，“()”叫作“组合构造”，简单来说是将“()”中的字符串视为一个整体；“|”叫作“分支构造”，简单来说是“或”的意思，分解输出如清单 5-19 所示。

清单 5-19

```
cut -d ' ' -f1,12- ./access.log|egrep -i "(bot)|(spider)|(slurp)|(crawler)"
cat access.log|cut -d' ' -f 1,12- |egrep -i "(bot)|(spider)|(slurp)|(crawler)"|head
13.66.139.0 "Mozilla/5.0 (compatible; bingbot/2.0;
+http://www.bing.com/bingbot.htm)
216.244.66.230 "Mozilla/5.0 (compatible; DotBot/1.1;
http://www.opensiteexplorer.org/dotbot, help@ moz.com)
52.36.251.200 "LightspeedSystemsCrawler Mozilla/5.0 (Windows; U; MSIE 9.0; Windows NT
9.0; en-US)
...此处省略若干行
```

注　意

在处理如子任务 2 中这样的问题时，图形界面下的工具是不太适用的，因为其不可能预见到所有的情况，这就是为什么大多数管理员偏好使用文本接口的原因。事实上，使用管道和过滤器的能力越高，就越能够感受到“UNIX 哲学”的魅力所在。

5.3.3 子任务 3 编写简单脚本

接下来，需要把子任务(1 和 2)整合起来，解决这个问题最简单的方法就是使用 Linux 中 shell 脚本(Shell Script)。

微课 5-4
bash 脚本入门

注 意

- shell 不仅是一种与系统交互的工具，还是一种解释型编程语言，shell 脚本就是这种编程语言的源代码，其不用编译即可执行。
- shell 脚本中可以调用系统中所有的命令，使用重定向、管道等功能。shell 非常擅长处理文本类型的数据，适合于开发一些实用的自动化小工具。
- 归根结底，shell 作为编程语言来说还是相对简单，如果要处理复杂的业务逻辑或者构建复杂的数据结构，就要使用 Python 或 Java 这样更加高级的语言。

工具文件
analysis_log. sh

(1) 粘合命令

可以使用最朴素的方式来撰写这个脚本，即简单地罗列命令。用 vim 创建一个名为 analysis_log. sh 的 shell 脚本文件，脚本内容如清单 5-20 所示。

注 意

shell 脚本文件可以是任意名称，但为了便于用户识别，约定俗成采用 sh 作为扩展名。

清单 5-20

```
#!/bin/bash
#日志统计
echo -e “Analysis Report-$(date +%Y%m%d)\n”> ./analysis-$(date +%Y%m%d).txt
echo “\n1. Total Requests” >>./analysis-$(date +%Y%m%d).txt
cat./access.log |wc -l >>./analysis-$(date +%Y%m%d).txt
echo “\n2. Total UV” >>./analysis-$(date +%Y%m%d).txt
cut -d ' ' -f1./access.log |sort|uniq|wc -l >>./analysis-$(date +%Y%m%d).txt
echo “\n3. UV IPs(Hostnames)” >>./analysis-$(date +%Y%m%d).txt
cut -d ' ' -f1 ./access.log |sort|uniq -c|sort -nr|head -10 >>./analysis-$(date +%Y%m%
d).txt
echo “\n4. Requested Files (URLS)” >>./analysis-$(date +%Y%m%d).txt
cut -d ' ' -f7 ./access.log |sort|uniq -c|sort -nr|head -10 >>./analysis-$(date +%Y%m%
d).txt
echo “\n5. 404 Files(URLS)” >>./analysis-$(date +%Y%m%d).txt
cut -d " " -f7,9 ./access.log |grep "404$" |sort|uniq -c|sort -nr|head -10 >>./analysis-
$(date +%Y%m%d).txt
echo “\n6. Robot Requests” >>./analysis-$(date +%Y%m%d).txt
cut -d ' '-f1,12- ./access.log |grep -iE "(bot)|(spider)|(slurp)|(crawler)" |sort|uniq -c|
sort -nr|head -10 >>./analysis-$(date +%Y%m%d).txt
```

第 1 行比较特殊，称为 Shebang 行[①]，用来告诉系统使用哪种 shell 解释器来执行脚本。本脚本是 bash 脚本，也就是说无论系统默认使用什么 shell，都应该使用 bash 作为脚本的解释器运行。

注　意

- Shebang 行必须出现在脚本第 1 行，"#!"必须连在一起，其后可以有一个或数个空白字符，后接解释器的绝对路径。
- Shebang 行并非必需的，如果没有这一行，会采用当前系统默认 shell 去解释这个脚本。

第 2 行是注释信息，介绍脚本功能方便日后维护。从第 3 行开始就是命令语句的罗列，语句的功能见子任务 1 和 2。

注　意

- 除了 Shebang 行外，用"#"开头的都是注释行。
- shell 中没有多行注释符号，如要注释大量代码，请参考任务 3 中的子任务 2。
- shell 中标记语句有分号和换行两种方式。

接下来就是执行该脚本，有两种方法，如清单 5-21 所示。第 1 种方法是给脚本文件设置执行权限，让脚本本身成为可执行文件；第 2 种方法是让脚本作为 shell 解释器命令的参数来执行。

清单 5-21

```
# 方法 1
$ chmod a+x ./analysis_log.sh          #使脚本具有执行权限
$ ./analysis_log.sh                    #执行脚本
# 方法 2
bash ./analysis_log.sh                 #让脚本作为 bash 命令的参数来执行
```

但该脚本存在两个问题：一是经常要打开文件写入内容（每行都使用了输出重定向），频繁打开文件并写入非常影响脚本的执行效率；二是其统计的日志文件必须和脚本放在同一个目录下（脚本读取的日志文件的路径是固定的）。可以引入 shell 变量（variable）来解决这些问题。

（2）引入变量

脚本引入了 shell 变量保存命令的输出，如清单 5-22 所示。

清单 5-22

```
#! /bin/bash
#日志统计脚本
read -p "请输入您要分析的日志文件名，输入完成后按<Enter>键确认：" LOG_FILE
echo "您要分析的文件是：${LOG_FILE}"

DATE=$(date +%Y%m%d)
TOTAL_REQ=$(cat ${LOG_FILE} |wc -l)
TOTAL_UV=$(cut -d ' ' -f1 ${LOG_FILE} |sort|uniq|wc -l)
UV_REQ=$( cut -d ' ' -f1 ${LOG_FILE} |sort|uniq -c|sort -nr|head -10)
```

① Shebang 来自 sharp（#）和 bang（!）的缩写，即两个符号的典型 UNIX 名称。

```
URL_REQ=$(cut -d ' ' -f7 ${LOG_FILE} |sort|uniq -c|sort -nr|head -10)
URL_404=$(cut -d " " -f7,9 ${LOG_FILE} |grep "404$"|sort|uniq -c|sort -nr|head -10)
BOT_REQ=$(cut -d ' ' -f1,12- ${LOG_FILE} |grep -iE "(bot)|(spider)|(slurp)|(crawler)"|
sort|uniq -c|sort -nr|head -10)

$ echo -e "Analysis Report-${DATE}\n1. Total Requests ${TOTAL_REQ}\n2. Total UV\n
${TOTAL_UV}\n3. UV IPs(Hostnames)\n${UV_REQ}\n4. Requested Files (URLS)\n${URL_
REQ}\n5. 404 Files(URLS) \n${URL_404}\n6. Robot Requests ${BOT_REQ}" 1>>./analysis-
${DATE}.txt
```

shell 中没有专门用来定义变量的语法，因此定义即是赋值。变量一般用“=”符号进行赋值，如清单 5-22 中的 DATE；也可以使用 read 命令从标准输入中读入数据的方式来赋值，如清单 5-22 中的 LOG_FILE。

在清单 5-22 中分别使用 1 个变量来保存日志文件名，1 个变量来保存 date 命令输出的日期，以及 6 个变量来保存 6 个命令管道的输出。这里使用了“命令替换”将命令的输出赋值给 shell 变量。

注　意

- shell 变量名只能由字母、数字和下画线组成，不能以数字开头。变量名对大小写敏感，因此 VAR 和 var 是两个不同的变量。不能使用 shell 关键词（可通过 help 命令查看 shell 关键词）。
- shell 变量赋值时，变量名和“=”符号之间不能有空格。

在最后的 echo 语句中，使用变量一次性构建好报告，并输出到指定文件中。使用一个定义过的变量，只要在变量名前面加美元符号即可，如 $DATE，变量名外面可以加上大括号，如 ${DATE}，帮助 shell 识别变量边界。

注　意

使用 shell 变量时，加大括号并非必须，但建议加上，这是个好的编程习惯，因为可能会出现如清单 5-23 所示情形。

清单 5-23

```
var=2
#shell 将"var 只老虎"识别为变量名,因为没有定义过这个变量,因此输出空
echo "$var 只老虎"
#用{}确定变量名边界,因此 shell 正确识别了变量 var
echo "${var}只老虎"
2 只老虎
```

至此，就解决了脚本的两个问题，但脚本还存在另外一些缺陷，例如要统计的日志脚本不存在，脚本生成的报告就会出错。用 IT 术语来说，就是脚本还不够“健壮”（Robust）。因此要引入一些测试逻辑和分支语句，以便处理这些例外情况（Exceptions）。

（3）引入流程控制

脚本引入了 if 分支语句来处理两类例外情况：一是日志文件不存在的情况，二是用户对日志文件没有读权限的情况。具体脚本如清单 5-24 所示。

清单 5-24

```
#! /bin/bash
#日志统计脚本
read -p "请输入您要分析的日志文件名,按<Enter>键确认:" LOG_FILE
echo "您要分析的日志文件是: ${LOG_FILE}"

DATE= $ (date +%Y%m%d)
E_NOFILE=66                        # 日志文件不存在时的退出代码值
E_NOTREADABLE=67                   # 日志文件没有读权限

if [ ! -f "${LOG_FILE}" ]; then
    echo "日志文件 ${LOG_FILE}不存在">./analysis-${DATE}.txt
    exit $E_NOFILE
elif [ ! -r "${LOG_FILE}" ]; then
    echo "日志文件 ${LOG_FILE}对当前用户不可读">./analysis-${DATE}.txt
    exit $E_NOTREADABLE
else
    TOTAL_REQ= $ (cat ${LOG_FILE} |wc -l)
    TOTAL_UV= $ (cut -d ' ' -f1 ${LOG_FILE} |sort|uniq|wc -l)
    UV_REQ= $ ( cut -d ' ' -f1 ${LOG_FILE} |sort|uniq -c|sort -nr|head -10)
    URL_REQ= $ (cut -d ' ' -f7 ${LOG_FILE} |sort|uniq -c|sort -nr|head -10 )
    URL_404= $ (cut -d ' ' -f7,9 ${LOG_FILE} |grep "404$" |sort|uniq -c|sort -nr|head -10)
    BOT_REQ= $ (cut -d ' ' -f1,12- ${LOG_FILE} |egrep -i "(bot)|(spider)|(slurp)|(crawl-
er)" |sort|uniq -c|sort -nr|head -10)

    echo -e "Analysis Report-${DATE}\n1. Total Requests ${TOTAL_REQ}\n2. Total UV\n
${TOTAL_UV}\n3. UV IPs(Hostnames) \n ${UV_REQ}\n4. Requested Files (URLS) \n ${URL_
REQ}\n5. 404 Files(URLS) \n ${URL_404}\n6. Robot Requests ${BOT_REQ}" 1>>./analysis-
${DATE}.txt
    exit 0
fi
```

if 或者 elif 后面跟的条件其实就是一个命令(或者命令管道、命令组合)。这个命令可以是“[ ]”命令或 test 命令,也可以是其他命令,命令的返回值就是 if 的测试条件,如果命令的返回值为 0 表示条件为真,否则表示假。

注 意

- if 后面的“[”是一个命令,而非一个简单的中括号,在/usr/bin 目录中可以看到“[”是一个可执行程序文件,如清单 5-25 所示。至于闭合的“]”则是“[”命令的一个参数。

清单 5-25

```
$ ls -ls /usr/bin/[
52 -rwxr-xr-x. 1 root root 52856  4月 24 07:27 '/usr/bin/['
```

- 正因为“[”本身就是一个命令,因此其后的命令不能紧跟“[”,两者必须用空格隔开。同理,“]”是“[”命令的一个参数,前面也需要有空格。

如果命令是 test 或者“[”,后面就需要跟一个判断表达式(Expression),判断表达式有很多种,这里使用的是文件判断表达式:-f 判断文件是否存在且是一个普通文件;-r 判断文件对当前用户是否可读;“!”是逻辑取反操作。

注 意

- shell 支持基本的数据结构类型,如变量、数组、字符串等;支持基本的运算,如数值和逻辑运算等;也支持基本分支、循环等语言结构;还支持函数,包括用户自定义的函数和内置函数。
- 在本任务知识点 6 中将进一步说明 shell 脚本的基本语法。

做到这里,想必每个人都感觉很懵,虽然完成了任务,但对重定向、管道甚至脚本,似乎都只是一知半解,并没有完全掌握。这很正常,重定向、管道、正则表达式和脚本是 shell 的精髓所在,想要用好,“纸上谈兵”是远远不行的,也不是一朝一夕就能够实现的。因此,建议先看一看任务知识这部分内容,动手做一做其中的范例,如果还想进一步深入了解重定向、管道、正则表达式和脚本,可以仔细研读下任务知识,以及拓展材料中给出的参考资料。

5.4 任务知识

5.4.1 知识点 1 标准输入/输出

shell 提供了“标准输入/输出”功能,用来进一步控制或者引导基于文本的 Linux 程序的输入和输出。每当 shell 启动一个程序时,将自动为其打开 3 个标准输入/输出流,与相应的输入和输出设备建立连接如图 5-5 所示。

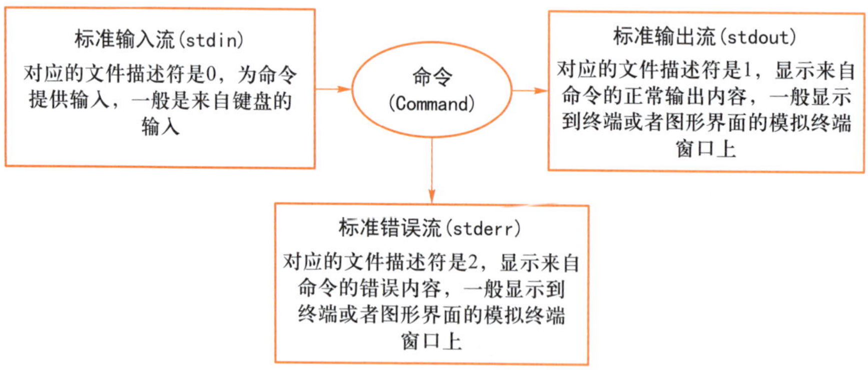

图 5-5 Linux 中命令执行时输入和输出的流向

1)标准输入流(stdin):用于输入,用文件描述符 0 来表示,默认连接的是输入设备,一般来说就是键盘。

2)标准输出流(stdout):用于正常输出,用文件描述符 1 来表示,默认连接的是输出设备,一般来说是终端(Terminal)窗口或者图形界面上的模拟终端(Simulated Terminal)窗口。

3)标准错误流(stderr):用于诊断或错误输出,用文件描述符 2 来表示,默认连接的和 stdout 一样,也是输出设备。

其中,有以下两个新概念需要进一步说明:

- 文件描述符(File Descriptor)。系统每打开一个文件时,都会返回一个文件描述符,一般来说是一个非负的整数,用于指代被打开的文件。所有与文件读写相关的系统调用都是通过文件描述符来完成的,因此文件流一般来说是可以与文件描述符对应起来的。习惯上,标准输入的文件描述符是 0,标准输出是 1,标准错误是 2。
- 流(Stream)。程序(命令)在开始读或者写一个文件之前,必须首先在程序(命令)与文件之间建立连接,即打开文件,这个连接可以通过"流"这个概念来描述。流具有方向性,当程序(命令)需要从某个文件读入数据的时候,就会开启一个输入流。相反地,需要写出数据到文件中时,会开启一个输出流。可以将流想象成一个"数据通道",数据就像水流一样就在这通道中形成了,如图 5-6 所示。

图 5-6 流的图示

5.4.2 知识点 2 输入/输出重定向

(1) 输出重定向

下面中将重点阐述输出重定向的概念,首先简要罗列输出重定向的语法,然后用 3 个例子来展示和说明。

简单来说,输出重定向是指不向标准输出流(stdout)或者标准错误流(stderr)输出命令结果或者错误消息,而是将其输出到指定文件中,其操作符和语法可以用表 5-2 进行概括。

表 5-2 输出重定向语法

命令	说明
n>文件名 或者 n>>文件名	表示将来自文件描述符 n 的输出流重定向到文件:前者表示覆盖式的重定向,即输出流的内容会覆盖原有 file 中的内容;后者表示追加式的重定向,即输出流的内容会追加到 file 原有内容之后。注意,如果 n 省略,默认指的是标准输出(1)
&>文件名 或者 &>>文件名	表示将标准输出和标准错误都重定向到 file 中,同样地,前者表示覆盖式的重定向,后者表示追加式的重定向
n>& m	表示将来自文件描述符 n 的输出流重定向到来自文件描述符 m 的输出流中

范例 5-1:将当前工作目录下文件名以 data、log 和 debug 字样开头的文件打包压缩成一个名为 data. tar. gz 的文件,再将被压缩的文件名记录到一个名为 archived_files 的文件中,同时将错误输出重定向到一个名为 err_file 的文件中。

正常打包文件,发现输出如清单 5-26 所示,这是因为工作目录下并不存在以 log 开头的文件,如清单 5-27 所示。因此使用 tar 命令将输出相应的错误信息。

清单 5-26

```
tar -czf ./data.tar.gz data*log*debug*
tar: log*:无法 stat: 没有那个文件或目录
tar: 由于前次错误,将以上次的错误状态退出
```

清单 5-27

```
$ ls data*log*debug*
ls: 无法访问 log*: 没有那个文件或目录
data01  data02  data03  data04  data05  debug01  debug02  debug03
```

了解这点后,就可以用如下命令来完成任务,注意在 tar 命令后添加了-v 选项,表示输出成功打包的文件名。用输出重定向符“>”将标准输出重定向到了 archived_files 中(标准输出文件描述符 1 省略了),用“2>”将错误输出重定向到了 err_file 中,因此命令没有任何输出,如清单 5-28 所示。

清单 5-28

```
tar -cvzf ./data.tar.gz data*log*debug*>archived_files 2>err_file
```

注　意

- shell 遇到“>”或者“>>”操作符,会判断右边文件是否存在,如果存在就先删除,并且创建新文件;如果不存在则直接创建。
- “>”操作符无论左边命令执行是否成功,右边文件都会变为空。

范例 5-2:以长格式列出当前工作目录下所有的名字以 log 开头以及以 xfer 开头的文件,并将标准输出和错误输出均追加保存到当前目录的 list. txt 文件中。

本范例有两种完成方法。

方法 1:如清单 5-29 所示,表示将标准输出和标准错误同时追加重定向到当前工作目录下的 list. txt 文件中。

清单 5-29

```
$ ls -l log*xfer*&>>./list.txt
```

注　意

- 自动化流程或后台作业常将标准输出和标准错误都重定向到一个文件中,方便以后查看。
- 可以使用“&>”或“&>>”操作符将标准输出和标准错误重定向到同一个位置。

方法 2:如清单 5-30 所示,表示将错误输出重定向到标准输出中,然后将标准输出重定向到当前工作目录下的 list. txt 文件中。

清单 5-30

```
$ ls -l log*xfer*>>stdout 2>&1
```

注　意

- 方法 2 其实是对文件描述符 n 进行重定向,然后使用 m>&n 将文件描述符 m 重定向到同一个位置,&n 代表是已经存在的文件描述符,如 &1 代表输出、&2 代表错误输出。
- 对输出进行重定向的次序很重要。例如,ls -l 2>&1 >output. txt 与 ls -l >output. txt 2>&1 是不一样的。在后一个命令中,标准输出在标准错误之后进行重定向,所以标准错误输出仍然发送到终端中。

范例 5-3:将当前工作目录下所有名字以“. bak”结尾的文件复制到/tmp 目录中,同时将错误输出完全忽略(既不输出到终端上,也不重定向到文件中)。

本范例同样有两种完成方法。

方法 1:如清单 5-31 所示,“&-”表示关闭重定向到输出流,将标准错误输出重定向到“&-”,则标准错误输出被关闭,自然就不会有错误输出了。

清单 5-31

```
$ cp * .bak /tmp 2>&-
```

方法 2:如清单 5-32 所示,表示将标准错误输出重定向到/dev/null 文件中,该文件是 Linux 中一个非常特殊的设备文件,写入内容将被直接抛弃。将标准错误输出重定向到该文件,就是将错误输出都抛弃了,自然也就不会有错误输出了。

清单 5-32

```
$ cp * .bak /tmp 2>/dev/null
```

注 意

- /dev/null:在 Linux 中被称为空设备,是一个特殊的设备文件,所有写入它的内容都会永远丢失,而尝试从它那里读取内容则什么也读不到(读取它会立即得到一个 EOF)。
- 在程序员或者系统管理员的“行话”中,/dev/null 被称为位垃圾桶(Bit Bucket)或者黑洞(Black Hole)。空设备通常被用于丢弃不需要的输出流,或作为用于输入流的空文件,这些操作通常由重定向完成。

(2) 输入重定向

下面将阐述输入重定向的概念,简要罗列输入重定向的语法,并用 3 个例子来展示和说明。

简单来说,输入重定向是指不通过标准输入流(stdin)获取命令输入,而是通过让 shell 读取指定的文件内容作为命令的输入。

注 意

在任务中并未用到输入重定向,但这不等于输入重定向就不需要掌握了。输入/输出重定向乃是一体,掌握了输出而不了解输入,那就是一知半解。

输入重定向的操作符和语法在表 5-3 中进行了概括。

表 5-3 输入重定向语法

操 作 符	说 明
<文件名	表示不是从标准输入流而是从指定的文件中接收输入
<<delimiter	here-document 标识,表示将开始标记(delimiter)和结束标记(也为 delimiter)之间的内容作为输入

范例 5-4:将当前工作目录中的名为 notice. msg 的文本文件中的所有英文小写字符全部转换为大写字符。

可以使用 tr 命令来完成,该命令只能从标准输入读取消息参数,此时就可以使用输入重定向,让 tr 从文件中接受输入,如清单 5-33 所示。其中'a-z'代表小写英文字符集合,'A-Z'代表大写英文字符集合,即命令是将标准输入流中的所有小写英文字符都替换成相应的大写字符。

清单 5-33

```
$ tr 'a-z' 'A-Z'< ./notice.msg
```

注 意

- tr 命令是不接收文件作为参数的,它只能从文本流中读取数据。
- 在本任务的知识点 2 中将会详细介绍 tr 命令。

下面两个例子是用来展示说明一种特殊输入重定向,叫作 here-document,其基本的语法如清单 5-34 所示,作用就是将两个 delimiter(定界符)之间的文本内容传递给命令作为输入。

清单 5-34

```
cmd << delimiter
此处可以输入文本内容
delimiter
```

范例 5-5:将一段文本添加到当前工作目录中名为 README 的文本文件的最后。可以使用 cat 命令加上 here-document 来完成,首先输入"cat<<EOF>>./README",其中,"<<EOF"(即 delimiter)代表 here-document 起始,">>../README"则表示将 cat 的输出重定向追加到当前工作目录中 README 文件中。按<Enter>键后,出现">"提示符,表示可以输入 here-document 的内容了,接着输入文本,按<Enter>可以换行,最后再次输入 EOF 结束 here-document,则刚刚输入的文本就会被视为一个文本文件,并作为 cat 命令参数,如清单 5-35 所示。

清单 5-35

```
cat<<EOF>>./README
>本软件是自由软件;您可以根据 Free Software Foundation 所公布的 GNU 宽通用公共许可证(该许
>可证的 2.1 版本或其后任何版本(由您选择))的条款将它再分发和/或对它进行修改。分发该库,希望它
>将会有用,但不附任何保证;甚至不带有对适销性或针对某一特定目的的适用性的默示保证。有关详细信
>息,请参见 GNU 宽通用公共许可证。
>EOF
```

注　意

- 范例 5-5 中的 EOF 只是一个常用的 here-document 的 delimiter 标识，可以替换成任意的合法字符。选择一个比较奇怪的字符串作为 delimiter 标识能够有效地避免文本本身内容与 delimiter 标识相同而导致 here-document 的提前结束。
- 作为起始的 delimiter，其前后的空格会被忽略。作为结尾的 delimiter 一定要顶格写，前面不能有任何字符。

前面的例子讲的是具体用法，读者可能还比较难以理解 here-document 具体用途，下面的范例 5-6 给出了其一个典型应用。

范例 5-6：在 bash 脚本文件 trojan. sh 中生成一个“Hello，world！”的 C 语言源代码，然后编译并执行。脚本 trojan. sh 的第 5 行~第 13 行利用 here document 夹带了一个 hello. c 程序的原始代码，执行脚本时会产生 hello. c，接着调用 gcc 命令编译 hello. c，若编译无误则执行程序文件 hello，如清单 5-36 所示。

工具文件

trojan. sh

清单 5-36

```
#! /bin/bash
# 一个简单脚本夹带 C 语言源代码的例子
cat <<'EOF' > hello.c
#include <stdio.h>

 int main()
 {
     printf("Hello world! \n");
     return 0;
 }
 EOF

# 编译刚刚创建 hello.c
gcc -o hello hello.c

#如果编译成功，则执行
if [ $? -eq 0 ]
then
    echo "执行 hello..."
    echo
    chmod u+x hello
    ./hello
else
    echo '编译出错:hello.c'
fi
```

注　意

范例 5-6 就是脚本携带攻击程序的原型，在脚本中夹带程序语言的源码，这是黑客攻击最常用的方法。

5.4.3 知识点3 管道

本节中将重点阐述管道(Pipe)的概念,首先简要罗列管道的语法,然后用4个例来展示和说明。

管道[①]是一种进程间通信(Inter Process Communication,IPC)机制,本质上是由内核管理的一小块内存缓冲区,如图5-7所示,它的一端连接一个进程的标准输入(stdin),用于写入数据;另一端连接另一个进程的标准输出(stdout),用于读出数据。管道分为匿名管道(Anonymous Pipe)和命名管道(Named Pipe)两种。

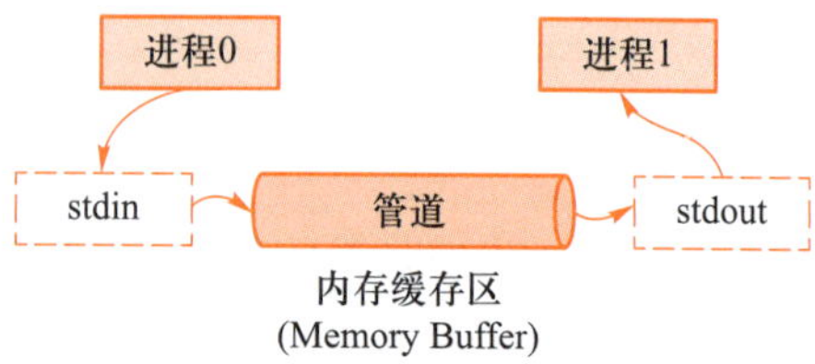

图5-7 管道原理

(1) 匿名管道

在一般语境下提到的管道时都是指匿名管道。匿名管道,顾名思义,就是没有名字的管道,当用到管道操作符"|"时,它们就会由shell自动创建,即作为用户不需要管理它,shell会处理一切,用起来很方便。

匿名管道的具体用法在子任务2中已经清楚说明过,在这里要特别强调容易出错的两个方面:

1) 管道符连接的每个命令都是在独立的shell进程中执行的。

范例5-7:使用read命令从echo命令的标准输出读取内容,并赋给变量var1。本例展示管道符连接并非在同一个shell进程中运行,如清单5-37所示。

清单5-37

```
$ var1=hello
#将 echo 命令的输出"world"赋给变量 var1,为 var 赋值的 read 命令在单独的 shell 进程中执行,
#此处变量 var1 为该单独 shell 进程中的变量
$ echo world |read var1
#此处 echo 命令中的 var1 是当前 shell 进程中的 var1,和上面句子中的 var1 不是同一个变量
$ echo $var1
hello
#使用括号将两条命令组合变量,让其在同一 shell 进程中运行,
#此处 echo 和 read 命令中的 var1 是同一变量
$ echo world|(read var1;echo $var1)
world
```

2) 管道符连接的命令是并行(注意不是同时)执行的,而不是按顺序执行。

范例5-8:截取文件sample.txt的前两行到原文件中,其余的都删除。本例展示管道符连接的多个命令是并行执行的,如清单5-38所示。

清单5-38

```
$ cat sample.txt
Hello
```

① 管道的概念起源于UNIX。

```
Linux
World
$ cat ./sample.txt |head -2                    #命令的执行结果是确定的
Hello
Linux
$ cat ./sample.txt |head -2 > ./sample.txt     #命令的执行结果是不确定的
```

本例中的 cat 和 head 命令是并行执行的，但“并行”不代表它们是“同时”执行，管道到底是先启动 head 还是 cat 命令是不确定的，但 head 命令会阻塞(Pending)等待标准输入，所以看上去好像是先执行 cat 命令，然后再执行 head 命令。因此，第 1 个命令管道的执行结果永远是正确的，但从第 2 个命令管道就可以明显看出哪个命令先被启动：

- 如果 head 命令先启动，那么重定向符就会立即打开 sample.txt 并清空其内容，然后等待 head 的输出，head 则等待 cat 的输出。cat 后启动，读到的 sample.txt 是一个已经被清空的文件，因此输出空，head 也输出空，sample.txt 就被清空了。
- 如果 cat 命令先启动，就能读到内容，head 也会读到 cat 的输出，并给出正确的截断结果。

小　心

- 对于使用管道符连接起来的命令的执行次序，shell 没有明确说明，到底先启动哪个命令取决于 shell 的具体实现方式和一些竞态条件(Race Condition)。
- 如果结果依赖于命令启动顺序，就不要使用管道符来连接命令。

(2) 命名管道

与匿名管道不同，命名管道在文件系统中以文件的形式出现，但其数据并不写入磁盘等外部存储，仍然和匿名管道一样存储在内存缓冲区中。命名管道文件也叫作 FIFO(First In First Out，先进先出)文件，即先写入的数据被先读出来，后写入的数据被后读出来。

范例 5-9：创建命名管道，如清单 5-39 所示。

清单 5-39

```
mkfifo sample_pipe
ls -l sample_pipe
prw-r--r-- 1 nbcc nbcc 0 2023-07-17 06:41 sample_pipe
```

这里使用 mkfifo 命令创建了一个名为 sample_pipe 的命名管道。用 ls -l 命令以长格式查看这个文件，看到字段 1 的第 1 个字母是 p，表明它是一个命名管道文件。

命令 mkfifo

用法：mkfifo [选项] 文件名

- 使用给定名字创建命名管道。
- mkfifo 命令的常用选项见表 5-4。

表 5-4 mkfifo 命令的常用选项

选 项	说 明
-m 权限值	设置命名管道文件访问权限,使用八进制方式表示

范例 5-10:命名管道的使用方法。本例需要打开两个终端(模拟终端)窗口:在终端窗口 1 中输入一个命令,并把命令的输出重定向到命名管道,如清单 5-40 所示,然后在终端窗口 2 中用另外一个命令读出该管道内的数据。

清单 5-40

```
#在终端窗口 1 中执行
mkfifo pipe01                #创建一个命名管道
ls -l > pipe01               #将 ls -l 命令的输出重定向到命名管道
```

在终端窗口 1 中创建一个命名管道 pipe01,使用 ls -l 命令将输出重定向到 pipe01。按下 <Enter>键后命令将会阻塞,这是因为在命名管道的另一端没有任何进程读数据。一旦绑定一个进程到管道的另一端,并从管道中读取输入的时候,ls -l 命令将会继续执行,如清单 5-41 所示。

清单 5-41

```
#在终端窗口 2 中执行
head -5 pipe01               #从管道中读取数据
总用量 2059640
-rw-r--r--. 1 nbcc nbcc         6  8月 22 10:42 1.sh
-rw-r--r--. 1 nbcc nbcc         0  8月 10 13:45 2.sh
-rw-r--r--. 1 nbcc nbcc         0  8月 10 13:45 3.sh
-rwx--x--x. 1 nbcc nbcc      1542  1月 13  2020 4.sh
```

接着在终端窗口 2 输入 head -5 命令,并用输入重定向从 pipe01 中读取数据。一旦开始读取数据,在第 1 个终端窗口中的 ls 命令就会继续执行并成功结束。

注 意

- 命名管道不占用磁盘存储空间,写入命名管道的数据都存储在内存缓冲区中,等待其他进程的读取。当从另一个进程执行读取操作时,数据一旦被读走,它就从管道中被抛弃,释放空间以便写更多的数据。如果命名管道使用得当,可以大幅减少磁盘 I/O。
- 当一个命令进程向命名管道写入数据,但没有相应命令进程读取,该命令会被阻塞,直到有进程将数据读取为止;反之,如果一个命令要从命名管道中读取数据,但命名管道中没有数据可读,该命令进程也会被阻塞,直到有命令进程将数据写入为止。
- 通过使用命名管道,一个进程可以高效地从另一个进程实时获取事件的输出,因为读写是同时发生,几乎没有延时。

5.4.4 知识点 4 命令替换

本节将重点介绍命令替换的概念,首先简要罗列命令替换的语法,然后用 3 个例子来展示和说明。

命令替换是除管道外的另一个实现命令协作的方法。它将一个命令的输出作为参数传给另一个命令或者保存到变量中，几乎所有的 shell 都支持该方法。shell 中有两种方法可以完成命令替换，一种是反引号“` `”，另一种是“$()”，使用方法如清单 5-42 所示。

清单 5-42

```
$(command)      #方法 1
`command`       #方法 2
```

注　意

- 反引号和“$( )”几乎等价，但反引号有两点不方便之处：
  - √ 命令替换嵌套或者是包含引号的时候，反引号很麻烦，不如“$()”易读。
  - √ 反引号处理反斜杠转义规则比较不明确，但是“$()”中的反斜杠“\”会按正常的方式转义。
- 反引号比较通用，而“$( )”并不是每一种 shell 都支持。使用反引号可以让脚本更加健壮。

范例 5-11：检测一个命令的执行所花的时间。分别展示反引号和“$()”的替换方法，如清单 5-43 所示。

清单 5-43

```
#!/bin/bash
#粗略检测一个命令的执行时间
BTIME=`date +%s`                      #开始时间，使用“``”替换
sleep 20s                             #要执行的命令替换，这里用休眠 20 秒代替
ETIME=$(date +%s)                     #结束时间，使用“$()”替换
RTIME=$(expr $ETIME - $BTIME)         #时间差，使用“$()”替换

echo "起始时间: $BTIME"
echo "结束时间: $ETIME"
echo "执行时间: ${RTIME}s"            #易混淆，用大括号明确界定变量边界
```

其中，expr 是表达式求值命令，可以对数值或者变量进行算术运算，命令后可以跟一个算数表达式，expr 输出该表达式的值。expr 也是命令，因此也可以进行命令替换。

注　意

expr 命令后跟的算术表达式中，算术操作符前后都要有空格，否则就不会进行算术运算。

范例 5-12：将当前目录下所有以“.sh”为扩展名的文件以长格式列出，并将结果保存到变量 file_list 中，随后输出，如清单 5-44 所示。

清单 5-44

```
$ ls -l ./*.sh
-rw-r--r--. 1 nbcc nbcc    0  8月 10 13:45 ./1.sh
-rw-r--r--. 1 nbcc nbcc    0  8月 10 13:45 ./2.sh
-rw-r--r--. 1 nbcc nbcc    0  8月 10 13:45 ./3.sh
```

```
$ file_list=$(ls -l ./*.sh)
$ echo $FILE_LIST                                          #格式丢失了,换行符被替换为空格
-rw-r--r--. 1 nbcc nbcc 0 8月 10 13:45 ./1.sh -rw-r--r--. 1 nbcc nbcc 0 8月 10 13:45 ./2.
sh -rw-r--r--. 1 nbcc nbcc 0 8月 10 13:45 ./3.sh
$ echo "$FILE_LIST"                                        #使用变量用双引号包围,保留了格式
-rw-r--r--. 1 nbcc nbcc     0  8月 10 13:45 ./1.sh
-rw-r--r--. 1 nbcc nbcc     0  8月 10 13:45 ./2.sh
-rw-r--r--. 1 nbcc nbcc     0  8月 10 13:45 ./3.sh
```

注　　意

如果被替换命令的输出内容包括多行(即有换行符),或者含有多个连续的空格,那么在输出变量时应将变量用双引号包围,否则系统会使用默认的空格来填充,这会导致换行符以及连续的空格被压缩替换成一个空格。

范例 5-13:输出当前目录下第一个以“.sh”结尾的脚本文件的文本行数。如清单 5-45 所示,此处使用了嵌套命令替换。

清单 5-45

```
$ FIRST_FL=$(wc -l $(ls ./*.sh |head -1))
$ echo "$ FIRST_FL"
22 ./1.sh
$ FIRST_FL=`wc -l \`ls ./*.sh |head -1\``    #如果使用反引号,内部反引号需要用反斜杠转义
$ echo "$ FIRST_FL"
22 ./1.sh
```

注　　意

命令替换可以嵌套使用,但如果使用反引号,内部的反引号需要使用反斜杠“\”转义。

5.4.5 知识点 5 常用过滤器命令

本节将介绍一些过滤器命令,包括在任务中用到的 cut、uniq、sort、wc 和 head 命令,以及在任务中没有用到的 tr、tee、less 和 tail 命令。

(1) cut 命令

下面介绍 cut 命令的语法格式,并用 3 个范例来进行展示和说明。

命令 cut

用法:cut [选项] [文件]

- cut 命令可以从文件的每一行剪切字节、字符和字段并将其输出至标准输出。如果不指定“文件”参数,cut 命令将读取标准输入。必须指定-b、-c 或-f 选项之一(即剪切方式必须是按字节、按字符或者按字段剪切之一)。
- cut 命令的常用选项见表 5-5。

表 5-5 cut 命令的常用选项

选项	说明
-b	以字节为单位进行分割。这些字节位置将忽略多字节字符边界，除非指定了-n 标志
-c	以字符为单位进行分割
-d'分隔符'	自定义分隔符，默认为制表符。分隔符号一般需要用双引号或者单引号括起，建议使用单引号
-f 字段序号	与-d 一起使用，指定剪切哪个字段

下面 3 个范例都是用如清单 5-46 所示的 users.txt 文件作为操作对象。

清单 5-46

```
$cat ./users.txt
postfix:x:89:89::/var/spool/postfix:/sbin/nologin
tcpdump:x:72:72::/:/sbin/nologin
stu:x:1000:1000:stu:/home/stu:/bin/bash
jack:x1001:1001:jack/home/jack:bin/bash
```

工具文件

users.txt

范例 5-14：以字节为分隔单位，如清单 5-47 所示。

清单 5-47

```
$ cut -b 6 ./users.txt                    #剪切第 6 字节
i
m
:
x
$ cut -b 2-6,12 ./users.txt               #剪切第 2～6 字节和第 12 字节
ostfi9
cpdum2
tu:x:1
ack:x1
$ cut -b -6 ./users.txt                   #剪切开头的 6 字节
postfi
tcpdum
stu:x:
jack:x
$ cut -b 6- ./users.txt                   #剪切第 6 字节开始到结尾
ix:x:89:89::/var/spool/postfix:/sbin/nologin
mp:x:72:72::/:/sbin/nologin
:1000:1000:stu:/home/stu:/bin/bash
x1001:1001:jack/home/jack:bin/bash
```

范例 5-15：自定义分隔符，剪切字段，如清单 5-48 所示。

清单 5-48

```
$cut -d: -f1 ./users.txt                  #以冒号":"为分隔符，剪切字段 1
postfix
```

```
tcpdump
stu
jack
$cut -d: -f2-4 ./users.txt          #以冒号":"为分隔符,剪切第 2~4 字段
x:89:89
x:72:72
x:1000:1000
x1001:1001:jack/home/jack
```

范例 5-16:以字符为分隔单位,在范例 5-14 和范例 5-15 中字符都是单字节字符,因此字符和字节都是等价的。在本例中的操作文本是中文,是多字节字符,如清单 5-49 所示。

清单 5-49

```
$cat ./license.txt
本软件是自由软件;您可以 根据 Free Software Foundation 所公布的 GNU
宽通用公共许可证 (该许可证的 2.1 版本或其后任何版本(由您选择))的条款
将它再分发和/或对它进行修改。
#以字节为单位,剪切 2~4 字节,但中文并非单字节字符,因此如果剪切不合理,会出现乱码
$ cut -b 2-4 ./license.txt
���
���
���
$ cut -c 2-4 ./license.txt          #以字符为单位,剪切第 2~4 字符
软件是
通用公
它再分
```

(2) sort 命令

下面介绍 sort 命令的语法格式,并用 5 个范例来进行展示和说明。

命令 sort

用法:sort [选项] [文件]

- sort 命令的功能是将文件的内容按照指定规则进行排序。
- sort 命令的常用选项见表 5-6。

表 5-6 sort 命令的常用选项

选项	说明	选项	说明
-b	忽略每行前面开始出的空格字符	-t	指定排序时所用的字段分隔字符
-n	依照数值的大小排序	-k 字段序号	按指定字段序号排序
-r	以相反的顺序排序		

下面 5 个范例都是用如清单 5-46 所示的 users. txt 作为操作对象。

范例 5-17:默认排序。默认排序是按 ASCII 码升序,如清单 5-50 所示。

清单 5-50

```
$ sort ./users.txt
jack:x:1001:1001:jack:/home/jack:bin/bash
postfix:x:89:89::/var/spool/postfix:/sbin/nologin
stu:x:1000:1000:stu:/home/stu:/bin/bash
tcpdump:x:72:72::/:/sbin/nologin
```

范例 5-18:在原基础上反向排序,如范例 5-17 中是升序,加上-r 就变成降序,如清单 5-51 所示。

清单 5-51

```
$ sort -r ./users.txt
tcpdump:x:72:72::/:/sbin/nologin
stu:x:1000:1000:stu:/home/stu:/bin/bash
postfix:x:89:89::/var/spool/postfix:/sbin/nologin
jack:x:1001:1001:jack:/home/jack:bin/bash
```

范例 5-19:指定字段排序。可以用-t 来指定分隔符,用-k 来指定字段,如清单 5-52 所示。

清单 5-52

```
$ sort -t: -k6 ./users.txt            #指定冒号":"分隔符,按字段 6 排序
jack:x:1001:1001:jack:/home/jack:bin/bash
stu:x:1000:1000:stu:/home/stu:/bin/bash
tcpdump:x:72:72::/:/sbin/nologin
postfix:x:89:89::/var/spool/postfix:/sbin/nologin
```

范例 5-20:按数字大小,而非 ASCII 码进行排序,如清单 5-53 所示。

清单 5-53

```
$ sort -t: -k3 ./users.txt            #指定冒号":"分隔符,按字段 3 的数字大小排序
stu:x:1000:1000:stu:/home/stu:/bin/bash
jack:x:1001:1001:jack:/home/jack:bin/bash
tcpdump:x:72:72::/:/sbin/nologin
postfix:x:89:89::/var/spool/postfix:/sbin/nologin
$ sort -n -t: -k3 ./users.txt
tcpdump:x:72:72::/:/sbin/nologin
postfix:x:89:89::/var/spool/postfix:/sbin/nologin
stu:x:1000:1000:stu:/home/stu:/bin/bash
jack:x:1001:1001:jack:/home/jack:bin/bash
```

范例 5-21:按字段中的指定字符排序,如清单 5-54 所示。

清单 5-54

```
$ sort -t: -k1.2 ./users.txt            #指定冒号":"分隔符,按字段 1 中的第 2 个字符段排序
jack:x:1001:1001:jack:/home/jack:bin/bash
tcpdump:x:72:72::/:/sbin/nologin
postfix:x:89:89::/var/spool/postfix:/sbin/nologin
stu:x:1000:1000:stu:/home/stu:/bin/bash
```

(3) uniq 命令

下面介绍 uniq 命令的语法格式,并用 4 个范例来进行展示和说明。

命令 uniq

用法:uniq [选项] [文件]

- uniq 是 Unique 的缩写,其功能是检查及去除文件中连续重复出现的行。
- uniq 命令的常用选项见表 5-7。

工具文件

uuid. txt

表 5-7 uniq 命令的常用选项

选　　项	说　　明
-c	去除连续重复行,并在每行第一个字段显示重复次数
-d	显示重复出现的行
-u	显示只出现一次的行

下面 3 个范例都是用文本文件 uuid. txt 作为操作对象如清单 5-55 所示。

清单 5-55

```
7775b85b-cf65-8445-753a-dbd3ad4877ec
7775b85b-cf65-8445-753a-dbd3ad4877ec
c449f91c-7236-4650-aaa5-2dccf027b288
801a1967-5754-499e-a24c-3e483a3c055c
d1094133-9bc8-4168-88a5-b351c486623d
d1094133-9bc8-4168-88a5-b351c486623d
d1094133-9bc8-4168-88a5-b351c486623d
7775b85b-cf65-8445-753a-dbd3ad4877ec
c449f91c-7236-4650-aaa5-2dccf027b288
d1094133-9bc8-4168-88a5-b351c486623d
```

范例 5-22: 默认去除重复行,只能去除连续重复行,如清单 5-56 所示。

清单 5-56

```
$ uniq ./uuid.txt          #只能去除连续重复行,而不能去除全局重复行
7775b85b-cf65-8445-753a-dbd3ad4877ec
c449f91c-7236-4650-aaa5-2dccf027b288
801a1967-5754-499e-a24c-3e483a3c055c
d1094133-9bc8-4168-88a5-b351c486623d
7775b85b-cf65-8445-753a-dbd3ad4877ec
c449f91c-7236-4650-aaa5-2dccf027b288
d1094133-9bc8-4168-88a5-b351c486623d
```

范例 5-23: 默认去除全局重复行,并显示重复的次数。需要和 sort 组成命令管道来实现,如清单 5-57 所示。

清单 5-57

```
#要去除全局重复行,需要先排序,用-c 选项将重复次数作为第 1 字段作为第 1 字段
$ sort uuid.txt |uniq -c
```

```
1 493e8ab4-5be4-4298-b6f3-8cff1f282273
3 7775b85b-cf65-8445-753a-dbd3ad4877ec
1 801a1967-5754-499e-a24c-3e483a3c055c
2 c449f91c-7236-4650-aaa5-2dccf027b288
4 d1094133-9bc8-4168-88a5-b351c486623d
```

范例 5-24:显示文本中没有重复出现的行,需要和 sort 组成命令管道来实现,如清单 5-58 所示。

清单 5-58

```
$ sort uuid.txt |uniq -u
493e8ab4-5be4-4298-b6f3-8cff1f282273
801a1967-5754-499e-a24c-3e483a3c055c
```

范例 5-25:显示文本中重复出现过的行,需要和 sort 组成命令管道来实现,如清单 5-59 所示。

清单 5-59

```
$ sort uuid.txt |uniq -d
7775b85b-cf65-8445-753a-dbd3ad4877ec
c449f91c-7236-4650-aaa5-2dccf027b288
d1094133-9bc8-4168-88a5-b351c486623d
```

(4) tr 命令

下面介绍 tr 命令的语法格式,并用 5 个范例来进行展示和说明。

命令 tr

用法:tr [选项] 字符集 1 [字符集 2]

- tr 是 translate 的缩写,可以对来自标准输入的字符进行替换、压缩和删除。该命令只能接收来自标准的输入流,不能接收文件参数。
- 字符集 1 是指定要替换或删除的原字符集。当执行替换操作时,必须使用字符集 2 指定转换的目标字符集,但执行删除操作时,则不需要字符集 2。
- 字符集 2 是指定要转换成的目标字符集。
- tr 命令的常用选项见表 5-8。

表 5-8 tr 命令的常用选项

选项	说明
-c	取反操作,取字符集 1 中指定字符的补集
-d	删除字符集 1 中指定的字符,使用该选项后,就不能输入字符集 2 了
-s	将字符集 1 中指定的连续重复的字符用单个字符替代

下面 3 个范例都是用如清单 5-46 所示的文本文件 users.txt 作为操作对象。

范例 5-26：将文本中 b 替换为 p，p 替换为 b，如清单 5-60 所示。

清单 5-60

```
$ cat users.txt |tr 'bp' 'pb'
bostfix:x:89:89::/var/sbool/bostfix:/spin/nologin
tcbdumb:x:72:72::/:/spin/nologin
stu:x:1000:1000:stu:/home/stu:/pin/pash
jack:x:1001:1001:jack:/home/jack:pin/pash
```

范例 5-27：将文本中所有包括在字符串 bptuv 中的字符删除，如清单 5-61 所示。

清单 5-61

```
#注意：是删除 b、p、t、u 和 v 这几个字符，而不是删除字符串 bptuv
$ cat users.txt |tr -d 'bptuv'
osfix:x:89:89::/ar/sool/osfix:/sin/nologin
cdm:x:72:72::/:/sin/nologin
s:x:1000:1000:s:/home/s:/in/ash
jack:x:1001:1001:jack:/home/jack:in/ash
```

范例 5-28：删除文本中所有的换行符“\n”，如清单 5-62 所示。

清单 5-62

```
$ cat users.txt |tr -d '\n'
postfix:x:89:89::/var/spool/postfix:/sbin/nologintcpdump:x:72:72::/:/sbin/nolog-
instu:x:1000:1000:stu:/home/stu:/bin/bashjack:x:1001:1001:jack:/home/jack:bin/
bash
```

范例 5-29：将文本中除了数字和换行符“\n”外的字符都替换成“＊”号，如清单 5-63 所示。

清单 5-63

```
$ cat users.txt |tr -c '0-9,\n' '*'
**********89*89***********************************
**********72*72*****************
******1000*1000***********************
*******1001*1001*************************
```

范例 5-30：压缩文本中的连续重复的数字 0，如清单 5-64 所示。

清单 5-64

```
$ # cat users.txt |tr -s ‘0’
postfix:x:89:89::/var/spool/postfix:/sbin/nologin
tcpdump:x:72:72::/:/sbin/nologin
stu:x:10:10:stu:/home/stu:/bin/bash
jack:x:101:101:jack:/home/jack:bin/bash
```

（5）wc 命令

下面介绍 wc 命令的语法格式，并用 1 个范例来进行展示和说明。

命令 wc

用法:wc [选项] [文件]

- wc 是 word count 的缩写,其功能是统计文件的字节数、字符数、单词数或行数,若不指定文件名称或是所指定文件名为“-”,则 wc 命令会从标准输入设备读取数据。
- wc 命令的常用选项见表 5-9。

表 5-9 wc 命令的常用选项

选 项	说 明
-c	统计文件的字节数
-w	统文件中的单词数,单词(Word)在这里指的与英语中的单词概念完全不同,指的是一个由空格、<Tab>键或换行字符分隔的字符串
-l	统计文件的行数
-L	文本中最长行的长度

范例 5-31:分别列出文件的行数、单词数、字节数和最长行的长度,如清单 5-65 所示。

清单 5-65

```
$ wc /etc/passwd
44   87   2287 /etc/passwd
$ wc -l /etc/passwd                #显示行数
44
$ wc -w /etc/passwd                #显示单词数,注意单词的定义
87
$ wc -c /etc/passwd                #显示字节数
2287
$ wc -L /etc/passwd                #显示最长行中的字节数
99
```

(6) tee 命令

下面介绍 tee 命令的语法格式,并用 1 个范例来进行展示和说明。

命令 tee

用法:tee [选项] [文件]

- tee 命令用于将数据重定向到文件,另一方面还可以提供一份重定向数据的副本作为后续命令的标准输入,即把数据重定向到给定文件和屏幕上。
- tee 命令的常用选项见表 5-10。

表 5-10 tee 命令的常用选项

选 项	说 明
-a	向文件中重定向时使用追加模式

范例 5-32: 将系统中所有用户的用户名列出并按升序排序,将结果保存到文件 allusers. txt 中,同时将结果显示在屏幕上,如清单 5-66 所示。

清单 5-66

```
$ cut -d: -f1 /etc/passwd |sort |tee allusers.txt
```

(7) cat 命令

cat 命令的相关内容请参考任务 2 的知识点 2。

(8) less 命令

下面介绍 less 命令的语法格式,并用两个范例来进行展示和说明。

命令 less

用法:less[选项][文件]

- less 命令的功能是分页显示文件内容。
- less 命令的常用选项见表 5-11。

表 5-11 less 命令的常用选项

选项	说明	选项	说明
-m	显示文件滚动的百分比	-N	显示行号
-s	将连续空行缩减至一行显示	-S	截断过长的行而不换行显示

- less 命令的常用快捷键见表 5-12。

表 5-12 less 命令的常用快捷键

快捷键	说明	快捷键	说明
Enter	向下移动一行	N	跳到上一个匹配的文本
y 或者 k	向上移动一行	R 或者 r	刷新屏幕
空格	向下滚动一屏	q	退出
g	跳到第一行	:e[文件]	打开一个新文件
G	跳到最后一行	:n	如果打开多个文件,则跳转到打开的下一个文件
p n%	跳到文档的 n%		
/pattern	从光标处向下搜索与 pattern 匹配的字符串	:p	如果打开多个文件,则跳转到打开的上一个文件
?pattern	从光标处向上搜索与 pattern 匹配的字符串	!command	调用 shell 命令,例如使用"!ls"命令,表示列出当前目录下的所有文件
n	跳到下一个匹配的文本		

范例 5-33: 显示/etc/passwd 文件百分比及行号,如清单 5-67 所示。

清单 5-67

```
$ less -Nm /etc/passwd
```

范例 5-34:分页显示 ls 命令的输出,如清单 5-68 所示。

清单 5-68

```
$ ls -l /etc/ |less
```

(9) head 和 tail 命令

下面介绍 head 和 tail 这一对命令的语法格式,并用两个范例来进行展示和说明。

命令 head

用法:head[选项][文件]

- head 命令的功能是将文件开头(默认 10 行)输出至标准输出中。如果指定了多于一个文件,在每一段输出前会给出文件名作为文件头。如果不指定文件,或者文件为"-",则从标准输入读取数据。
- head 命令的常用选项见表 5-13。

表 5-13 head 命令的常用选项

选　项	说　明
-n 行数	显示文件的前若干行。行数为非零整数,如不指定,则默认显示文件的前 10 行。选项-n 可以省略或直接跟数字
-c 字节数	统计文件的前若干个字节
-q	不显示文件名
-v	总是显示文件名

命令 tail

用法:tail [选项] [文件]

- tail 命令,顾名思义,其功能是将文件结尾(默认 10 行)输出至标准输出中。如果指定了多于一个文件,在每一段输出前会给出文件名作为文件头。如果不指定文件,或者文件为"-",则从标准输入读取数据。注意 tail 命令可以用来实施监控文件变化。
- tail 命令的常用选项见表 5-14。

表 5-14 tail 命令的常用选项

选　项	说　明
-n 行数	显示文件的最后若干行。行数为非零整数,如不指定,则默认显示文件的后 10 行。选项-n 可以省略或直接跟数字
-c 字节数	统计文件的最后若干字节
-q	不显示文件名

续表

选　项	说　明
-v	总是显示文件名
-f	实时输出文件变化后追加的数据
--retry	如文件不存在，则一直尝试打开文件直到成功为止，往往与-f 选项连用
-F	等同于-f --retry

范例 5-35：分别显示文件的前 5 行和后 5 行，如清单 5-69 所示。

清单 5-69

```
$ head -5 /etc/passwd          #与 head -n 5 等价
$ tail -n 5 /etc/passwd
```

范例 5-36：实时监控 apache http server 日志的变化，如清单 5-70 所示。

清单 5-70

```
# tail -f /var/log/httpd/access.log
```

（10）read 命令

下面介绍 read 内置命令的语法格式，并用两个范例来进行展示和说明。

内置命令 read

用法：read ［选项］［字符串模式］

- 从标准输入读取一行并将其分割为不同的域。
- read 命令可以将整行文本赋值给一个的变量，也可以将每个域赋值给一个变量。
- read 命令的常用选项见表 5-15。

表 5-15　read 命令的常用选项

选　项	说　明
-a array	默认以空格为分隔符分割输入的字符串，并将分割后的每个域赋值给 array 数组的元素，从 0 开始
-d delim	指定终止标识。read 持续读取直到读入直到指定标识符 delim 出现，而不是换行符
-n nchars	读取 nchars 个字符之后返回，但分隔符仍然有效，如果遇到分隔符 read 仍然终止读取
-N nchars	准确读取了 nchars 个字符之后返回，除非遇到文件结束符或者读超时，任何分隔符都被忽略
-p prompt	在开始读取之前输出指定的提示信息字符串 prompt
-r	不允许反斜杠转义任何字符
-s	安静模式，不回显终端的任何输入
-t timeout	如在 timeout 秒内没有成功读取则超时且返回失败
-u fd	从文件描述符 fd 中读取，而不是标准输入

范例 5-37：使用 read 命令从标准输入中读入一个用户名、一个密码和一些用空格隔开的水果名称，然后输出这些信息，如清单 5-71 所示。

清单 5-71

```
# 使用-p 选项在读取之前输出一个提示信息
read -p "请输入你的用户名: " username
# 使用-s 选项使得输入的内容不在屏幕上显示，常用于输入密码等敏感信息
read -s -p "请输入你的密码: " password
# 使用-a 选项将输入的内容分割成单词，并且赋值给一个数组变量 fruits
read -a fruits -p "请输入你喜欢的水果(若有多个，请用空格分隔): "
# 输出用户输入的信息
echo "你的用户名是 $username"
echo "你的密码是 $password"
echo "你喜欢的水果有 ${fruits[@]}"
```

注　意

${array_name[*]} 或 ${array_name[@]} 表示引用数组中的所有元素，如 ${fruits[@]} 表示引用数组 fruits 中的所有元素。

范例 5-38：使用 read 命令从 echo 命令的标准输出中读取指定个数的字符，如清单 5-72 所示。

清单 5-72

```
# 使用 echo 命令输出一个字符串，并且通过管道符传递给 read 命令
echo "Hello, this is Bing." | read -n 5 greeting
# 使用 echo 命令输出 read 命令读取的字符串
echo $greeting"
Hello
```

(11) grep 命令和正则表达式

下面介绍 grep 命令的语法格式，并结合正则表达式对其用法进行简单说明和展示。想要了解本知识点的详细内容，可以参考拓展阅读“正则表达式入门”。

grep 是 Global search REgular expression and Print out the line 的缩写，字面意思为“全局搜索正则表达式并打印行”。grep 命令的主要功能是按正则表达式描述的“模式”(Pattern)对文本数据进行匹配筛选，然后将有匹配的字符串的行输出到标准输出上，不影响原文件内容。

命令 grep

用法：grep [选项][字符串模式][输入文件]

- grep 命令在一个或多个指定文本文件中匹配指定的字符串模式，该模式一般就是一个正则表达式(Regular Expression)，匹配的行被输出到标准输出，不影响原文件内容。如果没有指定文件，那么 grep 命令将从标准输入读取内容。
- grep 命令的常用选项见表 5-16。

表 5-16 grep 命令的常用选项

选　项	说　明
-E	grep -E 等同于 egrep 命令，表示使用扩展的正则表达式
-i	表示忽略大小写显示
-n	输出行号
-o	只显示被匹配到模式的本身，而非整行
-v	反显，即匹配的不显示，没匹配到的显示
-w	按照单词进行匹配

grep 命令本身的语法并不是特别复杂，要用好 grep 命令的难点在于要用好正则表达式。简单来说，正则表达式就是一种描述文本规则的简洁语言，用正则表达式描述的字符串规则就叫作“正则表达式模式”。图 5-8 所示为一个正则表达式模式，表示匹配行首是一个由 3～15 个小写字母、数字或者下画线字符构成的字符串的行。

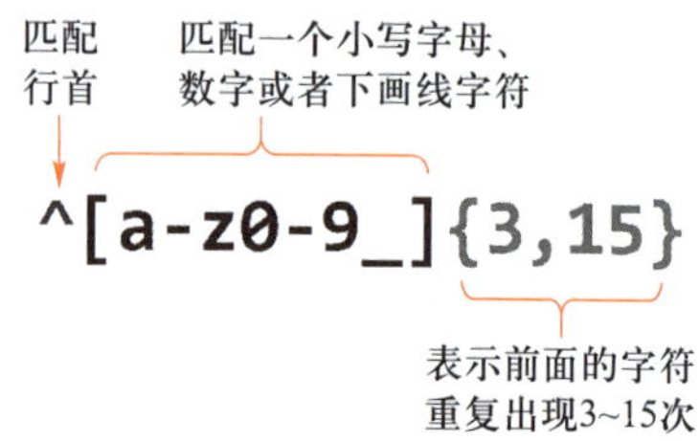

图 5-8 正则表达式模式示例

注　意

正则表达式并没有一套严谨的语法定义，各种工具会自定义一套适合其用途的语法，如 shell 和 Python 语言各自使用的正则表达式语法就有所差异，甚至 shell 所支持的正则表达式也有基本正则表达式和扩展正则表达式之分。因此在实际应用中，正则表达式的写法有时会令人相当困惑，这就需要仔细辨别、多加验证。

学习正则表达式的最好方法是从实例开始。下面将分类给出一些实例，对 grep 命令和正则表达式做一个初步展示。

拓展阅读 5-1
正则表达式入门

范例 5-39：字面匹配。输出当前目录下的 sample.txt 文件中包含字符串 bud 的行，如清单 5-73 所示。

清单 5-73

```
$ grep 'bud' ./sample.txt          #匹配包含字符串 bud 的行
```

工具文件
sample.txt

范例 5-40：句点元字符。正则表达式中有许多特殊字符，如句点“.”元字符表示匹配任意单个字符，如清单 5-74 所示。

清单 5-74

```
$ grep 'b.d' ./sample.txt          #匹配以 b 开头，以 d 结尾，长度为 3 的字符串
```

范例 5-41：字符转义。如果需要匹配元字符本身，如前面用到的句点“.”，就会出现一个问题：因为这些字符在正则表达式中有特殊的含义，所以无法直接使用。这时就需要在前面加反斜杠“\”，进行所谓的“转义”才能表示其字面意义。但是，包括反斜杠“\”本身在内的许多字符在正则表达式和 shell 中都是元字符，这意味着在 shell 中也需要用反斜杠转义才能表示其本来含

义。所以在 shell 命令中使用正则表达式转义时，要特别小心反斜杠“\”使用的正确与否，如清单 5-75 所示。

清单 5-75

```
$ grep ‘b\.d’ ~/sample.txt          #表示先匹配 b,接着匹配句点“.”,再匹配 d 完成
$ grep b\.d ./sample.txt            #错误,Shell 中“\”也是元字符,需要转义
$ grep b\\.d ./sample.txt           #错误,对“\”进行了转义,但没有考虑“.”的转义
$ grep b\\\.d ./sample.txt          #正确,第 1 个“\”转义 2 个“\”,第 3 个“\”转义“.”
#正确,除了“$”“`”和“\”外,其他字符全部作字面意义解释,因此需要转义“\”即可
$ grep “b\\.d” ./sample.txt
#正确,在单引号中所有 shell 元字符全部作字面意义解释,因此只需要按原正则表达式来写即可
$ grep ‘b\.d’ ./sample.txt
```

注　意

- 在 grep 命令后面的正则表达式模式，建议用双引号或者单引号括起，一方面可以避免空格字符的困扰，另一方面也可以避免出现过多的转义符，确保正则表达式的可读性。
- 单引号和双引号的主要区别在于，被单引号括起来的字符都是作为字面意思来解释；而被双引号括起来的字符中，"$"、"\"和反引号是拥有特殊含义的，如果要引用变量或者进行命令替换，就使用双引号，否则就使用单引号。
- 在本书范例中，如无特殊原因，正则表达式模式都用单引号括起来。

范例 5-42：字符类。字符类(Character Classes)是中括号“[ ]”中的字符集合，表示“匹配一个中括号中出现的任意的字符”，如清单 5-76 所示。

清单 5-76

```
$ grep 'b[aeiou]d' ./sample.txt       #以 b 开头,中间是单个原音字母,以 d 结尾的字符串
$ grep 'b[^aeiou]d' ./sample.txt      #以 b 开头,中间是单个非原音字母,以 d 结尾的字符串
$ grep 'b[a-h]d' ./sample.txt    #以 b 开头,中间是 a 到 h 之间的任意单个字符,以 d 结尾的字符串
$ grep '[0-9][0-9]' /etc/passwd       #两位数字的字符串
$ grep '[[:digit:]][[:digit:]] /etc/passwd          #两位数字的字符串,与上面命令等价
```

注　意

- 元字符在字符类的“[ ]”中都作为字面意义理解，无须转义，如范例 5-42 中的“.”。
- “-”和“^”在字符类的“[ ]”中充当特殊字符，如果在字符类的方括号中要匹配其字面意义，那么也需要用反斜杠“\”来转义。
- 字符类中字符的次序和是否重复并不重要，即[aeiou]、[ouiae]和[aaeeiiou]是等价的。
- 字符类区间是字符的区间，不是数字的区间。[1-57]表示匹配 1～5 的字符或者字符 7，而不是匹配一个 1～57 的整数。
- 字符类还有一种形式，叫作简便字符类，是一些固定的表示方法，如[[:digit:]]等同于[0-9]，[[:alnum:]]等同于[0-9A-Za-z]，具体可见拓展阅读“正则表达式入门”。

范例 5-43：锚点。在构建规则时，往往还要指定这些字符在什么位置出现，这时就需要用到

锚点(Anchors)了。锚点匹配的不是字符,而是一个“位置”,其宽度为 0,如清单 5-77 所示。

清单 5-77

```
$ grep '\bb.d\b' ./sample.txt  #以 b 开头,中间任意单个字符,以 d 结尾的单词,“\b”表示单词边界
$ grep '^b' ./sample.txt                          #以 b 开头的行,“^”表示行首
$ grep '/bin/bash$'/etc/passwd | cut -d: -f1      #/bin/bash 结尾的行,“$”表示行尾
# grep -v '^$' |grep -v '^#' /etc/ssh/sshd_config #去除 sshd_config 文件中所有的空行
```

范例 5-44: 限定符。限定符(Quantifiers)指定正则表达式的一个给定组件必须要出现多少次才能满足匹配,如清单 5-78 所示。

清单 5-78

```
$ grep 'b.* d'./sample.txt           #以 b 开头,中间任意多个字符,以 d 结尾的字符串
$ grep 'b.\+d'./sample.txt           #以 b 开头,中间至少一个任意字符,以 d 结尾的字符串,使用 BRE
$ grep -E 'b.+d'./sample.txt         #以 b 开头,中间至少一个任意字符,以 d 结尾的字符串,使用 ERE
$ grep 'b.\{4\}d' ./sample.txt       #以 b 开头,中间 4 个任意字符,以 d 结尾的字符串,使用 BRE
$ grep -E 'b.{4}d' ./sample.txt      #以 b 开头,中间 4 个任意字符,以 d 结尾的字符串,使用 ERE
$ grep 'b.\{,8\}d' ./sample.txt      #以 b 开头,中间至少 8 个任意字符,以 d 结尾的字符串,使用 BRE
$ grep-E 'b.{,8}d' ./sample.txt      #以 b 开头,中间至少 8 个任意字符,以 d 结尾的字符串,使用 ERE
$ grep 'b.\{4,8\}d' ./sample.txt     #以 b 开头,中间 4-8 个任意字符,以 d 结尾的字符串,使用 BRE
$ grep -E 'b.{4,8}d' ./sample.txt    #以 b 开头,中间 4-8 个任意字符,以 d 结尾的字符串,使用 ERE
```

小 心

- 正则表达式分为基本正则表达式(BRE)和扩展正则表达式(ERE)两类。两者功能大部分相同,主要是元字符不完全相同:在 ERE 中限定符“?”“+”“{}”以及分组构造“()”、分支构造“|”和反向应用“\”是元字符,但在 BRE 中并不是元字符。因此如果要在 BRE 中使用这些字符作为元字符,需要使用反斜杠“\”转义。
- ERE 相对更加简洁、直观,因此本书中后面涉及上述元字符时,使用的都是 ERE。

范例 5-45: 组合构造。前面已经提到用限定符来指定单个字符的出现次数,但如果想要指定一个字符串的出现次数,就可以将这个字符串放入小括号内,来构建一个组合构造(Grouping Constructs),简称“组合”。组合可以作为一个整体和限定符联合使用来指定其出现次数,如清单 5-79 所示。

清单 5-79

```
$ grep -E 'g(id)*d' ./sample.txt                 #以 g 开头,中间 id 重复任意次,以 d 结尾的字符串
$ grep -iE 'lab(oratorie){0,1}s' ./sample.txt    #labs 或 laboratories(忽略大小写)字符串
```

范例 5-46: 后向引用。正则表达式中后向应用(Back-references)往往和分组构造一起,它可以方便地引用之前匹配到的分组中的内容。后向应用可以用反斜杠“\”加上数字来表示,如“\1”表示引用匹配到的第 1 个分组,“\2”表示引用匹配到的第 2 个分组,依此类推。后向应用可以用来实现一些复杂的匹配需求,如匹配重复的单词或者字符或者交换两个单词的位置等,如清单 5-80 所示。

清单 5-80

```
$ grep -E '(\b[a-zA-Z]+\b) \1' ./sample.txt     #出现两次相同单词的行
$ grep -E '(.).\1' ./sample.txt                  #由 3 个字符组成的回文字符串,如 aba 或 cbc
```

范例 5-47:分支构造。分支构造(Alternation Constructs)是指对于现有的几种规则,如果满足其中任意一种规则,都应该当成匹配,类似于"或"的意思,其具体方法是用符号"|"把不同的规则分隔开,如清单 5-81 所示。

清单 5-81

```
$ grep -E '\b(Mon|Tues|Wednes|Thurs|Fri|Satur|Sun)day\b' ./sample.txt  #英文星期单词
# grep -E 'system(ctl|d)' /var/log/messages       #systemctl 或者 systemd 字符串
$ grep -E '^\b(root|stu|nbcc)\b' /etc/passwd      #在 passwd 中匹配用户 root、stu 和 nbcc
```

注　意

- 分支结构如果要加以限定区域,需要结合分组来使用,如 system(ctl|d)表示匹配 systemctl 或者 systemd,而 systemctl|d 则表示匹配 systemctl 或者 d。
- /var/log/messages 文件只有 root 用户才有读权限。

拓展阅读 5-2
awk 入门

拓展阅读 5-3
sed 入门

以上 9 个范例所介绍内容仅仅是正则表达式内容的九牛一毛,如果希望进一步学习正则表达式,推荐参考 ORelly 的《精通正则表达式》一书和专门的正则表达式教学网站 regular-expressions。

除了 grep 外,Linux 中的核心文本处理工具还包括 sed 和 awk,合称 Linux"文本三剑客"。它们在系统管理和数据处理中具有重要地位,但功能又各有侧重。grep 基于模式(正则表达式)快速搜索与匹配文本内容,输出符合条件的行或上下文。sed 主要用于非交互式编辑文本流,支持查找、替换、删除或插入内容。awk 则擅长结构化文本处理,可按字段进行复杂逻辑计算与格式化输出。在本任务中没有用到 sed 和 awk,如果想了解这两个工具,可以参考拓展阅读 5-2 和 5-3。

5.4.6 知识点 6 bash 脚本编写入门

本知识点将对 bash 脚本中的变量、运算、条件测试和流程控制语句进行简单说明和展示。

(1) 变量赋值

bash 中没有专门的定义语句,赋值即定义。变量赋值时,其值可以用双引号或者单引号括起,也可以不使用引号,这 3 种做法是有不同意义的,如清单 5-82 所示。

清单 5-82

```
$ var01=5                        # 正确
$ var02=Hello                    # 正确
$ var03='Hello world'            # 正确
$ var04="Hello world"            # 正确
$ var05=Hello world              # 错误,world 会被当另一个命令
bash: world: command not found...
```

```
$ date='日期是 $(date +%Y-%m-%d)'      #不会进行命令替换,所有的内容都作为字面意义解释
$ echo $date
日期是 $(date +%Y-%m-%d)
$ date="日期是 $(date +%Y-%m-%d)"      #会进行命令替换,所有的内容都作为字面意义解释
$ echo $date
日期是 2023-09-09
```

注　意

- bash 变量名称可以由字母、数字和下画线组成,但不能以数字开头,也不能和 shell 中的关键词同名(可以用 help 命令查看 bash 中的关键词)。赋值时变量名和等号之间不能有空格。
- bash 不区分变量的类型。变量默认是字符串,但在某些情况下,bash 变量(如变量是一个合法数字)可进行算术运算和比较。
- bash 变量赋值不使用引号时,变量的值可以是任何不含空格的字符串,如果含有空格,就必须使用引号括起来,否则会被当成多个参数;使用双引号时,变量的值会对其中的变量、转义字符或命令进行解析,并替换为相应的值;使用单引号时,变量的值会被当成纯文本,不会对其中的变量、转义字符或命令进行解析。

除了使用"="赋值,还可以用 read 语句从标准输入读取数据给变量赋值,如清单 5-83 所示。

清单 5-83

```
$ read var06                              #提示用户输入一个值,为 var06 赋值
$ echo "Hello, Linux." | read var07       #用管道为 read 提供输入,为 var07 赋值
```

(2) 引用变量

定义变量后,在当前 shell 中就可以引用该变量,只需要在变量名前面加上一个"$"符号即表示引用,如清单 5-84 所示。

清单 5-84

```
$ var01='Hello, Linux.'
$ echo $var01
Hello, Linux.
$ echo ${var01}
Hello, Linux.
```

注　意

变量名外的大括号是可选的,加大括号是为了帮助解释器识别变量的边界。

变量是有作用范围的,新定义的变量默认只在当前的 shell 中有效,因此称为局部变量。如果要让定义的变量在所有的 shell 进程中都能使用,需要使用内置命令 export 将变量导出为全局变量,如清单 5-85 所示。

清单 5-85

```
$ var01='Hello, Linux.'
echo ${var01}                    #查看当前定义的变量值
Hello, Linux.
$ bash                           #进入子 shell
$ echo ${var01}                  #无法引用父 shell 环境中的变量
$ exit                           #退出子 shell
$ export var01                   #将变量导出为全局变量
$ bash                           #进入子 shell
$ echo ${var01}                  #仍可以引用父 shell 环境中的变量
Hello, Linux.
```

(3) 字符串运算

字符串运算是指在 bash 中对字符串进行拼接、提取、替换、比较等操作。可以使用双引号、单引号或者“+=”运算符将字符串变量拼接在一起,如清单 5-86 所示。

清单 5-86

```
#! /bin/bash
#拼接字符串
# 拼接变量
str1="Hello";str2="World";str3="$str1 $str2"          #拼接字符串变量
str4="bash";str5="$str4 is fun"                       #拼接字符串常量
str1="Hello";str2="World";str1+=$str2                 #追加字符串变量
str3="bash";str3+=" is fun"                           #追加字符串常量
```

可以使用变量扩展的方法来完成获取字符串长度,以及字符串截取、替换和大小写转换等较为复杂的字符串操作,如清单 5-87 所示。

清单 5-87

```
demostr="hello,world,hello,linux,hello,world"
echo -e "字符串长度 : ${#demostr}"
echo -e "从字符串第 6 个位置到最后截取字符串: ${demostr:6}"
echo -e "从字符串第 6 个位置开始截取,截取长度为 5:   ${demostr:6:5}"
echo "从字符串开头开始删除匹配最短的字符串: ${demostr#hello*,}"
echo "从字符串开头开始删除最长匹配的字符串: ${demostr##hello*,}"
echo "从字符串尾部开始删除匹配最短的字符串: ${demostr%,*world}"
echo "从字符串尾部开始删除最长匹配的字符串: ${demostr%%,*world}"
echo "从字符串中删除匹配的第一个字符串 ${demostr/hello}"
echo "从字符串中删除匹配的所有字符串: ${demostr//hello}"
echo "用字符串 hi 替换第一个匹配 hello: ${demostr/hello/hi}"
echo "用字符串 hi 替换所有匹配 hello: ${demostr//hello/hi}"
echo "如字符串前缀匹配 hello,则用 hi 替换 hello: ${demostr/#hello/hi}"
echo "如字符串后缀匹配 world,则用 bash 替换 world: ${demostr/%world/bash}"
echo "upper to all: ${demostr^^}"
echo "lower to all: ${default,,}"
```

(4) 算术运算

bash 的变量默认为字符串类型,因此无法直接进行算术运算,必须显式地告诉 bash 变量要做算术运算,有 let 命令、((...))结构和 expr 命令 3 种常用方法。

1) let 命令的语法是“let 算术表达式”,其中算术表达式可以包含变量、常量和运算符,如清单 5-88 所示。

清单 5-88

```
# 使用 let 命令进行算术运算
let x=2+3                  # x=5
let y=x* 2                 # y=10
#let 命令中可以使用 c 语言风格的运算操作符
let "y /= 4"               # 等价于 let "y = y / 4"
let "y -= 2"               # 等价于 let "y = y - 2"
let "y *= 10"              # 等价于 let "y = y *10"
let "y % = 8"              # 等价于 let "y = y %8"
let y++                    # C 风格后置自增操作,当然前置也是允许的
let y--                    # C 风格后置自减操作,当然前置也是允许的
```

2) 与 let 命令类似,((算术表达式))结构允许对算术表达式的扩展和求值,其中算术表达式可以包含变量、常量和运算符,是 let 命令的简化形式。在((...))结构中也可以使用 C 语言风格的操作,如清单 5-89 所示。

清单 5-89

```
# 使用(( ... )) 结构进行算术运算
x= $ ((2 + 3))             # x=5
y= $ ((x *2))              # y=10
#(( ... )) 结构中也可以使用 c 语言风格的运算操作符
(( y /= 4 ))               # 等价于 let "y = y / 4"
(( y -= 2 ))               # 等价于 let "y = y - 2"
(( y *= 10 ))              # 等价于 let "y = y *10"
(( y % = 8 ))              # 等价于 let "y = y %8"
(( y++ ))                  # C 风格后置自增操作,当然前置也是允许的
(( y-- ))                  # C 风格后置自减操作,当然前置也是允许的
# (( ... )) 结构还可以用于条件判断测试中
if (( x %2 == 0 )) ; then
  echo "x 是偶数"
else
  echo "x 是奇数"
fi
```

注　意

- ((...))中算术条件判断式的两端必须有空格。
- ((...))中可以直接使用变量名,不需要加“ $ ”符号。
- ((...))中可以使用常见的算术运算符和逻辑运算符,如+、-、*、/、%、<、>、<=、>=、&&、||、!,以及赋值运算符和自增自减运算符,如=、+=、-=、*=、/=、%=、++、--等。

3) expr 命令的语法是"expr 算术表达式",其中算术表达式可以包含变量、常量和运算符。如果要将结果赋值给变量,需要使用反引号或"$()"进行命令替换,如清单 5-90 所示。

清单 5-90

```
$ expr 2 + 3                  # expr 后跟的表达式中元素之间要用空格隔开
5
$ x=$(expr 2 + 3)             # x=5
$ y=$ (expr $x \*2)           # y=10,注意乘号需要转义
```

注　意

expr 后所跟的表达式的元素之间需要用空格隔开。

(5) 条件测试

条件测试即检查某个条件是否成立,这里所说的条件一般是指一个命令或者命令组合,当其返回值为 0 时表示条件为真,否则为假。最常使用的条件测试命令就是 test 命令和"["命令,两者完全等价。在 bash 2.02 版本中进一步引入了关键字[[...]],与 test 命令和"["命令相比,其功能更加强大,也更加好用。这三者的不同之处归纳见表 5-17。下面用 6 个范例来分别对如何在 bash 中使用条件测试进行阐述和展示。

表 5-17　test、[...]和[[...]]的区别

特　征	[...]和 test	[[...]]
通用性	shell 内置命令,遵循 POSIX 标准,通用性较好	bash 关键字,通用性较差
单词拆分	进行单词拆分,在其中引用变量建议加上双引号	不进行单词拆分,在其中引用变量可以不加双引号
路径名扩展	进行路径名扩展,要对路径名扩展特殊字符进行转义	不进行路径名扩展
算术运算	不支持,要使用 let、(())或者 expr 命令获取运算结果	支持算术运算
通配符	不支持使用通配符	"==""="和"!="操作符支持使用通配符
正则表达式	不支持使用通配符模式匹配	"=~"操作符支持扩展正则表达式
逻辑运算	使用-a、-o 等操作符进行逻辑操作	支持使用"&&"和"||"等操作符进行逻辑操作
转义	需要对大于号"<"、小于号">"和小括号"()"转义	这些符号无须转义

范例 5-48:字符串比较测试。从键盘上读入一个字符串,判断其是否为空,以及是否是特定内容的字符串,如清单 5-91 所示。

清单 5-91

```
#!/bin/bash
# 从键盘输入一个字符串,并进行判断
read -p "请输入一个字符串: " str
if [[ -n "$str" ]]; then                        # 判断字符串是否为空,if 和 then 在一行,需要加“;”
    if [[ "$str" == "hello" ]]; then            # 判断字符串是否为 hello
        echo "你输入了 hello"
    elif [[ "$str" == "bye" ]]; then            # 判断字符串是否为 bye
        echo "你输入了 bye"
    else                                        # 其他情况
        echo "你输入了其他内容"
    fi
else                                            # 如果为空则输出提示
        echo "你没有输入任何内容"1&>2
fi
```

注　意

- 使用[...]或者[[...]]结构时,表达式和前后中括号之间必须用空格隔开。
- 如果使用[...],条件表达式中的变量就必须要放在双引号之中,这样可以防止变量为空或者中间有空格而造成错误。以范例 5-48 为例:
  - √ 如果 $str 为空,这时[-n $str]就变成[-n],这会被判断为真,判断就出错了。而 $str 放在双引号之中,[-n "$filename"]就变成[-n ""],这会被判断为假。
  - √ 如果 $str 的值中有空格,例如,值为“hello world”,这时[-n $str]就变成[-n hello world],“hello world”被理解为两个字符串,次数会报错,提示参数过多。而 $str 放在双引号之中,[-n "$str"]就变成[-n "hello world"],这就没有问题了。
- 如果使用[[...]]进行条件测试,条件表达式中的变量就无须放在双引号中了,但从程序严谨性的角度来讲,建议在进行条件测试时,条件表达式中的变量尽量放在双引号之中。

常用的字符串测试操作符见表 5-18。

表 5-18　字符串操作符

操　作　符	描　　述	示　　例
==	等于(相等)	["$str1" == "$str2"]
!=	不等于	["$str1" != "$str2"]
-z	长度为零(空字符串)	[-z "$str"]
-n	长度不为零(非空字符串)	[-n "$str"]
<	小于(按字典顺序比较)	["$str1" \< "$str2"]
>	大于(按字典顺序比较)	["$str1" \> "$str2"]

范例 5-49:文件属性测试。从键盘读入一个文件名,判断该文件是否存在,是否为普通文件,以及对当前用户是否可执行,如清单 5-92 所示。在本例中用到了文件测试符。

清单 5-92

```
#! /bin/bash
# 从键盘输入一个文件名,并进行判断
read -p "请输入一个文件名: " filename
if [[ -e "$filename" ]]; then          # 判断文件是否存在
  echo "文件${filename}存在"
  if [[ -f "$filename" ]]; then        # 判断文件是否是目录
    echo "文件 $filename 是一个普通文件"
  elif [[ -x "$filename" ]]; then      # 判断文件是否是可执行的
    echo "文件 $filename 是一个可执行文件"
  else                                 # 其他情况
    echo "文件${filename}是一个普通文件"
  fi
else
  echo "文件${filename}不存在"1&>2
fi
```

常用的文件测试操作符见表 5-19。

表 5-19 文件测试操作符

操作符	用途	操作符	用途
-e 文件名	如果文件存在,则为真	-d 文件名	如果文件存在且为目录,则为真
-r 文件名	如果文件存在且可读,则为真	-f 文件名	如果文件存在且为普通文件,则为真
-w 文件名	如果文件存在且可写,则为真	-c 文件名	如果文件存在且为字符型特殊文件,则为真
-x 文件名	如果文件存在且可执行,则为真		
-s 文件名	如果文件存在且至少有一个字符,则为真	-b 文件名	如果文件存在且为块特殊文件,则为真

范例 5-50:整数比较测试。判断读入的两个数是否相等,如清单 5-93 所示。本例中使用了整数判断操作符。

清单 5-93

```
#! /bin/bash
# 从键盘读入两个整数
read -p "请输入第一个整数: " num1
read -p "请输入第二个整数: " num2
if [[ $num1 -eq $num2 ]]; then        # 用[[ ... ]]测试两个数是否相等
  echo "两个数相等"
else
  echo "两个数不相等"
fi
```

常用的整数测试操作符见表 5-20。

表 5-20 整数测试操作符

操 作 符	用 途	操 作 符	用 途
-eq	等于,则为真	-lt	小于,则为真
-ne	不等于,则为真	-le	小于或等于,则为真
-gt	大于,则为真	-eq	等于,则为真
-ge	大于或等于,则为真	-ne	不等于,则为真

注 意

- 表 5-20 中的这些数值测试操作符的操作对象为整数,输入其他类型的数字会出错。
- 如果要在测试条件中进行数值运算,需要使用 let 或者 expr 命令,或者使用范例 5-51 中的((...))结构。

范例 5-51:算术测试。判断读入的数是否为偶数,如清单 5-94 所示。本例中使用了((...))结构。

清单 5-94

```
#! /bin/bash
# 从键盘读入一个数,并判断其是否为偶数
read -p "请输入一个数: " num
if (( num %2 == 0 )); then            # 用(( ... ))测试这个数是否是偶数
  echo "这个数是偶数"
else
  echo "这个数是奇数"
fi
```

注 意

- ((...))结构支持更加"正常的"算术运算符和比较运算符,如+、-、*、/、%、<、>、<=、>=、==、!=等,因此如果涉及数值相关的条件测试,建议使用((...))结构。
- 使用((...))结构时,算术计算的结果是非零,则返回真,否则返回假。这一点与一般命令的返回值正好相反,需要注意。

范例 5-52:正则表达式匹配测试。判断一个输入的字符串是否是合法的手机号码,如清单 5-95 所示。本例中使用了正则表达式匹配操作符"=~"。

清单 5-95

```
#! /bin/bash
# 一个脚本,用来判断输入的字符串是否是有效的手机号码
read -p "请输入一个手机号码:" phone
regex="^1[3-9][0-9]{9}$"          # 定义一个正则表达式,用来匹配手机号码的格式
# 使用[[ ... ]]和"=~"操作符,进行正则匹配
if [[ $phone =~ $regex ]]; then echo "这是一个有效的手机号码" else echo "这不是一个有效的
手机号码" fi
```

注　意

只有[[…]]结构支持正则表达式匹配,test 和“[”命令不支持。

范例 5-53:测试条件的逻辑运算,判断输入的年份是否为闰年(清单 5-96)。本例中使用了条件测试中的逻辑运算符。

清单 5-96

```
#!/bin/bash
# 读取用户输入的年份,判断是否闰年
read -p "请输入一个年份: " year
# 判断是否为闰年的条件:能被 4 整除但不能被 100 整除,或者能被 400 整除
if [[ ($((year %4)) -eq 0 && $((year %100)) -ne 0) || ($((year %400)) -eq 0) ]]; then
  echo "$year 是闰年"
else
  echo "$year 不是闰年"
fi
```

常用的条件逻辑运算符见表 5-21。

表 5-21 条件逻辑运算符

功　能	运　算　符
逻辑与	-a 或者“&&”
逻辑或	-o 或者“||”
逻辑非	!

注　意

- “&&”和“||”运算符不能用在[…]结构里,即测试条件的逻辑运算表达式不能够写为[测试条件 1 && 测试条件 2]和[测试条件 1 || 测试条件 2],但是可以写成[测试条件 1] && [测试条件 2]和[测试条件 1] || [测试条件 2]这样的形式。
- 对于[[…]]结构没有上述限制。

(6) 流程控制

bash 脚本使用分支结构和循环结构来控制流程。在 bash 中最常用的分支结构就是 if 语句,其基本语法如清单 5-97 所示,可以根据多种条件测试进行判断。在前面的条件测试部分,已经给出了许多 if 的例子,此外不再赘述。

清单 5-97

```
if 条件; then
  # 如果条件表达式为真,执行这里的命令
elif 另一个条件; then
  # 如果另一个条件表达式为真,执行这里的命令
else
  # 如果所有条件表达式都为假,执行这里的命令
fi
```

bash 中最常用的循环结构是 for 循环和 while 循环。for 循环的基本语法如清单 5-98 所示，其中的列表可以是一个显式写出的值序列，也可以是一个命令的输出结果。for 循环可以处理数字和非数字的值，其在开始时就确定了循环的次数。

清单 5-98

```
for 变量 in 变量列表; do
  # 对于列表中的每个值，把变量设置为该值，并执行 do 和 done 之间的代码块
done
```

while 循环的基本语法如清单 5-99 所示。while 循环可以根据条件结果进行判断，如果为真就继续循环，如果为假就退出循环。关于循环中的条件，可以参见前面条件测试中的内容。

清单 5-99

```
while 条件; do
  # 如果条件表达式为真，就执行 do 和 done 之间的代码块，并重复判断条件表达式
done
```

范例 5-54：使用 for 循环输出 1~10 之间的奇数。本例中，变量列表是一个值序列：从 1 开始，每次增加 2，直到 10 结束，如清单 5-100 所示。

清单 5-100

```
#!/bin/bash
#这是一个 for 循环的例子，用来输出 1 到 10 之间的奇数
for i in {1..10..2}
do
  echo $i
done
```

范例 5-55：用 for 循环输出一个文件中的每一行。本例中，变量列表 cat file.txt 命令的输出，如清单 5-101 所示。

清单 5-101

```
#!/bin/bash
#这是一个 for 循环的例子，用来输出一个文件中的每一行
for line in $(cat file.txt)
do
  echo $line
done
```

范例 5-56：使用 while 循环计算 1~100 之间所有整数的和，如清单 5-102 所示。

清单 5-102

```
#!/bin/bash
# 这是一个 while 循环的例子，计算 1 到 100 的所有整数的和
total=0
number=1
while [ $number -le 100 ]; do
```

```
  total=$((total+number))
  number=$((number+1))
done
echo "The sum of numbers from 1 to 100 is $total"
```

以上所介绍的内容仅仅是 shell 脚本编程中的一小部分，若希望进一步了解 shell 编程，推荐参考《高级 bash 脚本编程指南》(*Advanced Bash-Scripting Guide*)一书[①]。

5.5 任务小结

在完成本任务之后，小 Y 对 Linux 中的重定向、管道、正则表达和脚本编程已经有了一些初步的了解。现在，小 Y 应该能够：

1. 使用输出重定向定向命令输出。
2. 使用输入重定向定向命令输入。
3. 使用输入重定向 here-document。
4. 构建命令管道。
5. 使用常用的文本过滤器命令处理文本。
6. 构建简单的正则表达式来匹配文本。
7. 编写简单的 bash 脚本。

习题 5

文本：习题参考答案

同时，小 Y 应该已经了解了如下概念和命令：

任务 5 在线实验

1. 标准输入、错误输出、标准输出文件的概念。
2. 输入输出重定向的语法。
3. 管道的概念和语法。
4. 常用的简单文本过滤器命令的语法。
5. 正则表达式的语法。
6. bash 脚本的初步语法。

① 《高级 bash 脚本编程指南》是最受欢迎的 shell 脚本编程教程之一，书名中虽有“高级”二字，但对初学者也非常友好，目前已经更新到第 10 版。更重要的是，它是一本完全开放遵循开源精神的书，允许在非商业目的和注明作者的情况下自由使用及分享。

任务 6 管理用户

——得其所则安，失其所则悖。

6.1 任务场景

PPT：任务 6 管理用户

微课 6-1 用户权限——权限越大，责任越大

小 Y 所在 A 项目组要给一个临时项目申请一些工作站用户，项目经理已经将资源申请报告转到小 Y 的 AO 账户中，主要工作是创建一些新用户并设置合适的用户文件访问权限。由于小 Y 在前面的文件管理工作中已经接触了文件访问权限，也了解了一些用户相关的概念，因此只要再进一步了解一些操纵用户的方法即可。下面就和小 Y 一起，在完成任务中学习 Linux 用户管理的第一课。

6.2 任务内容

小 Y 所面对就是 A 开发小组所提交的 IT 资源申请表，需求简单而清晰，见表 6-1。

表 6-1 IT 资源申请表

MDS LTD.	IT 资源和服务申请表
类别 □存储资源 □网络带宽 ■计算资源 ■IT 服务 □其他	
申请人员/部门： 开发部/A 项目组 实施人员/部门： IT 支持部/P 项目组	
资源详细规格描述：	

申请创建 3 个普通用户账号和一个目录/srv/project_a，要求如下：

用户名	初始密码	备　注
mag01	password	mag01、dev01 和 dev02 对/srv/project_a 目录拥有完全权限，包括后期新建的文件。除了这 3 个用户外的其他用户对于/srv/project_a 目录和其中文件没有任何权限。 mag01 对于 dev01 和 dev02 用户的家目录以及其中新建的文件有读和执行（如果可执行）权限。 mag01、dev01 和 dev02 能够关闭和重启系统
dev01	password	
dev02	password	

本部门主管：已批准
IT 部门主管：已批准

小 Y 很清楚，完成这个任务的关键点并非创建用户，而是要让每个用户都拥有恰当的文件访问权限。仔细回顾了在任务 4 和后续的岗位实习中所接触的内容，小 Y 归纳了一些已经掌握的 Linux 用户管理相关的基本事实：

1. Linux 基本的权限模型叫作 UGO 模型，也就是针对一个特定的文件，将系统中的所有用户分为 3 类：文件拥有者（User）、文件从属组用户（Group）和其他用户（Others），对于每一类用户该文件可以分别设置独立的访问权限（读、写或执行）。

2. Linux 用户是系统中拥有唯一标识（GID）和一定文件访问权限的实体，用户组则是具有相同文件访问权限的用户的集合。

3. Linux 中用户和用户组是多对多的关系，一个用户可以从属于多个用户组，一个用户组也可以包含多个用户。

4. Linux 中每个用户都默认属于一个和用户同名的初始用户组，而且该用户组中只有该用户一个成员。

基于这些事实，小 Y 提出了一个初步方案，见表 6-2。然而该方案是否正确合理，则需要边做边验证。

表 6-2 初步方案

1. 建立 3 个用户 mag01、dev01 和 dev02，以及一个用户组 group_p，让 3 个用户从属于 group_p，并让该用户组对/project_a 目录有完全权限，让其他用户对于/project_a 目录无权限。 2. 让 dev01 和 dev02 的默认用户组包括用户 mag01，并让它们的默认用户组对自己的家目录有读和执行权限。 3. 切换成 root 用户来执行关机和重启

6.3 任务实施

6.3.1 子任务 1 切换用户身份

首先必须切换为 root 用户，才能进行下面的操作。原因很简单，普通用户是没有管理用户的权限的，在一般情况下，只有 root 用户有权管理其他用户。

微课 6-2
用户和用户身份切换

注 意

一般来说，Linux 中有以下 3 类用户：

- 根用户。系统中的根用户的名字是固定的，就叫作 root，且只有一个。root 用户对整个系统中所有的文件都拥有完整的访问权限。
- 普通用户。普通用户是由系统管理员创建的，用于登录和运行交互式进程的用户。普通用户对系统拥有有限的访问权限，它们只能执行被允许的任务和访问被授权的文件。
- 系统用户，也叫作虚拟用户。这类用户不具有登录系统的能力，主要是方便系统管理，满足相应的系统进程对文件属主的要求。例如，浏览器在运行时的身份就是 nobody 用户；Nginx 守护进程访问系统文件时，使用的身份就是 nginx 用户。

因此要切换成 root 用户，如清单 6-1 所示。

清单 6-1

```
$ adduser                              #当前登录用户是一个普通用户 nbcc
bash: /usr/sbin/adduser: 权限不够
$ su -l root
密码:                                  #在此处输入 root 用户的密码,注意密码是不会回显的
#                                      #成功后就切换为 root 用户身份
```

小　心

- 使用普通用户身份登录进行日常操作，必要时才切换为 root 用户进行操作，这样可以避免很多误操作带来的麻烦。
- 用 su 命令切换为 root 用户确实方便，但需要多人共享 root 用户的密码，这是一个高危因素，可能会导致严重的后果，也不利于安全审计的开展。
- 可用 sudo 方法让普通用户也拥有 root 用户的一部分或者全部权限。在子任务 4 中将会展示这种方法。

6.3.2 子任务 2 添加用户和用户组

微课 6-3 操纵用户和用户组

接下来创建用户，使用 useradd 命令，密码设置使用 passwd 命令。首先，用 useradd 命令创建第一个用户 mag01，如清单 6-2 所示。

清单 6-2

```
#指定要创建的用户名
# useradd mag01
```

注　意

- 在清单 6-1 中，useradd 命令仅仅指定了要创建用户的用户名，除了用户名外的 UID、用户从属用户组将由系统指定，当然也可以在创建用户的时候自定义这些属性。
- 在 Rocky Linux 中，默认情况下，新建普通用户的 ID 号，即 UID，是上一个用户 UID 加 1；用户的家目录创建在/home 目录下，和用户同名；系统会自动创建一个与用户同名用户组作为用户的主组(Primary Group)；用户的默认 shell 是 bash。
- 在本任务的知识点 1 中会进一步说明和展示 useradd 命令以及与用户操纵相关的其他命令。

接下来用 passwd 命令设定用户 mag01 的登录密码，如清单 6-3 所示。

清单 6-3

```
#设定用户密码
# passwd mag01
更改用户 mag01 的密码 。
新的 密码:
```

```
重新输入新的 密码:
passwd:所有的身份验证令牌已经成功更新。
```

注　意

- 只有 root 用户才有权限使用 passwd 命令设置系统中其他用户密码,普通用户只能用 passwd 命令设置本身密码。
- root 用户用 passwd 命令修改密码时,如果设置了不安全的密码,Linux 会给出警告信息,但密码仍会生效。普通用户修改密码时,如果使用弱密码,Linux 会给出告警信息且密码无效。
- 在本任务的知识点 1 中会进一步说明和展示 passwd 命令。

至此,第一个用户 mag01 就建好了,使用相同的方法再建立好其余两个用户 dev01 和 dev02。

接下来就可以创建用户组 group_p 了,使用 groupadd 命令。比添加用户更简单,创建新用户组只需要指定用户组的名称即可,如清单 6-4 所示。

清单 6-4

```
#完全参考系统默认值,建立一个名为 group_p 的用户组
# groupadd group_p
```

注　意

- 用户组也可以设置密码,在本任务中显然没有这个必要。
- 在本任务的知识点 1 中会进一步说明和展示 groupadd 命令以及与用户组操纵相关的其他命令。

至此,用 3 个用户 mag01、dev01 和 dev02 和用户组 group_p 就建好了。

6.3.3 子任务 3 设置用户和用户组从属关系

接下来就要将用户组 group_p,用户 mag01、dev01 和 dev02,以及它们各自的私有用户组之间的关系理顺,并设置好各个目录的访问权限。为直观起见,这里用图 6-1 表示将要设置的从属关系。

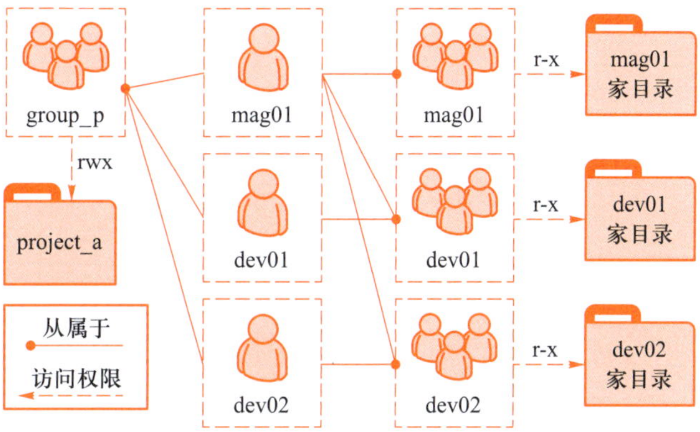

图 6-1 用户和用户组之间的从属关系

注　意

添加、修改、删除等用户和用户组的操作命令本身其实并不太复杂，关键是如何设置用户和用户组的从属关系，并基于这个从属关系为相应文件设置合理的访问权限。

如图6-1所示，首先要将3个用户加入到group_p用户组中，然后将mag01加入到dev01组和dev02组中。用usermod命令来修改用户的从属组，如清单6-5所示。

清单6-5

```
#将 mag01 用户的从属组设置为 group_p、dev01 和 dev02 组
# usermod -G group_p,dev01,dev02 mag01
#将 dev01 用户的从属组设置为 group_p
# usermod -G group_p dev01
#将 dev02 用户的从属组设置为 group_p
# usermod -G group_p dev02
```

至此，3个用户已经分别加入到相应的用户组中，接下来查看一下这些建立好的用户，确认是不是符合要求，可用id命令来完成，如清单6-6所示。

清单6-6

```
# mag01 的 UID 为 1001，主用户组 GID 为 1001，组名为 mag01，用户从属的组包括 mag01（GID 为 1001）、group_p（GID 为 1004）、dev01（GID 为 1002）和 dev02（GID 为 1003）
# id mag01
uid=1001(mag01) gid=1001(mag01) 组=1001(mag01),1004(group_p),1002(dev01), 1003(dev02)
# dev01 的 UID 为 1002，主用户组 GID 为 1002，组名为 dev01，用户从属的组包括 dev01 和 group_p
# id dev01
uid=1002(Dev01) gid=1002(dev01) 组=1002(dev01),1004(group_p)
# dev02 的 UID 为 1003，默认用户组 GID 为 1003，组名为 dev02，用户从属的组包括 dev02 和 group_p
# id dev02
uid=1003(Dev02) gid=1003(dev02) 组=1003(dev02),1004(group_p)
```

接下来就是创建项目目录/project_a并设置这个目录和dev01、dev02用户家目录的访问权限。

首先创建/project_a目录，设置其访问权限和所归属的用户组，同时设置dev01和dev02用户家目录的权限，如清单6-7所示。

清单6-7

```
#创建目录
# mkdir /project_a
#更改目录归属的用户组为 group_p
# chown :group_p /project_a
#更改目录的访问权限，让从属组用户可读不可写可执行，其他用户无权限
# chmod g=rx,o-rwx /project_a
#更改 dev01 和 dev02 家目录的访问权限，让从属组用户可读可执行，其他用户无权限
# chmod g=rx,o-rwx ~dev01 ~dev02
```

随后验证各个用户对于目录的访问权限。首先验证mag01用户对dev01和dev02家目录是

否有读和执行的权限，以及对两个用户家目录中新建文件是否同样有读和执行的权限，而其他用户是否是没有任何权限。清单6-8中只展示了对于dev01用户家目录的验证，可以按相同的方法来验证dev02用户的家目录。

注　意

在Linux中，如果父目录访问权限小于其中的文件访问权限，那么用户对于其中文件的访问权限是由父目录的权限决定的，即用户只能在父目录的权限范围内对文件进行操作，不能超过父目录的权限。

清单 6-8

```
# su - dev01                  #切换到 dev01
$ ls -ld ~                    #查看家目录访问权限
#对于同组用户可读可执行，其他用户无权限，符合要求
drwxr-x---. 5 dev01 dev01 143   9月 11 23:19 /home/dev01
$ mkdir newdir                #新建一个子目录
$ ls -ld newdir               #查看子目录访问权限为 755，但其实际权限受父目录限制，仍是 750
drwxr-xr-x. 2 dev01 dev01 6   9月 11 23:19 newdir
$ exit
# su - mag01                  #切换到 mag01 用户，从属于 dev01 组，直观验证
$ cd ~dev01                   #能切换到 dev01 家目录中，可执行
$ touch newfile01             #不能创建新文件，不可写
touch: 无法创建 'newfile01': 权限不够
$ ls                          #能列出目录内容，可读
总用量 0

$ cd ./newdir                 #能切换到 dev01 家目录中新建的 newdir 目录中，可执行
$ touch newfile01             #newdir 目录中不能创建新文件，不可写
touch: 无法创建 'newfile01': 权限不够
$ ls                          #能列出 newdir 目录内容，可读
总用量 0

$ exit
#su - nbcc                    #切换到 nbcc 用户，也即其他用户，直观验证
$ cd ~dev01                   #不能切换到 dev01 家目录中，不可执行
-bash: cd: /home/dev01: 权限不够
$ touch ~dev01/newfile        #不能创建新文件，不可写
mkdir: 无法创建目录 "/home/dev01/newdir": 权限不够
$ ls ~dev01                   #不能列出目录内容，不可读
ls: 无法打开目录 '/home/dev01': 权限不够
```

接着来验证mag01、dev01和dev02用户对于/project_a目录有完整权限，并对除了自身外的另两个用户创建的文件有读和执行权限，其他用户没有任何权限，如清单6-9所示。

清单 6-9

```
# ls -ld /project_a/ #查看/project_a 访问权限，为 770
drwxrwx---. 2 root group_p 62   9月 11 21:40 /project_a/
```

```
#切换到 mag01 用户,直观验证/project_a 目录对于 mag01 用户的访问权限
# su - mag01
$ cd /project_a          #能切换到该目录中,证明目录对于 mag01 可执行
$ touch newfile01        #能在项目工作目录创建新文件,证明目录对于 mag01 可写
$ ls -l                  #能列出项目工作目录内容,证明目录对于 mag01 可读
总用量 0
-rw-rw-r--. 1 mag01 mag01 0 10 月 14 19:41 newfile01
$exit

# su - dev01             #能切换到该目录中,证明目录对于 dev01 可执行
$ cd /project_a          #能在项目工作目录创建新文件,证明目录对于 dev01 可写
$ touch newfile02        #能列出项目工作目录内容,证明目录对于 dev01 可读
$ ls -l
总用量 0
-rw-r--r--. 1 mag01 mag01 0 10 月 14 19:41 newfile01
-rw-r--r--. 1 dev01 dev01 0 10 月 14 19:41 newfile02
$exit

# su - dev02             #能切换到该目录中,证明目录对于 dev02 可执行
$ cd /project_a          #能在项目工作目录创建新文件,证明目录对于 dev02 可写
$ touch newfile03        #能列出项目工作目录内容,证明目录对于 dev02 可读
$ ls -l
总用量 0
-rw-r--r--. 1 mag01 mag01 0 10 月 14 19:41 newfile01
-rw-r--r--. 1 dev01 dev01 0 10 月 14 19:42 newfile02
-rw-r--r--. 1 dev02 dev02 0 10 月 14 19:43 newfile03
$exit
```

此时就会发现,mag01、dev01 和 dev02 这 3 个用户中的任意一个用户对其余用户在/project_a 目录中新建的文件都没有写权限,究其原因如下:

1) mag01、dev01 和 dev02 用户在/project_a 目录中新建文件从属的组并不是和父目录一样的 group_p 用户组,而是各自用户名同名的用户组。这是因为创建 mag01、dev01 和 dev02 这 3 个用户时,各自所从属的主用户组(Primary Group)是系统默认创建的和用户名同名的私有用户组,而用户新建的文件的默认从属组就是用户从属的主用户组。

2) mag01、dev01 和 dev02 用户的默认 umask 值都是 022,因此新建的文件的访问权限是 644,目录访问权限是 755,新建对于组用户和其他用户不可写。

注　意

一个用户可以从属于多个用户组,但在同一时间,用户只能从属于一个主用户组或者说有效用户组(Effective Group)。用户的主用户组会影响到该用户创建文件的默认文件从属组属性。

第 1 个问题可以通过将 mag01、dev01 和 dev02 用户的主用户组都改为 group_p 用户组来解决。用 usermod 命令来修改用户的主用户组,如清单 6-10 所示。

清单 6-10

```
$ su - root
密码:
```

```
# usermod -g group_p -G mag01,dev01,dev02 mag01    #修改 mag01 的从属组和主组
# usermod -g group_p -G dev01 dev01                 #修改 dev01 的从属组和主组
# usermod -g group_p -G dev02 dev02                 #修改 dev02 的从属组和主组

#用 id 命令查看 mag01、dev01 和 dev02 用户,可以看到 3 个用户的主用户都更改为 group_p
# id mag01
用户 id=1001(mag01) 组 id=1004(group_p) 组=1004(group_p),1001(mag01),1002(dev01),
1003(dev02)
# id dev01
用户 id=1002(dev01) 组 id=1004(group_p) 组=1004(group_p),1002(dev01)
# id dev02
用户 id=1003(dev02) 组 id=1004(group_p) 组=1004(group_p),1003(dev02)
```

注　意

第 1 个问题也可以通过为/project_a 目录设置 SUID,使得其中新建的文件继承父目录的用户组属性的方式来解决,更加灵活方便。更多关于 SUID 的内容,可以查看拓展阅读“文件特殊访问权限”。

拓展阅读 6-1
文件特殊访问权限

第 2 个问题的解决办法可以通过将 mag01、dev01 和 dev02 用户的 umask 值永久修改为 002 来解决,如清单 6-11 所示。

清单 6-11

```
$ su - root
密码:
# echo "umask 002">> ~mag01/.bashrc
# echo "umask 002">> ~dev01/.bashrc
# echo "umask 002">> ~dev02/.bashrc
$ exit
```

注　意

第 2 个问题也可以通过配置/project_a 目录的 ACL,使得其中新建的文件继承父目录的访问权限的方式来解决,更加灵活方便。更多关于 ACL 的内容,可以查看拓展阅读“访问控制列表”。

拓展阅读 6-2
访问控制列表

接下来,验证 mag01、dev01 和 dev02 这 3 个用户中的任意一个用户对其余用户在/project_a 目录中新建的文件是否具有写权限,如清单 6-12 所示。

清单 6-12

```
#分别切换到 mag01、dev01 和 dev02 用户,各自在/project_a 目录下创建一个新文件
# su - mag01
$ touch /project_a/newfile04
exit
# su - dev01
$ touch /project_a/newfile05
$ exit
```

```
# su - dev02
$ touch /project_a/newfile06
#分别切换到 mag01、dev01 和 dev02 用户，各自在/project_a 目录下创建一个新文件
$ ls -l /project_a
总用量 0
-rw-rw-r--. 1 mag01 group_p 0 10 月 14 19:51 newfile04
-rw-rw-r--. 1 dev01 group_p 0 10 月 14 19:52 newfile05
-rw-rw-r--. 1 dev02 group_p 0 10 月 14 19:53 newfile06
$ exit
```

可以看出，mag01、dev01 和 dev02 这 3 个用户中无论哪个用户在/project_a 目录中新建的文件的从属组都变为 group_p，且对于从属组用户都可写，而 mag01、dev01 和 dev02 都从属于 group_p 用户组，因此这些新建文件对于 mag01、dev01 和 dev02 都可写。

至此，就完成了用户和用户组之间的从属关系以及相关目录的访问权限设置。

6.3.4 子任务 4 为普通用户提权

下面让 mag01、dev01 和 dev02 这 3 个普通用户能够执行系统关闭和重启操作。在子任务 1 中提到过，共享 root 用户的密码风险很大，因此直接切换成 root 用户来执行命令的原定方案是行不通的。

微课 6-4 为普通用户提权

sudo 命令提供了一个不需要 root 用户的密码也能执行其权限命令的途径，即 sudo 命令允许用户能够在特定主机上以指定的其他用户身份执行指定的命令。但在进行合理配置前，系统默认仅有 root 用户和 wheel 用户组中的用户可以执行 sudo 命令，普通用户默认是无法使用 sudo 命令的，如清单 6-13 所示。

清单 6-13

```
$ whoami
dev
$ sudo shutdown -r 5                        #以 dev 用户使用 sudo 执行 shutdown 命令
我们信任您已经从系统管理员那里了解了日常注意事项。
总结起来无外乎这三点：                      #用户首次使用 sudo 命令会输出如下提示信息

    #1) 尊重别人的隐私。
    #2) 输入前要先考虑(后果和风险)。
    #3) 权力越大，责任越大。

[sudo] dev 的密码：                         #输入 dev 用户的密码，执行命令
dev 不在 sudoers 文件中。此事将被报告。     #sudoers 文件中没有 dev 相应配置，无法执行命令
```

因此任务的重点在于配置和 sudo 命令关联的/etc/sudoers 文件。因为只有 root 用户才能查看和修改/etc/sudoers 文件，建议用 visudo 命令来打开并编辑该文件，如清单 6-14 所示。

清单 6-14

```
$ su - root
密码：
# visudo
```

小　心

- /etc/sudoers 文件内容敏感，只有 root 用户可编辑该文件，但不建议直接使用文本编辑器来编辑该文件。
- 建议使用 visudo 命令来编辑/etc/sudoers 文件。visudo 命令调用的其实就是 vim 编辑器，操作也和 vim 相同，但 visudo 增加了一些额外的措施来保证/etc/sudoers 文件编辑的安全性，包括编辑时锁定文件防止被多个用户同时修改和保存时检查文件语法格式。

/etc/sudoers 文件在没有改动的情况下有 100 多行，找到有如清单 6-15 所示的两行，这两行正是 sudoers 文件关于 root 用户和 wheel 用户组授权的配置。

清单 6-15

```
root      ALL=(ALL)     ALL
%wheel    ALL=(ALL)     ALL
```

配置行的语法很简洁，分为 4 个字段，清单 6-15 中的两行配置的解释如图 6-2 所示。第 1 行的意思就是授权 root 用户能够从任意主机上登录本主机，以任意用户身份执行任意命令；第 2 行的意思就是授权 wheel 用户组里面的用户能够从任意主机上登录本主机，以任意用户身份执行任意命令。

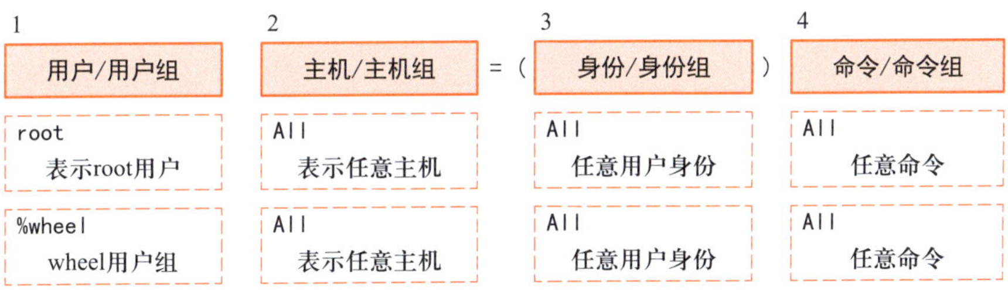

图 6-2　sudoers 文件配置行解释

接下来，在 wheel 用户组配置行下面，添加如清单 6-16 所示的一行配置，随后保存退出。

清单 6-16

```
#表示 group_p 用户组中的用户可以从任意主机上登录本主机，以 root 用户身份执行 shutdown 命令
%group_p      ALL=(root)      /sbin/shutdown
```

注　意

- sudoers 文件的字段中出现 ALL 代表匹配任意合法的值。
- “用户/用户组”字段中，以“%”开头的值表示用户组。
- “命令/命令组”字段中，指定的命令需要写上完整的路径名称。

切换为 mag01 身份，用 sudo 执行关机命令 shutdown，成功执行，如清单 6-17 所示。

清单 6-17

```
#用 mag01 以 root 用户的身份执行 shutdown 命令
```

```
# su - mag01                   #用 mag01 以 root 用户的身份执行 shutdown 命令
$ sudo shutdown -h 5           #首次执行会输出如下提示信息
我们信任您已经从系统管理员那里了解了日常注意事项。
总结起来无外乎这三点：

    #1) 尊重别人的隐私。
    #2) 输入前要先考虑(后果和风险)。
    #3) 权力越大,责任越大。

[sudo] stu 的密码：            #输入 mag01 用户的密码,执行关机命令
Shutdown scheduled for 三 2023-09-13 23:53:00 CST, use 'shutdown -c' to cancel.
```

注 意

在本任务的知识点 4 中将进一步说明和展示如何使用 sudo 命令和/etc/sudoers 配置文件。

至此,就完成了所有的子任务,但也只是依照操作步骤机械地重复了一遍。如果“知行合一”中的“知”没有了,那么或早或迟还是会“被同一块石头绊倒”。因此,建议读者把下面“任务知识”好好看一看,必要时还是得动手实践。

6.4 任务知识

6.4.1 知识点 1 用户相关命令

在本节中,将重点讲解与用户管理相关的几个命令,包括 su、useradd、usermod、userdel、passwd 和 id 命令。

(1) su 命令

下面介绍 su 命令的语法格式,并用两个范例来进行展示和说明。

命令 su

用法:su [选项]用户名

- 将当前用户切换到指定用户或者以指定用户身份执行命令。
- su 命令的常用选项见表 6-3。

表 6-3 su 命令的常用选项

选 项	说 明
-,-l	在切换用户的同时切换到相应用户的登录环境,包括家目录、环境变量等,这也是标准的切换方法
-c 命令	临时切换为相应用户,并向当前 shell 传递指定的命令

范例 6-1: 普通用户 nbcc 带环境切换为 root 用户身份,再从 root 用户不带环境切换为 stu 用户,查看两次切换对于环境变量的影响,如清单 6-18 所示。

清单 6-18

```
$ echo $PATH                  #查看当前环境变量 PATH 的值
/usr/local/bin:/bin:/usr/bin:/usr/local/sbin:/usr/sbin:/home/stu01/.local/bin:/
home/nbcc/bin
$ su - root                   #带环境切换为 root 用户
密码:
# echo $PATH                  #再次查看环境变量 PATH 的值,发生了变化
/root/.local/bin:/root/bin:/usr/local/sbin:/usr/local/bin:/usr/sbin:/usr/bin
# su stu                      #不带环境切换为 stu 用户
$ env |grep "PATH"            #查看环境变量 PATH 的值,没有变化
PATH=/usr/local/sbin:/usr/local/bin:/sbin:/bin:/usr/sbin:/usr/bin:/root/bin
```

注　意

- su 命令的-l 选项可以简写为"-",即 su -l root 等价于 su - root。
- 如果 su 不带用户名参数,默认为切换到 root 用户,即 su - 等价于 su - root。
- 从 root 用户向普通用户切换不需要密码,而普通用户切换到其他任何用户都需要密码验证。

范例 6-2: 在 nbcc 用户身份下,用 su 命令带环境临时切换为 root 用户身份,并执行 shutdown 命令,如清单 6-19 所示。

清单 6-19

```
$ whoami
nbcc
$ su - root -c 'shutdown -h 5'
密码:
```

注　意

su -c 只能用于传递单个命令,且命令要用一对单引号括起来。

(2) useradd 命令

下面介绍 useradd 命令的语法格式,并用 4 个范例来进行展示和说明。

命令 useradd

用法:useradd [选项][参数]

- 创建新的用户账号。
- useradd 命令的常用选项见表 6-4。

表 6-4　useradd 命令的常用选项

选　项	说　明
-u UID	指定用户 UID,该值必须唯一,且数值不可为负
-d 目录	指定用户的家目录
-g 用户组	指定用户的主组(Primary Group)

续表

选　　项	说　　明
-G 用户组列表	指定用户所属的组,用户可以从属多个组,组名之间使用逗号分隔
-c 备注	指定用户的备注信息。备注参数是一个没有嵌入":"字符且不能以字符"#"或"!"结束的字符串
-s Shell	指定用户登录后所使用的 shell
-r	创建系统用户,用户 UID 小于/etc/login. defs 中规定的 UID_MIN(在 RHEL 9 中默认是 1000)
-M	不创建用户家目录,创建系统用户时一般不需要建立用户家目录
-m	创建用户家目录
-N	不创建以用户名称为名的用户组
-e 有效期限	指定用户账户将被禁用的日期,采用 YYYY-MM-DD 格式
-f 缓冲天数	密码过期后,到彻底禁用之前的天数。0 为立刻失效,-1 为永远不会失效
-D	只带-D 选项使用时,useradd 将显示当前的默认值。-D 和其他选项配合使用时,useradd 将修改创建用户时的默认属性

- useradd 命令与-D 选项配合使用选项见表 6-5。

表 6-5　useradd 命令与-D 选项配合使用表

选　　项	说　　明
-b 目录	新用户主目录的路径前缀。如果创建新账户时,没有使用-d 选项指定家目录,将会在该前缀指定的目录中创建和用户同名的家目录名。默认是/home
-e 有效期限	新用户账户过期日期,采用 YYYY-MM-DD 格式。默认不过期
-f 缓冲天数	密码过期到被禁用之前的天数。默认禁用该功能
-g 用户组	当使用了-N 选项或者/etc/login. defs 中的变量 USERGROUPS_ENAB 设置为 no 时,为新用户指定默认主组的组名,给出的组必须存在。默认是 users 用户组(GID 为 100)
-s Shell	新建用户的登录默认 shell,默认是 bash

范例 6-3:添加普通用户 user01,不指定除用户名外的任何属性,如清单 6-20 所示。

清单 6-20

```
# useradd user01
```

注　　意

使用 useradd 命令添加一个新用户非常简单直接,只需要指定用户名即可,用户的其余属性由 useradd 命令默认指定。接下来将展示这些属性是依据什么规则来指定的,这有助于更好地理解和更加灵活地使用 useradd 命令。

使用 useradd 命令添加用户时,若有相关属性未指定,useradd 命令将依据/etc/default/useradd 和/etc/login. defs 这两个文件中的内容作为默认参数和规则来创建新用户。如果新建用户有家目录,useradd 命令还会将/etc/skel 目录中所有文件复制到家目录。

/etc/default/useradd 文件内容包括创建用户时需要用到的一些基本属性的默认值,如用户家目录、使用的 shell、过期日期等。该文件的内容如清单 6-21 所示。

清单 6-21

```
#查看用户创建默认配置,也即/etc/default/useradd 文件的内容
# useradd -D
GROUP=100                      #不自动创建用户组时,为用户指定的主组,默认 GID 是 100
HOME=/home                     #默认创建用户的家目录位置,默认是/home
INACTIVE=-1                    #新用户账户过期日期,默认-1 表示不禁用
EXPIRE=                        #密码过期到彻底禁用之前的天数,空值表示未开启该功能
SHELL=/bin/bash                #创建用户登录使用的 shell,默认是 bash
SKEL=/etc/skel                 #创建用户家目录时的框架目录,默认是/etc/skel
CREATE_MAIL_SPOOL=yes          #是否创建用户的邮箱文件,默认创建
```

注　意

useradd -D 命令显示的是/etc/default/useradd 文件的内容。既可用该命令修改该配置文件,也可用 vim 直接编辑修该文件。

/etc/login.defs 文件定义了创建用户时的一些默认值,如是否创建用户家目录、UID 和 GID 的范围、用户的期限、密码的最大过期天数、密码的最小长度等。该文件可以通过 root 用户来修改。下面用系统里的/etc/login.defs 文件来进行一个简单说明,如清单 6-22 所示。

清单 6-22

```
MAIL_DIR/var/spool/mail           #创建用户邮箱文件的目录
PASS_MAX_DAYS        99999        #密码的最长使用天数
PASS_MIN_DAYS        0            #密码的最短使用天数
PASS_MIN_LEN         5            #密码最短长度
PASS_WARN_AGE        7            #密码过期警告天数
UID_MIN              1000         #创建普通用户最小 UID
UID_MAX              60000        #创建普通用户最大 UID
SYS_UID_MIN          201          #创建系统用户最小 UID
SYS_UID_MAX          999          #创建系统用户最大 UID
GID_MIN              1000         #创建普通用户时,自动创建的主组的最小 GID
GID_MAX              60000        #创建普通用户时,自动创建的主组的最大 GID
SYS_GID_MIN          201          #创建系统用户时,自动创建的主组的最小 GID
SYS_GID_MAX          999          #创建系统用户时,自动创建的主组的最大 GID
CREATE_HOME          yes          #是否创用户家目录
UMASK                077          #创建用户家目录时使用的 umask 值
USERGROUPS_ENAB      yes          #是否允许删除用户的同时删除其主组,如组中没有其他用户存在
ENCRYPT_METHOD SHA 512            #指定用户密码加密算法
```

/etc/skel 目录是存放新建用户家目录默认文件的框架目录,当用 useradd 命令添加用户时,该目录下的文件自动复制到新添加的用户家目录下。默认情况下,/etc/skel 目录下的文件都是若干隐藏文件,一个典型的/etc/skel 目录内容如清单 6-23 所示。可通过修改、添加、删除/etc/skel 目录下的文件,来为新建用户提供一个统一、标准、默认的初始用户环境。

清单 6-23

```
# ls -al /etc/skel/
总用量 24
drwxr-xr-x.    3 root root    78 4 月   11 2018 .
drwxr-xr-x.  146 root root  8192 2 月   12 19:24 ..
-rw-r--r--.    1 root root    18 4 月   11 2018 .bash_logout
-rw-r--r--.    1 root root   193 4 月   11 2018 .bash_profile
-rw-r--r--.    1 root root   231 4 月   11 2018 .bashrc
drwxr-xr-x.    4 root root    39 11 月  21 23:14 .mozilla
```

范例 6-4：添加普通用户 user03，指定 UID 为 1009，用户备注为“张三”，家目录设置在/opt/user03，是 group_p 和 root 用户组成员，shell 是 sh，如清单 6-24 所示。

清单 6-24

```
# useradd -u 1009 -c 张三 -d /opt/user03 -G group_p,root -s /bin/sh user03
```

注　意

- -u 选项指定的 UID 应该是唯一的，即不能与存在用户的 UID 重复。
- -d 选项指定的家目录如不存在，useradd 命令会自动创建它。
- -G 选项所指定的用户组需要事先创建好。
- -s 选项指定的 shell 应该包括其完整路径，如果不确定要使用 shell 的完整路径，可以用 which 命令来查看，如 which sh。

范例 6-5：添加普通用户 user04，并且设置该用户在 2024 年 10 月 4 日之前是有效的，一旦过了这个日期便停止其登录，如清单 6-25 所示。

清单 6-25

```
#添加用户 user04,并设置其账户有效期为 2024 年 10 月 4 日
# useradd -e 10/04/2024 user04
#设置用户 user04 密码
# passwd user04
更改用户 user04 的密码 。
新的 密码:
重新输入新的 密码:
passwd: 所有的身份验证令牌已经成功更新
#当您看到这段文字时,2024 年 10 月 4 日肯定已经过去,所以 user04 用户已经过期了
```

范例 6-6：添加系统用户 sysuser01，没有家目录，不能登录 shell，如清单 6-26 所示。

清单 6-26

```
# useradd -M -r -s /bin/nologin -c "系统用户 01" sysuser01
```

（3）usermod 命令

下面介绍 usermod 命令的语法格式，并用两个范例来进行展示和说明。

命令 usermod

用法:usermod [选项][用户名]

- 修改已有的用户账号信息。
- usermod 命令的作用是修改用户,而 useradd 命令的作用是添加用户,本质上都是对用户进行操作,因此 usermod 的大部分选项都和 useradd 类同。
- usermod 命令拥有 useradd 命令介绍中的所有选项,除此之外,usermod 还有其他常用选项,见表 6-6。

表 6-6 usermod 命令的常用选项

选　　项	说　　明
-l 用户名	修改用户名,注意命令并不会同时修改用户的家目录名和邮箱目录名
-L	锁定用户的密码
-U	解锁用户的密码
-m	和-d 选项连用将用户家目录移动到新位置,如果用户家目录不存在,则创建

范例 6-7:修改普通用户 user03,将用户注释信息修改为 tempuser,UID 为 999,从属用户组 root、sa 和 tech,其 shell 类型为/sbin/nologin,移动家目录到/project/pa,用户账号过期时间为 2024 年 7 月 12 日,如清单 6-27 所示。

清单 6-27

```
# usermod -u 009 -c tempuser -md /project/pa -G root,sa,tech -s /bin/nologin -e 2024-07
-12 user03
```

范例 6-8:修改普通用户 user02,将用户名改为 tmpuser02,并且锁定用户密码,如清单 6-28 所示。

清单 6-28

```
# usermod -L -l sysuser02 tmpuser02
```

注　意

在用户已经登录的情况下,是无法修改其 UID 和用户名的。

(4) userdel 命令

下面介绍 userdel 命令的语法格式,并用两个范例来进行展示和说明。

命令 userdel

用法:userdel [选项][用户名]

- 删除已有的用户账号以及相关目录。
- userdel 命令的常用选项见表 6-7。

表 6-7 userdel 命令的常用选项

选　　项	说　　明
-f	此选项强制删除用户账户，包括仍在登录状态的用户，同时删除用户的家目录和邮箱目录
-r	用户主目录中的文件将随用户家目录和用户邮箱目录一起删除

范例 6-9：删除用户 user01，但保留其家目录和邮箱，如清单 6-29 所示。

清单 6-29

```
#删除用户 user01,但不删除其家目录、邮箱文件
# userdel user01
#查看用户家目录,存在
# ls -ld /home/user01
drwxr-xr-x 14 501 501 4096 8 月 29 16:33 /home/user01
#查看用户邮箱文件,存在
# ls -l /var/spool/mail/user01
-rw-rw---- 14 501 501 0 8 月 29 16:33 /var/spool/mail/user01
```

范例 6-10：删除用 user02，同时删除其家目录和邮箱，如清单 6-30 所示。

清单 6-30

```
#删除用户 user02,并将其家目录及邮箱文件一并删除
# userdel -r user02
#查看用户家目录,不存在
# ls -ld /home/ user02
ls: /home/user02: 没有那个文件或目录
#查看用户邮箱文件,不存在
# ls -l /var/spool/mail/user02
ls: /var/spool/mail/user02: 没有那个文件或目录
```

小　心

- 不要轻易删除用户，建议使用锁定用户账号的方法来屏蔽用户。
- 如果一定要删除用户，不要轻易使用-r 选项。可以先删除用户，在确认后再手动删除用户家目录和邮箱文件。尽量不要使用-f 选项，强制删除用户有相当风险，可能会破坏系统的稳定性。

(5) id 命令

下面介绍 id 命令的语法格式，然后用 1 个范例来进行展示和说明。

命令 id

用法：id [选项][用户名]

- 显示当前或者指定用户的信息。

- id 命令的常用选项见表 6-8。

表 6-8 id 命令的常用选项

选项	说明
-g	仅显示用户主用户组的 GID
-G	仅显示用户所属用户组的 GID
-u	仅显示用户 UID

范例 6-11：显示当前本用户和 user01 用户的信息，如清单 6-31 所示。

清单 6-31

```
#显示本用户信息，无须加任何选项和参数
$ id
uid=1000(stu) gid=1000(stu) 组=1000(stu),0(root) 环境=unconfined_u:unconfined_r:
unconfined_t:s0-s0:c0.c1023
#显示指定用户 user01 信息
$ id user01
uid=1004(user01) gid=1008(user01) 组=1008(user01)
```

使用 id 命令在显示本用户信息时，默认会显示 4 个字段的内容，在显示指定用户信息时则只显示 3 个字段，具体字段说明见表 6-9。

表 6-9 id 命令输出字段说明

字段序号	说明
1	用户名和其 UID
2	用户的主用户组名及其 GID
3	用户从属的用户组列表
4	用户的安全上下文（Security Context），仅查看本用户且主机 SELinux 未关闭时会显示本字段，查看其他用户则不会显示本字段

（6）passwd 命令

下面介绍 passwd 命令的语法格式，然后用 4 个范例进行展示和说明。

命令 passwd

用法：passwd [选项][用户名]

- 修改用户密码及密码过期时间等信息。
- root 用户可以修改任何用户的密码，普通用户只能修改自身的密码。
- root 用户修改密码时，如不符合系统密码设置规则（密码过弱），则给出警告信息，但密码设置仍然生效；普通用户修改密码时，如果使用弱密码，则给出告警信息，且修改无效。

- passwd 命令的常用选项见表 6-10。

表 6-10 passwd 命令的常用选项

选项	说明
-k	为密码过期用户延期
-l	锁定用户,使其不能登录
--stdin	从标准输入读取密码字符串
-u	解锁用户
-d	删除用户密码,并设置为空
-e	使用户密码立即过期,将在用户下次登录时强制修改密码
-n	设置用户修改密码的最短间隔天数
-x	设置用户修改密码最长间隔天数
-w	设置用户密码过期前收到警告信息的天数
-i	密码过期多少天后禁用账户
-S	显示用户密码设置状态信息

范例 6-12:更改系统用户的密码。采用简单密码时,passwd 命令会给出警告,如果是 root 用户身份,则仍会采用该简单密码,如清单 6-32 所示。如是普通用户,那么就会设置失败,如清单 6-33 所示。

清单 6-32

```
#以 root 用户身份修改 stu 用户的密码
# passwd stu
更改用户 stu 的密码
新的 密码:
无效的密码: 密码少于 8 个字符          #输入弱密码后,会给出提示
重新输入新的 密码:                     #如果忽略该提示,重复输入密码后仍可以设置该密码
passwd:所有的身份验证令牌已经成功更新
```

清单 6-33

```
#stu 修改自身密码
$ passwd
更改用户 stu 的密码
为 stu 更改 STRESS 密码。
(当前)UNIX 密码:                       #首先要确认原密码
新的 密码:                             #输入弱密码后,会给出提示,该提示不能忽略
无效的密码: 密码少于 8 个字符
新的 密码:
```

范例 6-13:删除用户 user01 的密码,如清单 6-34 所示。

清单 6-34

```
# passwd -d user01
清除用户的密码 user01
passwd: 操作成功
# passwd -S user01
user01 NP 2019-02-14 0 99999 7 -1 (密码为空)
```

范例 6-14:让用户 user01 的密码立即过期,如清单 6-35 所示。user01 在下次登录时,就会被提示要修改密码。

清单 6-35

```
# passwd -e user01
使用户 user01 密码过期
passwd: 操作成功
# passwd -S user01
user01 PS 1970-01-01 0 99999 7 -1 (密码已设置,使用 SHA512 算法)
```

范例 6-15:设置 user01 修改密码的最长间隔天数,如清单 6-36 所示。user01 用户必须在 90 天内更改密码,否则其密码将过期。

清单 6-36

```
# passwd -x 90 user01
调整用户密码老化数据 user01
passwd: 操作成功
# passwd -S user01
user01 PS 2019-02-14 0 90 7 -1 (密码已设置,使用 SHA512 算法)
```

6.4.2 知识点 2 用户组相关命令

在本节中,将重点讲解与用户组管理相关的几个命令,包括 groupadd、groupdel、gpasswd 和 newgrp 命令。

(1) groupadd 命令

下面介绍 groupadd 命令的语法格式,并用 1 个范例来进行展示和说明。

命令 groupadd

用法:groupadd [选项][用户组名]

- 新建用户组。
- groupadd 命令的常用选项见表 6-11。

表 6-11 groupadd 命令的常用选项

选　项	说　明
-g gid	后面接一个数字,用来给用户组指定一个 GID。该值必须唯一,数值不可为负
-r	建立一个系统用户组

范例 6-16:分别添加一个默认普通用户组 group01、默认的系统用户组 sys_group01 和指定 GID 为 3000 的普通用户组 group02,如清单 6-37 所示。

清单 6-37

```
#添加一个默认的普通用户组
# groupadd group01
#添加一个默认的系统用户组,GID 默认小于 1000
# groupadd -r sys_group01
#添加一个 GID 为 3000 的普通用户组
# groupadd -g 3000 group02
```

(2) groupdel 命令

下面介绍 groupdel 命令的语法格式,并用 1 个范例来进行展示和说明。

命令 groupdel

用法:groupdel [选项][用户名]

- 删除已有的用户组。
- 不能删除系统中某个用户的主组(Primary Group)。
- groupdel 命令的常用选项见表 6-12。

表 6-12 groupdel 命令的常用选项

选 项	说 明
-f	强制删除,无论用户组是否为某个用户的主用户组

范例 6-17:创建两个新的用户组 group03 和 group04,并创建一个新用户 tmpuser,将 group03 作为主组,同时从属于 group04,再尝试分别删除 group03 和 group04,如清单 6-38 所示。

清单 6-38

```
# groupadd group03
# groupadd group04
# useradd -g group03 -G group04 tmpuser
# id tmpuser
uid=1005(tmpuser) gid=1009(group03) 组=1009(group03),1010(group04)
#无法删除 group03,因为它是用户 tmpuser 的主组
# groupdel group03
groupdel:不能移除用户“tmpuser”的主组
#可以删除 group04,它不是任何用户的主组
# groupdel group04
#id tmpuser
uid=1005(tmpuser) gid=1009(group03) 组=1009(group03)
#删除 tmpuser 用户后,方可删除 group3 用户组
# userdel tmpuser
# groupdel group03
```

小　心

在删除用户组时要留意从属于这个用户组的用户，因为可能会影响到这些用户对于特定文件的访问权限。

(3) gpasswd 命令

下面介绍 gpasswd 命令的语法格式，并用 1 个范例来进行展示和说明。

命令 gpasswd

用法：gpasswd [选项] 用户组名

- 设置用户组密码、将一个用户添加到组或者从组中删除。
- gpasswd 命令的常用选项见表 6-13。

表 6-13　gpasswd 命令的常用选项

选　项	说　明
-a 用户	添加用户到用户组
-d 用户	从用户组中删除用户
-A 用户,...	指定用户组管理员，可以有多个，用逗号隔开
-M 用户,...	设置用户组成员，可以有多个，用逗号隔开
-r	删除用户组密码
-R	限制非用户组成员用 newgrp 命令通过密码验证的方式登录该用户组

范例 6-18：新建一个用户组 group05，将用户 nbcc 和 stu 加入该组，并将 nbcc 设置为该组的管理员，然后切换为 nbcc 用户身份，并尝试将 stu 从 group05 组中移除，如清单 6-39 所示。

清单 6-39

```
# groupadd group05
# gpasswd -a nbcc group05                 #将 nbcc 和 stu 添加到 group05 组中，也可用-M 选项
正在将用户“nbcc”加入到“group05”组中
# gpasswd -a stu group05
正在将用户“stu”加入到“group05”组中
# gpasswd -A nbcc group05                 #指定 nbcc 为该组的管理员
# grep “group5” /etc/group /etc/gshadow   #查看 group05 组的信息
/etc/group:group05:x:1006:nbcc,stu        #组中有两个成员 nbcc 和 stu(字段 4)
/etc/gshadow:group05:!:nbcc:nbcc,stu      #组的管理员是 nbcc(字段 3)
# su - nbcc
$ gpasswd -d stu group05                  #将用户 stu 从 group05 组中移除
正在将用户“stu”从“group05”组中删除
$ grep “group5” /etc/group
group05:x:1006:nbcc                       #组中只有一个成员 nbcc(字段 4)
```

(4) newgrp 命令

下面介绍 newgrp 命令的语法格式，并用两个范例来进行展示和说明。

命令 newgrp

用法：newgrp［用户组名］

登录到一个新用户组，并切换用户的主用户组为该用户组。

范例 6-19：新建一个用户组 group06，为其设置密码，以 nbcc 用户身份用 newgrp 命令登录 group06，查看登录前后 nbcc 的主用户组情况，如清单 6-40 所示。

清单 6-40

```
# groupadd group06            #创建一个新用户组
# gpasswd group06             #设置用户组密码
正在修改 group06 组的密码
新密码：
请重新输入新密码：
# su - nbcc                   #切换为 nbcc 用户身份
$ id                          #查看 nbcc，主组为 nbcc
用户 id=1000(nbcc) 组 id=1000(nbcc) 组=1000(nbcc) 上下文=unconfined_u:unconfined_r:
unconfined_t:s0-s0:c0.c1023
$ newgrp group06              #用 newgrp 命令登录 group06 用户组
密码：                        #输入 group06 的密码
$ id                          #查看 nbcc，主组已切换为 group06
用户 id=1000(nbcc) 组 id=1006(group06) 组=1006(group06),1000(nbcc) 上下文=unconfined
_u:unconfined_r:unconfined_t:s0-s0:c0.c1023
$ touch newfile               #用户 nbcc 创建文件，文件从属的组也是 group06
$ ls -l newfile
-rw-r--r--. 1 nbcc group06 0  9 月 14 13:57 newfile
$ exit                        #退出 group06 用户组
$ id                          #查看 nbcc，主组恢复为 nbcc
用户 id=1000(nbcc) 组 id=1000(nbcc) 组=1000(nbcc) 上下文=unconfined_u:unconfined_r:
unconfined_t:s0-s0:c0.c1023
```

注　意

登录用户组造成的用户主组切换是临时的，每次使用 newgrp 命令切换用户的主组，用户都会切换到一个新的子 shell 进程，切换只在当前子 shell 进程中生效，用 exit 命令退出子 shell 即失效。

范例 6-20：创建一个新的用户组 group07，并将用户 stu 设置为其成员，但不设置用户组密码，分别以 root、nbcc 和 stu 用户的身份用 newgrp 命令登录 group07，然后为 group07 设置密码，再分别以 root、nbcc 和 stu 用户的身份用 newgrp 命令登录 group07，观察并比对设置用户组密码前后用户登录情况，如清单 6-41 所示。

清单 6-41

```
# groupadd group07            #创建一个新用户组
# gpasswd -M stu group07      #将 stu 添加到 group07 组中
# newgrp group07              #以 root 身份成功登录到 group07 中，即使其还未设置密码
# id
用户 id=0(root) 组 id=1008(group07) 组=1008(group07),0(root) 上下文=unconfined_u:un-
confined_r:unconfined_t:s0-s0:c0.c1023
```

```
# exit                          #退出登录
# su - nbcc                     #切换为 nbcc 用户
$ newgrp group07                #以 nbcc 身份尝试登录到 group07 中,失败
密码:
newgrp:使用之前的盐对密码加密失败:无效的参数
$ exit                          #退出 nbcc,回到 root 用户身份
注销
# su - stu                      #切换为 stu 用户,stu 是 group07 的成员
$ newgrp group07                #以 stu 身份成功登录到 group07 中,即使其还未设置密码
$ id
用户 id=1004(stu) 组 id=1008(group07) 组=1008(group07),1006(group06),1007(stu) 上下文=unconfined_u:unconfined_r:unconfined_t:s0-s0:c0.c1023
$ exit                          #退出登录
$ exit                          #退出 nbcc,回到 root 用户身份
注销
#gpasswd group07                #为 group07 设置组密码
正在修改 group07 组的密码
新密码:
请重新输入新密码:
# newgrp group07                #以 root 用户身份成功登录到 group07 中,无须输入密码
# id
用户 id=0(root) 组 id=1008(group07) 组=1008(group07),0(root) 上下文=unconfined_u:unconfined_r:unconfined_t:s0-s0:c0.c1023
# exit                          #退出登录
# su - nbcc                     #切换为 nbcc 用户
$ newgrp group07                #以 nbcc 身份尝试登录到 group07 中,输入密码,成功
密码:
$ id
用户 id=1000(nbcc) 组 id=1008(group07) 组=1008(group07),1000(nbcc) 上下文=unconfined_u:unconfined_r:unconfined_t:s0-s0:c0.c1023
$ exit                          #退出登录
$ exit                          #退出 nbcc,回到 root 用户身份
注销
# su - stu                      #切换为 stu 用户,stu 是 group07 的成员
$ newgrp group07                #以 stu 身份成功登录到 group07 中,无须输入密码
$ id
用户 id=1004(stu) 组 id=1008(group07) 组=1008(group07),1006(group06),1007(stu) 上下文=unconfined_u:unconfined_r:unconfined_t:s0-s0:c0.c1023
$ exit                          #退出登录
$ exit                          #退出 stu,回到 root 用户身份
注销
```

注　意

- 如果用户组没有设置密码,或者使用了 gpasswd -R 命令限制了无关用户登录,那么只有用户组的成员才能使用 newgrp 命令登录并切换用户的主组为该用户组。
- 一个用户组的成员用户以及 root 用户可以无条件使用 newgrp 命令登录该用户组。

微课 6-5
用户和用户组存储文件

6.4.3 知识点 3 用户和用户组存储文件

添加用户(组)时,命令会将用户(组)相关数据存储到特定的文件中,这样的文件一共有 4 个,见表 6-14。

表 6-14 用户(组)存储文件

字　段	说　明
/etc/passwd	该文件存储了系统中所有用户的基本信息,如用户名、用户 ID、组 ID、描述性信息、主目录和默认 shell。该文件对所有用户可读,但只有 root 用户可写
/etc/shadow	该文件是/etc/passwd 的影子文件,它存储了用户(加密后)的密码和一些与密码相关的属性,如密码有效期、最小长度、警告天数等。该文件只有 root 用户可读写
/etc/group	该文件存储了系统中所有用户组的信息,如组名、组 ID 和组成员。该文件对所有用户可读,但只有 root 用户可写
/etc/gshadow	该文件是/etc/group 的影子文件,它存储了用户组(加密后)的密码和一些与用户组相关的属性,如管理员和限制登录等。该文件只有 root 用户可读写

小　心

从理论上来说,root 用户可以直接编辑用户和用户组存储文件来添加、修改或者删除用户或者用户组。除非有必要的理由,否则强烈不建议这么做,因为不当的编辑可能会造成系统用户管理的混乱。

(1) /etc/passwd

/etc/passwd 是系统记录用户的一个文本文件,内容包括系统中用户的一些有用的信息,如用户名、UID、用户主组的 GID、家目录、用户 shell 等。

清单 6-42 所示为一个样例 passwd 文件,其中每一行表示的都是系统中一个用户的信息。每行有 7 个字段,每个字段用":"分割,在表 6-15 中对这 7 个字段给出了详细说明。

清单 6-42

```
root:x:0:0:root:/root:/bin/bash
bin:x:1:1:bin:/bin:/sbin/nologin
...此处省略若干行
stu:x:1000:1000:Student:/home/stu:/bin/bash
```

表 6-15 /etc/passwd 文件字段说明

字　段	说　明
1	用户名
2	原本用于存储用户密码,但目前该字段没有太大意义,一般都显示为字符 x。用户的实际密码是加密存储在/etc/shadow 文件中的

续表

字　段	说　明
3	用户 ID(UID),是用户的唯一标识。root 用户的 UID 为固定值 0,系统会把若干靠前(在 /etc/login.defs 文件中指定,默认为 201~999)UID 预留出来给系统用户使用,普通用户使用其后的 UID
4	用户主组的 GID。用户主组只有一个,因此这里的 GID 也只有一个。关于 GID 的具体说明见表 6-17
5	用户的描述性信息,可选项,可以不设置
6	用户的家目录
7	用户登录时所用 shell

(2) /etc/shadow

/etc/shadow 文件是/etc/passwd 的影子文件,这两个文件是互补的。shadow 文件中内容包括用户及被加密的密码、账户、密码的有效期限等较为敏感的信息,该文件访问权限规定非常严格,无法以普通用户身份查看这个文件,如清单 6-43 所示。

清单 6-43

```
$ls -l /etc/shadow
----------1 root root 1.5K 10 月 16 09:49 /etc/shadow
$ cat /etc/shadow
/etc/shadow: 权限不够
```

清单 6-44 所示为一个样例 shadow 文件,其中每一行表示的都是系统中的一个用户。每行有 9 个字段,每个字段用“:”分割,在表 6-16 中对这 9 个字段给出了详细说明。

清单 6-44

```
root: $1$VE.Mq2Xf$2c9Qi7EQ9JP8GKF8gH7PB1::0:99999:7:::
bin:*:17632:0:99999:7:::
...此处省略若干行
stu: $6$ace7LJG0$H8IW.ADQvWzcsqT5AuCxaRQpoQMkW/:17941:0:99999:7::18262:
```

表 6-16　/etc/shadow 文件字段说明

字　段	说　明
1	用户名
2	加密的密码。如果密码的第 1 个字符是“!”或者“*”,则表示用户或其密码被锁定
3	最后一次更改密码的日期,即从 1970 年 1 月 1 日开始计算的总天数。0 表示用户应该在下次登录系统时更改密码
4	密码的最短使用天数,即用户更改密码之后,要等多少天才能再次更改密码。空字段或 0 表示没有最小密码使用天数

续表

字　段	说　明
5	密码的最长使用天数,即用户一次更改密码之后,最长不修改密码的天数。空字段表示没有密码的最长使用天数,字段 6 和字段 7 也会失效。如果密码的最长使用天数小于密码的最短使用天数,用户将不能更改密码
6	密码过期警告天数,即密码过期之前,提前警告用户的天数。空字段或者 0 表示没有过期警告天数。默认是 7,表示在用户密码过期前的 7 天警告用户更改密码
7	密码过期缓冲天数,即密码过期后,仍然接受此密码的天数(在此期间,用户在登录时会被提醒修改密码)。密码到期并且过了该宽限期之后,使用用户当前的密码将不能登录。空字段表示禁用这个功能
8	用户账户过期日期,即从 1970 年 1 月 1 日开始计算的总天数。注意账户过期不同于密码过期:账户过期时,用户将不被允许登录;密码过期时,用户将不被允许使用其密码登录。空字段表示账户永不过期。注意:应该避免使用 0,因为它既能理解成永不过期也能理解成在 1970 年 1 月 1 日过期
9	保留字段,供将来使用

(3) /etc/group

/etc/group 文件是用户组记录文件,内容包括用户组名、用户组密码、用户组的 GID 和用户组所包含的用户。

清单 6-45 所示为一个样例 group 文件,其中每一行表示的都是系统中一个用户的信息。每行有 4 个字段,每个字段用“:”分割,在表 6-17 中对这 4 个字段给出了详细说明。

清单 6-45

```
root:x:0:stu
bin:x:1:
...此处省略若干行
stu01:x:1005:
```

表 6-17　/etc/group 文件字段说明

字　段	说　明
1	用户组名
2	原本用来存储用户组密码,但现在该字段没有太大意义,一般都显示为字符 x。用户组的实际密码是加密存储在/etc/gshadow 文件中的
3	用户组 ID(GID),和 UID 类似,是用户组的唯一标识。root 用户组的 GID 为固定值 0,系统会把若干靠前(在/etc/login.defs 文件中指定,默认为 201~999)GID 预留出来给系统用户使用,普通用户则使用其后的 GID
4	从属于该用户组的用户列表。每个用户之间用“,”分割。注意:本字段为空并不一定表示用户组中没有用户,因为将该用户组作为主组的用户不会出现在该列表中

(4) /etc/gshadow

/etc/gshadow 文件是/etc/group 的影子文件，这两个文件是互补的。gshadow 文件中的内容包括用户组被加密的密码、用户组管理者等信息。该文件的访问权限规定和/etc/shadow 文件一样，无法以普通用户身份查看，如清单 6-46 所示。

清单 6-46

```
$ls -l /etc/gshadow
----------1 root root 1.5K 10 月 16 09:49 /etc/gshadow
$ cat /etc/gshadow
/etc/gshadow: 权限不够
```

清单 6-47 所示为一个样例 gshadow 文件，其中每一行表示的都是系统中的一个用户组。每行有 4 个字段，每个字段用“:”分割，在表 6-18 中对这 4 个字段给出了详细说明。

清单 6-47

```
root:::stu
bin:::
...此处省略若干行
stu01:!::
```

表 6-18 /etc/gshadow 文件字段说明

字 段	说 明
1	用户组名
2	加密的用户组密码，该密码用于不是此组成员的用户获取此组的权限。此字段可以为空，即只有组成员可以获取组权限
3	用户组管理员，以“,”分隔的用户名列表。管理员可以更改组密码和成员，也有与成员一样的权限
4	用户组成员，以“,”分隔的用户名列表。成员可以免密码访问组。该列表和/etc/group 中对应用户组的用户名列表相同

6.4.4 知识点 4 sudo 命令和 sudoers 文件

(1) /etc/sudoers

下面介绍/etc/sudoers 文件的语法格式并用 6 个范例来进行展示和说明。

/etc/sudoers 文件是一个文本文件，仅对 root 用户有权限，可以使用 visudo 命令来打开并编辑该文件。/etc/sudoers 文件在没有改动的情况下大约有 100 行，其中应该有如清单 6-48 所示的两行，这两行正是 sudoers 文件的核心配置行。

清单 6-48

```
...
root      ALL=(ALL:ALL) ALL
...
%wheel    ALL=(ALL) ALL
...
```

核心配置行的格式归纳如图 6-3 所示，其中共有 4 个字段，具体说明见表 6-19。

1	2		3		4
用户/用户组	主机/主机组	= (	身份/身份组	)	命令/命令组

图 6-3 /etc/sudoers 文件配置行格式图示

表 6-19 /etc/sudoers 文件配置行字段说明

字段	说明
1	用户/用户组。授权给哪些用户或者用户组，可以是用户名、用户组名或者用逗号隔开的列表，也可以是文件中预先定义好的“用户别名”。不以“%”开头的表示“用户”，如清单 6-48 中的 root；以“%”开头的表示“用户组”，如清单 6-48 中的“%wheel”
2	主机/主机组。授权可登录的主机，可以是 IP 地址、主机名或者用逗号隔开的列表，也可以是文件中预先定义好的“主机别名”。ALL 表示所有主机
3	身份/身份组。授予哪些用户和用户组的权限。“:”前表示用户，“:”后表示用户组。如果省略则表示 root:root；如果为 ALL 或者 ALL:ALL 则表示授予任意用户和任意用户组身份执行指定命令的权限
4	命令/命令组。授权使用哪些命令，可以是命令名或者用逗号分开的命令名列表，也可以是文件中预先定义好的“命令别名”。所有的命令均使用绝对路径描述，避免误授权。可在命令前加上“NOPASSWD:”修饰表示免密码执行，也可在命令前加上“!”修饰表示排除该命令。ALL 表示授权所有命令

范例 6-21：基本配置。让普通用户 nbcc 能够通过 sudo 命令以 root 用户的身份执行关机命令 shutdown。在/etc/sudoers 文件中添加相应配置行，如清单 6-49 所示，接着用 nbcc 用户来验证，如清单 6-50 所示。

清单 6-49

```
#表示 nbcc 用户可以在任何地方登录本主机，以 root 用户身份执行 shutdown 命令
nbcc    ALL=(root)    /sbin/shudown
```

清单 6-50

```
$ whoami
nbcc
$ sudo shutdown -h 5                            #用 stu 以 root 用户的身份执行 shutdown 命令
我们信任您已经从系统管理员那里了解了日常注意事项。#首次执行会输出如下提示信息
总结起来无外乎这三点：

    #1) 尊重别人的隐私；
    #2) 输入前要先考虑(后果和风险)；
    #3) 权力越大，责任越大。

[sudo]nbcc 的密码：                              #输入 nbcc 密码，执行关机命令
Shutdown scheduled for 三 2023-02-13 23:53:00 CST, use 'shutdown -c' to cancel.
```

范例 6-22:免密码配置。让范例 6-21 中的 nbcc 用户能够免输入密码执行 shutdown 命令,在/etc/sudoers 文件中添加相应配置行,如清单 6-51 所示,接着用 stu 用户来验证,如清单 6-52 所示。

清单 6-51

```
#表示 nbcc 用户可以在任何地方登录,以 root 用户身份免密码执行 shutdown 命令
nbcc     ALL=(root)       NOPASSWD:/sbin/shudown
```

清单 6-52

```
$ whoami
nbcc
$ sudo shutdown -h 5         #用 nbcc 以 root 用户的身份执行 shutdown 命令,无须输入密码
Shutdown scheduled for 三 2023-02-13 23:53:00 CST, use 'shutdown -c' to cancel.
```

范例 6-23:命令排除。让用户 mag01 和 hr 用户组中的用户能够在公司内部网段(172.18.1.0/24 和 172.18.2.0/24)的任意主机上登录本主机,以 root 用户的身份免密码执行添加用户和修改(除 root 外)用户密码的操作。在/etc/sudoers 文件中添加相应配置行,如清单 6-53 所示,接着用 manager 用户来验证,如清单 6-54 所示。

清单 6-53

```
#表示 nbcc 用户可以从公司内部网段(172.18.1.0/24 和 172.18.2.0/24)
#中的任意主机或者本地登录本主机,以 root 用户身份执行 shutdown 命令
mag01,%hr    172.18.1.0/24,172.18.2.0/24,localhost=(root)
    /sbin/useradd,/bin/passwd [A-Za-z0-9_]*,! /bin/passwd root
```

清单 6-54

```
$ whoami
manager
$ sudo useradd user10               #用 mag01 以 root 用户的身份添加 user10 用户
[sudo] mag01 的密码:
$ sudo passwd user10                #用 mag01 以 root 用户的身份设置 user10 密码
更改用户 user10 的密码 。
新的密码:
重新输入新的密码:
passwd:所有的身份验证令牌已经成功更新。
$ sudo passwd root                  #用 mag01 以 root 用户的身份修改 root 密码,无权限
对不起,用户 mag01 无权以 root 的身份在 localhost.localdomain 上执行 /bin/passwd root。
```

注 意

在 sudoers 文件中配置行的 4 个字段中都可使用文件通配符。

范例 6-24:用户、主机和命令别名。为范例 6-23 中的用户组、主机组和命令组定义一个别名,并使用这些别名重写配置,使得配置文件更加清晰易读。在/etc/sudoers 文件中添加相应配置行,如清单 6-55 所示。

清单 6-55

```
#定义一个用户(组)别名,包括一个用户和一个用户组
User_Alias HR = mag01, %hr
#构建一个主机(组)别名,包括两个网段和一个主机名
Host_Alias INTRANET = 172.18.1.0/24,172.18.2.0/24,localhost
#构建一个命令(组)别名,包括两个指定的命令,并排除了一个命令
Cmnd_Alias USERADD = /sbin/useradd,/bin/passwd [A-Za-z0-9_]*,! /bin/passwd root
#表示 HR 代表的用户可在 INTRANET 代表的主机上登录,以 root 用户的身份免密执行 USERADD 代表的命令
HR   INTRANET=(root)NOPASSWD: USERADD
```

注　意

在/etc/sudoers 文件以注释形式预设了一些有用的命令别名,如 NETWORKING 是网络相关的操作命令,SOFTWARE 是软件相关的操作命令等,可以通过去除注释符来使用这些命令别名。

范例 6-25:用/etc/suoders.d 目录管理 sudo 配置。将范例 6-24 的配置写入/etc/suoders.d 目录下一个名为 hr 的配置文件中,而非/etc/sudoers 文件中,如清单 6-56 所示。

清单 6-56

```
# 将范例 6-24 的配置写入/etc/suoders.d 目录下一个名为 hr 的文件中,删除/etc/sudoers 中的配置行
# cd /etc/sudoers.d
# echo "User_Alias HR = mag01, %hr">>./hr
# echo "Host_Alias INTRANET = 172.18.1.0/24,172.18.2.0/24,localhost" >>./hr
# echo "Cmnd_Alias USERADD = /sbin/useradd,/bin/passwd [A-Za-z0-9_]*,! /bin/passwd root">>./hr
# echo "HR    INTRANET=(root)  NOPASSWD: USERAD" >>./hr
```

注　意

- /etc/sudoers 的最后一行虽然以“#”开头,但并非注释,如清单 6-57 所示,表示文件包含/etc/sudoers.d 目录下的文件,即在/etc/sudoers.d/目录下,不以“~”结尾的文件和不包含“.”的文件的内容,都会被作为/etc/sudoers 的内容的一部分。

清单 6-57

```
#includedir /etc/sudoers.d
```

- 使用 sudo 配置文件目录/etc/sudoers.d,可以更加方便地管理 sudoers 配置,也更加安全。

范例 6-26:配置 sudo 日志。在 sudoers 中开启 sudo 日志功能,记录用户执行 sudo 命令的操作行为。在/etc/sudoers 文件中添加相应配置行,如清单 6-58 所示,接着重启系统日志服务,并执行一次 sudo 命令,如清单 6-59 所示,打开 sudo 日志进行验证,如清单 6-60 所示。

清单 6-58

```
Defaults  logfile = /var/log/sudo.log       #将 sudo 日志写入/var/log/sudo.log 文件中
```

清单 6-59

```
# systemctl restart rsyslog                #重启系统日志服务
# su - mag01                               #切换为 mag01 用户并用 sudo 执行 useradd 命令
$ sudo useradd tmpuser
[sudo] mag01 的密码:
# exit
```

清单 6-60

```
#sudo 日志 var/log/sudo.log 文件中多出一行
Sep 15 13:25:02 : mag01 : TTY=pts/1 ; PWD=/home/mag01 ; USER=root ;
    COMMAND=/sbin/useradd tmpuser
```

注　意

除了配置专门的 sudo 日志外,还可以使用如下两种方法来查看 sudo 日志:

- /var/log/secure 是一个用于存储安全和认证相关的消息和错误的日志文件,包括 sudo 日志。可以结合 grep 命令来查看其中 sudo 相关日志,如清单 6-61 所示。

清单 6-61

```
# less /var/log/secure |grep sudo
```

- 使用 journalctl 命令结合 grep 命令查看系统日志中的 sudo 消息,如清单 6-62 所示。

清单 6-62

```
# journalctl -b |grep sudo
```

(2) sudo 命令

下面介绍 sudo 命令的语法格式,并用两个范例来进行展示和说明。

命令 sudo

用法:sudo [选项][命令]

- 将当前用户切换到指定用户或者以指定用户身份执行命令。
- sudo 命令的部分常用选项见表 6-20。

表 6-20　sudo 命令的常用选项

选　项	说　明
-l	显示出用户被赋予的权限
-u 用户名/UID	以指定用户身份执行命令,后跟用户名或者 UID,如不指定,默认以 root 用户身份执行命令

续表

选　　项	说　　明
-s	以 root 用户身份启动一个 shell 进程,可以连续执行多个命令,直到退出该 shell
-k	sudo 命令使用时间戳文件来保证安全性。当用户执行 sudo 命令并且输入密码后,将获得一张默认存活期为 5 分钟的“入场券”,在 5 分钟内执行该命令无须再次输入用户密码。超时以后,用户必须重新输入密码。本选项用于清除时间戳上的时间,使得用户在下一次执行 sudo 时需要再次输入密码

范例 6-27:查看 mag01 用户所获得的 sudo 权限,如清单 6-63 所示。

清单 6-63

```
$ sudo -l
[sudo] mag01 的密码:
匹配 %2 $s 上 %1 $s 的默认条目:
    !visiblepw, always_set_home, match_group_by_gid, always_query_group_plugin,
    env_reset, env_keep="COLORS DISPLAY HOSTNAME HISTSIZE KDEDIR LS_COLORS",
    env_keep+="MAIL PS1 PS2 QTDIR USERNAME LANG LC_ADDRESS LC_CTYPE",
    env_keep+="LC_COLLATE LC_IDENTIFICATION LC_MEASUREMENT LC_MESSAGES",
    env_keep+="LC_MONETARY LC_NAME LC_NUMERIC LC_PAPER LC_TELEPHONE",
    env_keep+="LC_TIME LC_ALL LANGUAGE LINGUAS _XKB_CHARSET XAUTHORITY",
    secure_path=/sbin\:/bin\:/usr/sbin\:/usr/bin

用户 mag01 可以在 localhost 上运行以下命令:
    (root) /sbin/useradd, /bin/passwd [A-Za-z0-9_]*, !/bin/passwd root
```

范例 6-28:让普通用户 stu 能够通过 sudo 命令以 user01(注意,不是 root)用户身份免密码执行 touch 命令。在/etc/sudoers 文件中添加相应配置行,如清单 6-64 所示,接着用 stu 用户来验证,如清单 6-65 所示。

清单 6-64

```
#表示 stu 用户可以在任何地方登录,以 user01 用户身份执行 vim 命令
stu   ALL=(user01)      NOPASSWD:/usr/bin/vim
```

清单 6-65

```
$whoami
stu
$ touch ~user01/file01
touch: 无法创建"/home/user01/file01": 权限不够
#用 stu 以 user01 用户的身份在 user01 家目录中 touch 名为 file01 的文件
$ sudo -u user01 touch ~user01/file01
#成功执行
```

6.5 任务小结

在经历了 Linux 用户管理的第一课之后，小 Y 在管理用户这一领域中应该不至于再被称为“门外汉”了。现在，小 Y 应该能够：

1. 切换用户身份。
2. 添加、删除和修改用户。
3. 添加、删除和修改用户。
4. 查看用户和用户组。
5. 为用户提权。

习题 6

文本：习题参考答案

同时，小 Y 应该已经了解：

1. 用户和用户组的概念以及用户和用户组之间的关系。
2. 切换、添加、删除和修改用户相关命令。
3. 添加、删除和修改用户组相关命令。
4. 查看用户和用户组相关命令。
5. 用户和用户组存储文件基本字段的意义。
6. sudo 命令和 sudoers 文件核心配置各个字段的意义。

任务 6 在线实验

任务 7 管理硬盘

——井井兮其有理也。

7.1 任务场景

PPT：任务 7 管理硬盘

微课 7-1 硬盘管理——专注负责，守正创新

C 小组项目版本要进行更迭，需要部署一些测试，但是项目测试服务器主机上的存储空间已经不够了，需要安装新的硬盘。这次组长交代给小 Y 的任务是要为 C 小组的项目测试服务器主机上安装 3 块硬盘，按项目组的要求分区格式化，并挂到指定的目录上。

除了在安装系统的时候学习了一些关于硬盘、分区和文件系统的知识，小 Y 的硬盘管理实操经验着实不多，这让他非常担忧，因为凡是涉及硬盘的操作，风险都相对比较高，搞不好可能会影响整个项目的进度。因此，小 Y 准备向老 L 求助，让老师傅作顾问，在自己拿不准的情况下给点建议，以免闯祸。

接下来，就和小 Y 一起，在老 L 的帮助下来完成为硬盘创建分区和逻辑卷、创建和挂载文件系统任务，同时一起学习 Linux 中磁盘管理相关的概念、原理和命令。

7.2 任务内容

本任务内容见表 7-1。

表 7-1 存储资源申请表

MDS LTD.	IT 资源和服务申请表
资源类别 ■存储资源 □网络带宽 □计算资源 □ IT 支持服务 □其他	
申请人员/部门： 技术部/C 项目组 实施人员/部门： IT 支持部/P 项目组	
详细规格描述： 1. 为现有内部测试服务器 X 添加一个 1 TB 大小的 NVMe① 固态硬盘，要求：	

① NVMe（Non-Volatile Memory Express，非易失性存储器主机控制器接口规模）是使用 PCI-E 通道的一种固态存储设备通信协议。

续表

● 划分为 2 个分区。 ● 分区 1 作为交换空间,大小为 4GB。 ● 分区 2 采用 xfs 文件系统,大小为余下空间,挂载在/project_b/bin 目录上。 2. 为内部服务器 X 添加两个 4 TB 的机械硬盘,要求: ● 两个硬盘组成一个逻辑卷组,并创建两个逻辑卷。 ● 逻辑卷 1 作为交换空间,大小为 4 GB。 ● 逻辑卷 2 采用 xfs 文件系统,大小为余下的空间,挂载在/project/data 目录上。
本部门主管:已批准
IT 部门主管:已批准

任务清晰明确,但万事开头难,想要在 Linux 中管理硬盘,首先要了解一些什么,又该从哪里着手做起呢?不要着急,先跟着往下做。

小　心

分区和创建文件系统都是高风险操作,牢记以下行事准则:

- 开始之前备份重要的数据。
- 充分了解所使用的工具。
- 如果犯错,马上停止,寻求帮助。

7.3 任务实施

7.3.1 子任务 1 创建分区和逻辑卷

(1) 列出块设备

微课 7-2 查看块设备

在开始分区前需要确认新硬盘都已正确插入到主机中,且已经被正常识别和驱动。可以用 lsblk 来进行查看,该命令会列出系统中(除了内存虚拟磁盘外的)所有可用块设备,而硬盘、分区和逻辑卷正是块设备之一,如清单 7-1 所示。在输出中可以看到主机中系统硬盘 nvme0n1 和其下的两个分区 nvme0n1p1、nvme0n1p2,以及 nvme0n1p2 上的 3 个逻辑卷 rl-root、rl-swap 和 rl-home,还可以看到 3 块新硬盘 sda、sdb 和 nvme0n2。

清单 7-1

```
# lsblk
NAME                 MAJ:MIN  RM       SIZE   RO  TYPE    MOUNTPOINTS
sda                  8:0      0        3.9T   0   disk
sdb                  8:16     0        3.9T   0   disk
sr0                  11:0     1        1024M  0   rom
nvme0n1              259:0    0        1000G  0   disk
├─nvme0n1p1   259:1      0       1G        0  part      /boot
└─nvme0n1p2   259:2      0       999G      0  part
```

```
  ├─rl-root   253:0      0      70G      0  lvm     /
  ├─rl-swap   253:1      0      3.9G     0  lvm     [SWAP]
  └─rl-home   253:2      0      925.1G   0  lvm     /home
nvme0n2             259:3    0        2T      0   disk
```

确认新插入的硬盘已经被正常识别和驱动后，就可以进行分区或者创建逻辑卷。

注　意

在本任务的知识点 1 中，将阐述硬盘和分区的概念；在知识点 3 中，将阐述逻辑卷的概念。

(2) 创建分区

接下来，对硬盘 nvme0n2 进行分区。

微课 7-3
管理分区

注　意

- Linux 中有很多分区工具，常用的命令行分区工具包括 fdisk、sfdisk、gdisk 和 parted 等。
- parted 是 RHEL 的官方文档中使用的分区工具，功能完善，它还支持非交互式执行，便于在脚本中使用。parted 也是本任务中所使用的分区工具。

在命令行中输入“parted 设备文件名”命令即可进入 parted 对设备进行分区的交互界面。首先输出 parted 的版本号和设备名，其后是 parted 的命令提示行，此处即可输入 parted 的交互命令。输入 help 命令查看帮助文档，如清单 7-2 所示。

清单 7-2

```
# parted /dev/nvme0n2
GNU Parted 3.5
使用 /dev/nvme0n2
欢迎使用 GNU Parted！输入 'help' 来查看命令列表。
(parted) help
  align-check 类型 N                      检查分区 N 是否为 (最小=min|最佳=opt) 对齐类型
  help [COMMAND]                          打印通用求助信息，或 COMMAND 的帮助
  mklabel,mktable LABEL-TYPE              创建新的磁盘卷标 (分区表)
  mkpart                                  分区类型 [文件系统类型] 起始点 结束点 创建一个分区
  name 编号 名称                          将指定“编号”的分区命名为“名称”
  print [devices|free|list,all]           显示分区表、可用设备、剩余空间或所有分区
  quit                                    退出程序
  ...此处略去若干行
  version                                 显示目前 GNU Parted 的版本与版权信息
```

parted 还可以通过非交互的方式来划分分区，出于效率和实用角度考虑，更加倾向于使用非交互的方式来实施操作。以下操作均通过非交互的方式完成，输入 quit 或 q 命令退出 parted 的交互界面。

注　意

- 在任务4中提到过“一切皆文件”,这对硬盘和分区也同样成立,它们在Linux系统被表示为特殊的文件,称为块设备文件(Block Device File)。块设备文件的特点是其数据是以固定大小的块为单位进行读写的,而不是按字节或字符。
- Linux系统中的块设备文件一般放在/dev目录下,每个文件都对应一个硬盘或分区。用户可以通过块设备文件来访问和操作硬盘或者分区。

新硬盘/dev/nvme0n2中没有分区表,可以使用parted的mklabel命令来为其创建分区标签。mklabel命令的语法格式如清单7-3所示,其中“分区标签”的常用取值有msdos和gpt等几种,本任务中使用的是gpt,任务实现如清单7-4所示。

清单 7-3

```
parted 设备文件名 mklabel [分区表类型]
```

注　意

- msdos是传统的分区方式,其目的是兼容BIOS+MBR(Main Boot Record/主引导记录)的开机引导方式,但已经不适合在当前主流架构的机器上使用。
- gpt(GUID Partition Table,全局唯一标识分区表)是新的分区方式,解决了msdos的很多缺点,也是任务中使用的分区表类型。

清单 7-4

```
#parted /dev/nvme0n2 mklabel gpt      #为 nvme0n2 创建 gpt 分区标签
信息: 你可能需要更新 /etc/fstab
```

小　心

- parted操作都是实时写入硬盘分区表的,因此每一步操作都是不可撤销的,一定要谨慎使用。
- 使用mklabel命令会改变硬盘分区表类型,从而导致硬盘上所有数据的丢失。

接下来就可以用parted的mkpart操作命令划分第1个分区。mkpart是parted最核心的操作命令,其语法格式如清单7-5所示,任务具体实现如清单7-6所示。

清单 7-5

```
parted 设备文件名 mkpart [分区类型] [文件系统类] 分区名 起始位置 结束位置
```

1)分区名:对于gpt分区来说是必需的。

2)起始位置和结束位置:可以用(占硬盘容量的)百分比形式来表示,也可以用数字加上容量单位来表示,也可用两者混合来表示。

3)分区类型:仅对msdos分区有意义,对gpt分区无意义,无须填写。

4)文件系统类型:选填,仅仅有标识意义,不会真正建立文件系统。

清单 7-6

```
# parted /dev/nvme0n2 mkpart disk_swap 0% 4GB      #名为 disk_swap,大小为 4GB
信息：你可能需要更新 /etc/fstab
# parted /dev/nvme0n2 mkpart disk_bin 4GB 100%      #名为 disk_bin,大小为余下所有空间
信息：你可能需要更新 /etc/fstab
```

小　心

- mkpart 中的分区容量单位有若干种，如 s、KB、MB、GB 和 TB，其中 s 表示一个逻辑扇区的容量，大小为 512B。
- mkpart 中可以采用百分比的方式指定分区的起始和结束位置，如指定起始位置为 0，结束位置为 50%的分区将占据硬盘前半部分的空间。
- mkpart 中通常用 0 来指定第一个分区的起始位置，用 100%来指定最后一个分区的结束位置，这涉及分区对齐（Partition Alignment）的问题。在本任务的知识点 2 中会对分区对齐进行一些简单说明。

分区完成后，可以用 parted 的 print 操作命令来查看磁盘中的分区，如清单 7-7 所示。可以看到“文件系统”和“标志”字段为空，其中“文件系统”字段在为分区创建相应文件系统后会填入；“标志”字段是用来标识分区的一些特殊属性或功能的，如启动分区、交互分区等，该字段为空并不影响分区的使用。

清单 7-7

```
# parted /dev/nvme0n2 print
型号:VMware Virtual NVMe Disk (nvme)
磁盘 /dev/nvme0n2:2147GB
扇区大小 (逻辑/物理):512B/512B
分区表:gpt
磁盘标志:

编号  起始点   结束点   大小     文件系统   名称         标志
1     1049KB   4295MB   4294MB              disk_swap
2     4295MB   2147GB   2143GB              disk_bin
```

特别要注意的是，4 GB 大小的 disk_swap 分区 1 将被用作交换分区。交换分区是用来存储用户文件的，当程序需要的存储空间比分配给它的物理内存还要大时，Linux 会把存不下的数据暂时存储到硬盘的交换分区中。此外，Linux 也会把一些很久未被使用的数据转移到交换分区中，留出内存给需要的程序。

注　意

- 交换分区的大小对 Linux 主机的性能至关重要。交换分区大小划分应该合适，过小不行，但也并非越大越好。一般来说，在没有特殊需求的前提下，可参照 RHEL 官方推荐的主机交换分区大小划分原则，见表 7-2。

表 7-2 RHEL 官方推荐的系统交换分区设置

系统物理内存容量	建议交换分区大小	允许系统休眠时的建议交换分区大小
低于 2 GB	物理内存的 2 倍	物理内存的 3 倍
2 GB~8 GB	与物理内存相等	物理内存的 2 倍
8 GB~64 GB	4 GB 到物理内存的 0.5 倍	物理内存的 1.5 倍
超过 64 GB	独立负载(至少 4 CB)	不建议使用休眠功能

- 如果主机有多个物理硬盘,最好将交换分区分布到每块硬盘上。数据交换就是硬盘读写的操作,分布于各个硬盘上交换分区可以均衡 I/O 负载,加快交换的速度。

如果分区划分操作出现失误,可以使用 parted 的 rm 操作命令来删除分区,其语法格式如清单 7-8 所示,删除/dev/nvme0n2 上的第 1 个分区 nvme0n2p1 样例如清单 7-9 所示。

清单 7-8

```
# parted 设备文件名 rm 分区编号
```

清单 7-9

```
# parted /dev/nvme0n2 rm 1
```

至此,nvme0n2 硬盘分区就划分好了,接下来要在另外两个新硬盘 sda 和 sdb 上创建逻辑卷。

注 意

关于 parted 命令的用法将在本任务的知识点 3 中详述。

(3) 创建逻辑卷

创建逻辑卷需要用到 Linux 中的逻辑卷管理器(Logical Volume Manager/LVM)。逻辑卷(Logical Volume/LV)可以视为一种更加灵活、可扩展的特殊"分区",这种"分区"是在一种叫作卷组(Volume Group/VG)的特殊"硬盘"之上划分出来的,卷组是由一个或者多个物理卷(Physical Volume/PV)组构成的一个"逻辑硬盘",物理卷可以是一个硬盘或者一个分区。

微课 7-4
管理逻辑卷

注 意

- LVM 的基本原理是把一个或多个物理磁盘分区转换为物理卷,然后把多个物理卷组合成一个卷组,最后在卷组中划分逻辑卷。逻辑卷就像普通的磁盘分区一样,可以格式化和挂载到文件系统中。
- LVM 的优点是可以在不影响文件系统的情况下动态地调整逻辑卷的大小,或者增加或删除物理卷来扩展或缩小卷组的容量。LVM 还可以实现磁盘的镜像、快照、条带化等高级功能,提高数据的安全性和性能。
- LVM 的缺点是增加了磁盘管理的复杂性,数据存储性能会受到影响,同时当卷组中有一个物理卷对应的设备损坏了,整个卷组都会受到影响。另外,逻辑卷不能用于/boot 分区,因为引导程序无法识别。

本任务中要将两个新硬盘作为物理卷构成一个卷组，然后在其上划分两个逻辑卷，如图 7-1 所示。

第 1 步是创建物理卷，使用 pvcreate 命令，可以在硬盘上创建物理卷 PV，也可以使用分区创建物理卷，如清单 7-10 所示。

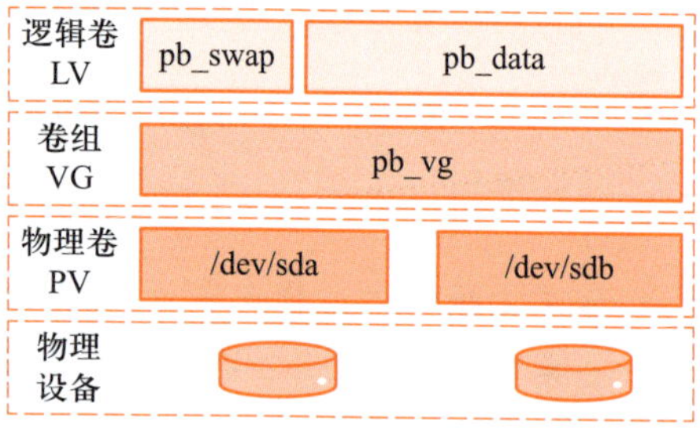

图 7-1 创建逻辑卷任务示意图

清单 7-10

```
# pvcreate /dev/sda
  Physical volume "/dev/sda" successfully created.
# pvcreate /dev/sdb
  Physical volume "/dev/sdb" successfully created.
```

小 心

创建物理卷会导致硬盘或者分区上原来的数据全部丢失。

两个物理卷创建完成后，用 pvscan 命令查看，sda 和 sdb 加起来总共约有 7.81TB 的空闲空间，而 nvme0n1p2 则是在安装系统时使用分区创建的物理卷，已经被使用了，如清单 7-11 所示。

清单 7-11

```
# pvscan
  PV /dev/nvme0n1p2   VG rl          lvm2 [<999.00 GiB / 0    free]
  PV /dev/sda                        lvm2 [<3.91 TiB]
  PV /dev/sdb                        lvm2 [<3.91 TiB]
  Total: 3 [<8.79 TiB] / in use: 1 [<999.00 GiB] / in no VG: 2 [7.81 TiB]
```

第 2 步是创建卷组。可以用 vgcreate 命令来创建卷组，如清单 7-12 所示。

清单 7-12

```
# vgcreate pb_vg /dev/sda /dev/sdb          #用两个物理卷 sda 和 sdb 创建一个逻辑卷组 pb_vg
  Volume group "pb_vg" successfully created
```

按要求，给卷组指定名称 pb_vg，使用的物理卷是/dev/sda 和/dev/sdb。在卷组创建完成后，用 vgs 命令查看卷组的概要信息，包括卷组名（VG）、使用的物理卷数目（#PV），包含的逻辑卷数目（#LV）、包含的快照卷数目（#SN）、属性（Attr）、容量（VSize）和剩余容量（VFree），如清单 7-13 所示。

清单 7-13

```
# vgs
  VG     #PV  #LV  #SN  Attr    VSize      VFree
  pb_vg  2    0    0    wz--n-  7.81t      7.81t
  rl     1    3    0    wz--n-  <999.00g   0
```

第 3 步是用 lvcreate 命令划分逻辑卷，按任务要求划分两个逻辑卷：pb_swap 和 pb_data。lvcreate 命令用-n 选项指定逻辑卷名字，用-L 或者-l 选项指定逻辑卷大小，如清单 7-14 所示。

清单 7-14

```
# lvcreate -n pb_swap -L 4G pb_vg                #创建逻辑卷 pb_swap,容量为 4 GB
Logical volume "pb_swap" created.
# lvcreate -n pb_data -l 100%FREE pb_vg          #创建逻辑卷 pb_vg,容量为当前 VG 余下的所有空间
Logical volume "pb_data" created.
```

小　心

lvcreate 命令的-L 和-l 选项都可以指定逻辑卷的大小。-L 选项后逻辑卷容量大小的单位是 MB、BB、TB 等,很容易理解。而-l 选项后逻辑卷容量大小的单位非常特殊,称为 PE(Physical Extend),如果没有特别指定,一个 PE 默认为 4 MB,例如-l 100 表示创建一个大小为 100 PE,即 400 MB 的逻辑卷。-l 选项后还可以用"百分比+后缀"的形式指定逻辑卷的大小,常用的两个后缀是 FREE 和 VG,例如,-l 80%FREE 表示创建的逻辑卷使用当前 VG 中 80%的剩余空间,-l 50%VG 表示逻辑卷使用当前 VG 的 50%的空间。

创建成功后,用 lvscan 命令查看逻辑卷及其状态,不仅可看到刚刚新建的两个逻辑卷,还可以看到在安装系统时建立的 3 个逻辑卷,如清单 7-15 所示。

清单 7-15

```
# lvscan
  ACTIVE            '/dev/rl/root' [70.00 GiB] inherit
  ACTIVE            '/dev/rl/home' [925.07 GiB] inherit
  ACTIVE            '/dev/rl/swap' [<3.93 GiB] inherit
  ACTIVE            '/dev/pb_vg/pb_swap' [4.00 GiB] inherit
  ACTIVE            '/dev/pb_vg/pb_data' [<7.81 TiB] inherit
```

注　意

LVM 相关命令的用法将在本任务的知识点 3 中详述。

微课 7-5
创建文件系统
和设置交换空间

至此,所有的分区和逻辑卷创建完成,接下就可以创建文件系统了。

7.3.2 子任务 2 创建文件系统和设置交换空间

(1) 创建文件系统

用 mkfs 命令在指定的分区和逻辑卷上创建指定的 xfs 文件系统,其中-t 选项用于指定文件系统类型,如清单 7-16 所示。

清单 7-16

```
# mkfs -t xfs /dev/nvme0n2p2                  #用 -t xfs 指定文件系统类型
meta-data=/dev/nvme0n2p2        isize=512     agcount=4, agsize=130809792 blks
         =                      sectsz=512    attr=2, projid32bit=1
         =                      crc=1         finobt=1, sparse=1, rmapbt=0
```

```
         =                   reflink=1     bigtime=1 inobtcount=1
data     =                   bsize=4096    blocks=523239168, imaxpct=5
         =                   sunit=0       swidth=0 blks
naming   =version 2          bsize=4096    ascii-ci=0, ftype=1
log      =internal log       bsize=4096    blocks=255487, version=2
         =                   sectsz=512    sunit=0 blks, lazy-count=1
realtime =none               extsz=4096    blocks=0, rtextents=0
```

命令输出很多信息，均为 xfs 文件系统的参数，这些参数并未在命令中指定，但命令使用的是默认值。接着用同样的方式在逻辑卷 pb_data 上建立 xfs 文件系统，如清单 7-17 所示。

清单 7-17

```
# mkfs -t xfs /dev/pb_vg/pb_data
```

注　意

在本任务的知识点 4 中将进一步说明和展示 mkfs 命令的用法。

(2) 设置交换空间

交换分区不是用来存储文件的，因此不需要像常规分区那样创建文件系统。但是，交换分区也需要进行初始化，在其中创建必要的存储数据结构，进而将分区设置为交换空间。

注　意

交换分区不存储文件，而是存储内存页。当物理内存（RAM）不足时，系统会将不常用的内存页移动到交换分区中，从而为需要更多内存的进程释放 RAM 空间。

设置交换空间的命令是 mkswap，下面就将分区 nvme0n2p1 和逻辑卷 pb_swap 设置为交换空间，如清单 7-18 所示。

清单 7-18

```
# mkswap /dev/nvme0n2p1              #将分区 nvme0n2p1 设置为交换空间
正在设置交换空间版本 1，大小 = 4 GiB (4293914624  个字节)
无标签，UUID=686d9025-6c94-4711-bb47-983db11b535b
# mkswap /dev/pb_vg/pb_swap          #将逻辑卷 pb_swap 设置为交换空间
正在设置交换空间版本 1，大小 = 4 GiB (4294963200  个字节)
无标签，UUID=2b6b3f03-71ea-4cf7-a602-9304dd5833a0
```

注　意

在本任务的知识点 4 中将进一步说明和展示 mkswap 命令的用法。

此时，创建的文件系统仍然无法被用户访问到，这是因为还没有为这些文件系统设置好访问的“入口”，需要先将文件系统挂载到系统的目录树上；同时，设置好的交换空间也仍无法被系统所使用，需要先启用它们。

7.3.3 子任务 3 挂载文件系统与启用交换空间

Linux 中的目录是一个树形结构，任何一个文件系统想要被用户访问，都必须通过“挂”到目录树上的某个目录来实现，该目录就是该分区文件系统的访问入口。此操作即为文件系统的“挂载”，此目录即为“挂载点”，而解除文件系统与这个目录关联的过程则称为“卸载”。

注 意

一般提到的“挂载某分区”或者“挂载某逻辑卷”实际上指的是挂载某个分区或者逻辑卷上的文件系统。

微课 7-6 挂载/卸载文件系统、启用/停用交换空间

(1) 手动挂载文件系统

将所有在子任务 1 中创建好的分区和逻辑卷按要求挂载到相应的目录上。

首先处理的是非交换分区，因为只有非交换分区才需要被用户访问，才需要挂载。首先将/dev/nvme0n2p2 挂载到/project_b/bin/目录上。挂载使用 mount 命令，选项-t 用于指定挂载的文件系统类型(xfs)，两个参数分别指定要挂载的设备(/dev/nvme0n2p2)和挂载点(/project_b/bin/)，如清单 7-19 所示。

清单 7-19

```
# mkdir -p /project_b/bin                      #创建挂载点目录
# mount -t xfs /dev/nvme0n2p2 /project_b/bin   #挂载/dev/nvme0n2p2
```

注 意

事实上，mount 命令会自动检测挂载的文件系统的类型，不需要-t 选项，但为了清晰起见，建议尽量使用该选项显式指定文件系统类型。

接下来，使用同样的方法将逻辑卷/dev/pb_vg/pb_data 挂载到目录/project_b/data/上，如清单 7-20 所示。

清单 7-20

```
# mkdir -p /project/data                        #创建挂载点目录
# mount -t xfs /dev/pb_vg/pb_data /project/data  #挂载/dev/pb_vg/pb_data
```

挂载之后，用 df 命令查看系统中所有已经挂载的文件系统的情况，发现创建和挂载错了目录，pb_data 应挂载到/project_b/data 目录上，但目录创建错了，挂载到/project/data 目录上，如清单 7-21 所示。

清单 7-21

```
# df
文件系统              1K-块      已用      可用       已用%  挂载点
devtmpfs             4096       0         4096       0%     /dev
tmpfs                1992188    0         1992188    0%     /dev/shm
tmpfs                796876     9908      786968     2%     /run
/dev/mapper/rl-root  73364480   5441748   67922732   8%     /
```

```
/dev/mapper/rl-home          969532892   8692000   960840892   1%  /home
/dev/nvme0n1p1               1038336     265684    772652      26% /boot
tmpfs                        398436      108       398328      1%  /run/user/1000
/dev/nvme0n2p2               2091934724  14618268  2077316456  1%  /project_b/bin
/dev/mapper/pb_vg-pb_data    8382318592  58475832  8323842760  1%  /project/data
```

需要重新创建正确的目录将它们挂载到该目录上，因此先将其卸载。卸载使用 umount 命令，既可以通过指定设备名来卸载，也可以通过指定挂载点来卸载，如清单 7-22 所示。

清单 7-22

```
# umount /dev/pb_vg/pb_data        #卸载 pb_data，和 umount /project/data 命令等价
# mkdir /project_b/data                                   #创建挂载点目录
# mount -t xfs /dev/pb_vg/pb_data /project_b/data         #挂载/dev/pb_vg/pb_data
```

注 意

- 虽然操作的是同一个逻辑卷，但使用 df 命令显示的逻辑卷的设备名和使用 mount 命令挂载逻辑卷时使用的设备名并不相同，一个是/dev/mapper/pb_vg-pb_data，另一个是/dev/pb_vg/pb_data。这两个文件都不是真正的设备文件，而是符号链接，都指向同一个文件/dev/dm-6，该文件才是真正的逻辑卷设备文件。
- dm 是 Device Mapper 的缩写，其是 Linux 2.6 内核中提供的一种从逻辑设备到物理设备的映射框架机制。LVM2 就是基于该机制实现的，因此逻辑卷设备都名为/dev/dm-N，其中 N 为设备序号。

(2) 启用交换空间

虽然交换分区不存储文件，不能被用户访问，无须也不能挂载，但需要先启用才能被系统内核使用。启用交换分区的命令是 swapon。先用 swapon -s 命令查看当前启用的交换分区，是系统安装时创建的交换分区 nvme0n1p1，大小为 4 GB 左右。然后，再用 swapon 命令启用 nvme0n2p1 和 pb_swap。最后，再次查看确认交换分区已成功启用，如清单 7-23 所示。

清单 7-23

```
# swapon -s
文件名                    类型        大小      已用   权限
/dev/dm-1                 partition   4116476   0      -2
# swapon /dev/nvme0n2p2
# swapon /dev/pb_vg/pb_swap
# swapon -s
文件名                    类型        大小      已用   权限
/dev/dm-1                 partition   4116476   0      -2
/dev/nvme0n2p1            partition   4193276   0      -3
/dev/dm-3                 partition   4194300   0      -4
```

至此，任务中所有的文件系统(交换空间)都挂载(启用)好了，但还存在另外一个问题：这样的挂载(启用)只是一次性的，如果重启系统，需要再重复本次所有操作。因此，需要一个一劳永逸的办法，即能够让系统在启动时将这些文件系统(交换空间)都自动挂载(启用)好。

(3) 配置开机自动挂载(启用)

系统启动时会根据/etc/fstab 文件的配置来挂载分区和启用交换空间,用 vim 命令打开/etc/fstab 文件,内容如清单 7-24 所示。

清单 7-24

```
# /etc/fstab
# Created by anaconda on Sat Jul  8 00:25:40 2023
#
# Accessible filesystems, by reference, are maintained under '/dev/disk/'.
# See man pages fstab(5), findfs(8), mount(8) and/or blkid(8) for more info.
#
# After editing this file, run 'systemctl daemon-reload' to update systemd
# units generated from this file.
#
                    1                              2       3      4        5  6
/dev/mapper/rl-root                               /       xfs    defaults  0  0
UUID=d7794b40-141d-46f6-8e4c-59490936ed2d         /boot   xfs    defaults  0  0
/dev/mapper/rl-home                               /home   xfs    defaults  0  0
/dev/mapper/rl-swap                               none    swap   defaults  0  0
```

样例文件的有效配置内容只有 4 行(以“#”开头的是注释),分别代表开机时挂载(启用)的 4 个分区(交换空间),每行都有 6 个字段,下面分别进行解释说明。

字段 1 指明要挂载的文件系统,可以用文件系统对应设备的内核名称、标签或者文件系统 UUID(Universally Unique Identifier,通用唯一识别符)来指定。

与/etc/fstab 文件中的配置保持一致,在字段 1 中用文件系统 UUID 来指定建立在普通硬盘分区上的文件系统,用设备内核名称来指定建立在逻辑卷上的文件系统,这也是官方推荐的做法。

可以用 blkid 命令来获取系统中块设备的相关信息,包括设备名、标签和设备 UUID,如清单 7-25 所示。

清单 7-25

```
# blkid
/dev/mapper/rl-swap: UUID="4ae5d589-5344-4b37-aaae-6026706128e2" TYPE="swap"
/dev/nvme0n1p1: UUID="d7794b40-141d-46f6-8e4c-59490936ed2d" TYPE="xfs" PARTUUID=
"c14e3ed9-01"
/dev/nvme0n1p2: UUID="nXcmWU-xWdz-KhrN-Xhgx-hkXa-QHjf-65vRMO" TYPE="LVM2_member"
PARTUUID="c14e3ed9-02"
/dev/sdb: UUID="D6HnO6-HHDh-Z06c-hS3K-mC0w-hTQz-h2umpi" TYPE="LVM2_member"
/dev/mapper/pb_vg-pb_data: UUID="b442630f-a25a-4696-bd47-fa01bb29d5ff" TYPE="xfs"
/dev/mapper/rl-home: UUID="92f04342-4a05-412b-b5ea-4d4d1a4f8347" TYPE="xfs"
/dev/nvme0n2p1: UUID="686d9025-6c94-4711-bb47-983db11b535b" TYPE="swap" PARTLABEL
="disk_swap" PARTUUID="0e9116d4-0104-492f-8f57-faa4e39488f9"
/dev/nvme0n2p2: UUID="8fe30457-911f-40ad-908c-c021991e3223" TYPE="xfs" PARTLABEL
="disk_bin" PARTUUID="84c81d5d-2c12-483a-8b09-6e5c6466d84a"
/dev/mapper/rl-root: UUID="874bbe2b-4a02-456a-8cea-c80f628500b9" TYPE="xfs"
/dev/sda: UUID="jawvJF-VvHy-r5AT-Kctu-Cuzd-QW6j-SHIQVL" TYPE="LVM2_member"
/dev/mapper/pb_vg-pb_swap: UUID="2b6b3f03-71ea-4cf7-a602-9304dd5833a0" TYPE="swap"
```

注　意

- 在 fstab 配置文件中可以使用设备名称、设备 UUID、设备标签等方式来指定设备，不同方式各有利弊。
  - √ 如果设备或者其上的文件系统可能会变化(如逻辑卷)，不建议使用设备 UUID 来指定，因为设备或者其上的文件系统的变化会导致设备 UUID 的变动。
  - √ 如果设备经常插拔，不建议使用设备名来指定，因为设备名依赖于启动时内核加载的顺序，如果设备进行了插拔，其名字就可能会发生变化，如 sda 可能会变成 sdb。
  - √ 如使用设备标签来指定设备，则需要管理员人工来保证设备标签的唯一性(标签是可以重名的)。
- 基本分区一般会使用 UUID 来指定，如下面清单 7-26 中的挂载到/boot 和/project_b/bin 上的分区。逻辑卷则一般使用设备名来指定，如清单 7-26 中的各个逻辑卷。

字段 2 是挂载目录，直接按任务要求填入即可，交换分区的挂载目录填入 none。

字段 3 是文件系统类型，也按任务要求填入即可，交换分区的挂载目录填入 none。

字段 4 是挂载参数(设备的挂载方式)，任务中没有特别要求，所以使用默认值 default。

字段 5 表示是否使用 dump 工具备份文件系统；字段 6 表示是否使用 fsck 工具检查文件系统。这两个字段对于 xfs 文件系统和 swap 交换空间都没有太大意义，使用默认值 0 略过即可。

配置完成后的/etc/fstab 文件如清单 7-26 所示。

清单 7-26

```
/dev/mapper/rl-root                          /                 xfs   defaults  0 0
UUID=d7794b40-141d-46f6-8e4c-59490936ed2d    /boot             xfs   defaults  0 0
/dev/mapper/rl-home                          /home             xfs   defaults  0 0
/dev/mapper/rl-swap                          none              swap  defaults  0 0
/dev/mapper/pb_vg-pb_data                    /project_b/data   xfs   defaults  0 0
UUID=8fe30457-911f-40ad-908c-c021991e3223    /project_b/bin    xfs   defaults  0 0
/dev/mapper/pb_vg-pb_swap                    none              swap  defaults  0 0
UUID=686d9025-6c94-4711-bb47-983db11b535b    none              swap  defaults  0 0
```

接下来还需要重新加载 systemd 程序的配置文件，让与/etc/fstab 文件配置相关的 systemd 单元配置文件重新加载生效。

注　意

在任务 10 中将对 systemd 相关概念进行详细阐述。

最后，验证/etc/fstab 文件中的配置。首先，用 umount -a 命令将所有已经挂载但未使用的非 swap 文件系统都卸载，用 df 命令查看和确认，除了正在被使用的文件系统，其他的文件系统确实都已经被卸载，如清单 7-27 所示。

清单 7-27

```
# umount -a
umount: /run/user/1000: 目标忙.
umount: /home: 目标忙.
```

```
umount: /run/vmblock-fuse: 目标忙.
umount: /: 目标忙.
umount: /sys/fs/cgroup: 目标忙.
umount: /run: 目标忙.
umount: /dev: 目标忙.
# df
文件系统                  1K-块      已用      可用       已用%   挂载点
devtmpfs                  4096       0         4096       0%     /dev
tmpfs                     796876     9912      786964     2%     /run
/dev/mapper/rl-root       73364480   5441820   67922660   8%     /
/dev/mapper/rl-home       969532892  8692000   960840892  1%     /home
tmpfs                     398436     112       398324     1%     /run/user/1000
```

然后，用 swapoff -a 命令停用当前所有的 swap 文件系统，用 swapon -s 命令查看和确认，所有的交换分区确实都停用了，如清单 7-28 所示。

清单 7-28

```
# swapoff -a
# swapon -s
文件名        类型        大小        已用        权限
```

再然后，用 mount -a 命令挂载好所有未挂载的设备，用 df 命令查看确认，已全部挂载好，如清单 7-29 所示。

清单 7-29

```
# mount -a
# df
文件系统                       1K-块        已用       可用         已用%   挂载点
devtmpfs                       4096         0          4096         0%     /dev
tmpfs                          796876       9928       786948       2%     /run
/dev/mapper/rl-root            73364480     5441760    67922720     8%     /
/dev/mapper/rl-home            969532892    8692000    960840892    1%     /home
tmpfs                          398436       112        398324       1%     /run/user/1000
/dev/nvme0n1p1                 1038336      265684     772652       26%    /boot
/dev/nvme0n2p2                 2091934724   14618268   2077316456   1%     /project_b/bin
/dev/mapper/pb_vg-pb_data      8382318592   58475832   8323842760   1%     /project_b/data
```

最后，用 swapon-a 命令启用当前所有的 swap 文件系统，用 swapon -s 命令查看和确认，所有的交换分区确实都启用了，如清单 7-30 所示。

清单 7-30

```
# swapon -a
# swapon -s
文件名              类型         大小       已用   权限
/dev/dm-1           partition    4116476    0      -2
/dev/nvme0n2p1      partition    4193276    0      -3
/dev/dm-3           partition    4194300    0      -4
```

至此，虽然完成了所有的子任务，但所接触的也仅仅只是 Linux 中存储管理的一小部分内容。建议最好能够对照完成任务的步骤，阅读任务知识，理解列出的概念，再动手完成其中的范例，为进一步掌握存储设备管理的高阶知识和技能打下坚实基础。

7.4 任务知识

7.4.1 知识点 1　块设备及其命名规则

（1）块设备

文本：RHEL 部署和配置单节点存储手册

Linux 中的“一切皆文件”当然也包括设备，设备文件都放在/dev 一级子目录中，存储设备也不例外。常见的存储设备如硬盘、光驱等一般来说都是块设备（Block Device），以块（Block）的方式存储数据，可以随机访问某个数据块。

可以用 find 命令查找系统中的块设备文件，如清单 7-31 所示。这些块设备文件允许应用程序通过标准输入/输出和系统调用来访问设备中的数据。

清单 7-31

```
# find /dev -type b -ls
10606  0 brw-rw----  1 root  cdrom   11,  0  11 月  24 00:58 /dev/sr0
 9006  0 brw-rw----  1 root  disk     8,  2  11 月  24 00:58 /dev/sda2
11400  0 brw-rw----  1 root  disk     8,  1  11 月  24 00:58 /dev/sda1
11396  0 brw-rw----  1 root  disk     8,  0  11 月  24 00:58 /dev/sda
 8880  0 brw-rw----  1 root  disk   259,  2  11 月  24 00:58 /dev/nvme0n1p2
11380  0 brw-rw----  1 root  disk   259,  1  11 月  24 00:58 /dev/nvme0n1p1
11379  0 brw-rw----  1 root  disk   259,  0  11 月  24 00:58 /dev/nvme0n1
```

其中的一些设备是主设备（如硬盘），另外一些是次设备（如硬盘上的分区），可以通过 lsblk 命令直观地查看哪些是主设备（如 disk 或 rom），哪些是从属于主设备的次设备（如 part），如清单 7-32 所示。

清单 7-32

```
# lsblk
NAME          MAJ:MIN  RM  SIZE   RO TYPE  MOUNTPOINT
sda           8:0      0   64G    0        disk
├─sda1        8:1      0   4G     0        part[SWAP]
└─sda2        8:2      0   60G    0        part/
sr0           11:0     1   1024M  0        rom
nvme0n1       259:0    0   1T     0        disk
├─nvme0n1p1   259:1    0   4G     0        part[SWAP]
└─nvme0n1p2   259:2    0   1020G  0        part/project/bin
```

（2）命名规则

在 Linux 中，系统核心给物理块设备的命名是有一定规则的，具体见表 7-3。

表 7-3　Linux 中常用块设备命名规则

块设备种类	命名规则
SCSI、SATA 或者 USB 接口的硬盘	样例：/dev/sda、/dev/sdc2、/dev/sdd5 ● 字符 1 是 s，表示接口类型为 SCSI、STAT 或者 USB。

续表

块设备种类	命名规则
SCSI、SATA 或者 USB 接口的光驱	• 字符 2 是 d,表示设备类型为硬盘。 • 字符 3 表示设备序号,从 a 开始,依次递增。 • 字符 4 表示分区序号(如果有的话),从 1 开始,依次递增 样例:/dev/sr0、/dev/sr2 • 字符 1 是 s,表示接口类型为 SCSI、STAT 或者 USB。 • 字符 2 是 r,表示设备类型为光驱。 • 字符 3 表示设备序号,从 0 开始,依次递增
NVMe 接口的硬盘	样例:/dev/nvme0n1、/dev/nvme0n2p1 • 字符 1~4 是 nvme,表示接口类型。 • 字符 5 表示 nvme 控制器序号,从 0 开始,依次递增。 • 字符 6 是 n,表示命名空间。字符 7 表示命名空间的序号,从 1 开始,依次递增。 • 字符 8 是 p,表示分区,字符 9 表示分区序号,从 1 开始依次递增

小　心

在 Linux 中,物理块设备名并非是固定的,在热插拔某些设备或重启等特殊情况下,其序号是会发生改变的,设备名也会变化,如原本的 sda 可能会变成 sdb。内核给块设备命名基本取决于磁盘驱动程序的加载顺序、主机插槽检测到的顺序和硬盘本身插入顺序 3 个因素。这种改变有时候会让管理员犯一些低级错误,如误删数据、误分区等,因此通过内核设备名操作块设备之前,一定要仔细确认。

7.4.2 知识点 2 分区及相关操作

(1) 分区和分区表

分区是一种对硬盘进行管理的方法,它可以将一个物理硬盘划分为多个逻辑区域,每个逻辑区域可以独立存储数据和运行操作系统。这些逻辑区域信息都包括在一个叫作分区表(Partition Table)的数据结构中。分区表是一块磁盘中最重要的数据,其作用就是告诉操作系统磁盘有几个分区,每个分区从哪里开始(起始柱面)到哪里结束(结束柱面),以及每个分区的类型和属性。

分区表也有多种类型,实际应用中最常见的分区表类型有 msdos 和 gpt 两种。两者的对比见表 7-4。如果软硬件允许,现在一般都使用 gpt 格式来创建分区表。主流 Linux 发行版本中都包括支持 gpt 格式的分区工具。

表 7-4 msdos 和 gpt 分区表类型对比表

特征/分区表类型	msdos	gpt
固件接口	BIOS,不支持 UEFI①	支持 UEFI
硬盘支持	不支持容量超过 2.2 TB 的硬盘	支持容量超过 2.2 TB 的硬盘
可靠性	可靠性较差,无冗余备份,无冗余校验	可靠性好,有备份,有冗余校验

① UEFI(Unified Extensible Firmware Interface,统一的可扩展固件接口)是一种详细描述类型接口的标准。这种接口用于操作系统自动从预启动的操作环境加载到操作系统上,以替代传统 BIOS。

续表

特征/分区表类型	msdos	gpt
分区表存储方式	存储在主引导(Master Boot Record)扇区中,大小为 512 B,其中 446 B 用于存放引导程序(Bootloader),2 B 作为 MBR 的区域标志符,仅仅为分区表保留了 64 B 的存储空间,而每条分区记录数据 16 B,因此分区表中只能存 4 条分区记录数据	存储在硬盘头上的 34 个 LBA(逻辑块,默认大小 512 B)中,并在硬盘尾上的 34 个 LBA 中有一个完整备份,带有循环冗余校验码来保证完整性和一致性
分区数目限制	主(Primary)分区+扩展(Extended)分区最多只能有 4 个,如果要使用超过 4 个以上的分区,就需要在扩展分区中再添加 1 个扩展引导记录(Extend Boot Record),包括 1 个分区表,记录额外的逻辑(Logical)分区的数据条目。在 RHEL 中逻辑分区的数目不能超过 15 个	最多支持 128 个分区,没有主分区、扩展分区、逻辑分区的概念

(2) parted 命令

parted 是 Partition Editor 的缩写,该命令的全称为 GNU parted,是 Linux 中最常用的创建和编辑硬盘分区表的工具,可以进行创建、删除分区以及调整分区大小等操作。下面介绍 parted 命令的语法格式,随后用 5 个范例来说明和展示 parted 的具体用法。

命令 parted

用法:parted [选项] [设备] [命令][选项]

- 创建和操纵硬盘分区表的工具,支持包括 msdos 和 gpt 在内的多种分区类型。
- parted 命令的常用选项见表 7-5。

表 7-5 parted 命令的常用选项

选 项	说 明	选 项	说 明
-l	列出系统所有设备上的分区信息	-s	从不提示用户

- parted 常用子命令见表 7-6。

表 7-6 parted 常用子命令

子 命 令	说 明
help[子命令]	输出(指定子命令)的帮助文档
align-checkd 对齐类型 分区编号	检查分区是否满足分区对齐要求
mklabel 标签类型	创建新的磁盘标签(分区表类型),可以是 bsd、loop、gpt、mac、msdos、pc98 和 sun 中的一种
mkpart 分区类型 | 分区名[文件系统类型]起始位置 结束位置	创建一个新分区
name 分区编号 名称	重命名指定分区,只有 gpt、mac、pc98 类型的分区可用
print[分区编号]	输出分区表或者指定分区的信息
rescue 起始点 终止点	挽救临近“起始点”至“终止点”区域的丢失分区
resizepart 分区编号 分区容量	改变指定分区的大小

续表

子 命 令	说 明
rm 分区编号	删除指定分区
set 分区编号 标志 状态	改变指定分区的标志
select 设备	选择要操作的存储设备
unit 单位	设置显示的容量单位
quit	退出

范例 7-1：为硬盘/dev/sdc 划分分区。硬盘大小为 1000 GB，要求使用 msdos 类型分区表，要建立的分区见表 7-7，具体操作如清单 7-33 所示。

表 7-7 parted 硬盘分区需求范例表

分 区	大 小	分 区	大 小
主分区 1	2048 MB	逻辑分区 1	200 GB
主分区 2	200 MB	逻辑分区 2	扩展分区余下所有空间
扩展分区	硬盘余下所有空间		

清单 7-33

```
# parted /dev/sdc mklabel msdos                        #为硬盘建立 msdos 分区表
# parted /dev/sdc mkpart primary 0%2048MB              #建立第 1 个主分区
# parted /dev/sdc mkpart primary 2048MB 2248MB         #建立第 2 个主分区
# parted /dev/sdc mkpart extended 2048MB 100%          #建立扩展分区
# parted /dev/sdc mkpart logical 0%extended 202GB      #建立第 1 个逻辑分区
# parted /dev/sdc mkpart logical 202GB 100%extended    #建立第 2 个逻辑分区
```

注 意

如果使用 msdos 分区表，那么主分区和扩展分区的数目之和不能超过 4，扩展分区最多只能有 1 个，逻辑分区必须划分在扩展分区范围之内，数目不超过 15 个，这是分区表结构决定的。

范例 7-2：为硬盘/dev/sdd 划分分区。硬盘大小为 4 TB，要求使用 gpt 类型分区表，要建立的分区见表 7-8，具体操作如清单 7-34 所示。

表 7-8 parted 硬盘分区需求范例表

分 区	大 小	分 区	大 小
分区 1	2048 MB	分区 3	1 TB
分区 2	200 MB	分区 4	扩展分区余下所有空间

清单 7-34

```
# parted /dev/sdd mklabel gpt                          #为硬盘建立 gpt 分区表
# parted /dev/sdd mkpart disk_swap 0%2048MB            #建立第 1 个分区
# parted /dev/sdd mkpart disk_root 2048MB 2248MB       #建立第 2 个分区
# parted /dev/sdd mkpart disk_bin 2248MB 1.2TB         #建立第 3 个分区
# parted /dev/sdd mkpart disk_home 1.2TB 100%          #建立第 4 个分区
```

使用 msdos 分区表和使用 gpt 分区表时，用 mkpart 命令建立分区所需要的参数是不同的，具体见表 7-9 所示。

表 7-9 parted 新建分区必要参数

参数	用途
分区名	仅在使用 gpt 分区标签时有意义，用户为分区指定的名称
分区类型	仅在使用 msdos 分区标签时有意义，值可为 primary（主分区）、extended（扩展分区）或者 logical（逻辑分区）
文件系统	仅有标识意义，parted 在 3.0 版以后，已经没有操作文件系统的功能了
分区起始位置/分区结束位置	可以用（占硬盘容量的或者占扩展分区容量的）百分比形式来表示，如 50% 表示占硬盘容量的 50%，25%extended 表示占扩展分区的 25%。 也可以用数字加上容量单位，如可以使用单位 s，表示扇区大小 512 B，10 s 就表示 5 KB；也可以使用 KB、MB、GB 和 TB 等更加易读的单位来表示

注 意

- 需要分区对齐，是由硬盘读写的最小或最优单位与硬盘分区的最小单位不匹配造成的。硬盘读写的最小单位（minimal_io_size）是物理扇区，在目前的主流硬盘中，其大小一般是 4 KB；硬盘最优读写大小（optimal_io_size）则一般是 1 MB；而硬盘分区的最小单位是逻辑扇区，大小为 512 B。
- 为了提高读写效率，分区时建议要让分区的边界与硬盘读写单位的边界对齐。对齐一般有两种：最小对齐，即分区的边界应该是磁盘的最小读写单位大小（minimal_io_size）的整数倍，这样可以避免分区跨越多个物理块；最优对齐，即分区的边界应该是磁盘的最优读写大小（optimal_io_size）的整数倍，这样可以提高磁盘的读写性能，也有利于延长磁盘寿命。
- 如果采用最小对齐，也即与物理扇区（4 KB）对齐，那么分区边界要为 8 个扇区的整数倍（4096/512=8）；如果采用最优对齐（假设 optimal_io_size 是 1 MB），那么分区边界要是 2048 个扇区的整数倍（1048576/512=2048），如图 7-2 所示。

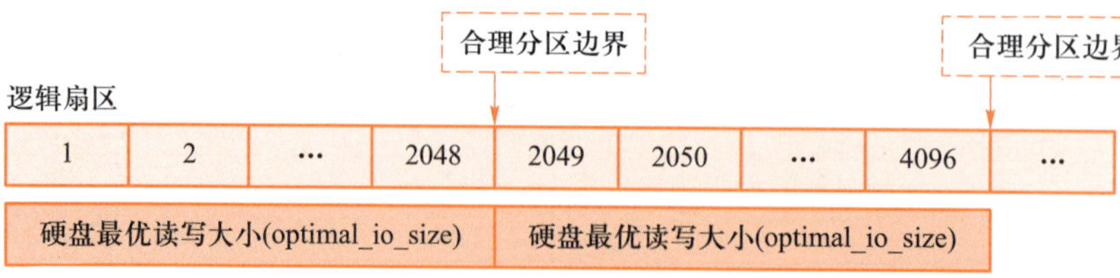

图 7-2 分区对齐原理示意图

- 在 parted 中对齐分区最方便的就是用百分比的形式指定分区的位置。

范例 7-3：查看分区，输出/dev/sdc 和/dev/sdd 的分区信息，如清单 7-35 所示。相较于 lsblk 命令的简单列出，parted 的 print 命令输出的信息更加详细，包含分区类型、分区编号、分区大小、文件系统类型等。

清单 7-35

```
# parted /dev/sdc print
型号:ATA VMware Virtual S (scsi)
磁盘 /dev/sdc:1074GB
扇区大小 (逻辑/物理):512B/512B
分区表:msdos
磁盘标志:

编号  起始点   结束点   大小    类型       文件系统  标志
1     1049KB  2048MB  2047MB  primary
2     2048MB  2248MB  200MB   primary
3     2248MB  1074GB  1071GB  extended  lba
5     2249MB  202GB   200GB   logical
6     202GB   1074GB  872GB   logical

# parted /dev/sdd print
型号:ATA VMware Virtual S (scsi)
磁盘 /dev/sdd:4295GB
扇区大小 (逻辑/物理):512B/512B
分区表:gpt
磁盘标志:

编号  起始点   结束点   大小    文件系统  名称        标志
1     1049KB  2048MB  2047MB            disk_swap
2     2048MB  2248MB  200MB             disk_root
3     2248MB  1020GB  1018GB            disk_bin
4     1020GB  4295GB  3275GB            disk_home
```

硬盘信息输出共有 5 行,其意义见表 7-10。

表 7-10 parted print 命令输出字段释说明

行	说　明
1	硬盘设备型号
2	硬盘设备名和硬盘容量
3	硬盘逻辑/物理扇区大小。
4	分区表类型,值可以是 bsd、loop、gpt、mac、msdos、pc98 或者 sun
5	硬盘标志位,表示硬盘的一些状态

分区信息输出共有 7 个字段,其意义见表 7-11。

表 7-11 parted print 命令输出字段释说明

字　段	说　明
Number	分区编号,即分区设备名中的数字
Start 和 End	分区起始位置和分区结束位置

续表

字　段	说　明
Size	分区大小
Type/Name	如采用 msdos 分区表，则为 Type，表示分区类型，值是 primary（主分区）、extended（扩展分区）或 logical（逻辑分区）之一；如采用 gpt 分区表，则为 Name，表示分区的名字
File system	文件系统类型，如 xfs、vfat、swap、reiserfs 等，这里的字段并不一定代表分区真实的文件系统类型
Flags	分区标志，如 boot（启动分区）、root（根分区）、swap（交换分区）、hidden（隐藏分区）、raid（RAID 分区）、lvm（LVM 分区）或 lba（LBA 模式分区）等

注　意

如果使用的是 msdos 分区表，无论前面主分区和扩展分区加起来是否真的有 4 个，逻辑分区的编号永远从 5 开始，编号 1~4 是保留给主分区或者扩展分区使用的。

范例 7-4：删除分区。将范例 7-2 中/dev/sdc 的分区 5 删除，同时将范例 7-3 中/dev/sdd 的分区 3 删除，如清单 7-36 所示。

清单 7-36

```
# lsblk /dev/sdc                          #sdc 采用的是 msdos 分区
NAME     MAJ:MIN   RM   SIZE     RO   TYPE   MOUNTPOINTS
sdc      8:32      0    1000G    0    disk
├─sdc1   8:33      0    1.9G     0    part
├─sdc2   8:34      0    191M     0    part
├─sdc3   8:35      0    1K       0    part
├─sdc5   8:37      0    186G     0    part
└─sdc6   8:38      0    811.9G   0    part
# parted /dev/sdc rm 5                    #删除分区/dev/sdc5
信息：你可能需要 /etc/fstab。
# lsblk /dev/sdc                          #删除分区会导致 msdos 分区表中其后分区序号的变化
                                          #并非没有成功删除，而是原来的 sdc6 变成 sdc5 了
NAME     MAJ:MIN   RM   SIZE     RO   TYPE   MOUNTPOINTS
sdc      8:32      0    1000G    0    disk
├─sdc1   8:33      0    1.9G     0    part
├─sdc2   8:34      0    191M     0    part
├─sdc3   8:35      0    1K       0    part
└─sdc5   8:38      0    811.9G   0    part

# parted /dev/sdd rm 3                    #sdd 采用 gpt 分区，删除分区/dev/sdd
信息：你可能需要 /etc/fstab。
# lsblk /dev/sdd                          #删除分区不会导致 gpt 分区表中其后分区序号的变化
NAME     MAJ:MIN   RM   SIZE   RO   TYPE   MOUNTPOINTS
sdd      8:48      0    3.9T   0    disk
├─sdd1   8:49      0    1.9G   0    part
├─sdd2   8:50      0    191M   0    part
└─sdd4   8:52      0    3T     0    part
```

小 心

在使用 parted 的 rm 命令删除 msdos 分区中的逻辑分区时要特别小心，因为删除序号在前的分区会导致序号在后的所有分区序号的变化，即分区的设备名会发生改变。例如，硬盘上有 3 个逻辑分区，分别是 sdb5、sdb6 和 sdb7，用 rm 命令删除 sdb5 后，sdb6 和 sdb7 就自动变为 sdb5 和 sdb6。千万不要因此犯了低级错误，误操作了数据或者分区。

范例 7-5: 调整分区。将范例 7-3 中/dev/sdd 分区 2 扩大并填充范例 7-4 中删除的分区 3 留下的硬盘空间，如清单 7-37 所示。

清单 7-37

```
# parted /dev/sdd resizepart 2 1020GB   #将 sdd2 的结束位置指定为 1020GB,填充删除的分区 3
# parted /dev/sdd print
型号:ATA VMware Virtual S (scsi)
磁盘 /dev/sdd:4295GB
扇区大小 (逻辑/物理):512B/512B
分区表:gpt
磁盘标志:

编号  起始点   结束点   大小     文件系统  名称        标志
 1    1049KB   2048MB   2047MB             disk_swap
 2    2048MB   1020GB   1018GB             disk_root
 4    1020GB   4295GB   3275GB             disk_home
```

小 心

- 如果分区未建立文件系统，可以用 parted 命令调整大小，但如果分区已经建立文件系统并存储了数据，调整分区就需要非常谨慎。
- parted 的 resizepart 命令只能调整分区结束位置，不能调整分区开始位置，也不会根据分区的增缩自动调整文件系统的大小。因此，如果要缩小一个分区，需要先缩小文件系统，然后再缩小分区，这样可以避免数据丢失或分区损坏；要扩容文件系统则相反，需要在扩大分区容量后再扩容文件系统。
- 大部分文件系统都支持扩容，但并非所有的文件系统都支持缩小容量。例如 xfs 支持使用 xfs_growfs 命令在线（不卸载文件系统）扩容，但并不支持以任何方式缩小容量①，ext4 则支持用 resizefs 在线扩容和离线缩小容量。

7.4.3 知识点 3 逻辑卷及相关操作

(1) 逻辑卷管理器

逻辑盘卷管理（Logical Volume Manager，LVM）是 Linux 环境下对磁盘分区进行管理的一种机

---

① 引用 Red Hat 官方文档 STORAGE ADMINISTRATION GUIDE 的 Section 3.4. INCREASING THE SIZE OF AN XFS FILE SYSTEM 中的原话：While XFS file systems can be grown while mounted, their size cannot be reduced at all.

文本:RHEL 配置和管理 LVM 逻辑卷手册

制,其是建立在硬盘和分区之上的一个逻辑层,用来提高磁盘分区管理的灵活性。LVM 可以在线动态调整文件系统的大小,同时实现文件系统跨越不同磁盘和分区。

下面先介绍 3 个 LVM 中的重要概念:

1) 物理卷(Physical Volume,PV)。物理卷可以是一个磁盘,也可以是磁盘中的一个分区,它为 LVM 提供了存储介质。

2) 逻辑卷组(Volume Group,VG)。可以把逻辑卷组想象成一个存储池,或者是逻辑硬盘。物理卷与物理卷在硬件上可以是不连续的,但把多个物理卷加入逻辑卷组后,就可以把这个逻辑卷组看作一个存储空间连续的逻辑硬盘,在这块硬盘上,可以创建多个逻辑卷(LV)。

3) 逻辑卷(Logical Volume,LV)。可以将卷组划分成若干个逻辑卷,相当于在硬盘上划分出分区,每个逻辑卷如同分区一样,都可以创建具体的文件系统。

通俗来说,LVM 就是通过将一个或多个物理硬盘或者物理分区在逻辑上封装(即 PV)并集合起来,作为一个大的逻辑硬盘(即 VG)提供给用户使用。用户在这个逻辑硬盘上再划分分区(即 LV),建立文件系统,然后正常使用。从用户的角度来看,使用的就是一个完整的大硬盘而不是多个硬盘或者分区,底层实现的细节并不需要用户关心,如图 7-3 所示。

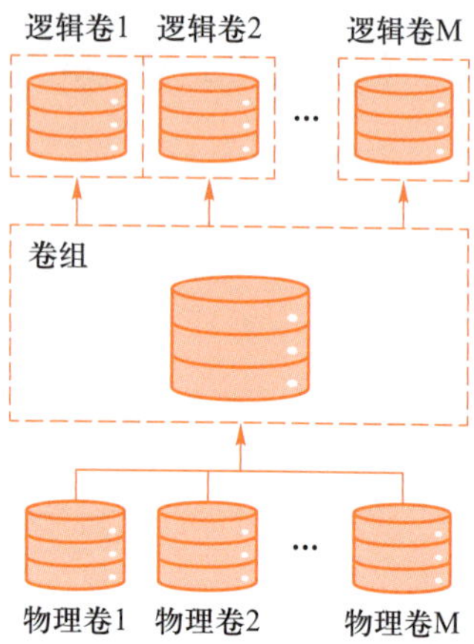

图 7-3 LVM 原理示意图

LVM 相关命令

- 用法:列出、创建、查看、删除物理卷。
- 物理卷(PV)相关常用操纵命令见表 7-12。

表 7-12 物理卷相关常用操纵命令

命令	说明
pvcreate 设备名	将一个或者多个设备创建为 PV
pvdisplay 设备名	显示一个设备的 PV 信息
pvremove 设备名	将一个设备从 PV 中移除
pvs	以简洁的格式显示系统中所有的 PV 信息
pvscan	扫描系统中所有的 PV,并显示其状态

- 逻辑卷组(VG)相关常用操纵命令见表 7-13。

表 7-13 逻辑卷组(VG)常用操纵命令

命令	说明
vgcreate 卷组名 物理卷名	使用一个或者多个 PV 创建一个新的 VG
vgdisplay 卷组名	显示 VG 的信息
vgremove 卷组名	删除一个空的 VG

续表

命　令	说　明
vgextend 卷组名 物理卷名	用于向 VG 添加 PV
vgreduce 卷组名 物理卷名	从 VG 中移除 PV
vgs	以简洁的格式显示系统中所有 VG 信息
vgscan	扫描系统中所有的 VG，并显示其状态

- 逻辑卷(LV)相关常用操纵命令见表 7-14。

表 7-14　逻辑卷(LV)常用操纵命令

命　令	说　明
lvcreate -L 逻辑卷容量 -n 逻辑卷名 卷组名	在指定 VG 上创建一个指定大小的 LV
lvdisplay 逻辑卷名	显示 LV 的信息
lvremove 逻辑卷名	删除一个 LV
lvextend -L +逻辑卷扩展容量 逻辑卷名	为指定 LV 扩展指定大小的容量
lvreduce -L -逻辑卷缩小容量 逻辑卷名	为指定 LV 缩小指定大小的容量
lvs	以简洁的格式显示系统中所有的 LV 信息
lvscan	扫描系统中所有的 LV，并显示其状态

(2) 创建逻辑卷

范例 7-6：创建逻辑卷，所采用的物理硬盘、分区和要建立的卷组、逻辑卷的具体要求见表 7-15。

表 7-15　创建示例逻辑卷要求

物理硬盘/分区	使用的物理硬盘和分区如下： ● /dev/sdc2(900GB) ● /dev/sdd(4TB)
卷组	创建一个名为 FirstVG 卷组
逻辑卷	创建如下两个逻辑卷： ● lv00，大小为 500 GB，用 xfs 文件系统，挂载到/mnt/log_data 目录上 ● lv01，大小为 1 TB，用 xfs 文件系统，挂载到/mnt/backup 目录上

第 1 步：创建物理卷(PV)。用 pvcreate 命令为/dev/sdc2 和/dev/sdd 分别创建 PV，如清单 7-38 所示。

清单 7-38

```
# pvcreate /dev/sdc2                    #为/dev/sdc2 创建 PV,原有 xfs 文件系统
WARNING: xfs signature detected on /dev/sdc2 at offset 1080. Wipe it? [y/n]: y
  Wiping xfs signature on /dev/sdc2. #创建 PV 会清除文件系统,询问是否同意
  Physical volume "/dev/sdc2" successfully created.
# pvcreate /dev/sdd                     #sdd 上有 gpt 分区表,无法创建 PV,使用-f 选项也无效
  Cannot use /dev/sdd: device is partitioned
# wipefs --all /dev/sdd                 #擦除 sdd 上的分区表
/dev/sdd:8 个字节已擦除,位置偏移为 0x00000200 (gpt):45 46 49 20 50 41 52 54
/dev/sdd:8 个字节已擦除,位置偏移为 0x3e7fffffe00 (gpt):45 46 49 20 50 41 52 54
```

```
/dev/sdd:2 个字节已擦除,位置偏移为 0x000001fe (PMBR):55 aa
/dev/sdd:将调用 ioctl 来重新读分区表:成功
# pvcreate /dev/sdd              #为/dev/sdd 创建 PV
  Physical volume "/dev/sdd" successfully created.
```

注 意

- 使用 pvcreate 命令既可以用分区来创建 PV,也可以用整个硬盘来创建 PV。
- 如果分区上原有文件系统或者硬盘上有分区表,PV 会询问是否清除,但是如果硬盘上有 gpt 分区表,那么就必须使用 wipefs -all 命令来手动清除,否则无法创建 PV。

两个 PV 创建完成后,用 pvs 命令列出,如清单 7-39 所示。

清单 7-39

```
# pvs
  PV              VG      Fmt    Attr    PSize      PFree
  /dev/nvme0n1p2  rl      lvm2   a--    <999.00g        0
  /dev/sda        pb_vg   lvm2   a--      <3.91t        0
  /dev/sdb        pb_vg   lvm2   a--      <3.91t        0
  /dev/sdc2               lvm2   ---    <906.87g  <906.87g
  /dev/sdd                lvm2   ---      <3.91t    <3.91t
```

第 2 步:创建卷组(VG)。用 vgcreate 命令创建卷组,如清单 7-40 所示。

清单 7-40

```
# vgcreate FirstVG /dev/sdc2 /dev/sdd
  Volume group "FirstVG" successfully created
```

按要求,给卷组指定的名字是 FirstVG,使用的物理卷是/dev/sdc2 和/dev/sdd。在卷组创建完成后,用 vgs 命令查看卷组的概要信息,包括名字、使用的 PV、划分的 LV、属性、容量空间和空闲空间,如清单 7-41 所示。

清单 7-41

```
vgs
  VG       #PV  #LV  #SN  Attr     VSize     VFree
  FirstVG  2    0    0    wz--n-  4.79t     4.79t
  pb_vg    2    2    0    wz--n-  7.81t     0
  rl       1    3    0    wz--n-  <999.00g  0
```

第 3 步:用 lvcreate 命令在该卷组上划分逻辑卷。按任务要求划分了 lv00 和 lv01 两个逻辑卷,用-n 指定逻辑卷名字,用-L 或者-l 指定逻辑卷大小,如清单 7-42 所示。

清单 7-42

```
# lvcreate -n lv00 -L 500GB FirstVG
  Logical volume "lv00" created."
# lvcreate -n lv01 -L 1TB FirstVG
  Logical volume "mylv01" created.
```

创建成功后，用 lvs 命令列出逻辑卷，如清单 7-43 所示，至此逻辑卷就创建好了。

清单 7-43

```
# lvs
LV       VG       Attr       LSize  Pool Origin Data%  Meta%  Move Log Cpy% Sync Convert
lv00     FirstVG  -wi-a----- 500.00g
lv01     FirstVG  -wi-a-----   1.00t
pb_data  pb_vg    -wi-ao----  <7.81t
pb_swap  pb_vg    -wi-ao----   4.00g
home     rl       -wi-ao---- 925.07g
root     rl       -wi-ao----  70.00g
swap     rl       -wi-ao----  <3.93g
```

第 4 步：如同使用硬盘分区一样，在两个逻辑卷上创建 xfs 文件系统，并按要求将它们挂载到指定目录上，如清单 7-44 所示。

清单 7-44

```
# mkfs -t xfs /dev/FirstVG/lv01
# mkfs -t xfs /dev/FirstVG/lv00
# mkdir -p /mnt/log
# mkdir -p /mnt/backup
# mount /dev/FirstVG/lv00 /mnt/log
# mount /dev/FirstVG/lv01 /mnt/backup
```

挂载完成后查看挂载情况，发现两个逻辑卷上的文件系统已经正常挂载到指定目录上，如清单 7-45 所示。

清单 7-45

```
#df -h
文件系统                       容量   已用   可用  已用%  挂载点
devtmpfs                       4.0M     0   4.0M    0%  /dev
tmpfs                          1.9G     0   1.9G    0%  /dev/shm
tmpfs                          779M  9.8M   769M    2%  /run
/dev/mapper/rl-root             70G  7.2G    63G   11%  /
/dev/mapper/rl-home            925G  8.3G   917G    1%  /home
/dev/mapper/pb_vg-pb_data      7.9T   56G   7.8T    1%  /project_b/data
/dev/nvme0n1p1               1014M  260M   755M   26%  /boot
tmpfs                          390M  104K   389M    1%  /run/user/1000
/dev/mapper/FirstVG-lv00       500G  3.6G   497G    1%  /mnt/log
/dev/mapper/FirstVG-lv01       1.0T  7.2G  1017G    1%  /mnt/backup
```

(3) 扩展逻辑卷

范例 7-7：扩展范例 7-6 中创建的逻辑卷 lv01，该逻辑卷原来的大小是 1 TB，将它扩展成大约 4.5 TB。

第 1 步：查看卷组，发现卷组中没有足够的空间给 lv01 逻辑卷用来扩展，因此需要在卷组中加入新的物理卷来扩展卷组的大小。加入系统中的/dev/sde 这个 2 TB 的空闲硬盘来建立物理卷，完成后用 vgextend 命令将其加入卷组用来扩展卷组空间，用 vgs 命令查看卷组，当前可用空间约为 5.26 TB,如清单 7-46 所示。

清单 7-46

```
# vgs
 VG        #PV  #LV  #SN  Attr       VSize   VFree
 FirstVG     2    2    0  wz--n-     4.79t   3.30t
 pb_vg       2    2    0  wz--n-     7.81t       0
 rl          1    3    0  wz--n-  <999.00g       0
# pvcreate /dev/sde                   #创建新的物理卷/dev/sde
Physical volume "/dev/sde" successfully created.
# vgextend FirstVG /dev/sde           #用新建物理卷扩展逻辑卷组
Volume group "FirstVG" successfully extended
# vgs
 VG        #PV  #LV  #SN  Attr       VSize    VFree
 FirstVG     3    2    0  wz--n-     6.74t   <5.26t      #逻辑卷容量扩展成功
 pb_vg       2    2    0  wz--n-     7.81t        0
 rl          1    3    0  wz--n-  <999.00g        0
```

第 2 步:扩展逻辑卷,不需要卸载,可以在线扩展。用 lvextend 命令执行逻辑卷 lv01 的扩展,在原本 1 TB 的基础上增加 3.5 TB 左右,扩展为 4.5 TB 大小,其中用-L 选项来指定扩展量。完成后用 lvs 命令查看,lv01 扩展成功,如清单 7-47 所示。

清单 7-47

```
# lvextend -L +3.5T /dev/FirstVG/lv01          #扩展逻辑卷
  Size of logical volume FirstVG/lv01 changed from 1.00 TiB (262144 extents) to 4.50 TiB
(1179648 extents).
  Logical volume FirstVG/lv01 successfully resized.
# lvs
LV      VG      Attr        LSize  Pool Origin Data%  Meta%  Move Log Cpy% Sync Convert
lv00    FirstVG -wi-a----- 500.00g
lv01    FirstVG -wi-a-----   4.50t                #逻辑卷扩展成功
pb_data pb_vg   -wi-ao----  <7.81t
pb_swap pb_vg   -wi-ao----   4.00g
home    rl      -wi-ao---- 925.07g
root    rl      -wi-ao----  70.00g
swap    rl      -wi-ao----  <3.93g
```

第 3 步:扩展逻辑卷上的文件系统。在第 2 步逻辑卷扩展成功后并不能使用,甚至不能看到扩展的那些空间,其原因是这些空间中并未建立文件系统,还需要将逻辑卷上的文件系统一并扩展。因为使用的是 xfs 文件系统,因此用 xfs_growfs 命令扩展,如清单 7-48 所示。

清单 7-48

```
#xfs_growfs /dev/FirstVG/lv01  #文件系统空间大小扩展成功
meta-data=/dev/mapper/FirstVG-lv01  isize=512    agcount=4, agsize=67108864 blks
         =                          sectsz=512   attr=2, projid32bit=1
         =                          crc=1        finobt=1, sparse=1, rmapbt=0
         =                          reflink=1    bigtime=1 inobtcount=1
```

```
data     =                        bsize=4096   blocks=268435456, imaxpct=5
         =                        sunit=0      swidth=0 blks
naming   =version 2               bsize=4096   ascii-ci=0, ftype=1
log      =internal log            bsize=4096   blocks=131072, version=2
         =                        sectsz=512   sunit=0 blks, lazy-count=1
realtime=none                     extsz=4096   blocks=0, rtextents=0
data blocks changed from 268435456 to 1207959552
```

注　意

文件系统扩展命令 xfs_growfs 针对的是 xfs 文件系统，对于 ext2、ext3 或 ext4 文件系统，则需要使用 resize2fs 命令来扩展。

完成后查看挂载情况，发现逻辑卷 lv01 上的文件系统已经扩展为 4.5 TB 了，如清单 7-49 所示。

清单 7-49

```
# df -h
文件系统                      容量   已用   可用   已用%   挂载点
devtmpfs                      4.0M      0   4.0M     0%   /dev
tmpfs                         1.9G      0   1.9G     0%   /dev/shm
tmpfs                         779M   9.8M   769M     2%   /run
/dev/mapper/rl-root            70G   7.2G    63G    11%   /
/dev/mapper/rl-home           925G   8.3G   917G     1%   /home
/dev/nvme0n1p1               1014M   260M   755M    26%   /boot
tmpfs                         390M    96K   390M     1%   /run/user/1000
/dev/mapper/FirstVG-lv00      500G   3.6G   497G     1%   /mnt/log
/dev/mapper/FirstVG-lv01      4.5T    33G   4.5T     1%   /mnt/backup
```

注　意

逻辑卷本身支持在线缩减，但不是所有文件系统都支持容量缩减，如 xfs 就不支持任何形式的缩减，因此使用 xfs 文件系统的逻辑卷就无法缩减了。这并不是说使用 xfs 文件系统的逻辑卷不能缩减，只是缩减后 xfs 文件系统被破坏了，数据就会丢失，缩减也就失去了意义。

(4) 删除逻辑卷

在删除指定逻辑卷前，要先卸载逻辑卷上文件系统，否则无法删除。删除逻辑卷使用 lvremove 命令，如清单 7-50 所示。

清单 7-50

```
#umount /mnt/log
# lvremove /dev/MyfirstVG/lv00
Do you really want to remove active logical volume FirstVG/mylv00? [y/n]: y
  Logical volume "lv00" successfully removed
```

也可以用 vgremove 命令一次性将卷组和其上的所有逻辑卷都删除，如清单 7-51 所示。注意在删除前要确保卷组中所有逻辑卷上的文件系统都已经卸载了，否则是无法删除的。

清单 7-51

```
# umount /mnt/backup
# vgremove /dev/FirstVG          #删除卷组前，要将所有逻辑卷上的文件系统都卸载
Do you really want to remove volume group "FirstVG" containing 1 logical volumes? [y/n]: y
Do you really want to remove active logical volume FirstVG/lv01? [y/n]: y
  Logical volume "lv01" successfully removed
  Volume group "FirstVG" successfully removed
```

小 心

删除 VG 时始终要小心谨慎，防止误删 LV 造成不必要的麻烦。

最后删除物理卷，如果使用这些物理卷的卷组已经删除，可以直接使用 pvremove 命令删除物理卷，如清单 7-52 所示。

清单 7-52

```
# pvremove /dev/sde
  Labels on physical volume "/dev/sde" successfully wiped.
# pvremove /dev/sdd
  Labels on physical volume "/dev/sdd" successfully wiped.
# pvremove /dev/sdc2
  Labels on physical volume "/dev/sdc2" successfully wiped.
```

注 意

如果要删除的物理卷所属的卷组仍然在，则需要先用 vgreduce 命令将要删除物理卷从卷组中剔除之后才能删除。

7.4.4 知识点 4 文件系统及相关操作

（1）文件系统

文件系统是操作系统用于在存储设备或分区上组织和管理文件的方法和数据结构。文件系统决定了文件的命名、存储和检索方式，以及文件的属性、权限、加密和完整性等信息。

为分区创建文件系统的目的是让操作系统能够识别和使用分区上的空间，以及在分区上创建、读取、修改和删除文件。如果没有文件系统，分区上的数据就会杂乱无序，无法被操作系统访问和管理。

Linux 系统支持约 100 种文件系统类型的读取。之所以其支持读取这么多类型的分区系统，主要目的就是为了提高兼容性。但是，Linux 只能对其中很少的一部分进行创建和写操作。Rocky Linux 能够支持读、写和创建的主流文件系统见表 7-16。

表 7-16 Rocky Linux 支持读、写、创建的主流文件系统

文件系统	说 明
xfs	一种高度可扩展、高性能的文件系统，支持大容量存储和高级管理功能，也是 RHEL 中默认和推荐的文件系统
ext4	Linux 发行版本中广泛使用的一种文件系统，也是 RHEL 6 及之前发行版本采用的默认文件系统。ext4 向前兼容 ext3 和 ext2
vfat	FAT32 文件系统的一个变种，扩展了 FAT32 的能力，支持长文件名，通常用于 USB 驱动器等可移动媒体

在任务中安装系统时，所有文件系统都是 xfs，这是 RHEL 及其衍生发行版本中的默认文件系统。

注 意

RHEL 中默认并不支持当前主流版本 Windows 系统所使用的 NTFS 文件系统。如果要创建或读写 NTFS 文件系统，需要安装第三方的工具 ntfsprogs（创建文件系统）和 ntfs-3g（读写文件系统），这些并非微软的官方工具，有可能会造成一些性能、兼容和安全问题。

（2）mkswap 命令

下面介绍 mkswap 命令的语法，并用 1 个例子展示其具体用法。

命令 mkswap

用法：mkswap ［选项］ 设备或文件

- 设置交换空间。
- “设备或文件”是指定要作为交换空间的分区设备或文件。

范例 7-8：为分区/dev/sdb1 创建 swap 文件系统。在当前工作目录下创建名为 swapfile、大小为 2 GB 的文件，并在其中创建 swap 文件系统，如清单 7-53 所示。

清单 7-53

```
# mkswap -c /dev/sdb1           #将/dev/sdb1 分区设置为交换空间，同时检查是否有损坏页面
0 个坏页
# dd if=/dev/zero of=./swapfile bs=1M count=2048    #创建一个 2GB 的文件，用 0 填充文件
记录了 2048+0 的读入
记录了 2048+0 的写出
2147483648 字节(2.1 GB,2.0 GiB)已复制，3.64831 s,589 MB/s
# chomod 600  ./swapfile        #交换文件访问权限应该设置为 600
# mkswap  ./swapfile            #将该文件设置为交换空间，并检查是否有坏块
```

（3）mkfs 命令

mkfs 实际上是一个命令前端（Frontend），用来调用一系列真正的文件系统构建命令，其中每一个命令都专门用来构建一种文件系统。这些命令包括 mkfs. ext2、mkfs. ext3、mkfs. ext4、mkfs. xfs、mkfs. fat、mkfs. msdos、mkfs. vfat 和 mkfs. minix，从命令的名字中就很容易分辨它们是用来构建哪些文件系统的。

命令 mkfs

用法：mkfs［选项］设备名

- 创建文件系统。
- mkfs 命令的常用选项见表 7-17。

表 7-17 mkfs 命令的常用选项

选项	说明
-t 文件系统类型	指定分区文件系统类型，包括 ext2、ext3、ext4、xfs、fat、msdos、vfat 以及 minix，实际上就是调用相关命令

下面介绍 mkfs. xfs 命令的语法，并用 1 个范例进行展示和说明。

命令 mkfs. xfs

用法：mkfs. xfs［选项］设备文件

- 创建 xfs 文件系统。
- “设备或文件”是指定要创建文件系统的分区或文件。
- mkfs. xfs 命令的常用选项见表 7-18。

表 7-18 mkfs. xfs 命令的常用选项

选项	说明
-L	指定文件系统标签
-f	如指定分区或者文件中已经存在文件系统，强制覆盖

范例 7-9：强制为分区/dev/nvme0n2p2 创建 xfs 文件系统，并指定其分区标签为 user_data，如清单 7-54 所示。

清单 7-54

```
# mkfs.xfs /dev/nvme0n2p2
mkfs.xfs: /dev/nvme0n2p2 appears to contain an existing filesystem (ext4).
mkfs.xfs: Use the -f option to force overwrite.
# mkfs.xfs -f -L user_data /dev/nvme0n2p2          #使用默认值指定 xfs 文件系统的参数
meta-data=/dev/nvme0n2p2    isize=512     agcount=4, agsize=130809792 blks
         =                  sectsz=512    attr=2, projid32bit=1
         =                  crc=1         finobt=1, sparse=1, rmapbt=0
         =                  reflink=1     bigtime=1 inobtcount=1
data     =                  bsize=4096    blocks=523239168, imaxpct=5
         =                  sunit=0       swidth=0 blks
naming   =version 2         bsize=4096    ascii-ci=0, ftype=1
log      =internal log      bsize=4096    blocks=255487, version=2
         =                  sectsz=512    sunit=0 blks, lazy-count=1
realtime =none              extsz=4096    blocks=0, rtextents=0
```

注 意

mkfs. xfs 可以指定文件系统的很多参数，如块大小、日志大小、分配组数量等，但在大部分情况下，都无须用户特别指定，mkfs. xfs 会使用默认值或根据设备的特性自动选择合适的值。

7.4.5 知识点 5 挂载和卸载文件系统

(1) mount 命令

在 Linux 中，不同分区上的文件系统可通过目录树的挂载点连接，之后再卸载，mount 就是 Linux 用于挂载文件系统的命令。下面介绍该命令的语法，并用 4 个例子展示其具体用法。

命令 mount

用法：mount [选项] 设备 挂载目录

- 挂载文件系统。
- 不加选项参数执行 mount 命令会显示目前挂载的文件系统信息。
- mount 命令的常用选项见表 7-19。

表 7-19 mount 命令的常用选项

选 项	说 明
-t<文件系统类型>	指定挂载/列出分区的文件系统类型。常见的 Linux 默认支持的文件系统类型有 ext2、ext3、ext4、vfat、reiserfs、xfs、iso9660（光盘文件系类型）以及 nfs、cifs、smbfs（后 3 种为网络文件系统类型）等
-L	利用设备标签（Label）来指定要挂载的设备
-l	列出设备
-a	依照配置文件/etc/fstab，将所有尚未挂载的设备都挂载上
-o	指定挂载时的动作参数

- mount -o 选项参数见表 7-20。

表 7-20 mount -o 选项参数

参 数	说 明
ro，rw	挂载文件系统成为只读（ro）或可擦写（rw）
async，sync	此文件系统是否使用同步写入（sync）或异步（async）的缓存机制，默认为 async
auto，noauto	允许此分区被 mount -a 自动挂载（auto）
dev，nodev	是否允许此分区上可创建设备文件
suid，nosuid	是否允许此分区含有 suid/sgid 的文件格式
exec，noexec	是否允许此分区拥有可运行二进制可执行文件
user，nouser	是否允许普通用户挂载此分区
defaults	默认值为 rw、suid、dev、exec、auto、nouser 和 async
remount	重新挂载

范例 7-10: 用 mount 命令查看当前系统的所有挂载好的分区情况，接着筛选出所有 xfs 文件系统并查看。不带选项和参数执行 mount 命令可以查看当前系统的所有挂载分区情况(包括系统内核映射到用户空间中的虚拟文件系统)，输出有分区的设备名、挂载点、分区类型和挂载参数 4 项内容，如果带上-t 选项可以指定要列出的挂载分区的类型，如清单 7-55 所示。

清单 7-55

```
# mount
proc on /proc type proc (rw,nosuid,nodev,noexec,relatime)
sysfs on /sys type sysfs (rw,nosuid,nodev,noexec,relatime,seclabel)
...此处略去若干行
# mount -t xfs
/dev/mapper/rl-root on / type xfs
(rw,relatime,seclabel,attr2,inode64,logbufs=8,logbsize=32k,noquota)
/dev/nvme0n1p1 on /boot type xfs
(rw,relatime,seclabel,attr2,inode64,logbufs=8,logbsize=32k,noquota)
/dev/mapper/rl-home on /home type xfs
(rw,relatime,seclabel,attr2,inode64,logbufs=8,logbsize=32k,noquota)
```

范例 7-11: 指定以只读模式(ro)挂载设备/dev/nvme0n1p2，如果设备已挂载则重挂(re-mount)，可以使用逗号分隔多个选项，如 remount 和 ro，如清单 7-56 所示。

清单 7-56

```
# mount -o remount,ro /dev/nvme0n1p2 /project/bin
```

范例 7-12: 挂载设备/dev/sdd2。普通用户可挂载卸载，但不能创建可执行文件，如清单 7-57 所示。

清单 7-57

```
# mount -t ntfs -o user noexec /dev/sdd2 /mnt/usb
```

范例 7-13: 挂载设备/dev/sdc1，同步写入，不记录访问时间，如清单 7-58 所示。

清单 7-58

```
# mount -o sync noatime /dev/sdc1 /project/data
```

(2) umount 命令

umount 是 Linux 用于卸载文件系统的命令。下面介绍该命令的语法，并用 3 个例子展示其具体用法。

命令 umount

用法:umount [选项] 设备|挂载目录

- 卸载已经挂载文件系统。
- umount 命令的常用选项见表 7-21。

表 7-21 umount 命令的常用选项

选 项	说 明
-a	尝试卸载所有在/etc/mtab 文件中列出的文件系统(但不会卸载 proc 文件系统)
-r	如果卸载失败,试图以只读方式进行重新挂载
-t 文件系统类型	只卸载指定的类型的文件系统
-f	强制卸载

范例 7-14:分别通过设备名和挂载点将挂载在/mnt/mymount 目录上的/dev/sda1 卸载,如清单 7-59 所示。

清单 7-59

```
# umount -v /dev/sda1            #通过设备名卸载
/dev/sda1 umounted
# umount -v /mnt/mymount/        #通过挂载点卸载
/tmp/diskboot.img umounted
```

范例 7-15:卸载仍有文件被使用的文件系统。在卸载文件系统时,有时会失败,且 umount 命令会输出如清单 7-60 所示的错误提示,表示要卸载文件系统中的文件仍被使用,因此无法卸载该文件系统。此时需要进行一些额外操作才能正常卸载文件系统。

清单 7-60

```
# umount /dev/nvme0n1p2
umount: /project/bin:目标忙。
        (有些情况下通过 lsof(8) 或 fuser(1) 可以
        找到有关使用该设备的进程的有用信息)
```

按 umount 命令的提示可以使用 lsof 或 fuser 命令确定哪些文件是打开的,或者哪个用户、哪个进程打开了文件,如清单 7-61 所示。

清单 7-61

```
#用 lsof 命令查看是哪个用户或进程打开/dev/nvme0n1p2 的挂载点/project/bin 目录
# lsof /project/bin
lsof:WARNING: can't stat() fuse.gvfsd-fuse file system /run/user/1000/gvfs
     Output information may be incomplete.
COMMAND  PID     USER   FD   TYPE  DEVICE  SIZE/OFF  NODE   NAME
bash     4308    root   cwd  DIR   259,2   41        64     /project/bin
#用 fuser 命令也可以查看是哪些进程在使用该分区上的文件
# fuser /project/bin
/project/bin:           4308c
#用 fuser-k 命令可快速地将这些进程关闭
#fuser -k /project/bin
```

小 心

在实际生产环境中,谨慎使用 fuser -k 命令,因为可能有其他用户也在使用同一个文件系统，如果贸然关闭所有使用该文件系统的进程可能会导致其他用户丢失数据。如果非要使用 fuser -k 命令建议同时加上-i 选项，这样在关闭每个进程之前都会询问。

范例 7-16：将所有未使用的文件系统都卸载。通过 umount -a 命令完成，在子任务 2 中已经完成过一次，如清单 7-62 所示。

清单 7-62

```
# umount -a
```

/etc/mtab 文件由系统维护，其中保持着当前系统中已挂载的分区信息，如清单 7-63 所示。每当用 mount 命令挂载或卸载分区时，都会动态更新/etc/mtab 文件。使用 umount 命令读取其中挂载分区信息，尝试一次性将其全部卸载。

清单 7-63

```
# cat /etc/mtab
proc /proc proc rw,nosuid,nodev,noexec,relatime 0 0
...此处省略若干行
/dev/mapper/rl-home /home xfs
rw,seclabel,relatime,attr2,inode64,logbufs=8,logbsize=32k,noquota 0 0
/dev/mapper/pb_vg-pb_data /project_b/data xfs
rw,seclabel,relatime,attr2,inode64,logbufs=8,logbsize=32k,noquota 0 0
/dev/nvme0n1p1 /boot xfs
rw,seclabel,relatime,attr2,inode64,logbufs=8,logbsize=32k,noquota 0 0
none /run/credentials/systemd-tmpfiles-setup.service ramfs
ro,seclabel,nosuid,nodev,noexec,relatime,mode=700 0 0
```

注　意

- 在/etc/mtab 文件中，可以观察到挂载的文件系统数量远远多于系统中真正的文件系统数量，其实这其中有不少文件系统，如 proc、sysfs、tmpfs 和 devtmpfs 等都是 Linux 内核映射到用户空间的虚拟文件系统，并不对应具体的物理设备。这些文件系统通常由系统内核或者应用程序动态管理，以达到反映系统运行状况、进行进程间通信、获取临时文件空间等目的，也是 Linux 不可或缺的部分。
- 大部分文件系统相关的工具，如 df 和 du 命令等，也是要读取/etc/mtab 文件才能得知当前系统中的文件系统挂载情况。

（3）swapon 和 swapoff 命令

在 Linux 中，交换空间是不能被用户访问的，因此无须也不能挂载，但是可以启用或者停用，swapon 和 swapoff 命令就是 Linux 用于启用或者停用交换空间的一对命令。下面介绍这两个命令的语法，并用 1 个例子展示其具体用法。

命令 swapon

用法：swapon ［选项］　交换设备文件

- 将指定设备文件或者普通文件启用为交换空间。

- swapon 命令的常用选项见表 7-22。

表 7-22 swapon 命令的常用选项

选项	说明
-a	启用/etc/fstab 文件中所有设置的交换空间
-p 优先级	设置交换空间的优先级,范围为 0~32767,数字越大优先级越高。如果不指定,则默认为-1
-s	显示交换空间的使用情况

命令 swapoff

用法:swapoff [选项] 交换设备文件

- 停用指定设备文件或者普通文件上已经启用的交换空间。
- swapoff 命令的常用选项见表 7-23。

表 7-23 swapoff 命令的常用选项

选项	说明
-a	关闭/etc/fstab 文件中所有设置的交换空间

范例 7-17:一次全部关闭和打开/etc/fstab 文件中设置的交换空间,如清单 7-64 所示。

清单 7-64

```
# swapoff -a                    # 关闭/etc/fstab 文件中设置的所有交换空间
# swapon -s                     #可以观察到所有的交换空间均已停用
# swapon -a                     #启用所有交换空间
# swapon -s
文件名              类型        大小      已用  权限
/dev/dm-1           partition   4116476   0     -2
/dev/nvme0n2p1      partition   4193276   0     -3
/dev/dm-3           partition   4194300   0     -4
```

(4) df 命令

系统管理员需要经常关注主机中文件系统的存储空间使用情况,在 Linux 中最常用的监视文件系统空间的命令是 df。df 是 Disk Free 的缩写,该命令可以获取硬盘被占用了多少空间、目前还剩下多少空间等信息,也可以显示所有文件系统的索引节点和数据块的使用情况。下面介绍 df 命令的语法,并用两个例子展示其具体用法。

命令 df

用法:df [选项][设备文件名]

- 显示指定设备上所有使用中的文件系统的磁盘空间使用情况,如不指定设备,就显示系统中所有的文件系统。
- df 命令的常用选项见表 7-24。

表 7-24 df 命令的常用选项

选　项	说　明
-a	显示所有挂载的文件系统的块(1 KB)使用情况(包括不占用硬盘空间的虚拟文件系统,如/proc 文件系统)
-k	以 KB 为单位显示
-m	以 MB 为单位显示
-h	以易读方式显示大小,如 1 KB、234 MB、2 GB
-i	显示索引节点(inode)使用情况,注意不是块
-t 文件系统类型	显示各指定类型的文件系统的磁盘空间使用情况
-x	列出不是某一指定类型文件系统的磁盘空间使用情况(与-t 选项相反)
-T	显示文件系统类型

范例 7-18:用 df 命令列出系统中文件数据块(Block)的使用情况,如清单 7-65 所示。

清单 7-65

```
# df
文件系统                    1K-块        已用       可用         已用%  挂载点
devtmpfs                   4096         0          4096         0%     /dev
tmpfs                      1992188      0          1992188      0%     /dev/shm
tmpfs                      796876       9968       786908       2%     /run
/dev/mapper/rl-root        73364480     7542036    65822444     11%    /
/dev/nvme0n2p2             2091934724   14618268   2077316456   1%     /project_b/bin
/dev/mapper/rl-home        969532892    8691992    960840900    1%     /home
/dev/mapper/pb_vg-pb_data  8382318592   58475832   8323842760   1%     /project_b/data
/dev/nvme0n1p1             1038336      265684     772652       26%    /boot
tmpfs                      398436       100        398336       1%     /run/user/1000
```

命令输出共有 6 个字段,其中第 1 个字段代表文件系统对应的设备文件的名,第 2 个字段给出分区包含的数据块(1 KB)的数目,第 3、4 字段分别表示已用的和可用的数据块数目,第 5 个字段表示文件系统块已被使用的比例,第 6 字段则是文件系统的挂载点。

范例 7-19:用 df 命令列出系统中文件索引节点(inode)的使用情况,如清单 7-66 所示。

清单 7-66

```
#df -i
文件系统                    Inodes       已用(I)    可用(I)      已用(I)%  挂载点
devtmpfs                   490059       610        489449       1%        /dev
tmpfs                      498047       1          498046       1%        /dev/shm
tmpfs                      819200       1268       817932       1%        /run
/dev/mapper/rl-root        36700160     127657     36572503     1%        /
/dev/nvme0n2p2             209295616    3          209295613    1%        /project_b/bin
/dev/mapper/rl-home        485003264    290        485002974    1%        /home
/dev/mapper/pb_vg-pb_data  838440512    3          838440509    1%        /project_b/data
/dev/nvme0n1p1             524288       357        523931       1%        /boot
tmpfs                      99609        114        99495        1%        /run/user/1000
```

注　意

- 在任务4的知识点10中，已经提到过在xfs文件系统中，文件的数据是存储在数据块(Data Block)中的，块是文件读写的最小单位；文件的属性(类型、访问权限、时间戳等)和块指针(指向存储文件数据的块)则存储在文件的索引节点(Inode)中。
- 一个xfs文件系统同样也分为两个部分：一是数据块，用来放置文件内容数据地方；二是索引节点表(Inode Table)，用来放文件的索引节点。这两个部分的大小在建立文件系统时就已经确定好了，是不能变动的。
- 数据块和索引节点两者中任意一个消耗殆尽，都会导致系统磁盘空间不足，即使磁盘空间在物理上并未真正全部耗尽。

(5) /etc/fstab 文件

在子任务3中对/etc/fstab 文件已经有了初步的了解，下面将对其进行一个更加完整的展示，如清单7-67所示。

清单 7-67

```
# /etc/fstab
# Created by anaconda on Sat Jul  8 00:25:40 2023
#
# Accessible filesystems, by reference, are maintained under '/dev/disk/'.
# See man pages fstab(5), findfs(8), mount(8) and/or blkid(8) for more info.
#
# After editing this file, run 'systemctl daemon-reload' to update systemd
# units generated from this file.
#
                    1                                2      3      4       5  6
/dev/mapper/rl-root                              /      xfs    defaults  0  0
UUID=d7794b40-141d-46f6-8e4c-59490936ed2d        /boot  xfs    defaults  0  0
/dev/mapper/rl-home                              /home  xfs    defaults  0  0
/dev/mapper/rl-swap                              none   swap   defaults  0  0
```

清单7-67中展示了/etc/fstab 文件的每行代表了一个文件系统的开机挂载配置，有6个字段，其具体意义见表7-25。

表 7-25　/etc/fstab 文件字段说明

字　段	说　明
1	指定要挂载的设备，可以通过以下几种不同的方法指定。 ● 设备内核名称：由内核分配给每个块设备的名称，也是设备文件名。 ● 文件系统UUID：由文件系统创建工具在创建文件系统时生成的一个独一无二的字符串。 ● 设备标签：用户为设备定义的易读名字，标签不能保证唯一性。 除了以上3种通用方法外，对于gpt分区，还可以使用partlabel和partuuid等方法来指定文件系统
2	指定了挂载设备的目录。对于交换分区，挂载点为none

续表

字段	说明
3	指定该设备上的文件系统类型。常用的文件系统类型的具体取值可以参见知识点 4
4	指定加载该设备的文件系统时需要使用的特定参数选项，具体取值可以参见知识点 5 中 mount 命令的说明
5	指定 dump 命令是否应对该文件系统中的文件进行备份。对 xfs 文件系统没有意义，因为 dump 并不适合备份 xfs 文件系统，可以设置为 0，以避免不必要的备份操作
6	指定开机时进行文件系统检查的顺序。对 xfs 文件系统没有意义，因为 xfs 是一个日志文件系统，会在挂载时自动进行恢复，可以设置为 0，以避免不必要的检查操作

7.5 任务小结

在完成了本任务之后，小 Y 对硬盘、分区和文件系统已经有了一些了解。现在，小 Y 应该能够：

习题 7

文本：习题参考答案

1. 为硬盘进行分区。
2. 创建逻辑卷。
3. 创建 Linux 中常见的文件系统和交换空间。
4. 挂载和卸载文件系统，启用和停用交换空间。
5. 能配置开机自动挂载文件系统。

同时，小 Y 应该已经了解：

任务 7 在线实验

1. 硬盘分区概念和分区表类型。
2. 至少一种分区工具的用法。
3. 逻辑卷管理工具的用法。
4. 文件系统概念和常用文件系统类型。
5. 文件系统创建命令和交换空间设置命令的用法。
6. 文件系统挂载、卸载命令以及交换空间启用、停用命令的用法。
7. 文件系统自动挂载配置。

任务 8 管理网络

——问渠那得清如许，为有源头活水来。

8.1 任务场景

这次交给小 Y 的任务是为研发部 C 小组的测试 Web 服务器主机配置网络。在大致浏览了任务清单后，小 Y 发现这个任务和以往的有所不同，不仅需要用到 Linux 知识，还要对计算机网络有一定的了解，算是一次小小的融会贯通式的挑战。好在小 Y 在学校的时候，认真学习了计算机网络基础等课程，实操技能掌握得也不错，而且前面的任务完成得都很顺利，帮助文档也用得得心应手，已经积累了一些 Linux 相关资料和实操经验，因此他对按时完成这个任务信心满满。

PPT：任务 8 管理网络

微课 8-1 安全与创新——互联网发展的辩证之道

8.2 任务内容

任务的需求是明确的：要为一台 Web 服务器主机配置网络，该服务器是一台仅在研发小组内部使用的服务器，具体要求见表 8-1。

表 8-1 Web 服务器主机配置网络要求

MDS LTD.	IT 资源和服务申请表
资源类别 □存储资源 ■网络带宽 □计算资源 □ IT 支持服务 □其他	
申请人员/部门： 技术部/C 项目组 实施人员/部门： IT 支持部/P 项目组	
详细规格描述： 为主机配置如下网络参数。 1. 主机名：test. nbccdev. cn 2. IP 地址：192. 168. 30. 3/24 3. 网关：192. 168. 30. 1 4. DNS：192. 168. 30. 2 5. 防火墙：对于内网中的 192. 168. 30. 0/24 网段开放 ssh、http、https 和 mysql 服务的入站端口，允许 ping 命令探测，对于其他主机仅开放 http 和 https 服务的入站端口，不响应其他所有端口上的连接	
本部门主管：已批准	
IT 部门主管：已批准	

接下来，就和小 Y 一起来完成这个配置网络的任务。任务本身并不难，关键是在完成任务的过程中要有所收获，对 Linux 中网络的管理有一个较为全面的了解，这就不是一蹴而就的事情了。没关系，先动手往下做。

8.3 任务实施

8.3.1 子任务 1 配置主机网络接口

在 Red Hat 系列的 Linux（包括 Rocky Linux）中配置和管理网络的官方工具是 NetworkManager（简称 NM）。事实上，Red Hat 开发 NM 的主要目的就是降低在 Linux 与其他类 UNIX 操作系统中进行计算机网络管理和使用难度，因此其也是初学者管理和配置网络的首选。

微课 8-2 配置主机网络接口

注 意

Linux 用户常使用网络脚本和配置文件来管理和配置网络，其中的网络脚本是指/etc/init.d/network 文件以及其所调用的一系列其他脚本文件；配置文件则主要是指/etc/sysconfig/network-scripts 目录下的 ifcfg 文件以及/etc 目录下的诸如 hosts、hostname、resolv.conf 等文件。这种方法在当前 Red Hat 系列版本中仍然被保留下来，习惯于脚本操作的用户仍可继续使用。

（1）查看 NM 状态

NM 包含在 Red Hat 系列的官方安装介质中，除了最小化（Minimal）安装，其他情况下会默认安装。若没有安装，可以使用 dnf 命令安装，如清单 8-1 所示。

清单 8-1

```
# dnf -y install NetworkManager
```

NM 不是一个前台应用程序，而是一个提供网络管理和配置的服务（Service）。可以用 systemctl status 命令确定该服务是否已经启动，如清单 8-2 所示。

清单 8-2

```
# systemctl status NetworkManager          #查看 NM 的运行状态
● NetworkManager.service - Network Manager
   Loaded: loaded (/usr/lib/systemd/system/NetworkManager.service; enabled; p>
   Active: active (running) since Sat 2023-09-23 22:41:01 CST; 22h ago
     Docs: man:NetworkManager(8)           #出现 active (running)字样表示已启动
...此处省略若干行
# systemctl is-enabled NetworkManager      #确认是否开机自启动
enabled                                    #出现 enable 字样表示开机自启动，否则非开机自启动
```

若 NM 未启动或者未开机自启动，可使用 systemctl start 命令让其启动，并用 systemctl enable 命令设置其开机自启动，如清单 8-3 所示。

清单 8-3

```
# systemctl start NetworkManager          #启动 NM 守护进程
# systemctl enable NetworkManager         #让 NM 守护进程开机自启动
```

NM 软件包中除了 NM 本身，一般还会包括用户界面工具。表 8-2 中列出的所有 NM 用户界面工具都可以与 NM 进行交互来管理和配置网络，但作为一名系统管理员，建议优先选择 nmcli 作为交互工具。

表 8-2 NM 用户界面工具

工具名称	描述
nmtui	NM 使用光标的简单文本用户界面(TUI)
nmcli	NM 命令行界面(CLI)
control-center	GNOME 下的 NM 图形用户界面

在确认 NM 已经启动后，就可以用它来配置主机网络了。

(2) 查看网络接口和连接配置

用 nmcli device status 命令查看主机上所有接口设备，确认接口已经被正常驱动。要配置的 Web 服务器主机上只有一个网络接口设备(一张网卡)，因此输出应如清单 8-4 所示。

清单 8-4

```
# nmcli device status
DEVICE  TYPE      STATE       CONNECTION
ens160  ethernet  已连接      ens160
lo      loopback  连接(外部)  lo
```

注 意

- nmcli 命令的操作对象和操作命令可以用全称，也可以用简称。在不产生歧义的前提下，最少可以只用一个字母，如 nmcli d s 和 nmcli device status 是等价的。
- 为了清晰起见，本任务中所有 nmcli 命令的操作对象和操作命令都采用全称。

命令输出有 3 行，第 1 行是状态字段名，其意义见表 8-3。

表 8-3 nmcli device status 命令字段释义

字段	意义
DEVICE	接口设备名，本任务中是 ens160 和 lo
TYPE	设备类型，本任务中是 ethernet，表示以太网接口，loopback 则表示回环接口
STATE	接口状态，可以是已连接、已断开或者未托管
CONNECTION	该接口上的连接配置名，如接口上没有生效的连接配置，则显示“--”字样

第 2 行输出的是要配置的网络接口设备状态，设备名为 ens160，设备类型是以太网接口，状

态是“已连接”，接口上使用了一个与设备名相同的连接。

注 意

- 网络接口设备由系统按照一定规则命名，其名称是有意义的，如清单 8-4 所示中的 ens160：其中 en 代表是以太网（Ethernet）接口设备；s 代表是 PCI-E 插槽（Slot），即该接口设备插在某个 PCI-E 插槽中；最后的数字 160 代表插槽索引号。
- Red Hat 系列的 Linux 中的网络接口设备命名规则从版本 7 开始发生较大的变化，不再是传统的如 eth0、eth1……这样的命名方式了，而是采用了所谓的“一致网络设备命名”（Consistent Network Device Naming），如果希望了解相关内容，建议参考《Red Hat Enterprise Linux 9 配置和管理网络》中的第 1 章。

第 3 行输出的是系统中的回环接口（Loopback Interface）状态，与任务无关，无须关注。

文本：RHEL 配置和管理网络手册

注 意

设备 lo 是回环接口，它并非真正的物理设备，而是一个软件接口。回环接口允许运行在同一台主机上的客户程序和服务器程序通过 TCP/IP 协议簇进行通信，大多数系统通常会把地址 127.0.0.1 分配给该接口。

从清单 8-4 中可以看出，接口 ens160 未进行任何配置，但似乎主机网络已经可以用了。用 nmcli device show 命令来查看这个设备的详细信息，发现该设备确实已经有了完整可用的网络配置（虽然与任务所要求的并不一样），如清单 8-5 所示。事实上，该设备的自动配置是主机依据接口的默认配置，通过 DHCP（Dynamic Host Contiguration Protocol，动态主机配置协议）向本地网络中的 DHCP 服务器请求而获取的。

清单 8-5

```
# nmcli device show ens160
GENERAL.DEVICE:                 ens160
GENERAL.TYPE:                   ethernet
GENERAL.HWADDR:                 00:0C:29:90:38:48
GENERAL.MTU:                    1500
GENERAL.STATE:                  100(已连接)
GENERAL.CONNECTION:             ens160
GENERAL.CON-PATH:               /org/freedesktop/NetworkManager/ActiveConnection/4
WIRED-PROPERTIES.CARRIER:       开
IP4.ADDRESS[1]:                 192.168.30.3/24
IP4.GATEWAY:                    192.168.30.1
IP4.ROUTE[1]:                   dst = 0.0.0.0/0, nh = 192.168.30.1, mt = 100
IP4.ROUTE[2]:                   dst = 192.168.30.0/24, nh = 0.0.0.0, mt = 100
IP4.DNS[1]:                     172.18.1.2
IP4.DNS[2]:                     192.168.30.1
IP4.DOMAIN[1]:                  localdomain
IP6.ADDRESS[1]:                 fe80::20c:29ff:fe90:3848/64
IP6.GATEWAY:                    --
IP6.ROUTE[1]:                   dst = fe80::/64, nh = ::, mt = 1024
```

注 意

当检测到系统中有新添加的且未配置的网络接口设备时，NM 会为接口创建一个与接口同名的临时连接，如在清单 8-5 中所看到 ens160 连接，该预设连接默认会使用 DHCP 来获取接口网络参数。

用 nmcli connection show ens160 命令查看 NM 自动为 ens160 设备建立的同名连接的配置详情，注意到其中 ipv4. method 打头的一行，该行就表示使用 DHCP 来配置接口，如清单 8-6 所示。显然清单 8-6 中接口的 IP 地址、网关和 DNS 等配置都是通过 DHCP 从本地网络中的 DHCP 服务器获取到的，这与任务要求不同，因此要为接口新建一个符合要求的连接配置。

清单 8-6

```
# nmcli connection show ens160
connection.id:                        ens160
connection.uuid:                      cfd7ea21-8db7-3870-8577-e2edf25bcb2a
...此处省略若干行
ipv4.method:                          auto            #使用 DHCP 获取的网络配置
...此处省略若干行
```

(3) 为接口配置和启用连接

第 1 步，用 nmcli connection add 命令添加一个新连接，如清单 8-7 所示。该命令指定了连接的 3 个属性：type 表示连接类型，值为 ethernet，表示添加的接口是以太网接口；con-name 表示连接名称，这里连接的名称为 web-server；ifname 表示该连接绑定的接口设备，显然要将其绑定到 ens160 上。

拓展阅读 8-1
接口配置文件

清单 8-7

```
# nmcli connection add type ethernet con-name web-server ifname ens160
连接 "web-server" (8ae95684-2dd0-4a91-92b3-61c0ebf91443) 已成功添加。
```

注 意

绑定到指定接口设备上的连接只能用于该接口设备，无法应用到其他的接口设备上：如任务中的 web-server 连接是绑定并只能用在 ens160 接口上。

第 2 步，通过 nmcli connection modify 命令修改 web-server 配置。按照任务中 Web 服务器主机的配置要求，总共修改 3 个属性，如清单 8-8 所示。

清单 8-8

```
#修改连接为手动配置，设置 IP 地址、子网掩码和默认网关
#nmcli connection modify web-server ipv4.method manual ipv4.addresses 192.168.30.3/24
ipv4.gateway 192.168.30.1
```

注 意

修改连接为手动配置(Manual)的同时，必须同时设置好 IP 地址，否则会报错。

第 3 步，用 nmcli connection up 命令启动连接，如清单 8-9 所示。

清单 8-9

```
# nmcli con up web-server
连接已成功激活(D-Bus 活动路径:/org/freedesktop/NetworkManager/ActiveConnection/5)
```

再用 nmcli device show 命令查看这个设备的详细信息，以验证配置是否成功，如清单 8-10 所示。

清单 8-10

```
# nmcli dev show ens160
GENERAL.DEVICE:                ens160
GENERAL.TYPE:                  ethernet
GENERAL.HWADDR:                00:0C:29:90:38:48
GENERAL.MTU:                   1500
GENERAL.STATE:                 100(已连接)
GENERAL.CONNECTION:            web-server      #启用的连接
GENERAL.CON-PATH:              /org/freedesktop/NetworkManager/ActiveConnection/5
WIRED-PROPERTIES.CARRIER:      开
IP4.ADDRESS[1]:                192.168.30.3/24 #IP 地址/子网掩码
IP4.GATEWAY:                   192.168.30.1    #网关
IP4.ROUTE[1]:                  dst = 192.168.30.0/24, nh = 0.0.0.0, mt = 100
IP4.ROUTE[2]:                  dst = 0.0.0.0/0, nh = 192.168.30.1, mt = 100
IP6.ADDRESS[1]:                fe80::598d:b5c6:1258:3513/64
IP6.GATEWAY:                   --
IP6.ROUTE[1]:                  dst = fe80::/64, nh = ::, mt = 1024
```

第 4 步，用 ping 命令测试是否能够连接网关(192.168.30.1)，如清单 8-11 所示。如果没有丢包，就表示接口已与指定网关连接良好。

清单 8-11

```
# ping -c 4 192.168.30.1        #ping 了 4 个数据包
PING 192.168.30.1 (192.168.30.1) 56(84) 比特的数据。
64 比特,来自 192.168.30.1: icmp_seq=1 ttl=128 时间=0.245 毫秒
64 比特,来自 192.168.30.1: icmp_seq=2 ttl=128 时间=0.307 毫秒
64 比特,来自 192.168.30.1: icmp_seq=3 ttl=128 时间=0.303 毫秒
64 比特,来自 192.168.30.1: icmp_seq=4 ttl=128 时间=0.265 毫秒

---192.168.30.1 ping 统计 ---
已发送 4 个包, 已接收 4 个包, 0% packet loss, time 3058ms     #成功 ping 到,没有丢包
rtt min/avg/max/mdev = 0.245/0.280/0.307/0.026 ms
```

(4) 修改主机名

在本任务中，设置主机名很重要，因为使用主机名而非 IP 地址来连接服务器可以带来两大便利：一是免去了用户记忆 IP 地址的麻烦；二是如果服务器要修改 IP 地址，不会影响用户的正常使用。

修改主机名本身很简单，可以使用 nmcli general hostname 命令完成，如清单 8-12 所示。

清单 8-12

```
# nmcli general hostname test.nbccdev.cn        #修改主机名
# nmcli general hostname                        #查看主机名
test.nbccdev.cn
```

如果要确保主机中的其他进程和应用程序也意识到主机名发生了变化，可以用 systemctl 命令重启主机名控制守护进程 systemd-hostnamed，如清单 8-13 所示。

清单 8-13

```
#systemctl restart systemd-hostnamed
```

注　意

也可以采用 hostnamectl 命令来查看和设置主机名，若要了解详细信息可用 man 命令查看该命令的帮助文档。

由于 Web 服务器的主机名仅仅在小范围内使用，并不交由公司 DNS 服务器来解析，因此需要将服务器名写入要连接服务器的那些 PC 的本地主机名解析文件中。

注　意

- 如果服务器仅仅在小范围内使用（如本任务中仅有本开发组的成员使用这台 Web 服务器），最方便的做法是让用户将服务器的主机名写入客户端机器的本地主机名解析文件中，让客户端能够在本地解析主机名。
- 如果服务器要在较大范围内使用，那么还是要将主机名提交给主机所在域管理员，让 DNS 服务器来提供主机名解析服务。

拓展阅读 8-2
主机名解析
配置文件

在 Linux 中这个文件是/etc/hosts，要在其中加入如清单 8-14 所示的一行，用于将主机名 web. nbmdsdev. cn 解析为 IP 地址 192. 168. 30. 3。

清单 8-14

```
192.168.30.3 test.nbccdev.cn
```

注　意

Windows 中是 C:\Windows\System32\drivers\etc\host 文件，添加内容与清单 8-14 相同。

完成后可以尝试 ping 主机名，如果 ping 通，则表示本地主机名解析设置完成，客户端主机就可以通过 web. nbmdsdev. cn 来访问主机，如清单 8-15 所示。

清单 8-15

```
# ping -c 4 git01.nbmdsdev.cn
PING test.nbccdev.cn (192.168.30.3) 56(84) 比特的数据。
```

```
64 比特,来自 test.nbccdev.cn (192.168.30.3): icmp_seq=1 ttl=64 时间=0.043 毫秒
64 比特,来自 test.nbccdev.cn (192.168.30.3): icmp_seq=2 ttl=64 时间=0.059 毫秒
64 比特,来自 test.nbccdev.cn (192.168.30.3): icmp_seq=3 ttl=64 时间=0.062 毫秒
64 比特,来自 test.nbccdev.cn (192.168.30.3): icmp_seq=4 ttl=64 时间=0.054 毫秒

---test.nbccdev.cn ping 统计 ---
已发送 4 个包, 已接收 4 个包, 0% packet loss, time 3087ms
rtt min/avg/max/mdev = 0.043/0.054/0.062/0.007 ms
```

至此就完成了主机网络接口的配置,接下来就要进一步进行网络安全的相关配置。

8.3.2 子任务 2 配置主机防火墙

让主机只向用户开放特定的网络端口,只允许特定 IP 地址访问,这些都可以方便地通过主机防火墙来实现。在 Red Hat 系列的 Linux 中,最常用的防火墙工具为 firewalld。

微课 8-3
配置主机防火墙

注 意

- firewalld 向用户提供了简单易用的界面来定义防火墙策略并管理防火墙,定义好的防火墙策略是由底层的 nftables 框架来处理的。
- nftables 是 Linux 最新的防火墙,旨在取代原来的 iptables,并提供更高效和更简洁的语法和功能。从 RHEL 9 开始,iptables 也是通过调用 nftables 内核 API 来实现。
- 要避免不同防火墙相互影响,主机中只能有一个防火墙服务运行。

(1) 查看 firewalld 状态

大部分的 Linux 发行版本,即使在最小安装的情况下也默认包含 firewalld。它同样不是一个前台应用程序,而是一个提供防火墙配置的服务。可以用 systemctl status 命令确定该服务是否已经启动,如清单 8-16 所示。

清单 8-16

```
#systemctl status firewalld                #查看 firewalld 运行状态
● firewalld.service - firewalld - dynamic firewall daemon
    Loaded: loaded (/usr/lib/systemd/system/firewalld.service; enabled; preset>
    Active: active (running) since Sat 2023-09-23 22:41:01 CST; 1 day 8h ago
      Docs: man:firewalld(1)               #出现 active (running)字样表示已启动
  Main PID: 1096 (firewalld)
...此处省略若干行
# systemctl is-enabled firewalld           #确认是否开机自启动
enabled                                    #出现 enable 字样表示开机自启动,否则非开机自启动
```

若 firewalld 未启动或者未开机自启动,则可用 systemctl start 命令让其启动,并用 systemctl enable 命令让其开机自启动,如清单 8-17 所示。

清单 8-17

```
# systemctl start firewalld           #启动 firewalld 服务
# systemctl enable firewalld          #让 firewalld 服务开机自启动
```

firewalld 软件包中除了 firewalld 本身，一般还会包括用户界面工具。表 8-4 中的工具都可以与 firewalld 进行交互来管理和配置主机防火墙，但作为一名系统管理员，建议优先选择 firewall-cmd 作为交互工具。

表 8-4　firewalld 用户界面工具

工具名称	说　明
firewall-cmd	firewalld 命令行界面(CLI)
firewall-config	firewalld 图形用户界面(GUI)

在确认 firewalld 已经启动后，就可以用它来配置主机网络了。

(2) 查看 firewalld 配置

首先，用 firewall-cmd --list-all 命令查看当前 firewalld 的配置，显示的是当前 firewalld 所启用的默认区域(Zone)——public 的配置策略，如清单 8-18 所示。

清单 8-18

```
# firewall-cmd --list-all
public (active)
  target: default   ①
  icmp-block-inversion: no
  interfaces: ens160   ②
  sources:
  services: cockpit dhcpv6-client ssh   ③
  ports:
  protocols:
  forward: yes
  masquerade: no
  forward-ports:
  source-ports:
  icmp-blocks:
  rich rules:
```

public 是 firewalld 区域名称，active 表示该区域是启用的。

注　意

- 区域是 firewalld 中特有的概念，简单来说就是一些预定义的策略模板。
- firewalld 中预定义了多个区域，public 是其中之一，通常应用于不受信任的公共网络，其中的策略通常比较严格，默认情况下只允许最基本的如 ssh、dhcpv6-client 这样网络连接。public 也是 firewalld 默认使用的区域。

接下来都是 public 区域中的具体策略，需要注意以下 3 个配置项。

1）target：对进入区域的数据包采取的默认处理方法，即对没有任何其他规则匹配的数据包的处理方法，default 表示除了 ICMP 数据包和特定转发数据包外，未被明确允许的数据包将被拒绝（Reject）。

2）interfaces：区域被应用到哪个网络接口。当前的值是 ens160，表示 public 区域被应用到了 ens160 网络接口，即通过 ens160 接口的所有数据包都必须符合 public 区域的规则才会被 firewalld 放行。

3）services：是否开放特定服务。在当前配置中，cockpit、ssh 和 dhcpv6-client 这 3 个服务端口上的数据包被允许通过 firewalld。

接下来就需要修改 firewalld 的配置使其符合任务要求。

（3）修改 firewalld 设置

本任务要求主机对于内网中的 192.168.30.0/24 网段开放 ssh、http、https 和 mysql 服务的入站端口，允许 ping 命令探测，对于其他主机则仅开放 http 和 https 服务的入站端口，不响应其他所有端口上的连接。

首先，创建一个新的区域 project_c，用来存放自定义策略。对于 project_c 区域，第一件事就是将区域的默认动作设置为 DROP，即丢弃所有的连接数据包，不予回应。

注 意

target 有 ACCEPT、REJECT、DROP 和 DEFAULT 4 种默认数据包处理方式：

- ACCEPT 除规则不允许的数据包外，接收所有传入数据包
- REJECT 会拒绝所有不符合规则的传入数据包，并向源主机发送响应，告诉它目标不可达。但使用 REJECT 会暴露目标主机确实存在，且有一个防火墙这个事实。
- DROP 会简单地丢弃所有不符合任何规则的传入数据包，并且不会向源主机发送任何响应。
- DEFAULT 基本等同于 REJECT，但允许 ICMP（Internet Control Message Protocol，Internet 控制报文协议）的数据包通过，并会对转发的数据包（依据转发的出口区域）进行区别处理。

接着，设置允许访问主机的源地址，即整个 C 类网段 192.168.30.0/24 中的所有地址。再设置允许访问的服务，即 ssh、http、https 和 mysql。任务中允许使用 ping 命令探测主机，该命令使用的是 ICMP，可以通过设置 icmp-block-inversion 来反转 ICMP 阻塞行为，即允许 icmp-blocks 列表中的 ICMP 数据包类型通过。最后向 icmp-blocks 列表中添加 ping 命令使用的 ICMP 消息类型 echo-request，如清单 8-19 所示。

清单 8-19

```
# firewall-cmd --permanent --new-zone=project_c
# firewall-cmd --permanent--zone=project_c--set-target=DROP
# firewall-cmd --permanent--zone=project_c --add-source=192.168.30.0/24
# firewall-cmd --permanent--zone=project_c --add-service={ssh,http,https,mysql}
# firewall-cmd --permanent--zone=project_c --add-icmp-block-inversion
# firewall-cmd --zone=project_c --add-icmp-block=echo-request
```

注 意

- 同一个源地址或者网络接口不能绑定到两个不同区域上，如果这样做，firewalld 会报错，提示 ZONE_CONFLICT。
- 当一个新的连接请求到来时，firewalld 会按照如下流程来决定使用哪个区域来处理该连接：
  √ 检查是否存在与请求源地址匹配的区域，如果有，就用该区域来处理请求。
  √ 检查是否存在与接收请求的网络接口匹配的区域，如果有，就用该区域来处理请求。
  √ 使用默认区域（通常是 public 区域）来处理该请求。
- 因此，当连接请求到达任务主机，firewalld 优先使用 project_c 区域来匹配该连接，如果请求客户端主机 IP 地址不匹配 project_c 区域中的源地址，那么才会使用 public 区域来处理该连接。

对于 public 区域，首先也是将默认动作修改为 DROP。因为该区域只允许 HTTP 和 HTTPS 服务，所以需要在 service 中添加 HTTP 和 HTTPS 服务，并移除默认的 cockpit、dhcpv6-client 和 ssh 服务，如清单 8-20 所示。

清单 8-20

```
# firewall-cmd --permanent--zone=public --set-target=DROP
# firewall-cmd --permanent--zone=public --add-service={http,https}
# firewall-cmd --permanent--zone=public --remove-service={cockpit,dhcpv6-client,ssh}
```

然后，将刚刚添加的永久配置全部加载为运行时配置，如清单 8-21 所示。

清单 8-21

```
# firewall-cmd --reload
```

注 意

- firewall-cmd 命令如未使用--permanent 选项，则命令对于 firewalld 配置做出的改变都属于运行时（rantime）改变，firewalld 重载配置或者重启后将会失效。因此，需要使用--runtime-to-permanent 选项让当前运行时配置全部转换为永久性的配置。
- firewall-cmd 命令如果使用了--permanent 选项，此时命令对 firewalld 配置做出的改变都属于永久改变，但不会影响当前的运行时配置（即未生效）。因此，需要通过使用--reload 选项让永久性的配置加载为当前运行时配置。

最后，确认默认区域 public 和区域 project_c 规则配置是否正确，如清单 8-22 所示。

清单 8-22

```
# firewall-cmd --list-all
public (active)
  target: DROP
  icmp-block-inversion: no
```

```
  interfaces: ens160
  sources:
  services: http https
  ports:
  protocols:
  forward: no
  masquerade: no
  forward-ports:
  source-ports:
  icmp-blocks:
  rich rules:
# firewall-cmd --zone=project_c --list-all
project_c (active)
target: DROP
  icmp-block-inversion: yes
  interfaces:
  sources: 192.168.30.0/24
  services: http https mysql ssh
  ports:
  protocols:
  forward: no
  masquerade: no
  forward-ports:
  source-ports:
  icmp-blocks: echo-request
  rich rules:
```

至此,就完成了所有的主机网络配置任务,但离真正能够游刃有余地管理 Linux 主机网络还差得很远。建议能够对照完成任务的步骤,仔细研读任务知识,尝试理解那些在完成任务过程中仍然一知半解的概念和命令,并多动手试一试。

8.4 任务知识

8.4.1 知识点 1 nmcli 命令

NetworkManager 是 Red Hat 系列操作系统中最重要,也是默认的网络管理工具包。nmcli 是 NM 的命令行界面。是系统管理员使用 NM 的最佳方式,也是前面任务实施中用的最多的一个命令。下面介绍 nmcli 命令的语法,并用 13 个例子详细展示 nmcli 命令的诸多功能。

微课 8-4
nmcli 入门

命令 nmcli

用法:nmcli [选项] 操作对象 {命令}

- 用户与 NetworkManager 服务进行交互的命令行界面。
- nmcli 常用操作对象和对应的操作命令见表 8-5。

表 8-5 nmcli 常用操作对象和对应的操作命令

操作对象	命令
general	该对象表示 NM 全局,常用操作命令如下。 ● status:显示 NM 的总体状态,也是 general 对象的默认命令。 ● hostname 主机名:显示/修改主机名。 ● permissions:显示 NM 所能提供的授权操作,如开启关闭网络、开启关闭 Wi-Fi,修改连接配置等。 ● logging:显示/修改 NM 的日志设置
n[etworking]	该对象表示 NM 管理的整个网络,常用操作命令如下。 ● [on|off]:显示或者设置网络开关状态,参数 on 表示打开网络,off 则表示关闭网络,即关闭 NM 管理的所有接口。 ● connectivity:显示网络连接状态
r[adio]	该对象表示无线网络开关,常用操作命令如下。 wifi[on|off]:显示或者设置 Wi-Fi 开关状态,如果不跟参数,则显示 Wi-Fi 开关状态,参数 on 表示打开 Wi-Fi 开关,off 则表示关闭 Wi-Fi 开关
c[onnection]	该对象表示 NM 连接,是一个逻辑概念,可以视为对物理接口的配置,常用操作命令如下。 ● show<连接名/UUID>:显示连接状态。 ● up<连接名/UUID>:启用指定连接。 ● down<连接名/UUID>:停用指定连接。 ● delete<连接名/UUID>:删除指定连接。 ● reload:重载所有连接的配置文件。 ● add:添加一个新连接。 ● edit:以交互方式修改或添加一个连接。 ● modify:修改连接
d[evice]	表该对象示由 NM 管理的网络接口,是一个物理概念,常用操作命令如下。 ● status:显示接口(设备)的状态,也是 device 对象的默认命令。 ● show<设备名>:显示设备的详细信息,如果不指定设备名,则显示所有设备。 ● connect<设备名>:连接指定设备。 ● disconnect<设备名>:断开指定设备

(1) 查看网络状态

范例 8-1:列出系统网络状态。nmcli 用 general status 命令显示系统网络状态,如清单 8-23 所示,共有 6 个字段,其意义见表 8-6。

清单 8-23

```
# nmcli general status
STATE   CONNECTIVITY   WIFI-HW   WIFI    WWAN-HW   WWAN
已连接   full           missing   已启用   missing   已启用
```

表 8-6 nmcli general status 命令输出字段的意义

字段	意义
STATE	网络是否连接
CONNECTIVITY	网络连接状态,有以下 5 种状态。 ● full:主机连接网络,且能访问 Internet。 ● limited:主机连接网络,但无法访问 Internet。 ● portal:主机连接网络,但需要通过认证登录后才能访问 Internet。 ● none:主机没有连接网络。 ● unknown:未知的连接状态
WIFI-HW/WIFI	分别表示系统 Wi-Fi 硬件开关、Wi-Fi 软件开关是否启用。如果系统中没有 Wi-Fi 设备则硬件开关会显示 missing,软件开关会显示已启用
WWAN-HW/WWAN	WWAN[①] 硬件开关、WWAN 软件开关是否启用。如果系统中没有 WWAN 设备,则硬件开关会显示 missing,软件开关会显示已启用

(2) 查看接口状态

范例 8-2:列出系统中的网络接口设备。nmcli 用 device status 命令显示系统中的网络接口设备,如清单 8-24 所示。命令总共输出有 3 行,表示系统中有 3 个网络接口设备,每行描述了一个设备的状态(在子任务 1 中已经介绍过 device status 的输出)。

清单 8-24

```
# nmcli device status
DEVICE  TYPE      STATE      CONNECTION
ens160  ethernet  已连接      web-server
lo      loopback  连接(外部)  lo
ens224  ethernet  已断开      --
```

范例 8-3:列出网络接口的详细参数。nmcli 用 device show 命令显示系统中的指定接口设备的详细信息,如清单 8-25 中显示的接口 ens160 的详细情况。

清单 8-25

```
# nmcli device show ens160
GENERAL.DEVICE:                    ens160                                         ①
GENERAL.TYPE:                      ethernet
GENERAL.HWADDR:                    00:0C:29:90:38:48
GENERAL.MTU:                       1500
GENERAL.STATE:                     100(已连接)
GENERAL.CONNECTION:                ens160
GENERAL.CON-PATH:                  /org/freedesktop/NetworkManager/ActiveConnection/3
WIRED-PROPERTIES.CARRIER:          开          ②
```

① WWAN 是 Wireless WAN 的缩写,指无线广域网通信技术,即无线广域网。

```
IP4.ADDRESS[1]:               192.168.30.3/24
IP4.GATEWAY:                  192.168.30.1                              ③
IP4.ROUTE[1]:                 dst = 0.0.0.0/0, nh = 192.168.30.1, mt = 100
IP4.ROUTE[2]:                 dst = 192.168.30.0/24, nh = 0.0.0.0, mt = 100
IP4.DNS[1]:                   172.18.1.2
IP4.DNS[2]:                   192.168.30.1
IP4.DOMAIN[1]:                localdomain
IP6.ADDRESS[1]:               fe80::20c:29ff:fe90:3848/64
IP6.GATEWAY:                  --
IP6.ROUTE[1]:                 dst = fe80::/64, nh = ::, mt = 1024
```

nmcli device show 命令的输出包含网络设备和连接的详细信息，可以分为以下 3 个部分。

1）通用信息（GENERAL）：这部分显示了设备的名字、类型、状态、硬件地址、MTU 以及设备所使用的连接名称、类型和 UUID。

2）有线属性（WIRED-PROPERTIES）：这部分只适用于以太网设备，显示设备是否有载波信号（CARRIER）。

3）IP 配置（IP4、IP6）：这部分显示了设备的 IPv4 和 IPv6 地址、网关、DNS 等信息。

（3）断开/连接接口

范例 8-4：断开和激活系统中的指定网络接口。nmcli 用 device disconnect 命令断开指定接口，如清单 8-26 所示。

清单 8-26

```
# nmcli device disconnect ens160
成功断开设备 'ens160'。
# nmcli device status
DEVICE  TYPE      STATE      CONNECTION
lo      loopback  连接(外部)  lo
ens160  ethernet  已断开      --
ens224  ethernet  已断开      --
```

nmcli 用 device connect 命令连接指定接口，如清单 8-27 所示。

清单 8-27

```
# nmcli device connect ens160
成功用 "ens160" 激活了设备 "cfd7ea21-8db7-3870-8577-e2edf25bcb2a"。
```

注 意

用 device connect 命令激活指定接口，如果有合适的未启用连接，那么 NM 就从中选择一个启用；如果没有未启用的合适连接，那么 NM 就创建一个与接口同名的连接并启用。

（4）查看连接

范例 8-5：列出系统中所有的网络连接。nmcli 用 connection show 命令显示系统中的连接，如清单 8-28 所示，其中命令输出有两行，表示系统中有两个连接，共有 4 个字段，意义见表 8-7。

清单 8-28

```
#nmcli connection show
NAME        UUID                                  TYPE      DEVICE
ens160      cfd7ea21-8db7-3870-8577-e2edf25bcb2a  ethernet  ens160
lo          40c7d107-355f-4a11-990f-d6f4d90482c6  loopback  lo
web-server  8ae95684-2dd0-4a91-92b3-61c0ebf91443  ethernet  --
```

表 8-7 nmcli connection show 命令输出字段的意义

字 段	意 义
NAME	连接名
UUID	连接的 UUID nmcli 在创建连接为其生成的一个独一无二的标识字符串
TYPE	连接类型，如 ethernet 表示为以太网连接
DEVICE	应用该连接的接口设备名，如连接没有被接口设备应用，将显示“--”字符

范例 8-6：列出连接的详情。connection show 命令后面如果跟上具体连接名，那么就会显示指定连接的详情。清单 8-29 中显示了 web-server 这个连接的详情列表，可分为配置集详情和激活连接细节两个部分，其中配置集详情主要列出了连接的全局、以太网、IPv4、IPv6 和代理配置等参数，激活连接细节中主要列出了连接当前的全局、IPv4、IPv6 等运行参数。

清单 8-29

```
#nmcli connection show web-server
#配置集详情
connection.id:                          web-server
...此处省略若干行
802-3-ethernet.port:                    --
...此处省略若干行
ipv4.method:                            auto
...此处省略若干行
ipv6.method:                            auto
...此处省略若干行
proxy.browser-only:                     否
...此处省略若干行
proxy.pac-script:                       --
#激活连接详情
GENERAL.NAME:                           web-server
...此处省略若干行
IP4.ADDRESS[1]:                         192.168.30.3/24
IP4.GATEWAY:                            192.168.30.1
IP4.ROUTE[1]:                           dst = 192.168.30.0/24, nh = 0.0.0.0, mt = 100
IP4.ROUTE[2]:                           dst = 0.0.0.0/0, nh = 192.168.30.1, mt = 100
...此处省略若干行
```

注 意

如果连接未被激活，则不会显示 IPv4 或者 IPv6 等运行参数

（5）停用/激活连接

范例 8-7：停用和激活系统中的指定连接。nmcli 用 connection down 命令停用连接。清单 8-30 中停用了连接 web-server，在连接状态中，可以看到 web-server 连接所对应的接口设备为空，表示这个连接没有应用到接口设备上。

清单 8-30

```
# nmcli connection down web-server
成功停用连接 "web-server"(D-Bus 活动路径:
/org/freedesktop/NetworkManager/ActiveConnection/2)
#nmcli connection show
NAME        UUID                                  TYPE      DEVICE
web-server  8ae95684-2dd0-4a91-92b3-61c0ebf91443  ethernet  ens160
lo          40c7d107-355f-4a11-990f-d6f4d90482c6  loopback  lo
ens160      cfd7ea21-8db7-3870-8577-e2edf25bcb2a  ethernet  --
```

接着，用 connection up 命令重新激活 web-server。在连接状态中，可以看到连接 web-server 重新被应用到预先绑定的接口设备 ens160 上，如清单 8-31 所示。

清单 8-31

```
#nmcli connection up ens160
连接已成功激活(D-Bus 活动路径:/org/freedesktop/NetworkManager/ActiveConnection/2)
#nmcli connection show
NAME        UUID                                  TYPE      DEVICE
ens160      cfd7ea21-8db7-3870-8577-e2edf25bcb2a  ethernet  ens160
lo          40c7d107-355f-4a11-990f-d6f4d90482c6  loopback  lo
web-server  8ae95684-2dd0-4a91-92b3-61c0ebf91443  ethernet  --
```

（6）创建连接

nmcli 用 connection add 命令创建连接，该命令的常用参数见表 8-8。

表 8-8 nmcli connection add 命令的常用参数

选　项	说　明
type	添加的连接类型。依据具体的接口设备，其类型值可以是 ethernet、wifi、pppoe、bluetooth、vpn、bond、team、bridge 等其中的一种。注意该参数必须指定
con-name	添加的连接名。有意义的名称可以更容易识别连接的用途，如果不指定，系统会自动生成一个默认的名称
ifname	连接绑定的接口设备名。绑定接口可以防止连接被误用，如果不绑定，连接就可以被启用到任意接口上
save	创建的连接是否以文件形式保存，值可以是 yes 或者 no，默认是 yes
autoconnect	表示该连接是否开机自动激活，其值可以是 yes 或者 no，默认是 yes

范例 8-8：为指定接口创建一个以太网连接，指定连接名是 office-con，绑定接口 ens224，并激活该连接，如清单 8-32 所示。

清单 8-32

```
# nmcli connection add type ethernet con-name office-con ifname ens224
连接"office-con"(15bf8710-a968-45c1-8ba5-3671f508d622) 已成功添加。
# nmcli connection up office-con
连接已成功激活(D-Bus 活动路径:/org/freedesktop/NetworkManager/ActiveConnection/8)
```

查看连接，可以发现新增的连接已经在绑定的接口上激活，如清单 8-33 所示。

清单 8-33

```
# nmcli connection show
NAME        UUID                                  TYPE      DEVICE
web-server  8ae95684-2dd0-4a91-92b3-61c0ebf91443  ethernet  ens160
lo          40c7d107-355f-4a11-990f-d6f4d90482c6  loopback  lo
office-con  c96b8e87-2840-4186-9319-fed9431684db  ethernet  ens224
ens160      cfd7ea21-8db7-3870-8577-e2edf25bcb2a  ethernet  --
```

注　意

若指定的网络接口设备上没有已经激活的连接，那么为其创建的连接会自动激活生效，否则就需要手动启用，而在启用之前，接口仍然使用原来的连接。

范例 8-9：创建一个名为 my-con 的以太网类型连接，不绑定接口，随后激活该连接到接口 ens224 上，如清单 8-34 所示。

清单 8-34

```
# nmcli conection add type ethernet con-name my-con
连接"my-con"(03bf2c42-439f-44c5-8f84-f91846ae1d4a) 已成功添加。
#将连接 my-con 激活并应用到 ens224 接口上，其创建时未绑定接口，激活成功
# nmcli connection up my-con ifname ens224
连接已成功激活(D-Bus 活动路径:/org/freedesktop/NetworkManager/ActiveConnection/7)
```

注　意

- 在创建连接时也可以不绑定接口，未绑定接口的连接在激活的时候就需要用 ifname 选项指定其激活到哪个接口上。若激活时不指定接口，系统将自行为该连接选择一个匹配的接口。
- 若创建的连接绑定到接口 A 上，激活时又用 ifname 选项将其指定激活到接口 B 上，此时就会显示"接口与连接不匹配"的错误提示，激活失败。

范例 8-10：创建一个名为 nbcc-con 的以太网类型连接，绑定接口 ens224，同时设置手动配置 TCP/IP 网络参数，IP 地址指定为 192.168.30.4/24、默认网关指定为 192.168.30.1、DNS 指定为 8.8.8.8，如清单 8-35 所示。

清单 8-35

```
# nmcli connection add type ethernet con-name nbcc-con ifname ens224 ipv4.method manual
ipv4.addresses 192.168.30.4/24 ipv4.gateway 192.168.30.1 ipv4.dns 8.8.8.8
连接 "nbcc-con" (3d7226ce-1525-4b47-976d-0efe5d88dc10) 已成功添加。
```

注　意

在创建连接时可设定的连接属性有很多，鉴于本书篇幅原因，此处无法一一列举，可以用 man 5 nm-settings 命令查看。

(7) 修改连接

nmcli 修改连接有两种方式，可以用非交互修改命令 connection modify，也可以使用交互修改命令 connection edit。非交互的方式较为通用，可以用于脚本中，如范例 8-11 就是采用非交互的方式来修改连接。交互的方式需要使用编辑器，其界面对用户友好，有兴趣的读者可以查看拓展阅读内容。

拓展阅读 8-3 用交互方式修改网络连接

范例 8-11: 用非交互的方式将范例 8-10 中 nbcc-con 连接的名称修改为 working-con，并修改设置为通过 dhcp 服务自动获取 TCP/IP 网络参数，如清单 8-36 所示。

清单 8-36

```
# nmcli connection modify nbcc-con connection.id working-con ipv4.method auto
# nmcli connection status
NAME         UUID                                  TYPE      DEVICE
web-server   8ae95684-2dd0-4a91-92b3-61c0ebf91443  ethernet  ens160
lo           40c7d107-355f-4a11-990f-d6f4d90482c6  loopback  lo
office-con   c96b8e87-2840-4186-9319-fed9431684db  ethernet  --
ens160       cfd7ea21-8db7-3870-8577-e2edf25bcb2a  ethernet  --
my-con       03bf2c42-439f-44c5-8f84-f91846ae1d4a  ethernet  ens224
working-con  3d7226ce-1525-4b47-976d-0efe5d88dc10  ethernet  --
```

注　意

若所修改的连接当前处于激活状态，修改不会立即生效，需要重载连接，如清单 8-37 所示。

清单 8-37

```
# nmcli connection reload nbcc-con
```

(8) 删除连接

范例 8-12: 删除范例 8-11 中所有创建的连接。nmcli 用 connection delete 命令删除连接，如清单 8-38 所示。

清单 8-38

```
# nmcli c delete nbcc-con my-con office-con
成功删除连接 "nbcc-con" (3d7226ce-1525-4b47-976d-0efe5d88dc10)。
成功删除连接 "my-con" (03bf2c42-439f-44c5-8f84-f91846ae1d4a)。
成功删除连接 "office-con" (c96b8e87-2840-4186-9319-fed9431684db)。
```

注　意

- connection delete 命令不仅可以删除停用状态的连接，同样也可以删除激活的连接。

- 删除某个激活状态的连接后，如系统中有合适的未激活连接，那么接口会从中选择一个并激活；如果没有合适的未激活连接，那么接口将被迫断开(disconnect)。

8.4.2 知识点 2 firewalld 防火墙

从 RHEL 7 开始，Red Hat 系列的 Linux 企业发行版本中就使用 firewalld 替代 iptables 作为默认的防火墙配置和管理工具。firewall-cmd 是 firewalld 的命令行界面，也是系统管理员使用 firewalld 的最佳方式。下面将介绍 firewall-cmd 命令的语法，并用 8 个范例详细展示 firewalld 的诸多功能。

微课 8-5
firewall-cmd 入门

命令 firewall-cmd

用法：firewall-cmd [选项…]

- firewalld 守护进程的命令行客户端，提供了一个管理防火墙配置的界面。
- firewall-cmd 命令的部分常用选项见表 8-9。

表 8-9 firewall-cmd 命令的部分常用选项

类别	选项
状态选项	• --state：检查 firewalld 守护进程是否正在运行。 • --reload：重载防火墙规则并保留状态信息。当前的永久配置将成为新的运行时配置。注意，在重新加载之前仅在运行时做过的所有更改，如果没有在永久配置中也做过更改，则会随着重新加载而丢失。 • --check-config：对永久配置进行检查，包括 XML 配置文件的有效性和语义检查
永久设置选项	firewalld 的运行时(runtime)配置与永久(permanent)配置是独立的。 • --permanent：用于指明当前选项操作对象是永久配置，如不添加该选项，则默认操作对象是运行时配置。 • --runtime-to-permanent：保存当前的运行时配置，并用它覆盖永久配置。往往配置 firewalld 时，更改的是运行时配置，测试确定后，就将配置保存为永久配置
区域相关选项	• --get-default-zone：列出连接(接口)的默认区域。 • --set-default-zone=区域名：设置默认区域。 • --get-active-zones：列出当前活动区域以及与其绑定的接口或者源地址。 下面选项若非特别指出，都可以加上--permanent 选项来表示操作的对象是永久配置。如不使用该选项，那么操作的对象就是运行时配置。 • --get-zones：列出预定义区域。 • --info-zone=区域名：列出指定区域的详细信息。 • --list-all-zones：列出所有区域的详细信息。 • --permanent --new-zone=区域名：新建一个空区域，这里的--permanent 选项是必需的。 • --permanent --delete-zone=区域名：删除指定区域，这里的--permanent 选项是必需的。 下面的选项都可以加上“--zone=区域名”选项来指定一个操作区域对象，如果不指定，则操作对象就是默认区域。 • --list-all：列出区域详细配置信息。 • --permanent --set-target=目标动作：设置目标动作，对于区域来说目标动作可以是 default、ACCEPT、DROP 或者 REJECT，这里的--permanent 选项是必需的。

续表

类　别	选　项
区域相关选项	● --add-service=服务名:添加一项服务。如果设置生效时长,服务将在超时后自动删除。 ● --remove-service=服务名:移除服务。 ● --add-port=端口[范围]/协议:添加端口。端口可以是单独的端口号,也可以是一个范围,如 2048-2052;协议可以是 TCP、UDP、SCTP 或者 DCCP。 ● --add-icmp-block=icmp 类型:添加一个 ICMP 阻塞类型,可以用--get-icmptypes 来获取支持的类型列表。 ● --add-icmp-block-inversion:启用 ICMP 阻塞反转。 ● --remove-icmp-block-inversion:停用 ICMP 阻塞反转。 ● --add-masquerade:启用 IP 地址伪装。 ● --remove-masquerade:停用 IP 地址伪装。 ● --add-rich-rule='规则':添加富规则。 ● --remove-rich-rule='规则':移除指定富规则。 ● --list-rich-rule:列出富规则
绑定选项	下面的选项都可以加上"--zone=区域名"选项指定一个操作区域对象,如果不指定,操作对象就是默认区域;若非特别指出,都可以加上--permanent 选项来表示操作的对象是永久配置,若不使用该选项,那么操作对象就是运行时配置。 ● --add-interface=接口名:将指定接口绑定到区域。 ● --remove-interface=接口名:从区域中移除绑定的接口。 ● --add-source=源地址[/掩码]|MAC 地址|ipset:IP 集合:将指定地址绑定到区域,地址可以是单个 IP 地址或 IP 网段、MAC 地址或 ipset。 ● --remove-source=源地址[/掩码]|MAC 地址|ipset:IP 集合:从区域中移除绑定的源地址
IP 集合相关选项	下面的选项若非特别指出,都可以加上--permanent 选项来表示操作的对象是永久配置。若不使用该选项,则操作的对象就是运行时配置。 ● --permanent --new-ipset=ipset --type=type:添加一个新的 ipset,这里的--permanent 选项是必需的。 ● --permanent --delete-ipset=ipset:删除指定的 ipset,这里的--permanent 选项是必须的。 ● --info-ipset=ipset:列出指定 ipset 的详细信息。 ● --get-ipsets:列出当前预定义的所有 ipset 名字。 ● --ipset=ipset --add-entry=entry:在指定 ipset 中添加指定地址项。 ● --ipset=ipset --remove-entry=entry:在指定 ipset 中删除指定地址项。 ● --ipset=ipset --get-entries:列出指定 ipset 的所有地址项

(1) 启用和查看 firewalld 状态

默认情况下,大部分 Linux 发行版本中都会默认安装 firewalld 并设置为开机自启动状态。可以使用 systemctl 命令来启动和设置开机自启动 firewalld,以及查看 firewalld 的运行状态。

范例 8-13:启动和设置开机自启动 firewalld,如清单 8-39 所示。

清单 8-39

```
# systemctl start firewalld          #启动 firewalld
# systemctl enable firewalld         #设置 firewalld 开机自启动
```

范例 8-14:停止和取消开机自启动 firewalld,如清单 8-40 所示。

清单 8-40

```
# systemctl stop firewalld            #停止 firewalld
# systemctl disable firewalld         #取消 firewalld 开机自启动
Removed "/etc/systemd/system/multi-user.target.wants/firewalld.service".
Removed "/etc/systemd/system/dbus-org.fedoraproject.FirewallD1.service".
```

范例 8-15:查看 firewalld 运行状态,如清单 8-41 所示。

清单 8-41

```
# systemctl status firewalld
● firewalld.service - firewalld - dynamic firewall daemon
     Loaded: loaded (/usr/lib/systemd/system/firewalld.service; enabled; preset:
enabled)
     Active: active (running) since Sun 2023-11-05 22:49:19 CST; 1min 15s ago
...此处省略若干行
```

(2) firewalld 的区域

firewalld 使用区域来简化流量(Traffic)管理。区域是 firewalld 的基础,在区域中可配置各种规则,如依据服务、端口(Port)等对网络流量进行过滤,所以说区域是预先定义的一组规则集。通过区域,firewalld 可以按可信等级(Trust Level)对整个网络进行逻辑划分。

firewalld 预定义了 9 个区域,见表 8-10,其中的 public 区域默认会应用到运行 firewall 主机的所有网络接口上。

表 8-10 firewalld 预定义的区域

区 域	规则策略
drop	丢弃所有入站数据包,不给予任何回应
block	拒绝所有入站连接,并回应 icmp-host-prohibited 消息
public	用于公共区域,只接受选定服务的入站连接,默认情况下是 ssh 和 dhcpv6-client
external	用于外部网络,通常用于路由器和防火墙,会进行地址伪装,只接受选定服务的入站连接,默认情况下是 ssh
dmz	用于 dmz 区域,也即内部和外部网络之间的区域,这些区域的主机可以被公开访问,只接受选定服务的入站连接,默认情况下是 ssh
work	适用于工作环境,只接受选定服务的入站连接,默认情况下是 ssh 与 dhcpv6-client
home	适用于家庭网络,只接受选定服务的入站连接,默认情况下是 dhcpv6-client、mdns、samba-client 和 ssh
internal	适用于内部网络,只接受选定服务的入站连接,默认情况下是 dhcpv6-client、mdns、samba-client 和 ssh
trusted	允许所有入站连接

范例 8-16:列出 firewalld 所有可用区域和默认区域的名称,如清单 8-42 所示。

清单 8-42

```
# firewall-cmd --get-zones            #列出所有可用的区域
block dmz drop external home internal nm-shared project_c project_d public trusted work
# firewall-cmd --get-default-zone     #列出默认区域
public
#firewall-cmd --get-active-zones      #列出处于启用状态的区域
public
```

范例 8-17:查看 firewalld 中指定区域、默认区域和所有区域的详细信息,如清单 8-43 所示。

清单 8-43

```
# firewall-cmd --list-all             #显示默认区域的详细信息
public (active)
  target: default
...此处省略若干行
# firewall-cmd --zone=block --list-all
#显示指定区域 block 的详细信息,与 firewall-cmd --info-zone=block 命令等价
block
  target: %%REJECT%%
...此处省略若干行
# firewall-cmd --list-all-zones       #显示所有可用区域的详细信息
# 命令将会显示所有可用区域的详细信息,输出较长,在这里就不展示了
```

下面将以区域 public 为例来进行简单说明,其中 public 是区域的名称,通常用于不受信任的公共网络,只允许最基本的网络连接;active 表示区域处于启用状态。

注　意

只有被绑定到了活动接口或者源地址上的区域是被启用的,其他预定义的区域都处于非启用状态。

public 区域中的具体配置见表 8-11。

表 8-11　firewalld 预定义的 public 区域配置说明

配　置　项	说　　明
target	采用何种默认目标策略,即数据包不匹配任何规则时应用的策略。 ● ACCEPT:除规则不允许的数据包外,接受所有传入的数据包。 ● REJECT:除规则允许的数据包外,拒绝所有传入的数据包。当拒绝数据包时,会向源主机发送拒收消息。 ● DROP:除了规则允许的数据包外,拒绝所有传入的数据包。当拒绝数据包时,不会向源主机发送拒收消息。 ● DEFAULT:与 REJECT 类似,除了 ICMP 外,未被明确允许的数据包将被拒绝。如果数据包要转发,那么会依据出口区域的目标策略来处理该转发数据包

续表

配　置　项	说　　明
icmp-block-inversion	是否启用 ICMP 反转阻止，当前值为 no，表示没有启用 ICMP 反转阻止，只阻止在 icmp-blocks 列表中列出的 ICMP 消息类型，而 public 区域中的 icmp-blocks 列表为空，就表示不会阻止任何类型的 ICMP 消息
interfaces	当前区域绑定到的网络接口。当前值为 ens160，表示当前区域被绑定到 ens160 网络接口，即通过 ens160 接口的所有数据包都必须符合当前区域的规则才会被放行
sources	当前区域绑定到的源地址，为空则表示当前区域的规则适用于从任何源地址来的数据包
services	是否开放特定服务（的端口），在当前配置中，ssh 和 dhcpv6-client 服务端口上的数据包被放行
ports	是否开放特定端口，为空则表示所有端口上的数据都被阻止
protocols	是否开放特定的网络协议（的端口），为空则表示所有协议上的数据包都被阻止
forward	用于控制在同一区域内的接口之间是否允许转发数据包。如果设置为 yes，则允许在同一区域内的接口之间转发数据包；如果设置为 no，则不允许在同一区域内的接口之间转发数据包
masquerade	是否启用地址伪装，即网络地址转换（NAT），no 表示不启用。如果启用了伪装，那么所有从防火墙后面的设备发出的数据包的地址都会被修改，这对隐藏内部网络结构和提高安全性很有用
forward-ports	端口转发规则，为空则表示没有定义任何端口转发规则。可用该配置项来将访问特定端口的数据包转发到指定主机的指定端口上
source-ports	源端口的规则，为空则表示没有定义任何基于源端口的规则。防火墙往往使用该配置项来控制源端口的流量
icmp-blocks	此处可列出 ICMP 消息类型，如 icmp-block-inversion 状态为 off，则列出的 ICMP 消息都会被阻止；如 icmp-block-inversion 状态为 on，则列出的 ICMP 消息都会被放行
rich rules	富规则，为空则表示没有定义任何富规则。富规则提供了标准规则无法提供的灵活性和控制能力，可以基于多种不同的条件（如源地址、目标地址、服务、端口等）来定义相对更为复杂而灵活的流量控制行为

（3）用单个区域过滤流量

firewalld 使用区来管理流量，可以通过新建一个区域，在区域中预定义规则，并将该区域绑定到指定接口或者源地址上来启用该区域，进而过滤特定流量。

范例 8-18：让主机丢弃除了 http、https 和 ssh 服务外的入站流量。实现方法如下：创建一个名为 SampleZone01 的新区域，配置该区域，将目标动作设置为 DORP，拒绝除了 http、https 和 ssh 服务外的流量通过，完成配置后再将其设置为默认区域，如清单 8-44 所示。

清单 8-44

```
# firewall-cmd --permanent --new-zone=samplezone01
success
```

```
# firewall-cmd --permanent --zone=samplezone01 -set-target= DROP
success
# firewall-cmd --permanent --zone=samplezone01 --add-service={http,https,ssh}
success
# firewall-cmd --set-default-zone=samplezone01
# firewall-cmd --get-active-zones      #列出处于启用状态的区域
samplezone01
    interfaces:ens180
```

注　意

- 尽量新创建区域而非改动已有的预定义区域。
- 区域未启用之前,修改该区域的配置都要加上--permanent 选项。
- 除非额外设置,否则 firewalld 的默认区域是自动绑定在主机当前所有已连接的网络接口上,即是默认启用的。

范例 8-19:让主机拒绝接口 ens224 所连接的网络上除了 8080 端外其他所有端口的入站流量。实现方法如下:创建一个名为 SampleZone02 的新区域,配置并将其绑定到指定网络接口 ens224 上,拒绝除 8080 端口外的流量通过,如清单 8-45 所示。

清单 8-45

```
# firewall-cmd --permanent --new-zone=samplezone02
success
# firewall-cmd --permanent --zone=samplezone02 --set-target=REJECT
success
# firewall-cmd --permanent --zone=samplezone02 --add-port=8080
success
# firewall-cmd --permanent --zone=samplezone02 --add-interface=ens224
success
# firewall-cmd -reload
success
# nmcli device status
DEVICE  TYPE      STATE       CONNECTION
ens160  ethernet  已连接      web-server
ens224  ethernet  已连接      ens224
lo      loopback  连接(外部)  lo
# firewall-cmd --get-active-zones       #列出处于启用状态的区域
samplezone01
   interfaces:ens160
samplezone02
   interfaces:ens224
```

注　意

- 通过将不同区域绑定到接口上,可快速调整该接口所连接网络的可信等级。
- 将区域绑定到接口上,实际是将区域绑定到接口的连接(Connection)上。虽然一个接口可有多个连接,但同时生效的连接只有一个。

- 注意如果接口本身没有处于“已连接”的状态，那么将区域绑定到接口上是没有意义的，区域也不会启用。

(4) 多区域协作过滤流量

默认情况下 firewalld 只会启动一个区域，也可以同时启用多个区域并让它们协同工作。通过多区域协作，可以对流量实施更加灵活的管理。

范例 8-20：对来自 192.168.1.0/24 网段请求，允许所有流量通过；对来自其他地址的请求，仅允许 http、https、mysql 服务和 ping 命令的流量通过，其他均丢弃；特别地，丢弃来自 172.18.2.0/24 网段、192.168.4.2 和 121.122.123.105 地址的所有请求。

实现步骤如下：首先，创建一个名为 testzone01 的新区域，将目标动作设置为 ACCEPT，并绑定到网段 192.168.30.0/24 上让其启用，用于放行该网段的所有流量，如清单 8-46 所示。

清单 8-46

```
# firewall-cmd --permanent --new-zone=testzone01
# firewall-cmd --permanent --zone=testzone01 -set-target=ACCEPT
# firewall-cmd --permanent --zone=testzone01 --add-source=192.168.30.0/24
```

然后，创建一个名为 testzone02 的新区域，将目标动作设置为 DROP，并创建一个名为 blackset 的 ipset，将 172.18.2.0/24 网段、192.168.4.2 和 121.122.123.105 地址加入该 ipset，并将 testzone02 绑定到 blackset 上让其启用，用于丢弃这些网段和地址的所有流量，如清单 8-47 所示。

清单 8-47

```
# firewall-cmd --permanent --new-ipset=blackset --type=hash:net
# firewall-cmd --permanent --ipset=blackset --add-entry={172.18.2.0/24,192.168.4.
2, 121.122.123.105}
# firewall-cmd --permanent --new-zone=testzone02
# firewall-cmd --permanent --zone=testzone02 -set-target=DROP
# firewall-cmd --permanent --zone=testzone02 --add-source=ipset:blackset
```

再创建一个名为 testzone03 的新区域，将目标动作设置为 DROP，添加 http、https 和 mysql 服务，启用 ICMP 阻塞反转，放行 ping 命令的 echo-request 消息的流量，并将 testzone03 设置为默认区域来让其启用，如清单 8-48 所示。

清单 8-48

```
# firewall-cmd --permanent --new-zone=testzone03
# firewall-cmd --permanent --zone=testzone03 -set-target=DROP
# firewall-cmd --permanent --zone=testzone03 --add-service={http,https,mysql}
# firewall-cmd --permanent --zone=testzone03 --add-icmp-block-inversion
# firewall-cmd --permanent --zone=testzone03 --add-icmp-block=echo-request
# firewall-cmd --set-default-zone=testzone03
```

最后，由于所有的操作都是针对永久配置，因此需要重载 firewalld，以使配置生效，如清单 8-49 所示。

清单 8-49

```
# firewall-cmd --reload
```

范例 8-20 与子任务 2 相似，但在具体实现中引入了 firewalld 的 ipset 来存储和管理 IP 地址。

注　意

- ipset 是一种用于存储和管理多个 IP 地址或端口号的工具，当使用防火墙需要配置的黑/白名单较为庞大或者复杂时，可以使用 ipset 来统一进行配置。ipset 的作用如下：
  - √ 一次性存储大量的 IP 地址或者端口号，这样可以避免为每个 IP 地址或端口号单独创建规则，节省了资源和时间。
  - √ 在不影响性能的前提下，可以随时向 ipset 中添加、删除 IP 地址或端口号，而无须重新加载 firewalld，提高了灵活性和安全性。
  - √ 对于表达复杂的 IP 地址或端口规则，可以使用不同的类型来定义 ipset。例如，如果要对一组 IP 地址应用相同的规则，可以使用“hash:ip”类型的 ipset；如果要对一组 IP 地址和端口号的组合应用相同的规则，则可以使用“hash:ip,port”类型的 ipset。
- 不要混淆 firewall-cmd 的 ipset 参数与系统中的 ipset 命令。

拓展阅读 8-4 firewalld 富规则入门

上面范例中所使用的都是 firewalld 基本规则，其优点是比较简单和直观，只需要指定区域和服务的名称，就可以控制流量的允许或拒绝；缺点是它比较粗略，不能对源地址、目的地址、日志、转发等进行更细致的控制。要实现更为复杂、精细的防火墙规则，就需要用到 firewalld 中的富规则。用基本规则实现的功能都可以用富规则来实现，但反之就未必了。对富规则的简单应用可以查看拓展阅读内容。

文本：RHEL 配置防火墙和数据包过滤器手册

8.5 任务小结

在完成本任务之后，小 Y 已经对主机网络配置有了一些了解。现在，小 Y 应该能够：

1. 查看主机网络接口状态和详情。
2. 配置主机网络接口。
3. 修改主机名。
4. 配置主机防火墙。

习题 8

文本：习题参考答案

同时，小 Y 应该已经了解：

1. NetworkManager 中的接口设备、连接等概念。
2. NetworkManager 命令行接口 nmcli 命令的基本用法。
3. firewalld 防火墙中区域、服务、接口等概念。
4. firewalld 命令行接口 firewalld-cmd 的基本用法。

任务 8 在线实验

任务 9　管理软件

——工欲善其事，必先利其器。

9.1　任务场景

PPT：任务 9
管理软件

微课 9-1
迭代解决问题——从源码编译到 dnf

研发部 C 小组的测试 Web 服务器主机在配置好网络后，还需要在主机上部署 C 小组所要求的一系列服务器软件。在前面所完成的一些任务中，小 Y 已经使用 dnf 工具安装了一些软件，但对于如何管理软件他并没有一个较为完整的认知，因此想借着完成这个任务的机会，系统学习软件管理相关的知识和技能，为今后能够轻松解决软件管理相关问题打下一个扎实基础。

9.2　任务内容

任务需求简单而明确，就是为主机安装指定的软件，具体见表 9-1。

表 9-1　安装管理软件清单

<table>
<tr><td>MDS LTD.　　　　IT 资源和服务申请工单</td></tr>
<tr><td>资源类别 □存储资源 □网络带宽 □计算资源 ■ IT 支持服务 □其他</td></tr>
<tr><td>申请人员/部门：
技术部/C 项目组
实施人员/部门：
IT 支持部/P 项目组</td></tr>
<tr><td>详细规格描述：
在主机 test.nbccdev.cn 上安装如下软件：
<table>
<tr><th>序号</th><th>软件名</th><th>序号</th><th>软件名</th></tr>
<tr><td>1</td><td>Nginx</td><td>4</td><td>phpMyAdmin</td></tr>
<tr><td>2</td><td>MySQL</td><td>5</td><td>VirtualBox</td></tr>
<tr><td>3</td><td>php-fpm</td><td></td><td></td></tr>
</table>
</td></tr>
<tr><td>本部门主管：已批准</td></tr>
<tr><td>IT 部门主管：已批准</td></tr>
</table>

接下来，就和小 Y 一起来完成这个任务，同时学习并掌握 RHEL 及其兼容 Linux 发行版本中软件包管理的相关概念、方法和命令。

9.3 任务实施

9.3.1 子任务 1 用 dnf 在线安装软件

RHEL 从 8.0 版本开始，使用 dnf(Dandified yum)取代之前的 yum(Yellowdog Updater，Modified)，作为默认的软件管理工具。

微课 9-2
用 dnf 管理软件

注 意

- dnf 是一个"服务器—客户端"结构的软件。客户端也即 dnf 命令，下载安装的软件包都来自 dnf 的服务器端，即"软件仓库"(Repository)。dnf 命令需要连接到软件仓库上才能正常工作。
- 所谓"软件仓库"其实就是一个具有特定结构的网络站点或者本地目录，其中包含了一批软件包，以及所谓的"元数据"，即这些软件包的索引和它们之间的依赖关系。
- dnf 提供两项关键服务：一是软件包依赖关系的分析，二是软件包的下载。使用 dnf 命令安装某个软件时，将连接到软件仓库上，依据"元数据"在软件仓库中定位、获取软件包及其所依赖的其他软件包并进行安装。

接下来，就用 dnf 的 install 命令来安装 Web 服务器 Nginx。dnf 首先会检查 Nginx 软件包是否已经被安装，如已经安装，则会检查是否有更新，如果均没有，那么 dnf 就输出如清单 9-1 所示信息，除了更新软件仓库元数据外不做任何操作，直接结束。

清单 9-1

```
# dnf install nginx
Rocky Linux 9 - BaseOS                      563 KB/s | 2.2 MB     00:03
Rocky Linux 9 - AppStream                   2.4 MB/s | 7.4 MB     00:03
Rocky Linux 9 - Extras                      8.5 KB/s |  13 KB     00:01
软件包 nginx-1:1.20.1-14.el9_2.1.x86_64 已安装。
依赖关系解决。
无须任何处理。
完毕!
```

注 意

- 在默认情况下，dnf 一般会配置并启用下列 3 个软件仓库。
  - √ BaseOS：包含底层操作系统功能的核心组件，为所有安装提供基础软件包，这些软件包通常不会频繁更新，以保持稳定性和兼容性。
  - √ AppStream：包含额外的用户空间应用程序、运行时语言和数据库，以支持各种工作负载和用例。
  - √ Extras：包含一些额外的软件包，它们不属于 AppStream 或 BaseOS 的范畴，但仍由官方提供和支持，主要是一些第三方软件源，如 EPEL、RPM Fusion 等的安装包。

- 在首次执行时，dnf 会将所有弃用的软件仓库“元数据”下载到本地来提高效率，在以后每次运行时，dnf 都会根据上次更新的时间来决定是否去再次更新“元数据”。

如果软件包未安装或者有更新，就开始查找 Nginx 软件包并解析其依赖的其他软件包，输出表明 dnf 在 AppStream 软件仓库中找到了 Nginx 和其依赖的 3 个软件包，并确定总下载大小。在输入“y”同意该事务后，它会下载这 4 个软件包并安装，当出现“完毕！”字样时，就表示软件包已经成功安装了，如清单 9-2 所示。

清单 9-2

```
# dnf install nginx
Rocky Linux 9 - BaseOS                    563 KB/s | 2.2 MB     00:03
Rocky Linux 9 - AppStream                 2.4 MB/s | 7.4 MB     00:03
Rocky Linux 9 - Extras                    8.5 KB/s | 13 KB      00:01
依赖关系解决。
======================================================================
软件包               架构      版本                      仓库          大小
======================================================================
nginx               x86_64   1:1.20.1-14.el9_2.1       appstream     36 K
安装依赖关系:
nginx-core          x86_64   1:1.20.1-14.el9_2.1       appstream     565 K
nginx-filesystem    noarch   1:1.20.1-14.el9_2.1       appstream     8.5 K
rocky-logos-httpd   noarch   90.14-2.el9               appstream     24 K
事务概要
======================================================================
安装  4 软件包
总下载:634 K
安装大小:1.8 M
确定吗? [y/N]: y
下载软件包:
(1/4): nginx-filesystem-1.20.1-14.el9_2.1.noarch.rpm     64 KB/s | 8.5 KB    00:00
(2/4): nginx-1.20.1-14.el9_2.1.x86_64.rpm               190 KB/s | 36 KB     00:00
(3/4): rocky-logos-httpd-90.14-2.el9.noarch.rpm         117 KB/s | 24 KB     00:00
(4/4): nginx-core-1.20.1-14.el9_2.1.x86_64.rpm          2.5 MB/s | 565 KB    00:00
------------------------------------------------------------------------------------
总计                                                     378 KB/s | 634 KB    00:01
运行事务检查
事务检查成功。
运行事务测试
事务测试成功。
运行事务
  准备中    :                                                        1/1
  运行脚本: nginx-filesystem-1:1.20.1-14.el9_2.1.noarch               1/4
...此处略去若干行
  验证      : nginx-core-1:1.20.1-14.el9_2.1.x86_64                   4/4

已安装:
nginx-1:1.20.1-14.el9_2.1.x86_64   nginx-core-1:1.20.1-14.el9_2.1.x86_64
nginx-filesystem-1:1.20.1-14.el9_2.1.noarch  rocky-logos-httpd-90.14-2.el9.noarch
完毕!
```

注　意

- dnf 和 yum 一样，都是通过自动检查依赖关系来简化软件包管理。dnf 虽然和 yum 功能相仿，但它不是 yum 的克隆版本。dnf 解决了 yum 性能差、内存占用过多、依赖解析速度慢等问题，同时还提供了模块化、自动更新、事务式更新、弱依赖等新功能。
- 出于兼容性考虑，dnf 和 yum 的命令行接口基本相同，因此在大部分情况下，可以像使用 yum 一样使用 dnf。事实上，在 RHEL 8.0 以后的版本中，仍然保留了 yum 命令，但该命令仅仅是一个指向 dnf 命令的符号链接。

安装完成后，用 dnf list 操作命令来查看 Nginx 的安装情况，如清单 9-3 所示。

清单 9-3

```
# dnf list nginx
上次元数据过期检查:0:00:23 前,执行于 2023 年 11 月 24 日 星期五 10 时 21 分 01 秒。
已安装的软件包
nginx.x86_64                1:1.20.1-14.el9_2.1                @appstream
```

接着再次用 dnf 的 install 操作命令来安装数据库 MySQL 和 PHP 解析器 php-fpm，如清单 9-4 所示。

清单 9-4

```
# dnf -yq install php-fpm              #自动安静模式安装
已安装:
  httpd-filesystem-2.4.57-5.el9.noarch
  php-common-8.0.30-1.el9_2.x86_64
  php-fpm-8.0.30-1.el9_2.x86_64

# dnf -yq install mysql
已安装:
  mariadb-connector-c-config-3.2.6-1.el9_0.noarch
  mysql-8.0.32-1.el9_2.x86_64
  mysql-common-8.0.32-1.el9_2.x86_64
```

注　意

在本次安装中使用了 dnf 的-y 选项和-q 选项。-y 选项表示自动模式，即对所有的提问都回答 yes。-q 选项为安静模式，只输出必要信息。两者合用表示“静默安装”，即不输出安装过程信息也无须用户干预。

最后，安装软件包 phpMyAdmin。不出意外，dnf 会显示如清单 9-5 所示信息。

清单 9-5

```
# dnf install phpMyAdmin
上次元数据过期检查:0:01:23 前,执行于 2023 年 11 月 24 日 星期五 10 时 22 分 19 秒。
未找到匹配的参数: phpMyAdmin
错误:没有任何匹配: phpMyAdmin
```

这是因为 dnf 当前启用的默认软件仓库中没有 phpMyAdmin，因此要安装这个软件得另想办法。

注　意

在 RHEL 兼容的 Linux 发行版本(包括 Rocky Linux)默认启用的官方软件仓库中，出于版权原因和稳定性考虑排除了很多有用的软件。

9.3.2 子任务 2 用 rpm 包离线安装软件

解决子任务 1 最后遗留问题最直接的办法就是去获取软件的 rpm 安装包来进行安装。获取软件的 rpm 安装包，一般有以下两种途径：

1）到软件的官方网站上获取其 rpm 安装包。

2）到一些综合性 rpm 软件包下载站点，如 rpmfind 上查询获取 rpm 安装包。

注　意

- rpm(Red Hat Package Manager)是一套开放的软件包封装机制，是 RHEL 系列及其衍生发行版本，如 Fedora、CentOS、OpenSuSE、openEuler 中默认的软件封装方式，也是使用最广泛的 Linux 软件包封装方式之一。
- dnf 和 yum 都是基于 rpm 的软件包管理器。

对于 phpMyAdmin，可以到 rpmfind 网站中下载其 rpm 安装包。在首页直接搜索 phpMyAdmin，如图 9-1 所示，查到 347 个软件包，根据操作系统发行版本(RedHat EL 9)、主机架构(x86_64)，在其中选择合适版本的 rpm 包链接，如图 9-2 所示。复制下载链接后，可以用 wget 命令将 rpm 安装包文件下载到当前工作目录下，如清单 9-6 所示。

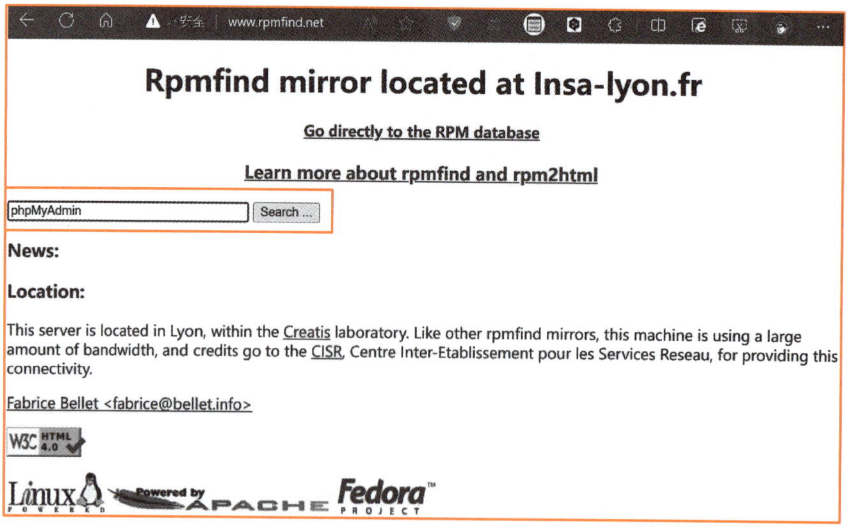

图 9-1 rpmfind 网站

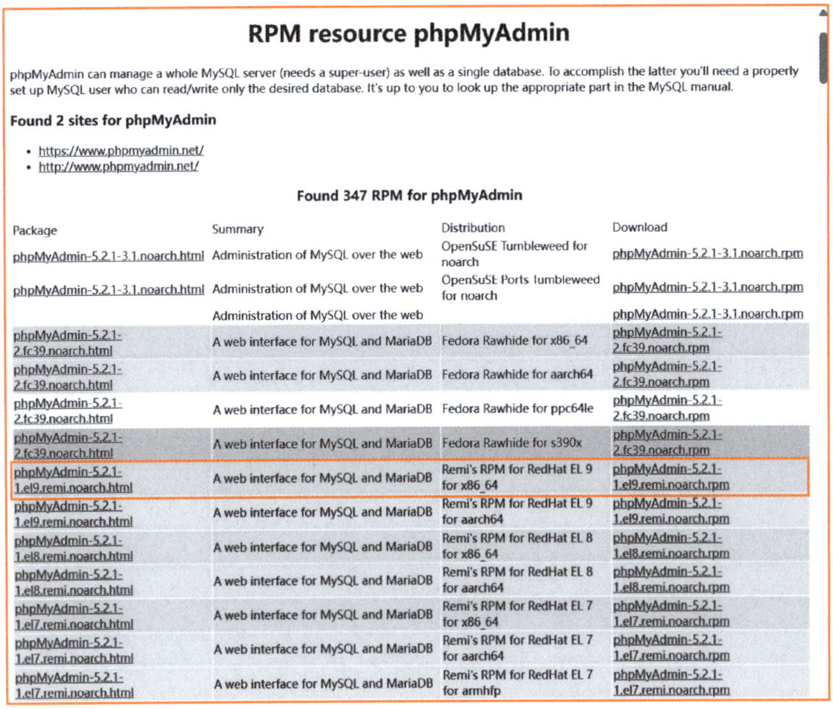

RPM resource phpMyAdmin

phpMyAdmin can manage a whole MySQL server (needs a super-user) as well as a single database. To accomplish the latter you'll need a properly set up MySQL user who can read/write only the desired database. It's up to you to look up the appropriate part in the MySQL manual.

Found 2 sites for phpMyAdmin

- https://www.phpmyadmin.net/
- http://www.phpmyadmin.net/

Found 347 RPM for phpMyAdmin

Package	Summary	Distribution	Download
phpMyAdmin-5.2.1-3.1.noarch.html	Administration of MySQL over the web	OpenSuSE Tumbleweed for noarch	phpMyAdmin-5.2.1-3.1.noarch.rpm
phpMyAdmin-5.2.1-3.1.noarch.html	Administration of MySQL over the web	OpenSuSE Ports Tumbleweed for noarch	phpMyAdmin-5.2.1-3.1.noarch.rpm
	Administration of MySQL over the web		phpMyAdmin-5.2.1-3.1.noarch.rpm
phpMyAdmin-5.2.1-2.fc39.noarch.html	A web interface for MySQL and MariaDB	Fedora Rawhide for x86_64	phpMyAdmin-5.2.1-2.fc39.noarch.rpm
phpMyAdmin-5.2.1-2.fc39.noarch.html	A web interface for MySQL and MariaDB	Fedora Rawhide for aarch64	phpMyAdmin-5.2.1-2.fc39.noarch.rpm
phpMyAdmin-5.2.1-2.fc39.noarch.html	A web interface for MySQL and MariaDB	Fedora Rawhide for ppc64le	phpMyAdmin-5.2.1-2.fc39.noarch.rpm
phpMyAdmin-5.2.1-2.fc39.noarch.html	A web interface for MySQL and MariaDB	Fedora Rawhide for s390x	phpMyAdmin-5.2.1-2.fc39.noarch.rpm
phpMyAdmin-5.2.1-1.el9.remi.noarch.html	A web interface for MySQL and MariaDB	Remi's RPM for RedHat EL 9 for x86_64	phpMyAdmin-5.2.1-1.el9.remi.noarch.rpm
phpMyAdmin-5.2.1-1.el9.remi.noarch.html	A web interface for MySQL and MariaDB	Remi's RPM for RedHat EL 9 for aarch64	phpMyAdmin-5.2.1-1.el9.remi.noarch.rpm
phpMyAdmin-5.2.1-1.el8.remi.noarch.html	A web interface for MySQL and MariaDB	Remi's RPM for RedHat EL 8 for x86_64	phpMyAdmin-5.2.1-1.el8.remi.noarch.rpm
phpMyAdmin-5.2.1-1.el8.remi.noarch.html	A web interface for MySQL and MariaDB	Remi's RPM for RedHat EL 8 for aarch64	phpMyAdmin-5.2.1-1.el8.remi.noarch.rpm
phpMyAdmin-5.2.1-1.el7.remi.noarch.html	A web interface for MySQL and MariaDB	Remi's RPM for RedHat EL 7 for x86_64	phpMyAdmin-5.2.1-1.el7.remi.noarch.rpm
phpMyAdmin-5.2.1-1.el7.remi.noarch.html	A web interface for MySQL and MariaDB	Remi's RPM for RedHat EL 7 for aarch64	phpMyAdmin-5.2.1-1.el7.remi.noarch.rpm
phpMyAdmin-5.2.1-1.el7.remi.noarch.html	A web interface for MySQL and MariaDB	Remi's RPM for RedHat EL 7 for armhfp	phpMyAdmin-5.2.1-1.el7.remi.noarch.rpm

图 9-2 rpmfind 网站查找 finger 结果

清单 9-6

```
# wget https://rpmfind.net/linux/fedora/linux/releases/29/Everything/x86_64/os/Packages/f/finger-0.17-63.fc29.x86_64.rpm
```

下载的 rpm 安装包名为 phpMyAdmin-5.21-1.el9.remi.noarch.rpm，下载完成后就可以安装了。

仍然使用 dnf install 命令进行安装，命令的参数就是安装包文件，如清单 9-7 所示。

清单 9-7

```
# dnf install ./phpMyAdmin-5.2.1-1.el9.remi.noarch.rpm
上次元数据过期检查:2:11:46 前,执行于 2023 年 11 月 24 日 星期五 11 时 36 分 05 秒。
依赖关系解决。
==================================================================
软件包          架构       版本                 仓库            大小
==================================================================
安装:
phpMyAdmin      noarch     5.2.1-1.el9.remi     @commandline    8.0 M
安装依赖关系:
libzip          x86_64     1.7.3-7.el9          appstream       62 K
...此处略去若干行
php-xml         x86_64     8.0.30-1.el9_2       appstream       131 K

事务概要
==================================================================
```

```
安装  10 软件包

总计:9.1 M
总下载:1.1 M
安装大小:50 M
确定吗? [y/N]: y
下载软件包:
(1/9): php-pecl-zip-1.19.2-6.el9.x86_64.rpm    238 KB/s | 54 KB     00:00
...此处略去若干行
(9/9): php-mbstring-8.0.30-1.el9_2.x86_64.rpm  2.0 MB/s |468 KB     00:00
------------------------------------------------------------------------------
...此处略去若干行
验证    : phpMyAdmin-5.2.1-1.el9.remi.noarch 10/10
已安装:
libzip-1.7.3-7.el9.x86_64               php-gd-8.0.30-1.el9_2.x86_64
php-intl-8.0.30-1.el9_2.x86_64          php-mbstring-8.0.30-1.el9_2.x86_64
php-mysqlnd-8.0.30-1.el9_2.x86_64       php-pdo-8.0.30-1.el9_2.x86_64
php-pecl-zip-1.19.2-6.el9.x86_64        php-process-8.0.30-1.el9_2.x86_64
php-xml-8.0.30-1.el9_2.x86_64           phpMyAdmin-5.2.1-1.el9.remi.noarch

完毕!
```

虽然 phpMyAdmin 是直接通过 rpm 安装包来安装的,但其所依赖的 10 个软件仍然是默认软件仓库所提供的。

注　意

除了 dnf,也可以使用 rpm 命令来安装软件包,但在实际应用中很少这样做,因为用 rpm 命令难以解决软件包安装、更新和卸载时发生的依赖性问题。

最后安装虚拟机工具 VirtualBox,与安装 phpMyAdmin 步骤相同:到 rpmfind 站点中搜索 VirtualBox 的 rpm 安装包文件,用 wget 命令下载该安装包到当前工作目录。接下来用 dnf install 命令开始安装,一般来说,安装会出现如清单 9-8 所示的错误,提示有若干个 VirtualBox 所依赖的软件包未安装,且当前启用的软件仓库中也没有提供这些软件包。如果手动将这些软件包一一下载,不仅费时费力,而且不能保证这些软件包不再依赖于其他软件包。因此要安装 ffmpeg,需要另想办法。

清单 9-8

```
yum install ./VirtualBox-7.1.0-2.el9.x86_64.rpm
上次元数据过期检查:0:00:14 前,执行于 2024 年 05 月 23 日 星期五 20 时 01 分 30 秒。
错误:
问题: 冲突的请求
  -nothing provides libQt6Core.so.6()(64bit) needed by VirtualBox-7.1.0-2.el9.x86_64 from @ commandline
  -nothing provides libQt6Core.so.6(Qt_6)(64bit) needed by VirtualBox-7.1.0-2.el9.x86_64 from @ commandline
...此处略去若干行
(尝试添加 '--skip-broken' 来跳过无法安装的软件包 或 '--nobest' 来不只使用软件包的最佳候选)
```

9.3.3 子任务3 添加第三方软件仓库

解决 ffmpeg 安装问题的方法就是在系统中添加一个包含 VirtualBox 的软件仓库。要添加一个软件仓库，最常用的方法就是在/etc/yum.repos.d 目录中添加一个软件仓库的描述文件，该文件以 repo 为扩展名，因此也经常被称为 repo 文件。这个文件中最重要的内容就是仓库的 URL，告诉 dnf 应该到哪里去下载仓库中的软件包和相关数据信息。一个 repo 文件中可定义多个仓库。

注 意

- 仓库维护者都会在官网上公布自己的 repo 文件和对应用于校验该仓库中软件安装包签名的 GPG 公钥。添加软件仓库其实就是将该仓库的 repo 文件复制到系统的/etc/yum.repo.d 目录下，同时导入 GPG 公钥。
- 大部分情况下，仓库维护者会提供配置该软件仓库的具体方法，一般是一个 rpm 安装包，用户可以通过安装该 rpm 软包来快速添加 repo 文件和导入 GPG 公钥。

微课 9-3 添加第三方软件仓库

RPM Fusion 软件源中的 rpmfusion-free 软件仓库提供了任务所要求安装的软件 ffmpeg，所以要先添加 rpmfusion-free 软件仓库，然后再安装 VirtualBox。

首先，打开 RPM Fusion 官方配置页面，该页面上提供了可以快速添加的步骤说明。

接着，按照其安装和配置说明添加 RPM Fusion 的软件仓库。鉴于当前系统为 Rocky Linux 9，因此按照 RHEL or compatible like CentOS 下所列出的指南来完成，如清单 9-9 和图 9-3 所示。

清单 9-9

```
# sudo dnf install --nogpgcheck https://dl.fedoraproject.org/pub/epel/epel-release-latest-$(rpm -E %rhel).noarch.rpm          #先添加 epel 仓库，rpmfusion 仓库依赖于该仓库
# sudo dnf install --nogpgcheck https://mirrors.rpmfusion.org/free/el/rpmfusion-free-release-$(rpm -E %rhel).noarch.rpm https://mirrors.rpmfusion.org/nonfree/el/rpmfusion-nonfree-release-$(rpm -E %rhel).noarch.rpm   #添加 rpmfusion-free 和 rpmfusion-nofree 仓库
```

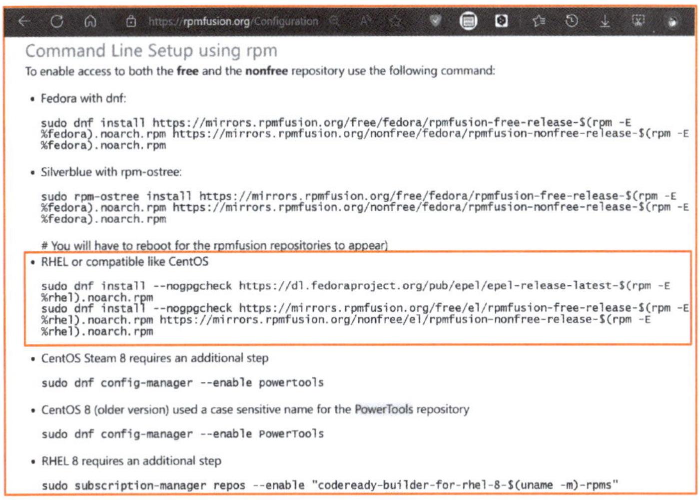

图 9-3 RPM Fusion 官方网站中的仓库 rpm 命令行安装指南

在执行完清单 9-9 中的命令后，用 dnf repolist 命令查看启用的仓库，如清单 9-10 所示，发现多了 3 个仓库，见表 9-2。

清单 9-10

```
# dnf repolist
仓库 id                        仓库名称
appstream                      Rocky Linux 9 - AppStream
baseos                         Rocky Linux 9 - BaseOS
epel                           Extra Packages for Enterprise Linux 9 - x86_64
extras                         Rocky Linux 9 - Extras
rpmfusion-free-updates         RPM Fusion for EL 9 - Free - Updates
rpmfusion-nonfree-updates      RPM Fusion for EL 9 - Nonfree - Updates
```

表 9-2 添加的 3 个软件仓库简介

仓　　库	介　　绍
epel-release	EPEL(Extra Packages for Enterprise Linux)是为企业 Linux 创建、维护和管理的一个高质量附加软件仓库，适用于 RHEL 兼容的发行版本，如 Rocky Linux、CentOS、Scientific Linux 以及 Oracle Linux 等
rpmfusion-free-updates	RPM Fusion 是为 Fedora 和 RHEL 兼容的发行版本提供额外软件包的第三方软件源，其中 free 仓库包含的均为开源软件
rpmfusion-nonfree-updates	nonfree 仓库中包含是可再分发的非开源软件

使用 ls-l 命令列出/etc/yum. repo. d 目录，其中总共添加了 6 个 repo 文件，如清单 9-11 所示。

清单 9-11

```
# ls -l /etc/yum.repos.d/
总用量 56
总用量 48
-rw-r--r--. 1 root root 1453  8月 17 17:50 epel.repo
-rw-r--r--. 1 root root 1552  8月 17 17:50 epel-testing.repo
-rw-r--r--. 1 root root 6586  6月 11 05:28 rocky-addons.repo
-rw-r--r--. 1 root root 1161  6月 11 05:28 rocky-devel.repo
-rw-r--r--. 1 root root 2379  6月 11 05:28 rocky-extras.repo
-rw-r--r--. 1 root root 3405  6月 11 05:28 rocky.repo
-rw-r--r--. 1 root root 1062  3月 16  2022 rpmfusion-free-updates.repo
-rw-r--r--. 1 root root 1134  3月 16  2022 rpmfusion-free-updates-testing.repo
-rw-r--r--. 1 root root 1119  3月 16  2022 rpmfusion-nonfree-updates.repo
-rw-r--r--. 1 root root 1179  3月 16  2022 rpmfusion-nonfree-updates-testing.repo
```

注　意

鉴于一个 repo 文件中可以定义多个仓库，因此目录中的 6 个 repo 文件并不代表添加了 6 个仓库，事实上这 6 个 repo 文件中总共配置了 18 个仓库，但添加的仓库也未必是开启的，这 18 个仓库中只有 3 个是默认开启的。

接下来就可以用 dnf install 命令安装 VirtualBox 软件,如清单 9-12 所示。

清单 9-12

```
# dnf -yq install VirtualBox
```

安装完成后,可用 dnf list installed 命令确认 VirtualBox 是否已经安装,如清单 9-13 所示。

清单 9-13

```
# dnf list installed VirtualBox
已安装的软件包
VirtualBox.x86_64            7.1.0-2.el9           @ rpmfusion-free-updates
```

注　意

在本任务的知识点 3 中将对 repo 文件进行更加详细的说明。

至此就完成了整个任务,但操作过程较为简单,离扎实掌握软件管理还有相当距离。因此还是要对照完成任务的步骤,阅读任务知识中列出的知识点,理解相关概念和命令,动手完成其中的样例,才能为后续解决问题打好基础,避免"浮沙筑高台,空中建阁楼"如果要进一步了解 DNF,也可以查看相关文档内容。

文本:RHEL 使用 DNF 工具管理软件手册

9.4 任务知识

9.4.1 知识点 1 rpm 安装包

(1) rpm 安装包用处

早期的 Linux 软件都是通过源码来分发,使用者基本都是通过在自己的 Linux 平台上重新编译源代码来安装软件。这种编译源代码的方式比较烦琐和复杂,要求有一定的编程基础,普通用户往往难以掌握,同时软件的管理也非常不便。为了解决这些问题,Red Hat 开发了一套开放的软件包封装机制,名为 Red Hat Package Manager(RPM),是 Linux 中使用最广泛的两种软件安装包封装方式之一。

注　意

另外一种也相当常见的软件安装包封装方式是在 Debian 和 Ubuntu 中使用的 deb 软件包。

简单来说,RPM 将软件编译好的二进制文件、所依赖的动态库文件、配置文件以及软件所需要的图片、文档、脚本等打包压缩到一个文件中,该文件就称为 RPM 软件包。用户在使用这个 RPM 软件包安装软件时,RPM 就将包里的文件解压至目标操作系统上,安装过程中,还可能动态生成一些文件,也一并安装到系统中。RPM 在安装软件包的同时,还会为已安装的软件包,以及软件包所包含的文件建立一份数据库,管理程序利用这些内容来安全地定位、安装和卸载软件。因此对于用户而言,RPM 使得软件管理变得相对简单了很多。

(2) rpm 安装包文件名

RPM 软件包文件一般都有一个很长的全名，主要有 5 部分，包含了几个重要的信息。图 9-4 展示的是子任务 3 中 ffmpeg 软件包的全名。其中，系统发行版本和系统架构这两项信息相当重要，它指定了该软件对操作系统硬件及软件的要求。

图 9-4 rpm 软件包文件名解析

例如，ffmpeg-5.1.4-1.el9.x86_64.rpm 软件包名称中的 x86_64 表示该软件包只能安装在使用 Intel 64 或 AMD64 的 64 位 CPU 主机上，不能安装在使用其他类型 CPU 的主机上。常见的系统硬件架构代码见表 9-3。

表 9-3 常见系统架构代码

架　　构	说　　明
i586	表示适用于 Intel Pentium 或以上的 32 位 CPU
x86_64	表示适用于 Intel 64 或 AMD64 的 64 位 CPU
ppc64/ppc64le	表示适用于使用大端模式(Big-endian)/小端模式(Little-endian)的 IBM PowerPC 架构的 64 位 CPU
aarch64/armv7	表示适用基于 ARMv8 指令集的 ARM 架构的 64 位 CPU/基于 ARMv7 指令集 ARM 架构的 32 位 CPU
noarch	不依赖于硬件平台的软件包
s390x	表示适用于 IBM System z 或 z Systems 的 64 位 CPU

可以使用 arch 命令查看当前系统的硬件架构，如清单 9-14 所示。

清单 9-14

```
# arch
x86_64
```

ffmpeg-5.1.4-1.el9.x86_64.rpm 软件包名称中的 el9 表示该软件包适用于兼容 RHEL 9 的发行版本，如 Rocky Linux 9、AlmaLinux 9 等，如果安装在其他发行版本中则可能会无法正常运行。常见的发行版本代码见表 9-4。

表 9-4 常见发行版本代码

架　　构	说　　明
el	表示适用于兼容 RHEL 的发行版本，后面的数字表示 Linux 的版本号，如 el8 表示适用于 RHEL 8.x

续表

架　构	说　明
fc	表示适用于兼容 Fedora Core 的发行版本，后面的数字表示 Fedora 的版本号，如 fc38 表示适用于 Fedora Core 38
suse	表示适用于 SUSE Linux 发行版上。后面的数字表示 SUSE Linux 的版本号，如 suse11 表示适用于 SUSE Linux 11

可以使用 uname -r 命令查看当前系统发行版本号，如清单 9-15 所示：

清单 9-15

```
# uname -r
5.14.0-284.30.1.el9_2.x86_64
```

9.4.2 知识点 2 dnf 命令

本节将详细介绍 dnf 命令的语法、选项和操作命令等，并用 17 个例子展示子任务 2 所涉及内容之外的 dnf 命令的其他用法。

命令 dnf

用法：dnf [选项] {命令}

- dnf 是一个 RPM 软件包管理器，可以用来安装、更新、删除、搜索和管理软件包。它是 yum 的下一代版本，提供了更快、更一致、更易用的用户体验。
- dnf 命令的常用选项见表 9-5。

表 9-5 dnf 命令的常用选项

选　项	说　明
-h	显示帮助信息
-v	详细模式，即显示更多信息
-q	安静模式，即只显示错误和警告
-y	自动回答 yes。对于所有需要用户确认的操作，都默认选择 yes
-n	自动回答 no。对于所有需要用户确认的操作，都默认选择 no
--version	显示 dnf 的版本信息
--skip-broken	跳过无法解决依赖关系的软件包。该选项会忽略那些因为依赖问题而无法安装或更新的软件包，而继续处理其他的软件包

- dnf 常用命令见表 9-6。

表 9-6 dnf 常用命令

命　令	说　明
autoremove	移除那些曾经被其他软件包所依赖而安装，但现在不再被任何软件包所依赖的软件包。该命令可以用来清理系统中的无用软件包

续表

命　　令	说　　明
check	检查系统中的软件包是否有损坏、冲突、缺失或多余的问题
check-update	检查系统中的软件包是否有可用的更新版本
clean<选项>	清理 dnf 缓存中的数据，以释放磁盘空间，选项包括：expire-cache，表示使缓存中的元数据过期；packages，表示删除缓存中的软件包；metadata，表示删除缓存中的元数据；dbcache，表示删除缓存中的数据库；plugins，表示删除缓存中的插件数据；all，表示删除缓存中的所有数据
distro-sync	同步系统中的软件包版本，使之与仓库中的最新版本一致。如果仓库中的版本比系统中的版本旧，dnf 会降级软件包。该命令对于切换发行版或仓库很有用
downgrade<软件包>	降级指定的软件包到仓库中的旧版本，并解决依赖关系。如果仓库中没有旧版本，dnf 会显示错误信息
group<子命令>	安装、更新、删除或列出软件包组。软件包组是一组相关的软件包，可以作为一个整体来处理。常用的子命令包括：install<组>，表示安装一个或多个软件包组；update<组>，表示更新一个或多个软件包组；remove<组>，表示移除一个或多个软件包组；list，表示列出所有的软件包组；info<组>，表示显示一个或多个软件包组的信息；summary，表示显示软件包组的汇总
help	显示帮助信息。该命令会显示 dnf 的用法、选项、命令和示例
history<子命令>	查看、撤销、重做或清理操作历史，常用的子命令包括：list，表示列出所有的操作历史；undo<编号>，表示撤销一个或多个操作历史；redo<编号>，表示重做一个或多个操作历史；rollback<编号>，表示回滚到一个操作历史；stats，表示显示操作历史的统计信息
info<软件包>	显示指定的软件包的信息，包括名称、版本、描述、大小、许可证等。软件包的名称可以使用通配符，如 info dnf *
install<软件包>	安装指定的软件包以及它们的依赖软件包。软件包的名称可以使用通配符，如 install dnf *
list<软件包>	列出指定的软件包及其状态。状态可以是已安装(Installed)、可更新(Upgradable)或可安装(Available)。软件包的名称可以使用通配符，如 list dnf *
makecache	从远程仓库获取元数据并保存在缓存中，以加快后续的操作
provides<文件>	查找提供一个或多个文件的软件包，文件的名称可以使用通配符，如 provides/usr/bin/ *
remove<软件包>	移除指定的软件包及其所依赖的软件包。软件包的名称可以使用通配符，如 remove dnf *
repolist<仓库>	列出指定的仓库及其状态。状态可以是已启用(Enabled)或已禁用(Disabled)。仓库的名称可以使用通配符，如 repolist foo *
repoinfo<仓库>	显示指定的仓库信息，包括名称、描述、状态、大小、软件包数等。仓库的名称可以使用通配符，如 repoinfo foo *
search<关键词>	搜索包含指定关键词的软件包。关键词可以是软件包的名称、描述、摘要、URL 等，如 search dnf

续表

命　　令	说　　明
update <软件包>	更新指定的软件包到仓库中的最新版本。如果没有指定软件包，dnf 会更新系统中的所有软件包。软件包的名称可以使用通配符，如 update dnf *
upgrade <软件包>	升级软件包。该命令与 update 命令相同，但是它会忽略那些被排除的软件包，如内核。该命令对于升级发行版很有用
module<子命令>	安装、更新、删除或列出模块。模块是一种特殊的软件包组，通常表示一个应用程序或一组工具。一个模块可以有多个流（Stream），这些流通常表示软件的版本。常用的子命令包括：enable<模块>，表示启用模块；info<模块>，表示查询模块信息；remove，表示卸载模块；provides，表示查询模块的提供软件库信息；list，表示查询模块的详细信息；update，表示更新模块；install<模块>：<流>/<配置集合>，表示安装模块；disable，表示禁用模块

（1）列出和查看软件包

范例 9-1：分别列出系统中所有可供安装的名称为 gcc 或以 gcc 开头的软件包，以及已经安装的名称以 php 开头的软件。使用的命令是 dnf list，如清单 9-16 所示。

清单 9-16

```
# dnf list available gcc                #列出系统中可供安装的且名称为 gcc 的软件
上次元数据过期检查:0:00:56 前,执行于 2023 年 11 月 27 日 星期一 07 时 17 分 09 秒。
可安装的软件包
gcc.x86_64                       11.4.1-2.1.el9                    appstream
# dnf list available "gcc*"             #列出系统中可供安装的且名称以 gcc 开头的软件
上次元数据过期检查:0:01:20 前,执行于 2023 年 11 月 27 日 星期一 07 时 17 分 09 秒。
可安装的软件包
gcc.x86_64                          11.4.1-2.1.el9  appstream
gcc-aarch64-linux-gnu.x86_64          12.1.1-1.el9  epel
...此处略去若干行
gcc-x86_64-linux-gnu.x86_64           12.1.1-1.el9  epel
gcc-xtensa-linux-gnu.x86_64           12.1.1-1.el9  epel
# dnf list installed "php*"             #列出系统中所有已安装的且名称以 php 开头的软件
dnf list installed "php*"
已安装的软件包
php-common.x86_64                  8.0.30-1.el9_2               @appstream
...此处略去若干行
phpMyAdmin.noarch                  5.2.1-1.el9.remi             @@commandline
```

注　意

软件包名称参数中可以使用通配符，用于过滤软件包。

范例 9-2：列出系统中名称以 apache 开头且不包括 commons 字样的软件，此处使用了 grep 命令和管道来过滤软件包，如清单 9-17 所示。

清单 9-17

```
# dnf list |grep "^apache" |grep -v "commons"
apachetop.x86_64              0.23.2-1.el9              epel
```

注 意

- dnf list 后如果不跟参数，将列出系统所有已经安装和可以安装的软件。
- dnf list 后软件包名称参数中可以使用通配符，用于匹配软件包。
- dnf list 也可以与 grep 构成命令管道，用正则表达式实现更复杂的匹配。

范例 9-3：列出 gcc 软件包概况信息。使用的命令是 dnf info，可以列出指定软件包的名称、架构、版本、软件简介等信息，如清单 9-18 所示。

清单 9-18

```
# dnf info gcc      #显示软件包 gcc 的概况信息
上次元数据过期检查:0:05:14 前,执行于 2023 年 11 月 27 日 星期一 07 时 17 分 09 秒。
可安装的软件包
名称        : gcc
版本        : 11.4.1
发布        : 2.1.el9
架构        : x86_64
大小        : 32 M
源          : gcc-11.4.1-2.1.el9.src.rpm
仓库        : appstream
概况        : Various compilers (C, C++, Objective-C, ...)
URL         : http://gcc.gnu.org
协议        : GPLv3+ and GPLv3+ with exceptions and GPLv2+ with
            : exceptions and LGPLv2+ and BSD
描述        : The gcc package contains the GNU Compiler Collection
            : version 11. You'll need this package in order to compile C
            : code.
```

范例 9-4：查找提供 db_load 命令的软件包的名称。如果只知道命令名称，不知道提供该命令的软件包名称，可以使用“dnf provides+命令名”反查软件包名称，如清单 9-19 所示。

清单 9-19

```
# dnf provides db_load        #查找提供 db_load 命令的软件
上次元数据过期检查:0:32:40 前,执行于 2023 年 11 月 27 日 星期一 07 时 17 分 09 秒。
libdb-utils-5.3.28-53.el9.x86_64 : Command line tools for managing
                                 : Berkeley DB databases
仓库       :appstream
匹配来源:
文件名    :/usr/bin/db_load
```

范例 9-5：列出软件包 php 所依赖的其他软件包的名字。查询依赖信息的命令是 deplist，可以列出指定软件包依赖于哪些其他的软件包，如清单 9-20 所示。

清单 9-20

```
# dnf deplist php                         #列出软件包 php 所依赖的软件包
上次元数据过期检查:0:34:26 前,执行于 2023 年 11 月 27 日 星期一 07 时 17 分 09 秒。
package: php-8.0.30-1.el9_2.x86_64
 dependency: php-common(x86-64) = 8.0.30-1.el9_2
  provider: php-common-8.0.30-1.el9_2.x86_64
```

(2) 列出和查看软件仓库

范例 9-6:列出当前系统中所有(已启用)软件仓库名称,并查看其中 BaseOS 仓库的详细信息。使用的命令是 dnf repolist 和 dnf repoinfo,如清单 9-21 所示。

清单 9-21

```
# dnf repolist all                        #列出系统中所有软件仓库
仓库 id                                   仓库名称                                  状态
appstream                                Rocky Linux 9 - AppStream                启用
appstream-debug                          Rocky Linux 9 - AppStream - Debug        禁用
appstream-source                         Rocky Linux 9 - AppStream - Source       禁用
baseos                                   Rocky Linux 9 - BaseOS                   启用
baseos-debug                             Rocky Linux 9 - BaseOS - Debug           禁用
baseos-source                            Rocky Linux 9 - BaseOS - Sourc           禁用
crb                                      Rocky Linux 9 - CRB                      禁用
...此处略去若干行
saphana                                  Rocky Linux 9 - SAPHANA                  禁用
saphana-debug                            Rocky Linux 9 - SAPHANA Debug            禁用
saphana-source                           Rocky Linux 9 - SAPHANA Source           禁用
# dnf repolist                            #列出系统中已启用的软件仓库
仓库 id                                 仓库名称
appstream                              Rocky Linux 9 - AppStream
baseos                                 Rocky Linux 9 - BaseOS
epel                                   Extra Packages for Enterprise Linux 9 - x86_64
extras                                 Rocky Linux 9 - Extras
rpmfusion-free-updates                 RPM Fusion for EL 9 - Free - Updates
rpmfusion-nonfree-updates              RPM Fusion for EL 9 - Nonfree - Updates
# dnf repoinfo baseos                  列出 BaseOS 软件仓库的概要信息
上次元数据过期检查:1:22:10 前,执行于 2023 年 11 月 26 日 星期日 18 时 30 分 26 秒。
仓库 ID: baseos
仓库名称: Rocky Linux 9 - BaseOS
仓库状态: 启用
软件仓库修订版: 1700175270
更新的软件仓库: 2023 年 11 月 17 日 星期五 06 时 54 分 30 秒
软件仓库的软件包: 1,157
软件仓库的可用软件包:1,157
软件仓库大小: 1.2 G
软件仓库镜像站: https://mirrors.rockylinux.org/mirrorlist? arch=x86_64&repo=BaseOS-9
软件仓库基本 URL: https://mirrors.ustc.edu.cn/rocky/9.3/BaseOS/x86_64/os/ (23 more)
软件仓库过期时间: 21,600 秒 (最近 2023 年 11 月 26 日 星期日 18 时 30 分 21 秒)
仓库文件名: /etc/yum.repos.d/rocky.repo
软件包总数:1,157
```

(3) 安装和更新软件包

范例 9-7:安装 C 语言编译器 gcc。安装命令是 dnf install,默认软件仓库中提供 gcc 安装包,因此后面跟上要安装的软件名 gcc 即可,如清单 9-22 所示。

清单 9-22

```
# dnf install gcc      #安装名为 gcc 的软件
...此处略去输出
```

注　意

除非要求安装指定版本的软件包,dnf install 命令后跟的软件包名无须指定版本号、发行号和硬件架构,因为 dnf 会自动辨识系统硬件架构并选择合适的软件版本。

范例 9-8:用直接安装 rpm 包的方式安装软件 gcc。可以用 dnf install 来安装存储在本地或者位于远程主机上的 rpm 包,后面跟上要安装的 rpm 包本地文件路径或者远程地址即可,如清单 9-23 所示。

清单 9-23

```
# dnf install ./ gcc-11.4.1-2.1.el9.x86_64.rpm      #安装当前目录下的指定 rpm 软件包
...此处略去输出
# dnf install http://mirrors.163.com/rocky/9.3/AppStream/x86_64/os/Packages/g/gcc-
11.4.1-2.1.el9.x86_64.rpm                            #安装位于远程主机上的指定 rpm 软件包
...此处略去输出
```

范例 9-9:静默安装 Web 浏览器 Firefox,即安装时不询问用户是否安装,也不输出安装过程信息。可以使用 dnf 的-q 选项和-y 选项静默自动操作,即不会输出信息到向标准输出,也不会与用户交互,如清单 9-24 所示。

清单 9-24

```
# dnf -qy install firefox        #如执行不出错,此条命令不会输出任何过程内容

已升级:
  firefox-115.4.0-1.el9_2.x86_64
```

范例 9-10:更新系统的内核。更新软件命令是 upgrade,如清单 9-25 所示。

清单 9-25

```
# dnf upgrade kernel             #更新系统内核
...此处略去输出
# dnf upgrade                    #更新整个系统
...此处略去输出
```

注　意

- 如果 dnf upgrade 命令后面不跟具体软件包名,就会更新整个系统。

- 在 dnf 中，仍然可以使用 update 命令来更新软件包，即 update 实际上是 upgrade 的一个别名（Alias）。
- 如果更新某个软件时其正在被使用，那么老版本仍然有效，直到重新启动应用程序或服务。

（4）卸载软件包

范例 9-11：卸载名为 cpp 的软件。卸载软件命令是 remove，后面跟上要卸载的软件名即可，如清单 9-26 所示。

清单 9-26

```
# dnf remove cpp
...此处略去输出
```

小　心

- 除非要求卸载指定版本的软件包，否则 dnf remove 命令后跟的软件包名无须指定版本号、发行号和硬件架构。
- 与安装软件相同，dnf 会解析要卸载的软件的依赖性，即哪些软件依赖该软件，卸载软件时要留神 dnf 依赖软件包列表中是否有想保留的软件。
- 在卸载软件时建议不要使用-y 选项（自动回答 yes）。
- 卸载未必会保留软件的用户数据（配置文件、日志等）。

范例 9-12：卸载系统中孤立无用（不是主动安装，但当前也不再被其他软件所依赖）的软件包。使用的命令为 autoremove，如清单 9-27 所示。

清单 9-27

```
# dnf autoremove
...此处略去输出
```

（5）软件包组操作

范例 9-13：列出当前系统中预定义的所有软件包组。使用的命令是 dnf group list，如清单 9-28 所示。

清单 9-28

```
# dnf group list          #列出当前系统中预定义的所有软件包组
上次元数据过期检查:1:45:44 前,执行于 2023 年 11 月 26 日 星期日 18 时 30 分 26 秒。
可用环境组:
   服务器
...此处略去若干行
   虚拟化主机
已安装的环境组:
   带 GUI 的服务器
已安装组:
   容器管理
...此处略去若干行
```

```
    硬件支持
可用组:
    Fedora Packager
...此处略去若干行
    系统工具
```

注 意

在 dnf 中,软件包组(Group)是一种将相关的软件包组合在一起的方式,方便用户通过一条命令安装、更新或者卸载一组相关的软件包。

范例 9-14:安装软件包组“网络服务器”。使用的命令是 dnf group install,后面跟上要安装的软件包组名即可,如清单 9-29 所示。

清单 9-29

```
# dnf group install "网络服务器"
```

范例 9-15:卸载刚刚安装的软件包组“网络服务器”。使用的命令是 dnf group remove,后面跟上要卸载的软件包组名即可,如清单 9-30 所示。

清单 9-30

```
# dnf group remove "网络服务器"
```

(6) 软件模块操作

范例 9-16:列出当前系统中 JavaScript 语言运行时环境 nodejs 模块。使用的命令是 dnf module list,如清单 9-31 所示。

清单 9-31

```
# dnf module list nodejs
上次元数据过期检查:2:36:58 前,执行于 2023 年 11 月 26 日 星期日 14 时 42 分 19 秒。
Rocky Linux 9 - AppStream
Name     Stream   Profiles                              Summary
nodejs   18       common [d], development, minimal, s2i  Javascript runtime
nodejs   20       common [d], development, minimal, s2i  Javascript runtime

提示:[d]默认,[e]已启用,[x]已禁用,[i]已安装
```

注 意

- 在 dnf 中引入了模块化(Modularity)的新功能,其目的是让用户能够在系统中安装同一软件的不同版本,并能方便地切换。
- 一个模块中有多个流(Stream),这些流可以视为软件的不同版本。一个流中可以有多个不同的用户配置集(Profile)对应不同的应用场景,如开发、服务器、客户端等。

范例 9-16 的输出显示 nodejs 模块有 18 和 20 两个流,每个流中都有以下 4 类配置集合。

1）common：生产就绪软件包。这是默认的配置文件（[d]）。

2）development：生产就绪软件包，包括 Node. js 开发标头。

3）minimal：提供 Node. js 运行时环境的最小软件包集合。

4）s2i：创建 Node. js 源到镜像（S2I）Linux 容器所需的软件包。

范例 9-17：安装 nodejs 模块的版本 18，并使用 development 用户配置集。使用的命令是 dnf module install，如清单 9-32 所示。

清单 9-32

```
# dnf module install nodejs:18/development
```

9.4.3 知识点 3 配置 dnf

配置 dnf 最直接的方法就是修改其配置文件/etc/dnf。

（1）dnf 配置文件

dnf 主配置文件是/etc/dnf/dnf. conf，文件由以下两个部分组成：

1）[main]：用于配置 dnf 的全局选项，如缓存目录、插件开关、日志级别等。

2）[repository]：软件仓库配置，可以有零个或多个软件仓库配置。

本节将以 Rocky Linux 中默认 dnf. conf 文件为例来进行简单说明，该默认文件内容如清单 9-33 所示。

清单 9-33

```
[main]
gpgcheck=1
installonly_limit=3
clean_requirements_on_remove=True
best=True
skip_if_unavailable=False
```

注 意

- 文件中并没有出现[repository]部分，这并不代表 dnf 没有配置软件仓库。官方不建议在 dnf. conf 文件中配置软件仓库，而是建议通过在/etc/yum. reops. d 目录中添加独立 repo 文件的方式来配置软件仓库，这样比较清晰，方便用户对软件仓库进行管理。
- repo 文件的说明可见本知识点的下一节。

dnf. conf 的配置项众多，表 9-7 中仅对其中常用的一些配置项进行了说明。

表 9-7 dnf. conf 配置项说明

配 置 项	作 用
cachedir	缓存目录。该目录用于存储 rpm 包和数据库文件
keepcache	是否要缓存已安装成功的那些 rpm 包及头文件。可选值是 1 和 0，默认值为 0，即不缓存

续表

配　置　项	作　　用
debuglevel	取值范围为 0~10,数值越大会输出越详细的 debug 信息。默认值为 2,设置为 0 表示不输出 debug 信息
clean_requirements_on_remove	如设为 True,那么在执行 dnf remove 命令时,dnf 会删除所有不再使用的依赖软件包。如果软件包是用户显式请求安装的,那么即使设为 True,也不会被删除。默认值为 True
best	升级包时,总是尝试安装其最高版本,如果最高版本无法安装,则提示无法安装的原因并停止安装。默认值为 True
plugins	可选值 1 和 0,表示启用或禁用 dnf 插件。默认值为 1,表示启用 dnf 插件
installonly_limit	用于指定最多保留多少个 installonlypkgs 指令列出的软件包的历史版本。默认值为 3
installonlypkgs	在这个配置项后列出的软件包只能安装,而不能被更新,系统内核软件包 kernel 就是默认值之一
skip_if_unavailable	如设为 True,那么当某个软件仓库不可用时,dnf 会跳过这个仓库并继续其他操作。如设为 False,那么当某个软件仓库不可用时,dnf 会停止当前的操作。默认值为 False

注　意

若想进一步了解 dnf. conf 配置文件,可以用命令 man 5 dnf. conf 来查看其详细文档。

(2) repo 文件

Rocky Linux 中所有的软件仓库配置都以 repo 文件的形式存储在/etc/yum. reops. d 目录中。本节将以官方软件仓库的 repo 文件 rocky. repo 为例来说明其格式。由于这个文件比较长,其中配置了许多仓库,这里截取了仓库之一的 BaseOS 配置作为样例,如清单 9-34 所示。

清单 9-34

```
[baseos]
name=Rocky Linux $releasever - BaseOS
mirrorlist = https://mirrors. rockylinux. org/mirrorlist? arch = $basearch&repo =
BaseOS-$releasever$rltype
#baseurl=http://dl.rockylinux.org/$contentdir/$releasever/BaseOS/$basearch/os/
gpgcheck=1
enabled=1
gpgkey=file:///etc/pki/rpm-gpg/RPM-GPG-KEY-Rocky-9
```

下面对其中配置逐项进行说明,见表 9-8。

表 9-8　repo 配置项说明

配　置　项	作　　用
[baseos]	该项定义了软件仓库 ID,例子中的值是 baseos。该名称是可以自定义,但必须保证在本机的所有 repo 文件中是唯一的。注意:中括号里面不能有空格

续表

配 置 项	作 用
name	该项定义了软件仓库的名称，例子中的值是 Rocky Linux $releasever-BaseOS，其中 $releasever 是一个变量，代表当前系统的发行版本序号，和 RHEL 同步，通常是 6、7、8、9 等数字
mirrorlist	该项指定仓库镜像服务器的地址列表，dnf 默认会搜索其中最快的镜像地址进行连接
baseurl	该项指定一个 baseurl（仓库镜像服务器地址），可以手动设置一个最快的镜像服务器地址作为该选项的值。注意在本例中，该行的第 1 个字符是“#”，表示该行已经被注释，如要启用，需要去除“#”符号，并将 mirrorlist 一行注释掉
enabled	该项表示是否启用这个仓库，1 代表启用，0 代表不启用
gpgcheck	该项表示对通过该软件仓库下载的 rpm 包进行 gpg 签名校验，1 代表校验，0 代表不校验
gpgkey	该项指定了用于校验软件签名的 gpg 公钥文件位置

(3) 第三方软件仓库

出于版权等原因，官方软件仓库中排除了不少有用的软件。安装这些软件最方便的途径就是为系统添加提供这些软件的第三方软件仓库，这些仓库往往是指由非官方或社区维护的。

小 心

- 使用第三方软件仓库存在一定风险，可能会导致系统不稳定、软件冲突、安全漏洞、版权问题或者其他不可预知的问题。
- 使用第三方软件仓库时，需要谨慎选择可信的源，检查软件的依赖关系，备份重要的数据，并及时更新系统和软件。

除了官方仓库外，其他得到公认的适用于 RHEL 及其兼容发行版本的第三方软件仓库并不太多，其中最常用的仓库见表 9-9。

表 9-9 常用第三方软件仓库

名 称	说 明
EPEL	全称为 Extra Packages for Enterprise Linux，是针对 Red Hat 企业版（RHEL）及其衍生发行版（如 CentOS）的一个高质量附加软件仓库项目。EPEL 的软件包通常不会与 RHEL 官方源中的软件包发生冲突
RPM Fusion	Fedora 及 RHEL 及其衍生发行版的用户提供其官方源和 EPEL 源中不愿收录的软件，通常不会和 Fedora、RHEL 官方源和 EPEL 源中的软件包发生冲突
ELRepo	主要向 RHEL 及其衍生发行版提供的增强硬件支持的软件包（包括显示、文件系统、硬件监控、网络、音效、网络摄像镜驱动程序）
Remi	主要向 RHEL 及其衍生发行版提供 PHP 相关以及其他的一些软件包
Webtatic	主要向 RHEL 及其衍生发行版提供 Nginx、MySQL 和 PHP 相关的软件包

注 意

第三方的软件仓库一般都会提供配置指南,各个仓库的配置方法不尽相同,建议参考仓库各自的官网。

9.5 任务小结

在完成了本任务之后,小 Y 已经对 Rocky Linux 中的软件管理有了一些了解。现在,小 Y 应该能够:

习题 9

文本:习题参考答案

任务 9 在线实验

1. 用 dnf 查看、安装、更新、卸载软件。
2. 添加配置软件仓库

同时,小 Y 应该已经了解:

1. rpm 包的作用。
2. 软件依赖性。
3. dnf 的工作原理。
4. dnf 命令。
5. 软件仓库和 repo 文件。

任务 10 管理进程和服务

——流水不腐，户枢不蠹，动也。

10.1 任务场景

PPT：任务 10
管理进程和服务

这次小 Y 收到了 3 个任务：首先，维护一台研发部的内部测试服务器主机，这台主机运行速度很慢，有卡顿现象；其次，在这台主机上启动运行任务 9 中部署好的服务；最后，在主机上定期执行某个测试脚本。小 Y 准备一鼓作气，一次性完成这 3 个小任务。

微课 10-1
恶意进程的识别和处理——筑牢数据安全屏障

10.2 任务内容

3 个任务的具体要求见表 10-1。

表 10-1 3 个小任务申请表

MDS LTD. IT 资源和服务申请工单

资源类别 □存储资源 □网络带宽 □计算资源 ■ IT 支持服务 □其他

申请人员/部门：

技术部/C 项目组

实施人员/部门：

IT 支持部/P 项目组

任务描述：

1. 主机 test. nbccdev. cn 响应速度慢，无法正常完成测试任务，定位并排除该故障。
2. 在主机 test. nbccdev. cn 上运行如下服务，并设为开机自运行：

序 号	软 件 名
1	Nginx
2	MySQL
3	php-fpm

3. 定期（每周日的 23:00 时）以 nbcc 用户身份执行用户家目录中的脚本 batch_test. sh。

本部门主管：已批准

IT 部门主管：已批准

在摸索研究的过程中，小 Y 逐渐发现这 3 个貌似毫无联系的维护任务，其实内部存在千丝万缕的关系，归根结底，这 3 个任务中操纵管理的主要对象都是系统中运行着的程序，即 Linux 中的进程。接下来，就和小 Y 一起来完成这 3 个任务，学习并掌握 Linux 中与进程和服务相关的概念、原理和命令。

10.3 任务实施

10.3.1 子任务 1 查看和操纵进程

微课 10-2 管理进程

工具文件 10. sh

本子任务要定位并解决主机的一个故障，具体现象是主机的响应速度变慢，存在卡顿现象，甚至无法正常运行。

注 意

可以用 root 身份执行初始化脚本文件 10. sh，或者直接执行脚本中的命令来生成 4 个模拟异常进程。

如果发现主机的响应速度莫名其妙地下降甚至不响应了，且主机并未正在执行占用大量计算、存储等系统资源的任务，首先就要高度怀疑主机中存在着异常（往往是占用大量系统资源）进程（Process）。

注 意

- 进程与程序（Program）不是同一概念但又相互关联：程序是静态的，是一组指令和数据的集合；进程是动态的，是程序在执行过程中的实例（Instance）。
- 进程是有生命周期的，其生命周期可以包含多次就绪、运行、阻塞和终止等状态的切换，这取决于进程的执行需求和外部事件。进程的整个生命周期由操作系统的调度器和其他管理进程的组件控制；进程不会一直存在。
- 进程是操作系统中执行和分配资源的基本单位。
- 在本任务的知识点 1 中将进一步阐述进程这个概念。

首先，要定位是哪些进程拖慢了系统速度，可以用管道结合 ps 命令和 head 命令来完成这个任务，如清单 10-1 所示。

清单 10-1

```
# ps aux --sort=-time |head
USER PID   %CPU %MEM VSZ    RSS    TTY   STAT START TIME  COMMAND
root 7249  99.9 0.0  4212   348    pts/0 R+   22:38 24:30 ./sde-mod-authd
root 7250  99.9 0.0  4212   88     pts/0 R+   22:38 24:30 ./sde-mod-authd
root 7251  99.9 0.0  4212   348    pts/0 R+   22:38 24:30 ./sde-mod-authd
root 7252  99.9 0.0  4212   88     pts/0 R+   22:38 24:30 ./sde-mod-authd
stu  2068  0.2  8.5  390537 172700 ?     Sl   18:48 0:31  /usr/bin/gnome-
...此处省略若干行
```

若不添加选项，ps 命令仅会输出在当前终端下、当前用户执行的进程的简单信息，因此需要使用 a、u、x 这 3 个选项。

1) a 选项:表示让 ps 列出当前终端中所有用户执行的进程。

2) x 选项:表示让 ps 列出当前用户执行的、在所有终端中以及无终端的进程。

3) u 选项:表示让 ps 以用户信息为主输出进程的 11 个详细属性信息。

三者合起来就表示让 ps 以用户信息为主输出当前系统中所有进程的详细信息。其中,本任务所关心进程属性的有以下 4 个。

1) PID:表示进程 ID,是进程的唯一数字标识,可用来标记和管理进程。

2) %CPU:表示进程占用 CPU 时间的百分比。

3) STAT:表示进程当前状态。

4) TIME:表示进程运行时长。

接着添加--sort =-%cpu 选项将输出按照"%CPU"这个字段值降序排列("-"符号表示降序排列),并通过管道结合 head 命令,截取输出的头 10 行。

注　意

- 本例中使用的 ps 选项 aux 比较特殊,前面没有"-"前缀,这是因为使用的是 BSD 风格的命令选项,其选项前没有"-"前缀是历史原因造成的。
- 本任务的知识点 2 中将详述 ps 命令的用法。
- ps 命令可用于查看系统中某一时刻的进程状态,如果要连续监视系统中进程的状态,则可以使用 top 命令,具体见拓展阅读 10-1。

拓展阅读 10-1
用 top 命令
查看进程

可以看到排在最前面的 4 个进程,几乎占用 100%的 CPU 时间,正在运行中(状态码为"R+",表示正在运行),而且已经运行了相当长时间(超过 24 小时),正是要查找的异常进程。接下来就需要结束这些进程,使用的命令是 kill。该命令以进程 PID 作为参数,用来定位要结束的进程,在后面跟上 7249、7250、7251 和 7252 作为参数将 4 个进程终止,如清单 10-2 所示。至此,本子任务就完成了。

清单 10-2

```
# kill 7249 7250 7251 7252
```

注　意

- kill 命令的真正用处是用来向进程发送信号(Signal),本例中向进程发送的是终止(SIGTERM)信号。
- 在本任务的知识点 3 中将详述 kill 命令及其衍生的 pkill 命令的用法。

10.3.2 子任务 2 启动服务

本子任务要启动主机上部署好的 Web 服务器 Nginx、数据库服务器 MySQL 和用于处理 PHP 页面请求的进程管理器 php-fpm,同时让它们开机自启动。

Nginx、MySQL 和 php-fpm 有一个共同点,即都不占用终端(TTY)且不与用户进行实时交互,而是在后台(Background)运行并监听某个网络端口,等待用户的请求并进行回应。这些程序就是服务,它们的进程就叫作守护进程(Daemon Process)。

微课 10-3
管理服务

注　意

- 在 Linux 中,服务通常是指常驻内存、提供系统功能或网络服务的程序。这些程序的进程,一般在后台长期运行,与终端独立,即所谓的守护进程。
- 在 Linux 中,一般来说可以将服务和守护进程视为同一个概念,如启动 mysql 守护进程和启动 mysql 服务实际是一样的。

当前主流的 Linux 发行版本都使用一个名为 Systemd 的系统和服务管理器来统一管理系统中的服务。

注　意

- Systemd 是 System Management Daemon 的简写,主要用来初始化和管理系统服务。Systemd 功能强大且方便使用,在目前绝大多数的 Linux 发行版本中,其都取代了最早的 init 以及后来的 Upstart,成为系统初始化及管理服务的默认组件,并已成为事实上的业界标准。
- Systemd 的引入曾经在 Linux 社区引起了一些争议,主要原因就是 Systemd 过于复杂和庞大。它不仅是一个系统初始化程序,还包括电源管理、设备管理、挂载管理,网络配置、登录/会话管理、本地化设置、日志管理等一系列功能,因此从某种程度上来说其与 UNIX 哲学准则是背道而驰的。
- 本任务中不对 Systemd 的优劣进行讨论,只是将其作为一个方便、实用的工具来看待。

Systemd 的主要用户接口命令之一就是 systemctl,这也是完成本子任务要使用的主要命令。首先用 systemctl list-unit-files 命令来检查 Nginx 服务的单元文件是否已经安装完成了,因为 Systemd 需要这个单元文件来管理 Nginx 服务。命令查找到 Nginx 服务的单元文件 nginx. service,状态是 disabled(表示该服务不开机自启动),如清单 10-3 所示。

清单 10-3

```
#  systemctl list-unit-files nginx.service
UNIT FILE      STATE     PRESET
nginx.service disabled  disabled

1 unit files listed.
```

注　意

一般来说,在安装服务相关软件时,该服务的 Systemd 单元文件(Unit File)就已经被自动创建和配置好了。

接下来用 systemctl start 命令启动 Nginx 服务,然后用 systemctl status 命令查看该服务的运行状态,如清单 10-4 所示。

清单 10-4

```
# systemctl start nginx                    #启动 Nginx
# systemctl status nginx                   #查看 Nginx 运行状态
```

```
● nginx.service - The nginx HTTP and reverse proxy server
Loaded: loaded (/usr/lib/systemd/system/nginx.service; disabled; preset: disabled)
Drop-In : /usr/lib/systemd/system/nginx.service.d
        └─php-fpm.conf
Active: active (running) since Thu 2023-11-30 13:41:48 CST; 12s ago
Process: 84269 ExecStartPre=/usr/bin/rm -f /run/nginx.pid (code=exited, status=0/
SUCCESS)
...以下省略若干行
```

查看运行状态的输出中，目前需要了解的有以下两行。

1）以 Loaded 开头的行显示了该服务单元文件的加载状态，其中 loaded 表示该服务单元已经被加载到内存中，后面是该服务单元文件的路径；disable 表示服务未开机自启动（注意，不是未启动）。

2）以 Active 开头的行显示了单元的启动状态，其中 active（running）表示已启动成功，服务正在运行。

Nginx 服务已经正常启动，但这只是一次性的，重启后该服务不会自启动。需要用 systemctl enable 命令让该服务开机自启动，然后使用 systemctl is-enable 命令确认是否成功启用，如清单 10-5 所示。

清单 10-5

```
# systemctl enable nginx            #设置 Nginx 开机自启动
Created symlink from /etc/systemd/system/multi-user.target.wants/httpd.service to /
usr/lib/systemd/system/httpd.service.
# systemctl is-enabled nginx        #检查是否已经启用
enabled
```

接下来使用同样的步骤启动 MySQL 和 php-fpm 服务，并设置让它们开机自启动，如清单 10-6 所示。

清单 10-6

```
# systemctl start mysqld            #启动 MySQL
# systemctl start php-fpm           #启动 php-fpm
# systemctl enable mysqld           #设置 MySQL 开机自启动
# systemctl enable php-fpm          #设置 php-fpm 开机自启动
```

注　意

许多服务（守护进程）的名称就是程序本身名称，或者程序名称加上字母 d，表示是守护（Daemon）进程，如 Nginx 守护进程 nginx 就是其程序本身名字，MySQL 守护进程 mysqld 就是程序名字加上字母 d。

此时，服务器就启动成功了。另外，在任务 8 中已配置好了防火墙并开放了相应服务所使用的端口，此处就无须再配置防火墙了。至此，本子任务就完成了。

注　意

在本任务的知识点 5 中将详细介绍 systemctl 的用法。

10.3.3 子任务 3 安排计划任务

微课 10-4
安排计划任务

本子任务要完成的事很明确，就是 11 月每个周日的 23:00 开始以 nbcc 用户身份执行项目组准备好的脚本 batch_test. sh。

该任务显然不可能由人工来完成，需要有一个能定时执行命令的工具，在 Linux 中这个工具就是 crontabs。

注 意

- crontabs 的守护进程叫作 crond，默认开机自启动，在后台周期性地检查用户的计划任务的配置文件 crontab。
- crontab 文件中包含了用户设置的定时任务信息，crond 守护进程则负责根据这些配置文件中的信息，在预定时间执行指定任务。
- 每个用户都可以通过 crontab 命令编辑自己的 crontab 文件，设置需要在特定时间执行的命令或脚本。

首先要确认 corn 服务是否在运行中，是否开机自启动，如清单 10-7 所示。

清单 10-7

```
#systemctl status crond          #active(running)表示已启动成功
● crond.service - Command Scheduler
    Loaded: loaded (/usr/lib/systemd/system/crond.service; enabled; preset: enabled)
    Active: active (running) since Sun 2023-11-26 20:11:08 CST; 3 days ago
  Main PID: 66950 (crond)
...以下省略若干行
```

常见的 cron 计划任务可以分为系统计划任务和用户计划任务，其中的系统计划任务一般是一些系统级的定时任务，如日志清理、备份等。执行测试脚本这个动作显然和系统没有任何关系，因此适合作为 nbcc 用户的计划任务。

首先切换到 nbcc 用户，在命令行中输入 crontab -e 命令，打开系统中的默认文本编辑器，一般来说是 vim，此时可以编辑属于用户 nbcc 自己的 crontab 计划任务。在 vim 中输入“0 23 * 11 7 nbcc ~nbcc/batch_test. sh”后，保存并退出。vim 会显示 installing new crontab 字样，表示成功添加了一条新的计划任务，如清单 10-8 所示。用 crontab -l 命令列出当前用户的计划任务，可以看到计划已经安排好了。

清单 10-8

```
 $ crontab -e
no crontab for stu - using an empty one
crontab: installing new crontab
 $ crontab -l                    #列出当前用户(nbcc)的计划任务
0 23 *11 7 nbcc ~nbcc/batch_test.sh
```

其他的操作都非常简单，比较困难的步骤就是如何编写 crontab 计划任务配置文件。以刚刚写入的一行为例,该行可以分为 3 部分,如图 10-1 所示。

图 10-1 crontab 中的计划任务撰写样例

1）执行时间:表示在何时执行该任务。该部分相对复杂,具体撰写的格式参考图 10-2 和表 10-2。

2）执行者:以哪个用户的身份去执行,这里是用户 nbcc。

3）所执行的命令:这里就是 nbcc 家目录中的 batch_test. sh 脚本。

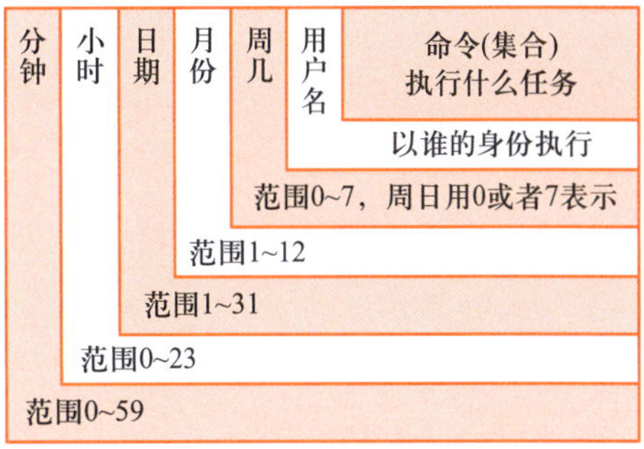

图 10-2 crontab 计划任务基本撰写格式

对照图 10-2 和表 10-2,在 nbcc 的 crontab 配置文件中写入的“0 23 * 11 7 nbcc ~nbcc/batch_test. sh”表示的时间就是“11 月每个周日的 23 时整,以 nbcc 用户身份执行 nbcc 家目录下的 batch_test. sh 脚本”,和本子任务的要求相符。

表 10-2 crontab 时间特殊格式

字 符	说 明
*	表示有效取值范围内的所有值,如“0 13 * 3 0”表示“三月每个周日的 13:00 时”
#,#	表示离散取值,如“0 13 * 3 0”表示“三月每个周日的 13:00 时”
#-#	表示连续取值,如“0 0 1-10 * *”表示“每个月 1 号到 10 的 00:00 时”
#/#	表示定义步长,如“ * 10/2 * * *”表示“每天从 10:00 开始执行,然后每隔 2 小时执行一次”

注 意

在本任务的知识点 6 中将详细阐述计划任务的用法。

至此,就完成了本任务。但这并不代表已经掌握了进程和服务管理,相反这只是迈出的第一步,离真正熟练掌握还有相当差距。因此建议对照完成任务步骤,阅读任务知识,弄懂其中的样例,争取对进程和服务管理有进一步的了解。

10.4 任务知识

10.4.1 知识点 1 进程

(1) Linux 的进程

计算机中最基本的一些操作(如计算两个数的和等)被称为指令(Instruction),程序(Program)则是一系列指令的所构成的集合。通过程序,可以让计算机完成复杂的操作。程序大多数时候被存储为可执行的文件,例如,复制命令 cp 就是程序,文本编辑工具 vim 也是一个程序。进程(Process)则是程序的一次执行过程,是程序的一个具体实现。在 Linux 中,进程是程序的唯一实现方式。

注　意

- 进程与程序是两个概念:程序是一个静态的指令集合,不占系统的运行资源;进程是一个随时都可能发生变化的、动态的、使用系统资源、运行着的程序。
- 一个程序的一次运行,可能会产生多个进程。例如,某网站所用的 Web 服务器是 Nginx,当服务启动后可能会有很多人来访问,也就是说会有许多用户同时向服务器提出 http 请求,服务器则会创建多个进程来提供服务。

(2) Linux 的守护进程

在 Linux 中的守护进程(Daemon)就是运行在后台的一种特殊进程。它独立于控制终端并且周期性地执行某种任务或等待处理某些发生的事件。以下是两个典型的守护进程例子:

1) Linux 上的 Web 服务器 Apache Http Server 的守护进程名为 httpd,启动以后会在后台监听 80 端口,当接收到客户端的请求时用相应的网页(文件)响应客户端。

2) Linux 上的计划任务守护进程名为 crond,启动以后每分钟都会读取/etc/crontab 配置文件来检查是否有计划任务需要执行。

注　意

- 守护进程启动后就开始在后台运行,除非程序出现异常或者被人为终止,它将一直运行直到关机才结束。
- 守护进程是非交互式程序,即其本身没有与用户交互的功能,既不从标准输入(读)也不会向标准输出(写)。用户一般会通过配置文件或者特定的命令来控制守护进程。

10.4.2 知识点 2 作业

Linux 中的作业(Job)是指用户向系统提交并要求执行的一个任务。一个作业往往包含一个或多个进程。在默认情况下,用户同一时间在同一终端上只能运行一个作业,即最后键入的命令。

Linux 中的作业控制(Job Control)是指 shell 的一种功能,它允许用户在一个终端上启动多个作业,并且控制哪个作业可以占用终端,哪些作业可以在后台运行。作业控制的好处是可以让用户在同一个 shell 中同时执行多个任务,而不需要打开多个终端或者退出当前的任务。作业控制主要有两个快捷键和 4 个相关命令,下面分别简要介绍并用 4 个例子进行说明和展示。

(1) 查看作业

内置命令 jobs

用法:jobs [选项] [作业号]

- 显示 Linux 中的任务列表及任务状态,包括后台运行的任务。该命令可以显示任务号及其对应的进程号。其中,任务号是以普通用户的角度进行的,而进程号则是从系统管理员的角度来看的。一个任务可能对应于一个或者多个进程号。

- jobs 命令的常用选项见表 10-3。

表 10-3 jobs 命令的常用选项

选项	说明
-l	在正常信息基础上列出进程号
-n	仅列出上次通知后改变了状态的进程号
-p	仅列出作业进程号
-r	仅列出运行中的作业
-s	仅列出停止的作业

范例 10-1:列出当前终端中的作业。在命令后添加“&”符号,让命令在后台执行。然后用 jobs 命令查看这些后台的作业,字段 1 是作业号,字段 2 是作业状态,字段 3 是作业命令;如果用 jobs -l 命令查看这些后台的作业,则会额外增加一个作业进程号字段,如清单 10-9 所示。

清单 10-9

```
# sleep 1000 &
[1] 107885
# sleep 100 &
[2] 107888
# vim &
[3] 107892
# jobs
[1]-     运行中                        sleep 1000 &
[2]+     运行中                        sleep 100 &
[3]+     停止 (tty 输出)               vim
# jobs -l
[1]-     107885 运行中                 sleep 1000 &
[2]+     107888 运行中                 sleep 100 &
[3]+     107892 停止 (tty 输出)        vim
```

(2) 调度作业

作业控制相关快捷键见表 10-4。

表 10-4 作业控制快捷键

快捷键	作用
Ctrl+z	在前台作业中按下<Ctrl+z>快捷键,可以将该作业暂停,并放置在后台
Ctrl+c	在前台作业中按下<Ctrl+c>快捷键,可以终止该作业

内置命令 bg

用法:bg [作业标识]

- 将作业放到后台,使前台可以执行其他任务。bg 命令的执行效果与在命令后面添加“&”符号等同。

- 参数“作业标识”用于指定作业，可以是一个或者多个，如果不使用该参数指定作业，那么占用当前终端的作业就会被放到后台。

内置命令 fg

用法：fg [作业标识]

- 将后台作业（在后台运行的或者在后台挂起的作业）放到前台运行。
- 参数“作业标识”用于指定作业，若后台任务中只有一个，则使用 fg 命令可以省略该参数。

范例 10-2：将挂起的（后台）作业恢复到前台执行，然后再次将其暂停并放到后台。执行 fg 3 命令将范例 10-1 中的 vim 作业恢复到前台执行，再按<Ctrl+z>快捷键将作业暂停并放入后台，如清单 10-10 所示。

清单 10-10

```
# jobs -l
[1]- 107885 运行中                    sleep 1000 &
[2]+ 107888 运行中                    sleep 100 &
[3]+ 107892 停止 (tty 输出)           vim
$ fg 3                                  #将作业 3 恢复到前台,vim 将会占据前台
vim
[3]+  已停止               vim          #然后再按<Ctrl+z>快捷键,vim 被暂停并放到后台
```

范例 10-3：让暂停命令在后台恢复执行。执行 ping localhost 命令，按<Ctrl+z>快捷键暂停作业，随后让其在后台继续执行，如清单 10-11 所示。

清单 10-11

```
$ ping localhost
PING localhost.localdomain (127.0.0.1) 56(84) 比特的数据。
64 比特,来自 localhost (127.0.0.1): icmp_seq=1 ttl=64 时间=0.117 毫秒
64 比特,来自 localhost (127.0.0.1): icmp_seq=2 ttl=64 时间=0.136 毫秒
^Z                          #按<Ctrl+z>快捷键,作业被暂停并放到后台

[4]+  已停止     ping localhost
$ jobs                      #查看作业号
[3]-  已停止     vim
[4]+  已停止     ping localhost
$ bg 4                      #让作业 4 继续在后台恢复执行
64 比特,来自 localhost (127.0.0.1): icmp_seq=1 ttl=64 时间=0.117 毫秒
64 比特,来自 localhost (127.0.0.1): icmp_seq=1 ttl=64 时间=0.117 毫秒
...此处略去若干行
```

命令 nohup

用法：nohup 命令

- 将指定命令以忽略挂起信号（SIGUP）的方式运行起来，让用户退出终端后继续运行指定的程序。

- 如果不进行显式的重定向，那么被运行命令的输出会被重定向到当前工作目录下的 nohup. out 文件中。

范例 10-4：让进程脱离终端执行。假设有一个名为 myscript. sh 的脚本，要让该脚本脱离终端在后台运行（即关闭终端后这个脚本也会继续运行），并将其输出丢弃。可通过使用 nohup 命令和"&"符号让作业脱离终端执行，即用 &>/dev/null 将其输出丢弃，如清单 10-12 所示。

清单 10-12

```
$ nohup ./myscript.sh &>/dev/null
```

小　心

- 将作业放入后台并不表示作业的进程可以脱离终端执行了，这些后台作业的进程仍然和当前终端的进程是关联的，如果此时关闭终端，这些后台作业的进程也会被终止。
- 可以使用 nohup 命令让作业的进程脱离终端，对于已经在执行的作业的进程，可以用 disown 命令让其脱离终端。

10.4.3　知识点 3　ps 命令

ps 是 Process Status 的缩写，该命令列出的是当前系统中进程的快照（Snapshot），即执行命令时系统中的进程。通过使用合理的选项，ps 命令可以获取并显示系统中进程的绝大部分信息。

注　意

- ps 命令所提供的进程状体查看结果并不动态连续，如果想对进程进行实时、连续的监测，应该使用 top 命令。
- 由于历史原因，ps 命令支持以下 3 种不同的选项语法风格，且这些语法风格可以混用。
  - √ UNIX 风格：选项是单个字符，前缀是单个连字符"-"，选项可组合。
  - √ BSD 风格：选项是单个字符，没有前缀，选项可组合。
  - √ GNU 风格：在 UNIX 风格的基础上增加了长选项，一般是一个完整单词，前缀是双连字符"--"。

下面介绍 ps 命令的语法和常用选项，并用 9 个例子展示该命令的具体用法。

命令 ps

用法：ps[选项]

- 显示系统中一组进程的状态信息。
- ps 命令的常用选项可以分为如下 4 类：

√ 简单的进程筛选选项见表 10-5。

表 10-5 ps 命令简单的进程筛选选项

选项	说明
-A,-a	全部进程
-a	所有终端运行的进程,除了 session 的 leaders
a	所有终端运行的进程,包括其他用户的进程,与 x 选项结合使用可以列出系统中所有进程的信息
d	所有的进程,除了 session 的 leaders
-N	反向选择,显示所有的终端的程序,除了当前终端运行的进程
r	只显示运行(Running)中的进程
T	该终端上所有的进程
x	当前用户所有进程,包括无终端的进程

√ 带参数的进程筛选选项,注意所有后面跟的参数可以是一个或多个,用“,”或者空格分隔,具体见表 10-6。

表 10-6 ps 命令带参数的进程筛选选项

选项	说明
-C<命令>	按命令名称来筛选
-G<用户组名/GID>	用实际(进程启动时)用户组 ID 或者用户组名筛选
-g<用户组名>	用有效(进程运行时)用户组名筛选
-p,p<进程 PID>	按进程 PID 筛选
-s<会话 ID>	按会话(Session)ID 筛选
-t,-t<终端名>	按终端名来筛选
-u,U<用户名/UID>	按有效(进程运行时)用户 ID 或者用户组名筛选
-U<用户名/UID>	按实际(进程启动时)用户 ID 或者用户组名筛选

√ 输出格式控制选项,见表 10-7。

表 10-7 ps 命令的输出格式控制选项

选项	说明
-f	完整的(Full)格式
-F	表示在-f 选项基础上显示额外的完整格式
-j,j	作业(Job)格式
-l,l	长格式
-o,o<格式描述符>	用户指定输出哪些字段,字段可以使用标准格式指定符(Standard Format Specifiers)来指定
s	信号(Signal)格式
u	以用户为主的格式

√ 输出修饰选项,见表 10-8。

表 10-8 ps 命令的输出修饰选项

选 项	说 明
f,-H	显示进程树
--header	每页重复标题头
-h	不显示标题头
--sort<格式描述符>	按指定字段排序,字段可以使用标准格式指定符来指定

(1) 显示当前用户进程

范例 10-5:显示与当前终端关联的当前用户的进程。直接用 ps 命令,不加任何选项,如清单 10-13 所示。

清单 10-13

```
# ps
   PID TTY          TIME CMD
 83927 pts/2    00:00:00 su
 83938 pts/2    00:00:00 bash
 93291 pts/2    00:00:00 ps
```

输出第 1 行为列表标题,包含基本的 4 个字段,各字段的含义描述见表 10-9 所示。

表 10-9 ps 命令不加选项显示字段含义

字 段	含 义
PID	运行着的命令(CMD)的进程编号
TTY	命令所运行的位置(终端)
TIME	进程占用的 CPU 处理时间
CMD	该进程所运行的命令

范例 10-6:显示当前用户的所有进程(包括无终端的进程)。使用 ps x 命令,其中 x 选项表示列出所有进程,如清单 10-14 所示。

清单 10-14

```
# ps x
   PID TTY      STAT   TIME COMMAND
  2029 ?        Ss     0:00 /usr/lib/systemd/systemd --user
  2031 ?        S      0:00 (sd-pam)
...此处略去若干行
 75847 pts/2    Ss     0:00 bash
 89561 pts/3    Ss     0:00 bash
 93423 pts/1    R+     0:00 ps x
```

(2) 显示系统所有进程

范例 10-7:显示系统中所有的进程信息。有多种不同的实现方式,使用标准语法(UNIX 格式）查看系统中所有进程的命令是 ps -e，如清单 10-15 所示。

清单 10-15

```
# ps -e
   PID TTY          TIME CMD
     1 ?        00:00:05 systemd
     2 ?        00:00:00 kthreadd
     3 ?        00:00:00 rcu_gp
     4 ?        00:00:00 rcu_par_gp
...此处略去若干行
 93544 ?        00:00:00 kworker/0:3-mm_percpu_wq
 93608 pts/0    00:00:00 ps
```

显示系统中所有进程的完整信息的命令是 ps -ef，其中，选项-f 表示使用完整的格式显示进程信息。输出包含 8 个字段，如清单 10-16 所示，其中 4 个字段已经在范例 10-5 中介绍过了，其余各字段的含义描述见表 10-10。

清单 10-16

```
# ps -ef
UID       PID    PPID  C  STIME   TTY    TIME      CMD
root        1       0  0  11月25  ?      00:00:05  /usr/lib/systemd/systemd rhgb……
root        2       0  0  11月25  ?      00:00:00  [kthreadd]
root        3       2  0  11月25  ?      00:00:00  [rcu_gp]
root        4       2  0  11月25  ?      00:00:00  [rcu_par_gp]
...此处略去若干行
root    93627       2  0   08:28  ?      00:00:00  [kworker/1:1-events]
root    93665   13440  0   08:31  pts/0  00:00:00  ps -ef
```

表 10-10 ps 命令加-f 选项显示的额外字段含义

字段	含义
UID	启动该进程的用户 ID
PPID	该进程的父进程的 ID
C	进程的 CPU 占用率
STIME	进程的启动时间

如果要显示更多进程信息，应使用 ps -eF 命令，其中，选项-F 表示在-f 选项基础上显示额外的进程信息。总共有 11 个字段，如清单 10-17 所示，除了表 10-9 和表 10-10 中所列出的 8 个字段外，额外的 3 个字段含义描述见表 10-11。

清单 10-17

```
# ps -eF
UID   PID  PPID  C     SZ    RSS  PSR  STIME   TTY  TIME      CMD
root  1    0     0  26904  17188    0  11月25  ?    00:00:05  /usr/lib/systemd……
root  2    0     0      0      0    0  11月25  ?    00:00:00  [kthreadd]
root  3    2     0      0      0    0  11月25  ?    00:00:00  [rcu_gp]
...此处略去若干行
```

表 10-11 ps 命令加-F 选项显示的额外字段含义

字 段	含 义
SZ	映射到内存中物理页面的大小,包括文本、数据和堆栈空间。这些页面仅由进程单独使用
RSS	进程所使用的真实常驻内存(物理内存)的大小(以 KB 为单位)
PSR	当前分配给该进程的处理器,即进程在哪个 CPU 上运行

使用 BSD 格式的语法查看系统中所有进程的命令则是 ps ax,如清单 10-18 所示。

清单 10-18

```
# ps ax
   PID TTY   STAT  TIME COMMAND
     1 ?     Ss    0:05 /usr/lib/systemd/systemd rhgb --system --deserialize 23
     2 ?     S     0:00 [kthreadd]
     3 ?     I<    0:00 [rcu_gp]
...此处略去若干行
```

其中,选项 a 表示显示当前终端的所有进程信息,包括其他用户的进程信息;选项 x 表示显示当前用户在所有终端的进程信息。ax 选项结合使用可以显示系统中所有进程的信息。输出包含 5 个字段,其中 4 个字段已经在表 10-9 中介绍过了,STAT 字段的含义见表 10-12。

表 10-12 ps 命令加 ax 选项显示的额外字段 STAT 含义

字 段	含 义
STAT	● 表示进程的当前状态,常见进程状态如下: √ R:进程正在运行或在运行队列中等待执行。 √ S:进程处于休眠状态。该状态表示进程当前正在等待某些事件的发生,如等待输入或等待系统资源。 √ D:进程进入不可中断的休眠状态。该状态通常发生在进程等待硬件设备响应的情况下,如等待磁盘 I/O。 √ T:因作业控制信号(Job Control Signal)停止或暂停的进程。 √ t:因调试(Debugger)停止或暂停的进程。 √ Z:进程已经终止,但其父进程尚未等待(Wait)回收其退出状态,即该"僵尸"进程仍占用系统资源,但本身已经无法执行。 ● 在 BSD 格式的输出中,还会附加以下额外的状态信息。 √ s:进程是 session leader。 √ N:进程拥有较低调度优先级。 √ <:进程拥有较高调度优先级。 √ +:前台进程,在前台进程组中。 √ l:多线程进程。 √ L:进程的内存被锁定,防止其被交换到磁盘

范例 10-8:以面向用户的格式显示当前终端下的所有信息。使用命令 ps aux,如清单 10-19 所示。

清单 10-19

```
# ps aux
USER  PID  %CPU  %MEM    VSZ    RSS   TTY  STAT  START    TIME  COMMAND
root  1    0.0   0.4   107616  17188   ?   Ss    11月25  0:05  /usr/lib/systemd/s……
root  2    0.0   0.0        0      0   ?   S     11月25  0:00  [kthreadd]
root  3    0.0   0.0        0      0   ?   I<    11月25  0:00  [rcu_gp
...此处略去若干行
```

其中，选项 u 使用以用户为主的格式输出进程信息。输出包含 11 个字段，其中 6 个字段已经分别在表 10-9、表 10-11 和表 10-12 中介绍过，余下 5 个字段的含义见表 10-13。

表 10-13 ps 命令加 aux 选项显示的额外字段含义

字段	含义	字段	含义
USER	启动该进程的用户名	VSZ	进程占用的 swap 空间的大小（以 KB 为单位）
%CPU	进程占用的 CPU 百分比		
%MEM	进程所占用的物理内存百分比	START	进程启动时间

（3）按条件筛选进程

范例 10-9：分别列出名为 systemd 的进程、拥有者是 stu 的进程和进程号（PID）为 2 的进程。当运行的应用程序比较多时，可能会根据指定条件查找相应的进程。ps 命令中，可以使用不同选项指定条件来查找进程，如清单 10-20 所示。

清单 10-20

```
# ps -C systemd                    #列出名为 systemd 的进程
   PID  TTY        TIME   CMD
     1  ?      00:00:05   systemd
  2029  ?      00:00:00   systemd
# ps -u stu                        #列出拥有者为 stu 的进程
    PID   TTY        TIME   CMD
  12838   pts/0   00:00:00  bash
  89599   pts/3   00:00:00  bash
  89625   pts/3   00:00:00  vim
# ps -p 1                           #列出进程号为 2 的进程
    PID   TTY        TIME   CMD
      2   ?       00:00:00  kthreadd
```

范例 10-10：查找和 Nginx 相关的进程。可以用管道结合 ps 和 grep 命令来匹配较为复杂和模糊的条件，如清单 10-21 所示。注意，第 2 个管道命令 grep -v grep 是用来排除本条命令自身的进程的。

清单 10-21

```
# ps -ax |grep nginx |grep -v grep
 84274 ?       Ss       0:00 nginx: master process /usr/sbin/nginx
 84275 ?       S        0:00 nginx: worker process
 84276 ?       S        0:00 nginx: worker process
```

注 意

可以使用 pgrep 命令替代 ps 和 grep 命令管线来查找特定进程。

(4) 输出进程指定字段

范例 10-11:列出当前终端下本用户进程的 PID、CPU 占用率和命令名信息。ps 的-o 选项可以指定要输出的进程的具体信息,如清单 10-22 所示。命令中的 AIX 格式说明符(AIX Format Specifiers)或者标准格式说明符(Standard Format Specifiers)都可以跟在-o 选项后用来指定输出字段。可以用命令 man ps 来查看 ps 命令帮助文档中的 AIX FORMAT DESCRIPTORS(AIX 格式说明符)和 STANDARD FORMAT SPECIFIERS(标准格式说明符)。

清单 10-22

```
#ps -o pid,pcpu,comm
   PID  %CPU  COMMAND
 12827   0.0  su
 13434   0.0  su
 13440   0.0  bash
 94417   0.0  ps
```

(5) 显示进程层次结构

范例 10-12:以树形结构显示进程,查看进程的父子关系。可以使用 f 选项(注意不是-f 选项)或者-H 选项,如清单 10-23 所示。注意,选项 f 以 ASCII 字符显示进程层次结构,选项-H 则以缩进表示进程层次结构。

清单 10-23

```
#ps af
   PID  TTY    STAT  TIME  COMMAND
 89561  pts/3  Ss    0:00  bash
 89587  pts/3  S     0:00  \_ su - stu
 89599  pts/3  S     0:00      \_ -bash
 89625  pts/3  S+    0:00          \_ vim
  2835  pts/0  Ss    0:00  bash
 12827  pts/0  S     0:00  \_ su - stu
 12838  pts/0  S     0:00      \_ -bash
 13434  pts/0  S     0:00          \_ su - root
 13440  pts/0  S     0:00              \_ -bash
 94562  pts/0  R+    0:00                  \_ ps af
...此处略去若干行
```

(6) 对进程排序

范例 10-13:当运行的应用程序比较多时,可能会需要对应用程序进行排序。在 ps 命令中,可以使用--sort 选项指定字段来对进程排序,如清单 10-24 所示。注意%mem 前面有一个“-”符号,表示降序,如改为“+”符号,则表示升序。排序默认是升序,即如果将“-”符号去掉表示升序。

清单 10-24

```
#ps aux --sort -%mem                 #显示所有进程,并按内存占用率降序排序
```

```
# ps aux --sort user          #显示所有进程,并按进程实际从属用户名升序排序
# ps aux --sort %cpu          #显示所有进程,并按 CPU 占用率升序排序
# ps -ef --sort -etime        #显示所有进程,并按累计运行时间降序排序
# ps -ef --sort pid           #显示所有进程,并按进程 PID 升序排序
```

注 意

范例 10-11 中提到的 ps 命令中的 AIX 格式说明符(AIX Format Specifiers)或者标准格式说明符(Standard Format Specifiers)也都可以跟在--sort 选项后作为排序的指定字段名。

10.4.4 知识点 4 kill 命令

kill 命令是 Linux 中用来操纵命令的主要工具,能够将指定的信号(Signal)发送给进程。下面介绍 kill 及其衍生命令 pkill 的语法,并用 4 个例子展示这些命令的具体用法。

(1) kill 命令

命令 kill

用法:kill [选项] 进程号

- 向进程发送指定信号。
- kill 命令的常用选项见表 10-14。

表 10-14 kill 命令的常用选项

选项	说明
-l,-L	列出全部信号名称
-p	只打印相关进程的进程号,而不发送任何信号
-q<信号>	将信号添加到信号队列而不立即发送
-s<信号>	指定要发送的信号,可以用序号或者名字来指定信号。如果没有指定任何信号,默认发送的信号为 SIGTERM(-15)

- kill 命令的常用信号见表 10-15。

表 10-15 kill 命令的常用信号

信号	说明
SIGHUP(1)	挂起信号,通常是因为终端掉线或者用户退出引起
SIGINT(2)	中断信号,与按<Ctrl+c>快捷键等同
SIGQUIT(3)	退出信号,与按<Ctrl+\>快捷键等同
SIGTERM(15)	终止信号,默认发送该信号
SIGKILL(9)	强制终止信号,不可捕获和忽略
SIGSTOP(19)	暂停信号,与按<Ctrl+z>快捷键等同
SIGCONT(18)	继续信号,与 STOP 信号相反

范例 10-14:查找并终止名称中包括 sde 的进程。用 kill 命令终止进程相当简单,一般分两步走:首先查找并确定进程 PID,然后终止进程,如清单 10-25 所示。

清单 10-25

```
# ps -ef |grep sde |grep -v grep           #查找进程,确定 PID
root      3079   3022 99 22:17 pts/0    00:00:24 ./sde8912eu_authd
root      3080   3079 99 22:17 pts/0    00:00:24 ./sde8912eu_authd
#kill 3079 3080                             #发送默认信号 SIGTERM,终止进程
[2]+  已终止              ./sde8912eu_authd
# ps -ef |grep sde |grep -v grep
```

注 意

SIGTERM 是 kill 命令默认发送的信号,也是一种常用的终止信号。TERM 是 terminate 的缩写,用于请求程序正常终止,允许程序执行清理操作,让程序有机会完成未完成的任务、释放资源、保存状态等。注意,接收信号的进程可以选择忽略该信号。

范例 10-15:终止进程号为 3079 的无响应进程。如果用 kill 命令默认发送的 SIGTERM(15)信号无法让进程结束,那么可以发送更加强力的 SIGKILL(9)信号来结束进程,如清单 10-26 所示。

清单 10-26

```
#kill -9 3079
[1]+  已杀死              ./sde8912eu_authd
```

小 心

- 相对于 SIGTERM,SIGKILL 更为强力,该信号会立即终止进程,不给予进程进行清理和善后工作的机会。因此,通常在正常情况下,首选使用 SIGTERM,以便程序有机会进行资源释放和善后操作,如果无法结束进程,再考虑使用 SIGKILL。
- 发送 SIGKILL 信号要十分小心,因为这个信号不能被进程忽略或者捕获,会直接结束进程。当发送 SIGKILL 信号后,建议通过 ps -ef 命令确认没有剩下任何“僵尸”(状态码为 Z)进程。如果有,就要通过终止其父进程来及时消除该进程。

(2) pkill 命令

kill 命令只能通过 PID 来定位进程,因此往往需要先通过其他方法确定进程 PID 后,才能向进程发送信号。使用 pkill 命令可以直接通过名字来定位进程。

命令 pkill

用法:pkill [-信号][选项] 正则表达式模式

- 根据名称等属性匹配进程,并匹配的进程发送指定信号。
- pkill 命令的常用选项见表 10-16。

表 10-16 pkill 命令的常用选项

选项	说明
-e	显示被终止进程的名称和 PID
-f	匹配模式时用完整的命令行，而不是默认的进程名
-G<用户组 GID>	匹配实际用户组为指定用户组的进程
-i	匹配模式时忽略大小写
-P<父进程 PID>	匹配指定进程的子进程
-s<会话 ID>	匹配指定会话的进程
-t<终端名>	匹配从属于指定终端的进程
-u<用户有效 UID>	匹配有效用户（当前执行进程用户）为指定用户的进程
-U<用户 UID>	匹配真实用户（启动进程用户）为指定用户的进程
-x	进程名完全匹配模式
-r state	匹配指定状态的进程

范例 10-16：终止名称中以 sed 开头的进程。用 pkill 命令终止进程之前，先使用 ps 命令结合 grep 或者 pgrep 命令确认无误后再发送信号，如清单 10-27 所示。

清单 10-27

```
# ps -ef |grep "^sde" |grep -v grep          #系统中有 3 个名称以 sde 开头的进程
    root        3079    3022 99 22:17 pts/0     00:00:24 ./sde_authd
    root        3080    3079 99 22:17 pts/0     00:00:24 ./sde_authd
    root        3081    3079 99 22:17 pts/0     00:00:24 ./sde_authd
    # pkill "^at"                            #通过 pkill 命令全部终止
    [1]    已终止                   ./sde_authd
    [2]-   已终止                   ./sde_authd
    [3]+   已终止                   ./sde_authd
```

范例 10-17：终止 stu 用户所属进程中名称以 test 结尾的进程。使用-u 选项来指定某个用户发起的进程，如清单 10-28 所示。

清单 10-28

```
# ps -ef |grep "test $" |grep -v grep       #有 6 个名称以 test 结尾的进程，其中 4 个是 stu 用户的
stu         4141    2956 94 23:08 pts/0    00:02:41 ./01-test
stu         4145    4141 94 23:08 pts/0    00:02:41 ./02-test
stu         4149    2956 92 23:08 pts/0    00:02:26 ./03-test
stu         4156    4149 93 23:08 pts/0    00:02:27 ./04-test
root        4263    4187 69 23:10 pts/0    00:00:20 ./05-test
root        4264    4263 65 23:10 pts/0    00:00:18 ./06-test
# pkill -u stu "test $"                     #终结属于 stu 用户的所有名称以 test 结尾的进程
# ps -ef |grep test |grep -v grep
root        4263    4187 73 23:10 pts/0    00:00:49 ./test
root        4264    4263 71 23:10 pts/0    00:00:48 ./test
```

10.4.5 知识点 5 systemctl 命令

systemctl 命令是用户与 systemd 守护进程进行交互的界面，也是 Systemd 套件中的主命令（还有 journalctl、timedatectl、localectl、hostnamectl 等其他一系列命令）。systemctl 是一个功能众多的命令，下面介绍 systemctl 命令的基本语法，并用 15 个例子来展示和说明。

拓展阅读 10-2 Systemd 系统和服务管理器

拓展阅读 10-3 Systemd 中的其他命令

命令 systemctl

用法：systemctl ［选项］ 命令 ［单元］

- 控制 systemd 系统与服务管理器。
- systemctl 常用操作命令和对象见表 10-17。

表 10-17 systemctl 常用操作命令和对象

操作对象	命 令
单元（Unit）	list-units ［单元］：列出当前已加载到内存中的单元。 √ 除非明确使用--all 选项列出全部单元，否则默认仅列出活动的单元、失败的单元和正处于任务队列中的单元。 √ 如果给出了单元名，则表示该命令仅作用于指定单元。 √ 可以通过--type=与--state=选项过滤要列出的单元。 √ 该命令是单元的默认操作命令
	status［单元 | PID］ √ 显示指定单元的运行时状态信息，以及最近的日志数据。 √ 显示指定 PID 所属单元的运行时状态信息，以及最近的日志数据。 √ 如果未指定任何单元或 PID，则显示整个系统的状态信息
	start 单元：启动指定的已加载单元（无法启动未加载的单元）
	stop 单元：停止指定的单元
	reload 单元：要求指定的单元重新加载它们的配置
	restart 单元：重新启动指定的单元，若单元尚未启动，则直接启动
	is-active 单元：检查指定的单元中是否有处于活动状态的单元
	is-failed 单元：检查指定的单元中是否有处于失败状态的单元
	set-property 单元 属性=值：在运行时修改单元的属性值。 √ 并非所有属性都可以在运行时被修改，但大多数资源控制属性（可用 man 5 systemd.resource-control 命令查看）可以。 √ 所作修改会立即生效，并永远有效。 √ 如果使用了--runtime 选项，那么此修改仅临时有效，重启此单元后将会恢复原有设置
	list-dependencies［单元］：显示单元的依赖关系
	isolate 单元：启动指定的单元及其依赖的所有单元，同时停止所有 IgnoreOnIsolate=no 的单元（具体可用 man 5 systemd.unit 查看）。 √ 如果没有给出单元的类型，那么默认是 target。 √ 如果单元是 target，该命令会立即停止所有在新目标单元中不需要的进程，这其中可能包括当前正在运行的图形环境和终端

续表

操作对象	命令
单元文件（unit file）	list-unit-files[单元文件名]：列出所有已安装的单元文件及其启用状态。如果给出了单元文件名，那么仅列出指定单元文件
	enable 单元文件名：启用指定的单元或单元实例（相当于将这些单元设为开机时自动启动或插入某个硬件时自动启动）
	disable 单元文件名：停用指定的单元或单元实例（相当于撤销这些单元的开机时自动启动以及插入某个硬件时自动启动）
	is-enabled 单元文件名：检查指定的单元或单元实例是否已启用
	mask 单元文件名：屏蔽指定的单元或单元实例
	unmask 单元文件名：解除对指定单元或单元实例的屏蔽
	get-default：显示默认的启动目标
	set-default Target：设置默认的启动目标
系统	default：进入默认模式
	rescue：进入救援模式
	halt：关闭系统，但不切断电源
	poweroff：关闭系统，同时切断电源
	reboot：重启系统
	suspend：休眠到内存
	hibernate：休眠到硬盘
	hybrid-sleep：进入混合休眠模式，也就是同时休眠到内存和硬盘
systemd	daemon-reload：重新加载 systemd 守护进程的配置，即重新运行所有的生成器，重新加载所有单元文件，重建整个依赖关系树

（1）列出单元/单元文件

systemctl 可以管理几乎所有系统资源。不同的资源统称为单元（unit），一共有 12 种单元，见表 10-18。

表 10-18 systemctl 的单元类型列表

单元类型	概要	单元类型	概要
service	系统服务	scope	非 Systemd 启动的外部进程
target	多个单元构成的一个组	slice	进程组
device	系统设备	snapshot	Systemd 快照
mount	文件系统的挂载点	socket	进程间通信的套接字
automount	文件系统的自动挂载点	swap	交换文件
path	文件路径	timer	Systemd 管理的定时器

范例 10-18：systemctl list-units-fies 命令可以查看当前系统的所有可用单元，如清单 10-29 所示。输出的每行都代表一个单元，有两个字段，其意义见表 10-19。

清单 10-29

```
# systemctl list-unit-files
UNIT FILE                                 STATE
proc-sys-fs-binfmt_misc.automount             static
dev-hugepages.mount                       static
...此处省略若干行
tmp.mount                                 disabled
var-lib-nfs-rpc_pipefs.mount                  static
brandbot.path                                 disabled
cups.path                                     enabled
...此处省略若干行
```

表 10-19 systemctl list-units-fies 命令的输出字段

字　段	意　义
UNIT FILE	单元文件名称
STATE	单元状态，其场景的状态有如下几种。 ● enabled：单元被永久启用。 ● enabled-runtime：单元被临时启用。 ● masked：单元被永久屏蔽，start 操作会失败。 ● masked-runtime：单元已经被临时屏蔽，start 操作会失败。 ● static：单元尚未被启用且不能被启用，通常意味着单元只能执行一次性动作或者仅是另一个单元的依赖单元。 ● disabled：单元尚未被启用，但能被启用。 ● bad：单元文件不正确或者出现其他错误

范例 10-19：systemctl list-units 命令可以查看当前系统的所有弃用的单元，如清单 10-30 所示。输出的每行都代表一个单元，有 5 个字段，其意义见表 10-20。

清单 10-30

```
# systemctl list-units
UNIT          LOADACTIVE     SUB         DESCRIPTION
proc-sys-fs-binfmt_misc.automount loaded active waiting Arbitrary Executable File
Formats File Syste
sys-devices-pc...0-1:0:0:0-block-sr0.device loaded active plugged VBOX_CD-ROM
sys-devices-pc...:00:03.0-net-enp0s3.device loaded active plugged PRO/1000 MT Desk-
top Adapter
sys-devices-pc...00:05.0-sound-card0.device loaded active plugged 82801AA AC'97 Au-
dio Controller
...此处省略若干行
```

表 10-20 systemctl list-units 命令的输出字段

字 段	意 义	字 段	意 义
UNIT	单元名称	SUB	单元子状态，与单元类型有关
LOAD	单元是加载状态	DESCRIPTION	单元的简短说明
ACTIVE	单元激活状态		

范例 10-20：systemctl list-units 和 list-unit-files 命令都可以查看指定类型（--type 选项）或者指定状态（--state 选项）的单元或者单元文件，如清单 10-31 所示。

清单 10-31

```
#查看 service 类型的单元文件
#systemctl list-unit-files --type=service
#查看 mount 类型的 Unit
#systemctl list-units --type==mount
#查看状态为 enabled 的单元文件
#systemctl list-unit-files --state=enabled
#查看状态为 plugged 的单元
#systemctl list-unit --state==plugged
```

（2）查看单元/单元文件

下面以最常用的系统服务——远程联机服务 sshd 为例，展示如何具体查看一个单元的状态。

范例 10-21：查看 sshd 服务器是否处于正在运行或者启动失败的状态，如清单 10-32 所示。

清单 10-32

```
# 查看 sshd 服务是否正在运行，输出 active 表示正在运行
# systemctl is-active sshd.service
active

# 查看 sshd 服务是否处于启动失败状态，未曾启动失败，正在运行
# systemctl is-failed sshd.service
active
```

范例 10-22：查看 sshd 服务的运行时状态信息，及其最近的日志数据，如清单 10-33 所示。

清单 10-33

```
# 列出运行时的状态信息，以及这些单元最近的日志数据
#systemctl status sshd.service
● sshd.service - OpenSSH server daemon
   Loaded: loaded (/usr/lib/systemd/system/sshd.service; enabled; vendor preset:
enabled)
   Active: active (running) since 日 2018-11-18 22:15:43 CST; 16h ago
     Docs: man:sshd(8)
           man:sshd_config(5)
 Main PID: 1300 (sshd)
   CGroup:/system.slice/sshd.service
           └─1300 /usr/sbin/sshd -D                                             2
```

```
11月 18 22:15:43 git02.mds.com systemd[1]: Starting OpenSSH server daemon...
11月 18 22:15:43 git02.mds.com sshd[1300]: Server listening on 0.0.0.0 port 22.
11月 18 22:15:43 git02.mds.com sshd[1300]: Server listening on :: port 22.
11月 18 22:15:43 git02.mds.com systemd[1]: Started OpenSSH server daemon.
11月 19 15:32:40 git02.mds.com sshd[12592]: Accepted password for root from
192.168.4.10 port 62255 ssh2
11月 19 15:33:30 git02.mds.com sshd[12655]: Accepted password for root from
192.168.116.1 port 62312 ssh2                                              1
```

status 命令的输出内容较多,可以分为两部分:第一部分是单元最近的若干条(最多 10 条)日志数据;第二部分是运行时状态信息,又可以分为 6 个小部分,见表 10-21。

表 10-21 systemctl status 输出说明

序号	说明
1	在彩色终端上,前导点(●)使用不同的颜色来标记单元的不同状态。白(黑)色表示 inactive 或 deactivating 状态;红色表示 failed 或 error 状态;绿色表示 active、reloading 或 activating 状态
2	以 Loaded 开头的行显示单元的加载状态:loaded 表示已经被加载到内存中;error 表示加载失败;not-found 表示未找到单元文件;masked 表示已被屏蔽。该行同时还包含了单元文件的路径、启用状态、预设的启用状态。要想了解更多单元状态,可参见帮助手册中对 is-enabled 命令的解释
3	以 Active 开头的行显示单元的启动状态:active 表示已启动成功;inactive 表示尚未启动;activating 表示正在启动中;deactivating 表示正在停止中;failed 表示启动失败(崩溃、超时等)。对于启动失败的单元,将会在日志中记录下导致启动失败的原因,以方便事后查找故障原因
4	以 Doc 开头的行显示单元及其配置文件的帮助手册
5	以 Main PID 开头的行显示单元主进程的 PID
6	以 CGroup 开头的行显示单元控制组(Control Group)中的所有进程

范例 10-23:查看 sshd 服务是否被启用(启用对于服务来说,一般表示开机自启动)如果显示为 enable,表示启用,如清单 10-34 所示。

清单 10-34

```
# 查看 sshd 服务是否被启用
# systemctl is-enabled sshd.service
enabled
```

(3)操纵单元

操纵单元的常见动作包括启动(start)、重启(restart)、停止(stop)、屏蔽(mask)、解除屏蔽(unmask)、启用(enable)和禁用(disable)。

范例 10-24:启动、重启和停止单元(sshd 服务),如清单 10-35 所示。

清单 10-35

```
# 立即启动 sshd 服务
# systemctl start sshd
# 立即重启 sshd 服务
# systemctl restart sshd
# 立即停止 sshd 服务
# systemctl stop sshd
```

注　意

- 在操作单元时,需要明确指出单元名和单元类型(Type),如 httpd. service 表示名为 httpd 的服务,或者 dbus. socket 表示名为 dbus 的套接字(socket)。
- 如果不指出单元类型,默认类型就是服务(service)。
- 对于不同的单元来说,start 的意义是不同的,如对于服务单元来说就是启动守护进程,对于套接字单元来说则是绑定套接字,对于挂载(mount)单元来说则是挂载设备等,同理 restart 和 stop 的动作也是一样。

范例 10-25:启用(enable)和禁用(disable)单元(httpd 服务),如清单 10-36 所示。

清单 10-36

```
# 启用 httpd 服务
# systemctl enable httpd
Created symlink from /etc/systemd/system/multi-user.target.wants/httpd.service to /
usr/lib/systemd/system/httpd.service.
#httpd 服务已经被启用
# systemctl is-enabled httpd
enabled
#禁用 httpd 服务
#systemctl disable httpd
Removed symlink /etc/systemd/system/multi-user.target.wants/httpd.service.
# httpd 服务已经被禁用
# systemctl is-enabled httpd
disabled
```

启用指定的单元或单元实例,在大多数时候相当于将这些单元设置为"开机时自启动"或"插入某个硬件时自启动"。

启动单元事实上就是 systemctl 按照单元文件中的配置,在指定的 target 的特定目录中创建指向该单元文件自身的符号链接,如范例 10-25 中就是在/etc/systemd/system/multi-user. target. wants 目录中建立符号连接,表示单元包含在 multi-user. target 这个系统预设的 target 中。

注　意

- enable 命令若与 --runtime 选项连用,则表示临时启用(重启后将失效),否则默认为永久性启用。

- 除非使用--now 选项，否则启用(enable)一个单元并不会导致该单元被启动(start)，禁用(disable)一个单元也不会导致该单元被停止(stop)。
- 不要将 enable 与 start 命令混淆，它们是完全不同、毫无关联的命令，启动(start)和启用(enable)也是两个完全不同的概念。可以启动一个尚未启用的单元，也可以启用一个尚未启动的单元。
- enable 命令只是设置了单元的启动钩子(通过创建符号链接)，例如在系统启动时或者某个硬件插入时，自动启动某个单元；而 start 命令则是具体执行单元的启动操作。
- 同理，也不要将 stop 和 disable 命令混淆。

范例 10-26：屏蔽(mask)和取消屏蔽(unmask)单元(http 服务)，如清单 10-37 所示。

清单 10-37

```
#屏蔽 sshd 服务
#systemctl mask httpd
Created symlink from /etc/systemd/system/httpd.service to /dev/null.
#屏蔽后,httpd 服务无法启动
# systemctl start httpd
Failed to start httpd.service: Unit is masked.
#屏蔽后,httpd 服务也无法启用
# systemctl enable httpd
Failed to execute operation: Cannot send after transport endpoint shutdown
#取消屏蔽 sshd 服务
# systemctl unmask httpd
Removed symlink /etc/systemd/system/httpd.service.
#成功启用 httpd 服务
# systemctl enable httpd
Created symlink from /etc/systemd/system/multi-user.target.wants/httpd.service to
/usr/lib/systemd/system/httpd.service.
#成功启动 httpd 服务
# systemctl start httpd
```

屏蔽就是在单元目录中创建指向/dev/null 的同名符号链接，从而在根本上确保无法启动(包括手动启动)这些单元，这比 disable 命令更彻底。

注　意

- 除非使用了--now 选项，否则屏蔽(mask)一个单元并不会导致该单元被启动(start)，解除屏蔽(unmask)一个单元也不会导致该单元被停止(stop)。
- mask 命令若与--runtime 选项连用，则表示仅作临时性屏蔽(重启后屏蔽将失效)，否则默认为永久性屏蔽。

范例 10-27：重载(reload)、修改(set-propety)和查看(show)单元的配置，如清单 10-38 所示。

清单 10-38

```
# 重新加载 sshd 服务的配置文件
# systemctl reload apache.service
```

```
# 重载 systemd 守护进程的配置
# systemctl daemon-reload
# 显示 sshd 服务所有配置参数
# systemctl show httpd.service
#获取 httpd 服务的 CPU 分配额
# systemctl show -p CPUShares httpd.service
# 设置 httpd 服务 CPU 分配份额限制属性的值为 2000
# systemctl set-property httpd.service CPUShares=500
```

注　意

不要将 reload 与 daemon-reload 命令混淆,它们的区别如下:

- reload 命令加载的单元“配置”是单元专属的配置而不是单元文件本身(以 httpd. service 为例,重新加载的是 httpd. conf 文件,而不是 httpd. service 文件)。
- daemon-reload 命令加载的是 systemd 的配置文件,具体包括:重新运行所有的生成器(systemd. generator),重新加载所有单元文件,重建整个依赖关系树。

(4) 控制系统运行级别

这里所提到的运行级别(Runlevel)与传统 Linux 中的运行级别是两个不同的概念,准确地说,是系统中一些用来模拟传统 Linux 中运行级别的预设 target。

所谓 target,简单来说就是一个单元的组合,包含许多相关的单元。启动某个 target 的时候,Systemd 就会启动里面所有的单元。从这个意义上说,target 的概念可以意译为“目标状态”,启动某个 target 时启动相应的单元,让系统进入某个状态。

注　意

- 在传统的 Linux 启动模式中,有运行级别(RunLevel)的概念,即系统的功能级别。在采用 Systemd 的系统中,运行级别这一概念已经被淘汰了,取而代之的是系统预设的 target。
- 为了兼容老的发行版本,系统预设了 7 个 target,和传统模式中的 7 个运行级别一一对应,见表 10-22。注意,虽然名称上能够对应,但实际功能并非真的对应,尤其是运行级别 2 和 4。

表 10-22　预设 target 级别

传统运行级别	原运行级别功能	预设 target	实际链接到的 target
0	关闭系统	runlevel0. target	poweroff. target
1	单用户模式	runlevel1. target	rescue. target
2	无联网的多用户模式	runlevel2. target	multi-user. target
3	联网的多用户模式	runlevel3. target	multi-user. target
4	保留,暂未使用	runlevel4. target	multi-user. target
5	联网并且使用图形界面的多用户模式	runlevel5. target	graphical. target
6	重启系统	runlevel6. target	reboot. target

范例 10-28: target 本身也是一种单元,因此用 systemctl list-units-fies 命令可以查看当前系统的所有可用 target,如清单 10-39 所示。输出的每行显示一个 target 有两个字段,分别是 target 的名字和启用状态。

清单 10-39

```
# 查看当前系统的所有 target
# systemctl list-unit-files --type=target
UNIT FILE                  STATE
anaconda.target            static
basic.target               static
bluetooth.target               static
cryptsetup-pre.target          static
cryptsetup.target              static
ctrl-alt-del.target            disabled
default.target                 enabled
...此处省略若干行
```

范例 10-29: 用 systemctl list-dependencies 命令查看指定 target 包含的所有单元,如清单 10-40 所示。

清单 10-40

```
# 查看一个 target 包含的所有单元
# systemctl list-dependencies multi-user.target
multi-user.target
● ├─abrt-ccpp.service
● ├─abrt-oops.service
● ├─abrt-vmcore.service
● ├─abrt-xorg.service
● ├─abrtd.service
...此处省略若干行
```

范例 10-30: 查看系统启动时默认的 target,即系统的默认运行级别,也可以设置启动默认 target,如清单 10-41 所示。

清单 10-41

```
# 查看启动时的默认 target,此处是 graphical.target,即是图形界面模式
# systemctl get-default
graphical.target
# 设置启动时的默认 target 为 multi-user.target,即无图形界面的多用户模式,
# 下次启动就将进入无图形界面的多用户模式
# systemctl set-default multi-user.target
Removed symlink /etc/systemd/system/default.target.
Created symlink from /etc/systemd/system/default.target to /usr/lib/systemd/system/
multi-user.target.
```

范例 10-31: 切换 target,如清单 10-42 所示。

清单 10-42

```
#用 isolate 命令切换到 multi-user.target,同时终止所有 multi-user.target 不需要的进程
#systemctl isolate multi-user.target
```

范例 10-32: systemctl 还提供了一些快捷操作命令,能够让用户快速切换到预设的一些 target,如清单 10-43 所示。

清单 10-43

```
# systemctl rescue              #启动系统救援模式
# systemctl emergency           #启动紧急模式
# systemctl poweroff            #退出系统并关闭电源
# systemctl reboot              #重启系统
# systemctl suspend             #休眠到内存
# systemctl hibernate           #休眠到硬盘
# systemctl hybrid-sleep        #进入混合休眠模式,也就是同时休眠到内存和硬盘
```

小 心

systemctl poweroff 命令可以使用--force 选项来强制关闭系统。若后面跟一个--force 选项,则跳过正常停止步骤而直接结束所有进程,强制卸载文件系统(或以只读模式重新挂载),并立即关闭系统。若后面跟两个--force 选项,则直接跳过结束进程和卸载文件系统的步骤,直接关闭系统,这会导致数据丢失、文件系统不一致等不良后果。

10.4.6 知识点 6 计划任务

拓展阅读 10-4
at 定时任务

计划任务是系统自动完成任务的一种方式,即到了指定的某一个时间点,系统就会自动执行某种操作。在实际场景中有很多这样类似的例子,如定时发送邮件、定时备份某个目录、定时检查主机磁盘利用率并及时提醒管理员等。Linux 提供了一系列工具来执行计划任务,其中最常用的工具之一就是 crontab。此外,还有 at,有兴趣的读者可以查看拓展阅读内容。

cron 是一个服务,用于安排周期性的计划任务。其会定期(默认是每隔 1 分钟)检查系统中所有系统和用户的任务配置文件,以确定是否有任务需要执行。如果任务设置的时间表达式匹配当前时间,cron 将启动一个新的进程来执行任务中指定的命令或脚本。

在大部分 Linux 发行版本中都预装了 cron,且默认开机自启动。若未安装,可以用 dnf 命令安装,其软件包名是 crontabs。cron 的守护进程名为 crond,若其未启动,可以用 systemctl 命令将其启动,并让其开机自启动,如清单 10-44 所示。

清单 10-44

```
# dnf -yq crontabs
# systemctl start crond
# systemctl enable crond
```

常见的 crontab 计划任务可以分为系统任务和用户任务两种。

1）用户计划任务：由用户创建，其配置文件存储在/var/spool/cron 目录下，并且和用户同名。当用户注销后，与该用户关联的计划任务通常不再执行。

2）系统计划任务：只能由 root 用户下达，其配置文件存储在/etc/crontab 文件中和/etc/cron.d 目录下，无论是否有用户登录，都会在指定的时间运行。

范例 10-33：为 stu 用户安排一个用户计划任务，每周一 23 时 30 分清空家目录中名为 tmp 的目录中的内容。

普通用户没有权限直接编辑配置文件，需要通过 crontab 命令设置自己的计划任务。

命令 crontab

用法：crontab [选项] [文件]

- 管理用户的 crontab 文件。
- crontab 命令的常用选项见表 10-23。

表 10-23　crontab 命令的常用选项

选　　项	说　　明
-u<用户名>	用来指定用户，如未指定用户，则表示该计划任务是当前用户的计划任务。注意，只有 root 用户才有权限使用-u 选项来指定用户
file	命令文件的名字，表示将 file 作为 crontab 的任务列表文件并载入 crontab。如果在命令行中没有指定这个文件，crontab 命令将接受标准输入（键盘）上键入的命令，并将它们载入 crontab
-e	编辑用户的 crontab 文件内容，如未指定用户，则表示编辑当前用户的 crontab 文件
-l	显示某个用户的 crontab 文件内容，如未指定用户，则表示显示当前用户的 crontab 文件内容
-r	从/var/spool/cron 目录中删除某个用户的 crontab 文件，如未指定用户，则默认删除当前用户的 crontab 文件
-i	在删除用户的 crontab 文件时给确认提示

切换为 stu 用户的身份，在命令行中输入 crontab -e 命令，此时会打开系统中的默认文本编辑器，一般来说是 vim。此时就可以编辑属于用户 stu 自己的 crontab 配置文件了，如清单 10-45 所示。

清单 10-45

```
# su - stu
$ crontab -e
```

输入如清单 10-46 所示任务条目，保存后退出。

清单 10-46

```
30 23 * * 1 rm -rf ~/tmp/*
```

此时终端上会显示如清单 10-47 所示字样，表示成功添加了一条新的计划任务。

清单 10-47

```
# su - stu
$ crontab -e
no crontab for stu - using an empty one
crontab: installing new crontab
```

注 意

- crontab 计划任务的撰写具体格式可以参考子任务 3 中的图 10-2 和表 10-2。
- 用 crontab 撰写用户计划任务时，无须指明执行任务的用户名，因为执行者就是本用户，或是用-u 选项指定的用户。
- 只有 root 用户才有权限用-u 选项添加、查看和删除指定用户的任务，普通用户无权使用-u 选项。

范例 10-34：列出 stu 用户的计划任务，随后删除。以 stu 用户的身份用 crontab -l 命令列出当前用户的计划任务，用 crontab -r 命令删除用户的计划任务配置文件，如清单 10-48 所示。

清单 10-48

```
$ crontab -l               #列出当前用户(stu)的计划任务
30 23 * * 1 rm -rf ~/tmp/*
$ crontab -r               #删除当前用户(stu)的计划任务
$ crontab -l
no crontab for stu         #当前用户(stu)的计划任务为空
```

注 意

- 系统默认有一个空的黑名单文件/etc/cron. deny，表示所有用户都可以使用 crontab 命令。可将用户名(每行一个)写入该文件，表示这些用户无权使用 crontab 命令。
- 如要使用更加严格的安全措施，可添加名为/etc/cron. allow 的白名单文件，将允许使用 crontab 命令的用户名(每行一个)写入该文件，未在白名单中的用户则无权使用 crontab 命令。
- /etc/cron. allow 优先级比/etc/cron. deny 要高，但一般来说，白名单机制和黑名单机制选择其中一个保留即可，否则容易造成混淆。

范例 10-35：安排一个系统计划任务，每天凌晨两点，由 root 用户执行 tar 命令将/srv/project_a 目录打包并保存到/backup 目录下，打包文件名是“pa_当前日期. tar. gz”。

系统计划任务可以通过修改配置文件/etc/crontab 来添加，注意只能由 root 用户来定义，普通用户是没有权限编辑这个配置文件的。默认情况下其内容应如清单 10-49 所示。

清单 10-49

```
SHELL=/bin/bash
PATH=/sbin:/bin:/usr/sbin:/usr/bin
MAILTO=root
```

```
# For details see man 4 crontabs

# Example of job definition:
# .---------------- minute (0 - 59)
# |  .------------- hour (0 - 23)
# |  |  .---------- day of month (1 - 31)
# |  |  |  .------- month (1 - 12) OR jan,feb,mar,apr ...
# |  |  |  |  .---- day of week (0 - 6) (Sunday=0 or 7) OR sun,mon,tue,wed,thu,fri,sat
# |  |  |  |  |
# *  *  *  *  * user-name  command to be executed
```

/etc/crontab 文件配置分为两个部分，前 3 行配置项为第 1 部分，具体作用见表 10-24。

表 10-24 /etc/crontab 文件前 3 行配置项说明

配 置 项	作 用
SHELL	指定在执行 crontab 文件中的命令时要使用的 shell。如果未指定，则使用系统默认的 shell。例子中的值为/bin/bash
PATH	设置命令搜索路径，指定在执行 crontab 文件中的命令时要搜索的目录。如果未指定，则使用系统默认的 PATH。例子中的值为/sbin:/bin:/usr/sbin:/usr/bin
MAILTO	指定任务的输出将发送到哪个邮件地址，如果任务有输出(stdout 或 stderr)，系统会将输出发送给指定的邮件地址，默认值为空。例子中的值为 root，表示将输出发送到本机 root 的邮箱中

Example of job definition 则是第 2 部分，描述了系统计划任务的撰写格式，该部分在任务 3 中已经阐述得非常清楚，这里不再赘述。接下来，就在该文件的最后添加如清单 10-50 所示的计划任务配置条目，保存并退出即可。

清单 10-50

```
# 每天凌晨 2 点，/srv/project_a 目录备份任务
0 2 * * * root tar -czf /backup/pa_$(date +\%Y\%m\%d).tar.gz /srv/project/
```

注 意

建议在 crontab 文件的每一个条目之上加入一条注释，清楚标明其的运行时间和功能。

范例 10-36：安排一个系统计划任务，每隔 1 小时就去收集主机的 CPU 占用率并输出到/var/log/cpu.log 文件中。

除了修改配置文件/etc/crontab，系统的计划任务还可以通过向/etc/cron.d 目录中添加单独的配置文件来实现。当然，该目录也只有 root 用户有写权限，普通用户是没有权限向其中添加配置文件的。

接下来，就在该目录中添加计划任务配置文件，如清单 10-51 所示。首先，在 root 家目录中创建一个名为 cpustat.sh 的脚本：脚本中用“date "+%Y-%m-%d %H:%M:%S"生成一个格式为 YYYY-MM-DD HH:MM:SS 的时间戳，并将其与收集主机的 CPU 使用率命令 iostat -c 的输出一同写入指定文件/var/log/cpu.log 中。接着，在/etc/cron.d 目录下创建一个名为 cpustat.hourly 的计划任务配置文件，内容为“0 * * * * root /root/cpustat.sh”，表示每小时的第 0 分钟以 root 用户

身份执行/root/cpustat.sh 脚本。

清单 10-51

```
# 创建任务脚本 cpustat.sh
# echo "(date "+%Y-%m-%d %H:%M:%S";iostat -c) >> /var/log/cpu.log" > ~/cpustat.sh
# chmod a+x ~/cpustat.sh
# 在/etc/cron.d 中创建计划任务配置文件 cpustat.hourly
# echo "#每小时收集 cpu 使用率任务">>/etc/cron.d/cpustat.hourly
# echo "0 * * * * root /root/ cpustat.sh">>/etc/cron.d/cpustat.hourly
```

注 意

- 如果是每小时、每天、每周或者每月要执行的任务，更加快捷的方法是将要执行的任务写成脚本，直接复制到如下预定义好的目录中。
  √ /etc/cron.hourly：该目录中的文件每小时执行 1 次。
  √ /etc/cron.daily：该目录中的文件每天执行 1 次。
  √ /etc/cron.weekly：该目录中的文件每周执行 1 次。
  √ /etc/cron.monthly：该目录中的文件每月执行 1 次。
- 默认情况下，只有/etc/cron.hourly 目录中的文件是由 cron 执行，其余 3 个目录中的文件都是由另外一个计划任务工具 anacron 所执行。anacron 允许在系统启动时执行未在计划时间内运行的任务，更适用于桌面系统或那些可能经常关机的系统。

拓展阅读 10-5
anacron 计划任务

10.5 任务小结

在完成了本任务之后，小 Y 已经对 Linux 的进程和服务管理有了一些了解。现在，小 Y 应该能够：

习题 10

1. 查看系统中的进程。
2. 操纵系统中的进程。
3. 安排计划任务。

文本：习题参考答案

同时，小 Y 应该已经了解：

任务 10 在线实验

1. 进程与守护进程的概念。
2. 进程状态查看命令 ps 的用法。
3. 向进程发送信号的 kill 和 pkill 命令的用法。
4. systemd 系统的初步概念。
5. systemctl 命令的部分用法。
6. 计划任务的相关概念和命令。

参考文献

[1] Red Hat Documentation Team. Red Hat Enterprise Linux 9 System Administrator's Guide [Z]. 2023.

[2] Bram Moolenaar. Vim 用户手册 [EB/OL]. [2022-08-04]. https://sourceforge.net/projects/vimcdoc/files/pdf-manual/reference-2.4.0.pdf/download.

[3] Dean J. LPI Linux 认证权威指南[M]. 南京：东南大学出版社，2007.

[4] Jeffrey F. 精通正则表达式[M]. 3 版. 余晟，译. 北京：电子工业出版社，2012.

[5] Cooper M. Advanced Bash Scripting Guide 5.3 Volume 1[M]. Lulu.com，2014.

[6] Neil M，Richard S. Linux 程序设计[M]. 4 版. 陈健，宋健建，译. 北京：人民邮电出版社，2020.

[7] 鸟哥. 鸟哥的 Linux 私房菜：基础学习篇[M]. 4 版. 北京：人民邮电出版社，2018.

读者意见反馈

为收集对教材的意见建议，进一步完善教材编写并做好服务工作，读者可将对本教材的意见建议通过如下渠道反馈至我社。

咨询电话　400-810-0598

反馈邮箱　gjdzfwb@pub.hep.cn

通信地址　北京市朝阳区惠新东街4号富盛大厦1座

　　　　　高等教育出版社总编辑办公室

邮政编码　100029

资源服务提示

授课教师如需获得本书配套的PPT课件、电子教案、案例源码及工具文件、习题参考答案等教学资源，请登录“高等教育出版社产品信息检索系统”(xuanshu.hep.com.cn)搜索下载。首次使用本系统的用户，请先进行注册并完成教师资格认证。